普通高等教育材料类系列教材

砂型铸造工艺及工装课程与生产设计教程

主　编　徐春杰
副主编　邹军涛
参　编　周永欣　杨晓红　程　喆　马　涛
主　审　魏　兵

机械工业出版社

本书内容主要包括铸铁件砂型铸造工艺设计、铸造工艺装备设计及铸造生产质量控制三部分。本书重点介绍了金属液态成形（铸造）专业方向课程与生产设计过程中涉及的内容：铸铁件砂型铸造工艺设计，包括铸造工艺性分析、铸造工艺方案的确定、工艺参数的选择、砂芯设计、浇注系统设计、冒口和冷铁、铸型合箱与铸件清理；铸造工艺装备设计，包括模样设计、模板设计、芯盒设计、砂箱设计；铸造生产质量控制，包括铸造生产过程的质量控制、铸件质量及检验、铸件缺陷分类、铸件缺陷分析及解决途径、铸造生产的环境保护与可持续发展。

本书可作为普通高等院校材料成形及控制工程、材料加工工程、热加工工程等专业的相关课程教学、课程设计实践教学环节的教材，也可供相关领域的科研及工程技术人员参考。

图书在版编目（CIP）数据

砂型铸造工艺及工装课程与生产设计教程/徐春杰主编. —北京：机械工业出版社，2019.12（2025.1 重印）

普通高等教育材料类系列教材

ISBN 978-7-111-65010-2

Ⅰ.①砂…　Ⅱ.①徐…　Ⅲ.①砂型铸造-高等学校-教材　Ⅳ.①TG242

中国版本图书馆 CIP 数据核字（2020）第 039879 号

机械工业出版社（北京市百万庄大街 22 号　邮政编码 100037）
策划编辑：丁昕祯　责任编辑：丁昕祯　杨　璇　邓海平
责任校对：张　薇　封面设计：张　静
责任印制：单爱军
北京虎彩文化传播有限公司印刷
2025 年 1 月第 1 版第 4 次印刷
184mm×260mm · 20 印张 · 3 插页 · 510 千字
标准书号：ISBN 978-7-111-65010-2
定价：64.80 元

电话服务　　　　　　　　　　网络服务
客服电话：010-88361066　　　机 工 官 网：www.cmpbook.com
　　　　　010-88379833　　　机 工 官 博：weibo.com/cmp1952
　　　　　010-68326294　　　金 书 网：www.golden-book.com
封底无防伪标均为盗版　　　机工教育服务网：www.cmpedu.com

前 言

    材料成形及控制工程专业是机械工程类专业之一，是材料科学与工程、成形工艺、机械工程与自动控制技术的综合与交叉，是制造业的核心专业，是机械、材料、控制和计算机等多学科交叉融合的宽口径高级工程技术专业，是先进制造业和智能制造技术的主要专业，也是我国较多工科院校开设的重要专业。高等院校中该专业的教学任务是培养具有材料成形加工基础理论与应用能力，受到现代工程师训练，从事材料制备、加工工艺及设备的设计与开发、科学研究、生产管理、经营销售等方面工作的工程技术人才。该专业是国民经济发展的支柱专业。

    近 20 年来，随着材料加工技术的快速发展，社会对材料成型及控制工程专业——金属液态成形（铸造）专业方向人才的需求正在逐年增长，需求迫切。20 世纪 50 年代初期，根据"专业对口"和"学以致用"的本科教育思想，各高校纷纷成立了铸造、锻压、焊接、金属材料及热处理等按行业领域划分的专业，以适应广泛的社会和工业需求。20 世纪 80 年代初期，随着材料科学与工程学科的建立，原金属材料及热处理大多转入材料学科，而铸造、锻压、焊接等则保留在机械制造学科。1998 年国家教育部在进行高等院校本科专业目录调整时，设立了"材料成形及控制工程"新本科专业，涵盖了原来的铸造、锻压、焊接等。据不完全统计，目前全国超过 270 所高等学校开办有材料成形及控制工程专业，每年为社会提供大量的科技人才，服务于制造、国防军工、汽车运载、能源动力、仪器仪表等行业，满足了国民经济建设和社会快速发展对机械类人才的巨大需求，为提升我国国防与科技实力做出了重要贡献。

    2016 年 6 月，我国成为《华盛顿协议》正式成员，表明我国工程教育质量及保障得到了国际工程教育界的认可，标志着我国高等教育对外开放向前迈出了一大步。工程教育认证理念是"以学生为本，面向全体学生，以学生产出为导向"，在制定专业培养目标时要体现对合格毕业生的期望，对学生评价体系要聚焦学生学习成果的实现，专业的师资队伍建设要满足学生达成预期目标的要求。美国工程与技术认证委员会（ABET）近几年在高等工程教育方面提出 11 项学生核心能力指标（EC-2000）。根据中国工程教育专业认证标准（2015版），"毕业要求"部分有 12 条能力指标，这些能力指标旨在评价学生的综合能力，包括沟通、合作、专业知识技能、终生学习的能力及世界观等，为教师、教育机构在课程设置上提出了明确的方向和要求。材料成形及控制工程专业属于机械类认证范围。按照以（机械）学科大类为基础，以"宽口径、厚基础、重实践、强特色"为特征的总体思路，制定和实施专业人才培养计划和课程体系。课程开设以专业人才（学生）培养目标为中心。

本专业研究通过热加工改变材料的微观结构、宏观性能和表面形状，研究热加工过程中的相关工艺因素对材料的影响，解决成形工艺开发、成形设备、工艺优化的理论和方法。本专业具有很好的社会需求。根据专业认证标准要求、社会需求的状况以及专业的特点，专业课程设置包括机械大类基础课程、材料成形理论基础课程以及铸造、锻压、焊接专业方向课程。另外，还设置相关机械设备、控制与检测方面的课程，以适应社会生产力发展和行业发展对从业人员的专业素质要求。

对于本专业本科生而言，金属液态成形（铸造）专业方向"课程与生产设计"是高校本科生教学课程设置中一个关键的教学实践环节，是对大学生进行理论联系实际和工程技术训练不可缺少的一个重要环节，是学生在金属学及热处理、材料成形基础、金属凝固原理、冶金传输原理、铸造工艺学、合金及熔炼、铸造装备及自动化、造型材料及铸件质量控制、材料成形测试技术及特种铸造技术等相关专业课程学习基础上的一个综合应用和检验，也是学生由学校书本知识向工作岗位过渡的重要桥梁。通过"课程与生产设计"实践性教学环节，学生可以掌握金属液态成形（铸造）过程中砂型铸造这一传统材料加工工艺的全过程以及技术、工艺、装备等相关专业知识，增加生产实践训练，深化所学专业基础课理论。同时，也为毕业设计、走向工作岗位或继续深造学习奠定基础。此外，在"课程与生产设计"过程中，培养学生理论联系实际、分析问题、解决问题和一定的独立工作的能力，并注重培养铸造生产的环境保护、可持续发展及相关法律法规的意识，培养学生解决复杂工程问题的能力和团队意识，为使学生成为材料成形工程领域的高级工程技术人才奠定基础。

然而，随着高校材料成形及控制工程专业培养方案的调整，适合作为"金属液态成形（铸造）专业方向课程与生产设计"的专用系统教材很少。近年来，从铸造工艺、造型材料、工装设备到环保要求和法律法规颁布了很多国家标准和法律条文，然而，没有一本专业教材能够涵盖这些内容，突出"课程与生产设计"实践、设计环节。学生在进行"课程与生产设计"过程中不能很好把握最新标准和生产实践相结合，也不能满足最新修订的本科专业工程教育认证培养目标要求。因此，编写一本适合于本专业"课程与生产设计"的专门教材，对于提高学生的专业兴趣，改善学习效果以及对青年教师实践教学环节的培养均具有重要的意义。

本书是根据高等院校材料成形及控制工程专业——金属液态成形（铸造）专业方向"课程与生产设计"教学大纲编写的。本书以铸铁件为主，根据砂型铸造工艺设计的各种参数和生产条件下铸造工艺装备设计的有关资料和流程，结合培养要求和特点，总结了一些先进的设计方案和方法，参考了砂型铸造工艺及设计的相关手册和书籍资料。在编写过程中尽量做到注重实践、简明扼要，按照设计工作的开展顺序给出了各种图形、表格数据资料，并附以必要的文字说明。

本书的编写者均是多年从事本专业方向理论教学和生产实践环节教学的专任教师，具有丰富的经验，在此基础上，整理编写本书。本书由西安理工大学材料科学与工程学院徐春杰和邹军涛统稿，其中第三和四章由西安理工大学材料科学与工程学院周永欣编写，第七和九章由西安理工大学材料科学与工程学院杨晓红编写，第十和十一章由陕西工业职业技术学院材料工程学院程喆编写，第十二章由陕西铁路工程职业技术学院马涛编写，第十三和十四章由西安理工大学材料科学与工程学院邹军涛编写，其余部分由徐春杰编写。全国铸造行业终身成就奖获得者——西安理工大学魏兵教授对全书进行了仔细审阅。

　　在本书的编写过程中，力求全面，注重理论联系实际，力求将现行国家标准和技术规范展示给读者，同时力求体现在实践教学环节所取得的成果。

　　本书编写过程中得到了西安理工大学材料成形与控制系从事金属液态成形（铸造）专业方向各位同仁的支持和帮助，并得到了一些工厂、科研院所和高等院校的大力支持，他们提供了许多宝贵的一线资料，在此表示衷心的感谢。对所有为本书提供资料及建议的各方人士也表示诚挚的谢意。

　　由于编者水平所限和时间紧迫，在核实和处理大量图形、表格、公式和数据过程中难免有疏漏，在内容和学术观点方面难免有失偏颇、错误和不足之处，敬请广大读者批评指正。

编　者

目　录

绪　　论

一、铸造生产工艺过程及工艺设计的概念

铸造生产过程是从铸件的零件图开始，一直到铸件成品检验合格入库为止。根据零件结构的砂型铸造工艺性分析，结合产量和技术要求及生产条件，确定造型和制芯工艺，编制工艺卡等技术文件，一直到铸件成品检验合格入库，要经过很多道工序。它涉及合金熔炼，造型、制芯材料的配制，工艺装备（模具、模板、砂箱）的准备，铸型的制造、合箱、浇注、落砂和清理等诸多方面。通常，我们把一个铸件的生产过程称为铸造生产工艺过程。

对于一个铸件，编制出铸造生产工艺过程相关的技术文件就是铸造工艺设计。这些技术文件必须结合工厂的具体条件，在总结先进经验的基础上，以图形、文字和表格的形式对铸件的生产工艺过程加以科学地规定。它是生产的直接指导性文件，也是技术准备和生产管理、制订进度计划的依据。

二、设计依据

设计人员在动手设计之前，必须做周密的调查和研究，掌握工厂和车间生产的软硬件条件，了解生产任务、要求和交货期等详细情况。这些是设计的原始条件，也是设计的依据。此外，还要求设计人员有一定的生产经验，还应对国内外铸造工艺的先进科学技术有比较透彻的了解。设计人员还应具有经济观点、发展观点和环保意识，只有这样才能很好完成设计任务，才能达到更高设计水平。砂型铸造工艺设计的依据主要体现在三个方面：生产任务和要求、生产条件和经济性考虑。

1. 生产任务和要求

（1）铸造零件图样是设计依据　要求提供的零件图样清晰无误，有完整的尺寸和各种标记。设计人员应仔细审查图样，注意零件的结构特点是否符合铸造工艺性，若认为有必要进行修改时，需与原设计单位或订货单位共同研究，取得一致意见后，以修改后的图样作为设计依据。

（2）铸件的技术要求　例如：铸件金属的材质牌号、金相组织和力学性能等要求，铸件重量、尺寸允许偏差，其他特殊性能要求，如是否经过水压、气压试验，零件在机械设备上的工作条件，允许缺陷存在的部位和程度等，以便在铸造工艺设计中采取相应的措施，满足这些技术要求。

（3）产品数量及生产期限　产品数量是指批量的大小，可分为以下三种生产类型。

1）大量生产。一般年产量在5000件以上的产品，生产过程中尽量应用最先进的生产工艺，使用专用的设备或装备，以控制生产成本。

2）成批生产。一般年产量在500～5000件的产品，生产过程中使用较多的通用设备或装备。

3）单件、小批生产。一般制造一件或几十件产品，其生产过程中应使用可靠的、易掌

握的技术，尽量减少装备的制造量。

生产期限是指交付铸件的日期或交货日期的长短。对急需铸件，则要考虑工艺装备的制造时间长短能否满足要求。对于单件、小批生产，应尽可能简化工艺装备，以便缩补生产期限，并获得较大的经济效益。

2. 生产条件

工艺设计人员必须十分熟悉生产车间的条件，这样所设计的工艺方案才有可能切合本厂生产实际。

1）车间设备能力。如车间起重运输设备能力（最大起重吨位和高度），电炉、冲天炉或其他形式熔炉的吨位、生产率和台数，造型和制芯机型号和机械化程度（生产率），烘干炉和热处理炉的能力，地坑尺寸，厂房高度和车间大门的尺寸等。

2）本厂现有原材料应用情况，某些新材料采购和供应的可能性。

3）从事生产的技术和管理人员、工人的技术水平和生产经验。

4）模具等工艺装备制造车间的加工能力和生产经验。

三、铸造工艺及工装的具体设计内容（主要技术文件）

由于每个铸件的生产任务、要求和条件不同，因此，铸造工艺及工装设计的内容也不同，但必须联系实际。对于不太重要的单件、小批量生产的铸件，铸造工艺及工装设计比较简略，一般选用手工造型，只限于绘制铸造工艺图和填写有关工艺卡，即可投入生产；而对于要求较高的单件生产的重要铸件和大量生产的铸件，除了要详细绘制铸造工艺图，填写工艺卡以外，还应绘制铸件图、铸型装配图以及大量的工装图，包括模样图、模板图、砂箱图、芯盒图、下芯夹具图、检验样板及量具图等。甚至在有的情况下，还要规定出造型材料和铸件金属材质的要求，铸件热处理规范和铸件验收条件等。

一般情况下，铸造工艺设计包括以下几种主要技术文件。

1. 铸造工艺图

铸造工艺图是铸造工艺设计内容的集中表现，是铸造生产所特有的一种图样，是按铸件生产纲领确定的生产类型和工艺原则，通过设计和计算，对铸件进行工艺分析和拟订工艺方案。它规定了铸件的形状、尺寸、生产方法和主要工艺过程。

铸造工艺图是铸造工艺设计最根本的指导性文件，用于制造模样、模板、芯盒等工艺装备，是设计和编制其他技术文件的基本依据，还是生产准备和铸件验收的根据。它适用于各种批量的生产。在单件、小批量生产的情况下，铸造工艺图是直接指导生产的文件。

设计程序包括以下内容：

1）零件的技术条件和结构工艺性分析。

2）选择铸造及造型方法。

3）确定浇注位置和分型面的位置。

4）选用机械加工余量、起模斜度、最小铸出孔、铸造圆角半径、工艺余量等工艺参数。

5）设计浇注系统、冒口、芯头、芯座尺寸与间隙、型芯的形状、冷铁、铸筋、出气孔的位置、形状及尺寸。

6）根据零件大小，确定一箱造几个铸件和吃砂量。

7）在技术要求中还应说明铸件公差等级、铸件线收缩率等铸件验收技术条件。

8）选择生产设备和工艺装备，编制工艺卡片和有关工艺文件。

2. 铸造工艺卡

铸造工艺卡是以表格的形式扼要地说明铸件在生产过程中所涉及的主要资料、要求、参数、工艺规范、流程，还包括工装木模、造型、合箱、熔炼、浇注、落砂和清理等工艺过程及要求。

铸造工艺卡也是主要的技术文件之一，用于生产管理和经济核算。它依据批量大小，填写必要内容，是整个设计内容的综合。在单件、小批量生产的情况下，铸造工艺图和铸造工艺卡常常构成全部的技术文件，完成指导施工的任务。同时铸造工艺卡也是管理生产的基本文件。因此，在一般情况下，铸造工艺卡都是必须要有的。大量成批生产时，铸造工艺卡要比单件小批详尽，比较严格地规定了每一工艺操作。单件小批生产的铸造工艺卡，只填写主要的资料及说明。有些大型工厂生产时还制定详细的生产作业指导书，配合铸造工艺卡指导生产。

3. 铸型装配图

铸型装配图是依据铸造工艺图绘制的，不仅表明浇注位置、分型面、铸型的合箱、装配情况，还可以清楚地表明铸件在砂箱中的位置、砂芯数量、固定和安放下芯顺序、浇注系统、冒口、冷铁及布置、砂箱结构、砂箱数量和尺寸等。铸型装配图是生产准备、合箱、检验、工艺调整的依据，适用于大量成批生产的重要件、单件生产的重型件。因此，铸型装配图可以使造型工人便于下芯、合箱和检查上述工序。对于复杂铸件可防止下错砂芯、冷铁及芯撑。但是，铸型装配图的作用完全可以用铸造工艺图所取代。所以，大多数工厂都不绘制，必要时，只在工艺卡上绘制铸型合箱简图。通常在完成砂型设计后画出。

4. 铸件图

铸件图是根据铸造工艺图绘制的，反映了铸件的形状和尺寸，同时也反映了机械加工余量、起模斜度、工艺夹头，内浇口和冒口位置，分型面和浇注位置，机械加工时的夹紧点和定位点以及铸件的技术要求和验收要求等。它用标准规定的符号和文字标注，反映内容包括加工余量、工艺余量、不铸出的孔槽、铸件尺寸公差、加工基准、铸件金属牌号、热处理规范、铸件验收技术条件等。它是铸件检验和验收、机械加工夹具设计的依据。铸件图一般只在大量生产中应用。在单件、成批生产时，有了铸造工艺图和产品图，就不必绘制铸件图。铸件图一般在完成铸造工艺图的基础上绘制。目前，一些计算机绘图软件、凝固模拟软件和无纸化图样在一些企业中，大量应用，生产中实体造型或3D视图已经能够反映铸件图，在生产中也不再单独绘制。

以上四项内容均属于铸造工艺设计的技术文件。铸造工艺设计内容的繁简程度，主要取决于铸件批量的大小、生产要求和生产条件。它一般包括铸造工艺图，铸件图（毛坯图），铸型装配图（合箱图），工艺卡及操作工艺规程。广义讲，铸造工艺装备的设计也属于铸造工艺设计的内容，如模样图、芯盒图、砂箱图、压铁图、专用量具和样板图、组合下芯夹具图等。大量生产的定型产品、特殊重要的单件生产的铸件等铸造工艺设计一般订得细致，内容涉及较多。单件、小批量生产的一般性产品，设计内容可以简化。在最简单的情况下，只绘制一张铸造工艺图。

下述的技术文件属于铸造工艺装备设计的内容。

5. 模样图

模样图是表示模样的全部结构尺寸和加工要求的图形。通常只绘制金属模样图。木模、菱苦土模及塑料模一般不专门绘制模样图，可依照铸造工艺图制造。当使用模板造型法时，表示模样的全部结构尺寸和加工要求的图形称为模样图，它属于模板图中的零件图之一。

6. 芯盒图

根据砂芯结构合理设计芯盒图。要求芯盒的夹紧装置合理，填砂板、防磨板等附件都要表示在图样上。芯盒要求装配图并标明主要尺寸。通常只绘制金属芯盒图，有时也绘制木芯盒图。

7. 砂箱图

表示出砂箱的材料、结构、紧固和定位方式及有关尺寸的图样，称为砂箱图。根据造型机的工作台尺寸和模板的定位尺寸设计砂箱。砂箱结构按照手册标准选取。砂箱图要标出砂箱的定位尺寸，内、外框尺寸。对采用顶杆起模的砂箱，要注意顶杆所顶砂箱处结构的设计。

8. 模板图（模板装配图）

模板图（模板装配图）表示模板上各种模样安装情况。根据所选造型机设计模板，使该板与造型机工作台能配套使用。模板和模样均取中空结构，模样与模板的装配关系、定位关系要明确表示出。整体结构尺寸和定位尺寸要标出。采用模板造型法时，表示模样的全部结构尺寸和加工要求的模样图，属于模板图的零件图之一。凡是使用模板造型法的铸件都必不可少地要求绘制模板图。

除上述基本项目的工艺装备之外，对于成批或大量生产的某些铸件，工装设计还包括砂芯成形烘干器（随形烘干板）、下芯及组芯夹具、砂芯及合箱时用的检验样板和各种量具、成形压铁、特殊压铁等。

四、铸造工艺设计与经济指标和环境保护的关系

铸造工艺设计时，采用不同的铸造工艺，对铸造车间或工厂的金属成本、熔炼金属的质量、能量消耗、铸件工艺出品率和成品率、工时费用的大小以及铸件成本和利润率的高低等，都有显著的影响。铸造工艺设计人员应时刻关心铸件成本、节约能源和环境保护问题。设计时应对各种原材料和炉料等价格、每吨金属液的成本、各级工种工时费用、设备每小时费用等都应有所了解，以便考核该项工艺的经济性。从零件结构的铸造工艺性的改进，铸造、造型、制芯方法的选择，铸造工艺方案的确定，浇注系统和冒口的设计，直至铸件清理方法等，每道工序都与上述问题有关。举例而言，对铸钢采用保温冒口后，绝大多数的铸件工艺出品率都可以提高 10%~20%，甚至更高。

工艺出品率=[铸件质量/（铸件质量+浇冒口的质量）]×100%。

铸件成品率=（铸件质量/投入熔炉中的金属原料质量）×100%。

铸件成品率与工艺出品率的差别是计入了熔炼和浇注的损耗。对铸钢而言，这种损耗约占 6%。用普通砂型冒口的铸钢件，成品率约为 43%；而用保温冒口的铸钢件，成品率约为68%。相应地，利润率也由原来的 5.37%增加为 14.16%。由此可见，可以通过提高铸件成品率减低成本，提高利润率。

铸造工艺设计时，采用不同的工艺，对铸造车间或工厂的金属成本、熔炼金属量、能源

消耗、铸件工艺出品率和成品率、工时费用、铸件成本和利润率等，都有显著的影响。

铸造工艺设计中要注意节约能源。例如：采用湿型铸造法比干型铸造法要节省燃料；使用自硬砂型取代普通干砂型，采用冷芯盒法制芯，而不选用普通烘干法或热芯盒法，都可以节约燃料或电力消耗。

同时，既要考虑成本，还要考虑节约能源和环境之间的关系，要考虑原材料利用与排放物。要降低排放，进行绿色节约化生产，以有利于实现可持续发展。为了保护环境和维护工人身体健康，在铸造工艺设计中要避免选用有毒害和高粉尘的工艺方法，或者应采用相应对策，以确保安全和不污染环境。例如：当采用冷芯盒制芯工艺时，对于硬化气体中的二甲基乙胺、三乙胺、SO_2 等应进行严格控制，经过有效地吸收、净化后，才可以排放入大气。对于浇注、落砂等造成的烟气和高粉尘空气，也应净化后排放。

五、铸造工艺及工装设计的一般步骤

铸造工艺及工装设计的一般步骤如图 0-1 所示。

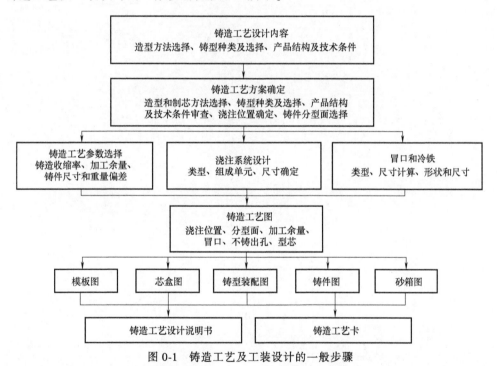

图 0-1 铸造工艺及工装设计的一般步骤

1）审查零件图样，进行铸造工艺性分析（铸件成形的重要环节），主要包括合金种类、凝固特点（方式）、可能发生的缺陷、浇注位置、分型分芯、造型、起模等。

2）选择铸造方法。

3）确定铸造工艺方案。

4）绘制铸造工艺图。

5）绘制铸件图。

6）填写铸造工艺卡和绘制铸型装配图。

7）绘制各种铸造工艺装备图样——以铸造工艺图为主要设计依据。

各种工装图以铸造工艺图为主要设计依据。金属模具设计多用于大量生产，一般都经过试生产阶段。在这阶段中，对铸造工艺方案、各种工艺参数以及浇冒系统设计等，用木模、木芯盒进行反复调试和修改，直到符合要求为止。在此基础上绘出正式铸造工艺图和铸件图，铸件图经设计、机加工和铸工等部门共同会签之后方为有效。应依照正式铸造工艺图和会签后的铸件图进行各种工装图的设计。

机器造型、制芯用的模板、砂箱、芯盒及成形压头等，还应满足铸造设备的要求。

第一章

铸造工艺性分析

铸件生产不仅需要采用先进而合理的铸造工艺和设备，而且还要使铸件结构本身符合铸造生产的要求。在实际生产中常会碰到一些铸件的结构不够合理，给生产带来很多困难，甚至有的铸件很难铸出，或即使铸出也难以保证质量。因此，通过铸造生产的零件，结构上除了应符合机器设备本身的使用性能和机械加工的要求外，还应符合铸造工艺的要求。这种对于铸造工艺过程来说的铸件结构的合理性，称为铸件的铸造工艺性。零件结构的铸造工艺性通常是指零件本身结构应符合铸造生产的要求，既要确保整个铸造工艺过程的进行，又要保证产品的质量。即在一定批量和制造条件下，零件结构能否用最经济的方法制造出来，并符合设计要求。

为了使铸件具有良好的铸造工艺性，在设计铸件时，设计人员应该广泛地听取有关铸造专业技术人员的意见，对于某些重要铸件的结构和技术条件还应由零件设计和铸造两方面专业人员进行会审。铸造车间在接到机械零件图样进行铸造工艺设计时，应首先对铸件的结构设计进行铸造工艺性分析。如果发现铸件结构设计有不合理的地方，就要与有关方面进行共同研究，并设法予以改进。

铸件的结构是否合理和铸造合金的种类、产量的多少、铸造方法和生产条件等密切相关。一个工艺性较好的铸件是要经过以下设计步骤完成的：

1）功能设计，达到结构零件的某种功能。

2）依照铸造经验修改和简化设计。

3）冶金设计，主要涉及铸件材质的选择和适用性。

4）考虑经济性和环保性。

对产品零件图进行审查、分析有以下两方面的作用：

1）审查零件结构是否符合铸造工艺要求。因为有些零件的设计并未经过上述 4 个步骤，设计人员往往只顾及零件的功用，而忽视了铸造工艺要求。在审查中如发现结构设计有不合理之处，就应与有关部门进行研究，在保证使用要求的前提下予以改进。

2）在既定的零件结构条件下，考虑铸造过程中可能出现的主要缺陷，在工艺设计中采取措施予以防止。

对产品零件图进行审查、分析，具体内容及原则包括以下几个方面。

（1）从避免缺陷方面审查铸件结构的合理性

1）铸件应有合适的壁厚，结构对称，适当设置加强筋，防止铸件变形。

2）铸件壁的连接应当逐渐过渡。

3）铸件壁的转角处有结构圆角。

4）避免水平方向出现较大的平面。

5）有利于补缩和实现顺序凝固。

6）避免出现冷却时使铸件收缩受阻的形状，防止铸件内应力过高而出现裂纹和变形。

7）尽量避免清砂困难的形状。

8）有加工面的铸件，不要忽视，尽量减少加工面积，设计时考虑加工时的装卡部位。

（2）从简化铸造工艺过程角度审查铸件结构的工艺性

1）改进妨碍起模的结构，简化工艺。

2）去掉不必要的圆角，侧凹和凸台不应妨碍起模和造型。

3）改进铸件内腔结构，减少砂芯数目，尽量避免采用孤悬的型芯。

4）减少和简化分型面，尽量不采用多个分型面，尽量避免不平的分型面。

5）有利于砂芯的固定和排气。

6）复杂铸件的分体铸造及简单小铸件的联合铸造。

7）肋的布置不应妨碍起模、内腔肋不得妨碍清砂或削弱型芯强度。

8）重而大的铸件，应考虑设计吊运措施。

（3）材质方面

1）灰铸铁的加强筋不应设在受拉伸一侧。

2）球墨铸铁（缸体）结构的合理与不合理。

3）可锻铸铁及热处理。

4）铜合金铸件、铝合金铸件的成分设计等。

下面从保证铸件质量、简化铸造工艺和铸造合金特点等几个方面说明对铸件结构的要求。

第一节　铸件质量对铸件结构的要求

某些铸造缺陷的产生，往往是由于铸件结构设计不合理而造成的。当然铸造时可以采取相应的工艺措施来消除这些缺陷，但有时是由于铸件设计得不合理，使得消除缺陷的措施非常复杂和昂贵，这就增加了生产成本，并降低了劳动生产率。相反，在同样满足使用要求的情况下，采取合理的铸件结构，常常可以简便地消除许多铸造缺陷。

一、铸件的壁厚应合理

每一种铸造合金的铸件，都有其合适的壁厚范围，如果选择适当，既能保证铸件的力学性能要求，又方便铸造生产。为避免铸造缺陷，应做到：铸件壁厚应适当；铸件壁厚应均匀；内壁厚度应小于外壁。

设计铸件的壁厚时，为了节约金属材料，减轻铸件重量，不应单纯以增加铸件的壁厚作为提高强度的唯一办法。从合金的结晶特点可知，随着铸件壁厚的增加，中心部分的晶粒变粗大，机械强度并不随着铸件壁厚的增厚而成比例增加。表1-1指出，随着铸件壁厚的增加，灰铸铁的相对强度不断降低。因此，在设计铸件时，应合理地选择截面形状，采用较薄的壁厚或带有加强筋的薄壁铸件（图1-1）。这样，既保证了强度和减轻了重量，又可减少产生缩孔、缩松等缺陷的倾向。常用灰铸铁件外壁、内壁与筋的厚度可参照表1-2选取。

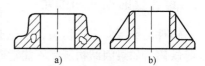

图1-1 采用加强筋减少
铸件壁厚的例子
a）不合理　b）合理

但铸件的壁厚也不能太薄，否则易产生浇不足、冷隔等缺陷。铸件的最小允许壁厚和铸造合金的流动性、浇注温度、铸件的外形尺寸以及铸型的性质有关。表1-3列出了砂型铸造铸件的最小允许壁厚。

表 1-1　铸件壁厚改变时，灰铸铁强度的相对变化

壁厚/mm	相对强度	壁厚/mm	相对强度
≥15~20	1.0	≥30~50	0.8
≥20~30	0.9	≥50~70	0.7

表 1-2　常用灰铸铁件外壁、内壁与筋的厚度

质量/kg	最大外形尺寸/mm	外壁厚度/mm	内壁厚度/mm	筋的厚度/mm	举　例
≤5	300	7	6	5	盖、拨叉、杠杆、端盖、轴套
6~10	500	8	7	5	盖、门、轴套、挡板、支架、箱体
11~60	750	10	8	6	盖、箱体、罩、电视支架、溜板箱体、支架、托架、门
61~100	1250	12	10	8	盖、箱体、搪模架、油缸体、支架、溜板箱体
101~500	1700	14	12	8	油底壳、盖、床鞍箱体、带轮、搪模架
501~800	2500	16	14	10	搪模架、箱体、机床床身、轮缘、盖、滑座
801~1200	3000	18	16	12	小主柱、箱体、滑座、机床床身、床鞍、油底壳

表 1-3　砂型铸造铸件的最小允许壁厚　　　　　　　　（单位：mm）

合金种类		铸件轮廓尺寸					
		<200	200~400	400~800	800~1250	1250~2000	>2000
碳素铸钢		6	6	8	12	16	20
低合金钢	低锰	6	8	12	16	20	25
	其他	8					
高锰钢		8	10	12	16	20	25
不锈钢、耐热钢		8~10	10~12	12~16	16~20	20~25	—
普通灰铸铁（HT200、HT250）		3~4	4~5	5~6	6~8	8~10	10~12
高强度灰铸铁（HT300以上）		5~6	6~8	8~10	10~12	12~16	16~20
球墨铸铁（QT500-7、QT600-3）		3~4	4~5	8~10	10~12	12~14	14~16
高磷铸铁（磷的质量分数为0.35%~0.65%）		2	2	—	—	—	—
可锻铸铁		2.5~4.5	4.5~5.5	5~8	—	—	—

注：1. 如特殊需要，在改善铸造条件的情况下，灰铸铁件的壁厚可小于3mm，其他合金最小壁厚也可减小。
　　2. 在铸件结构复杂、合金流动性差的情况下，应取上限值。

二、铸件壁的连接和圆角

铸件的壁厚应力求均匀，以免造成热量集中，冷却不均，致使铸件产生缩孔、缩松、裂纹等缺陷。如果因结构所需不能达到厚薄均匀，则铸件各部分不同壁厚的连接应采用逐渐过渡的方式，应避免壁厚突变。壁厚差别较小，可采用圆角过渡；壁厚差别较大，可采用楔形连接。壁厚的过渡形式与尺寸可参考表1-4选取。

表1-4　壁厚的过渡形式与尺寸

示意图			过渡尺寸/mm										
	$b \leqslant 2a$	铸铁	$R \geqslant \left(\dfrac{1}{6} \sim \dfrac{1}{3}\right)\dfrac{(a+b)}{2}$										
		铸钢 可锻铸铁	$\dfrac{(a+b)}{2}$	$6 \sim 12$	$12 \sim 16$	$16 \sim 20$	$20 \sim 27$	$27 \sim 35$	$35 \sim 45$	$45 \sim 60$	$60 \sim 80$	$80 \sim 110$	$110 \sim 150$
		有色金属	R	6	8	10	12	15	20	25	30	35	40
	$b > 2a$	铸铁	$L \geqslant 4(b \sim a)$										
		铸钢	$L \geqslant 5(b \sim a)$										

对于相交壁的连接，为防止连接处形成热节而产生内应力，造成裂纹、缩孔、黏砂等缺陷，不仅要采取合理的结构，而且需在壁的交接和转弯处采用圆角过渡，见表1-5。应避免壁的交叉和锐角连接，壁或肋的交叉或锐角连接均易形成热节而产生铸造缺陷。中小件可采用交错接头，大件可采用环状接头。

表1-5　铸件壁的连接形式与尺寸

图　例		连　接　尺　寸
不合理结构	合理结构	
		$R = \left(\dfrac{1}{6} \sim \dfrac{1}{3}\right)\left(\dfrac{a+b}{2}\right), \alpha < 75°, b \approx 1.25a, R_1 = R+b$
		$a \leqslant b \leqslant 2a, R \geqslant \left(\dfrac{1}{6} \sim \dfrac{1}{3}\right)\left(\dfrac{a+b}{2}\right), R_1 \geqslant R + \dfrac{a+b}{2}$
		$R \geqslant \left(\dfrac{1}{6} \sim \dfrac{1}{3}\right)\left(\dfrac{a+b}{2}\right), b > 2a, c \approx 3\sqrt{b-a}, R_1 \geqslant R + \dfrac{a+b}{2}$ $h \geqslant 4c(铸铁), h \geqslant 5c(铸钢)$
		三壁相等时，$R \geqslant \left(\dfrac{1}{6} \sim \dfrac{1}{3}\right)a$

（续）

图 例		连接尺寸
不合理结构	合理结构	
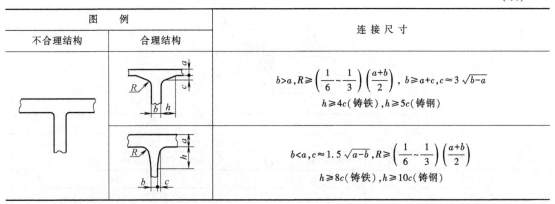		$b>a, R\geqslant\left(\dfrac{1}{6}\sim\dfrac{1}{3}\right)\left(\dfrac{a+b}{2}\right), b\geqslant a+c, c\approx3\sqrt{b-a}$ $h\geqslant4c(铸铁), h\geqslant5c(铸钢)$
		$b<a, c\approx1.5\sqrt{a-b}, R\geqslant\left(\dfrac{1}{6}\sim\dfrac{1}{3}\right)\left(\dfrac{a+b}{2}\right)$ $h\geqslant8c(铸铁), h\geqslant10c(铸钢)$

注：1. 圆角标准整数系列（单位为 mm）为 2、4、6、8、10、12、14、16、20、25、30、35、40、50、60、80、100。

　　2. 当壁厚大于 20mm 时，R 取系数中的小值。

铸造圆角可参考表 1-6 和表 1-7 选取。

表 1-6 铸造内圆角（JB/ZQ 4255—2006）　　　　（单位：mm）

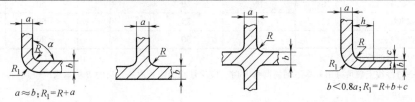

$a\approx b; R_1=R+a$　　　　$b<0.8a; R_1=R+b+c$

$\dfrac{(a+b)}{2}$	R 值											
	内圆角 α											
	≤50°		>50°~75°		>75°~105°		>105°~135°		>135°~165°		>165°	
	钢	铁	钢	铁	钢	铁	钢	铁	钢	铁	钢	铁
≤8	4	4	4	4	6	4	8	6	16	10	20	16
9~12	4	4	4	4	6	6	10	8	16	12	25	20
13~16	4	4	6	4	8	6	12	10	20	16	30	25
17~20	6	4	8	6	10	8	16	12	25	20	40	30
21~27	6	6	10	8	12	10	20	16	30	25	50	40
28~35	8	6	12	10	16	12	25	20	40	30	60	50
36~45	10	8	16	12	20	16	30	25	50	40	80	60
46~60	12	10	20	16	25	20	35	30	60	50	100	80
61~80	16	12	25	20	30	25	40	35	80	60	120	100
81~110	20	16	25	20	35	30	50	40	100	80	160	120
111~150	20	16	30	25	40	35	60	50	100	80	160	120
151~200	25	20	40	30	50	40	80	60	120	100	200	160
201~250	30	25	50	40	60	50	100	80	160	120	250	200
251~300	40	30	60	50	80	60	120	100	200	160	300	250
>300	50	40	80	60	100	80	160	120	250	200	400	300
c 和 h 值	b/a		≤0.4		>0.4~0.65		>0.65~0.8		>0.8			
	c≈		0.7(a-b)		0.8(a-b)		a-b		—			
	h≈	钢	8c									
		铁	9c									

表 1-7　铸造外圆角（JB/ZQ 4256—2006）　　　　　　　（单位：mm）

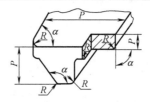

P	R 值					
	外圆角 α					
	≤50°	>50°~75°	>75°~105°	>105°~135°	>135°~165°	>165°
≤25	2	2	2	4	6	8
>25~60	2	4	4	6	10	16
>60~160	4	4	6	8	16	25
>160~250	4	6	8	12	20	30
>250~400	6	8	10	16	25	40
>400~600	6	8	12	20	30	50
>600~1000	8	12	16	25	40	60
>1000~1600	10	16	20	30	50	80
>1600~2500	12	20	25	40	60	100
>2500	16	25	30	50	80	120

注：1. P 为表面的最小边尺寸。

　　2. 如一铸件按上表可选出许多不同的圆角 R 时，应尽量减少或只取一适当的 R 值以求统一。

三、保证铸件质量的合理结构

铸件的结构应有利于保证铸件的质量，减少形成铸件缺陷的倾向。表 1-8 列出了保证铸件质量的合理结构。

表 1-8　保证铸件质量的合理结构

序号	对铸件结构的要求	不合理结构	合理的结构
1	壁厚力求均匀，避免厚大断面		
2	避免水平位置有较大的平面		

（续）

序号	对铸件结构的要求	不合理结构	合理的结构
3	在易产生夹砂的较大平面上可设矮筋	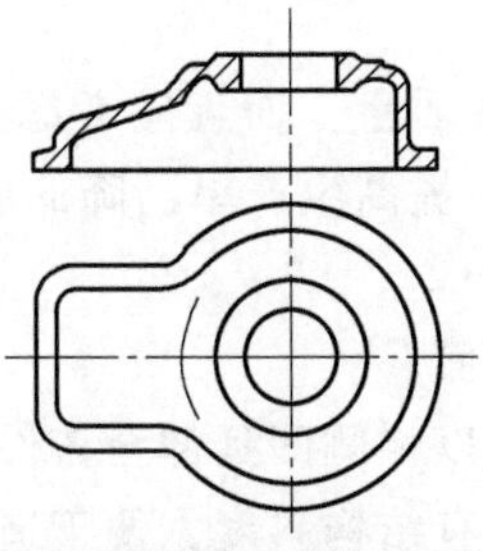	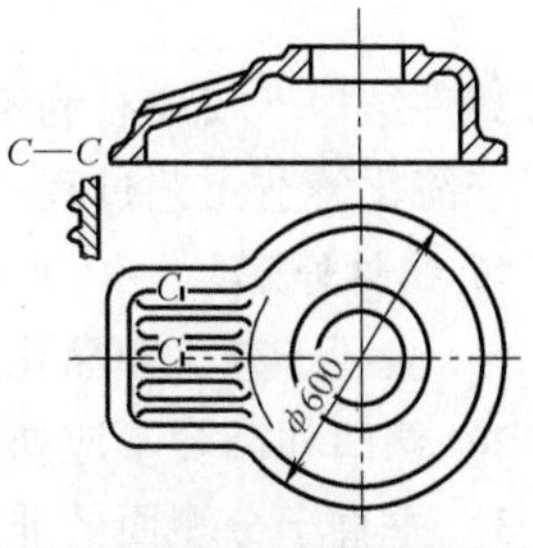
4	铸件内部壁厚应适当减薄,使整个铸件均匀冷却	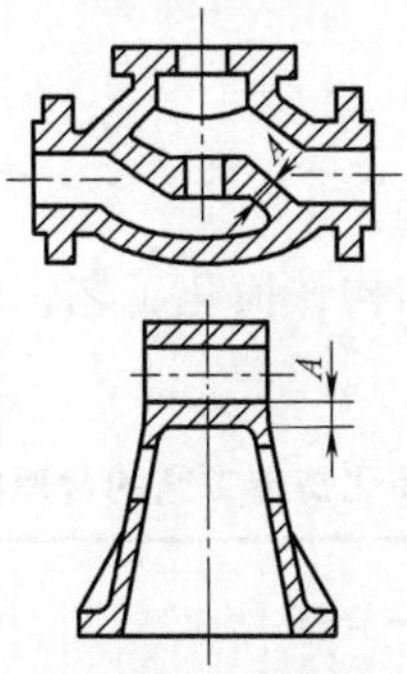	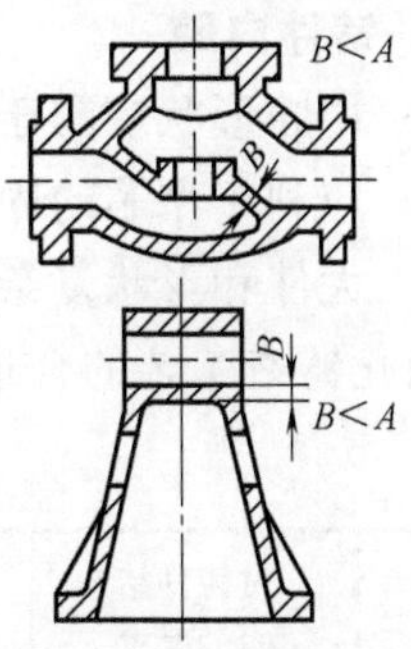
5	应避免铸件收缩受阻碍	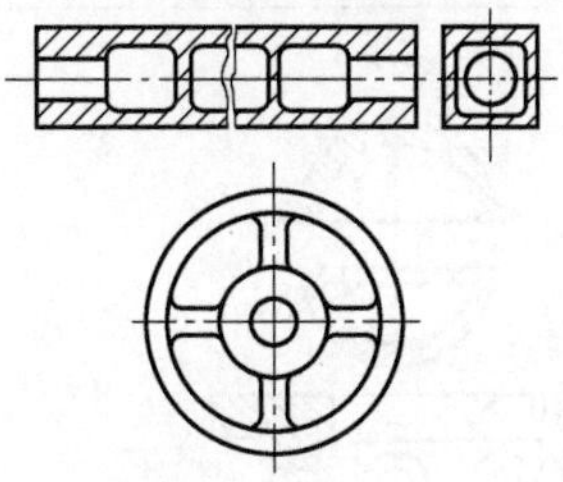	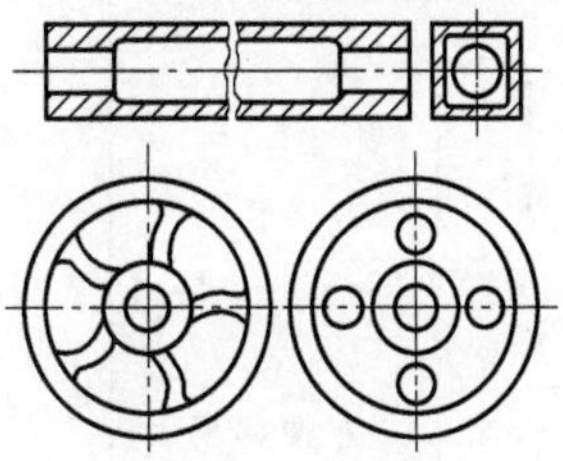
6	应有利于补缩	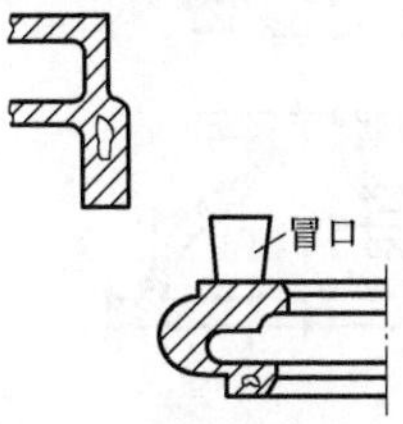	
7	应防止产生变形	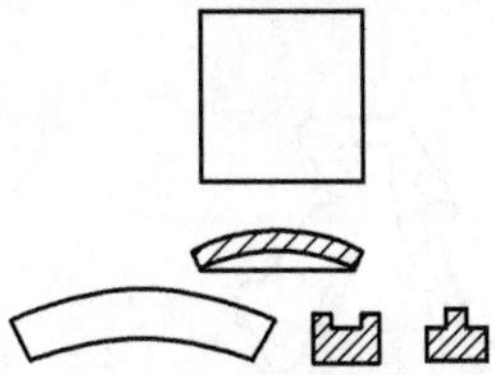	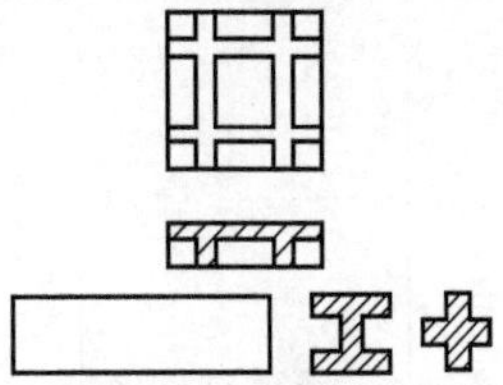
8	应尽量使铸件在一个砂箱中形成,以保证精度	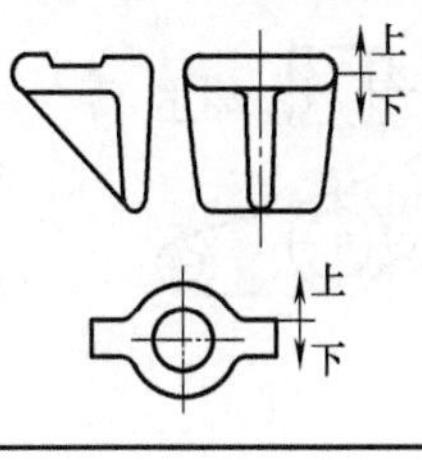	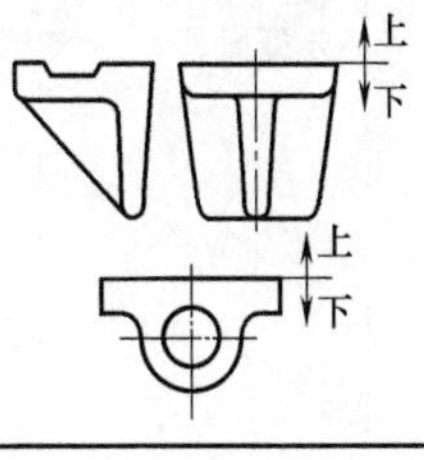

第二节　铸造工艺对铸件结构的要求

铸件结构不仅应有利于保证铸件的质量，而且应考虑到造型、制芯和清理等操作方便，以利于简化铸造工艺过程，稳定质量，提高生产率，降低成本。

1. 铸件外形

1）应利于减少和简化铸型的分型面。

2）侧凹和凸台不应妨碍起模，可以将侧凹延伸至铸件小端，凸台延伸至铸件大端。

3）垂直于分型面的非加工面应具有结构斜度，便于造型时取出模样。

2. 铸件内腔

1）内腔形状应利于制芯或省去型芯。

2）应利于型芯的固定、排气和清理。

3）大件和形状复杂件可采用组合结构，简化工艺，保证质量。

简化铸造工艺的合理结构见表1-9。

表1-9　简化铸造工艺的合理结构

序号	对铸件结构的要求	不合理结构	合理的结构
1	方便起模及简化制模操作	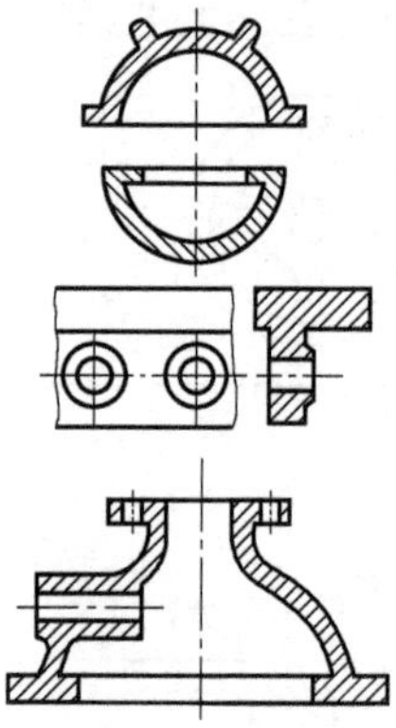	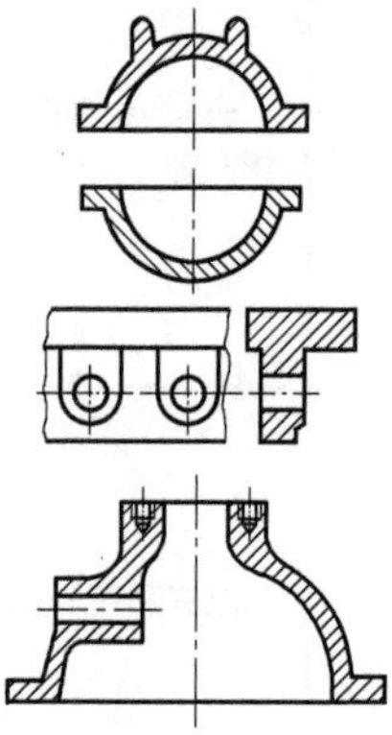
2	减少和简化分型面	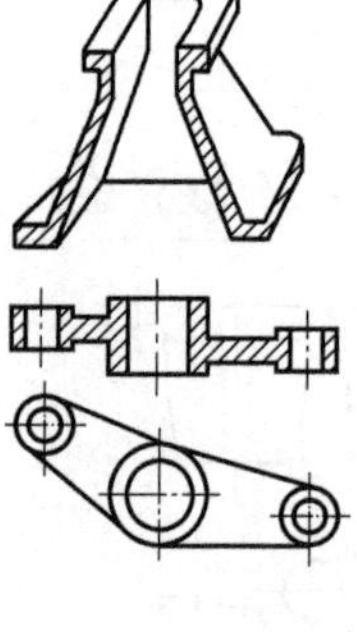	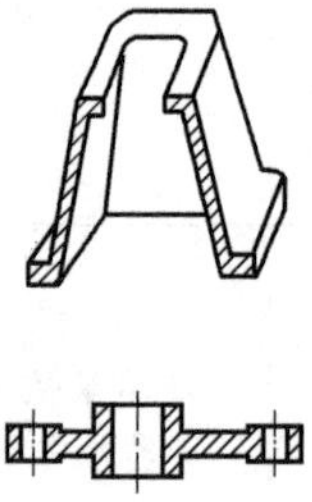

（续）

序号	对铸件结构的要求	不合理结构	合理的结构
3	减少砂芯的数量	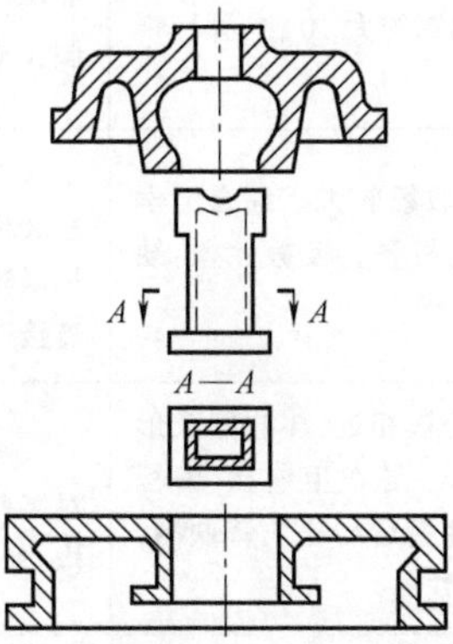	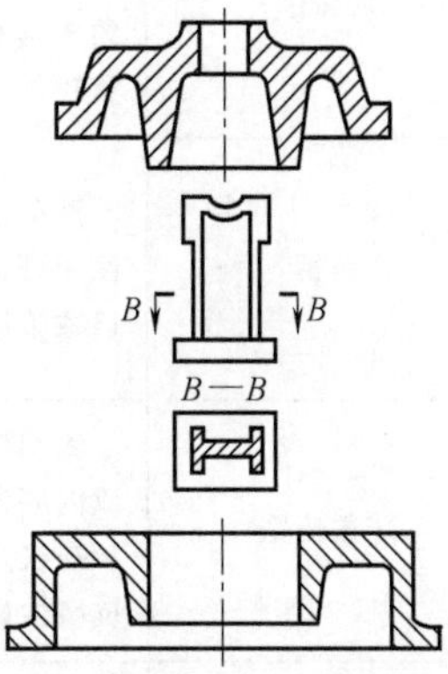
4	有利于砂芯的固定和排气	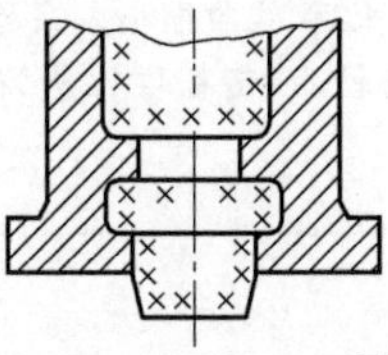 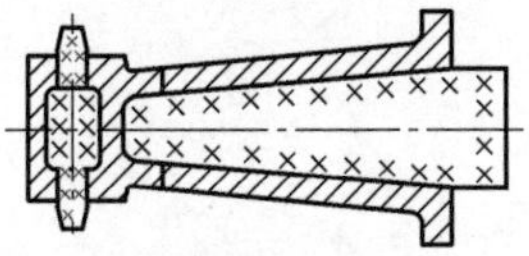 	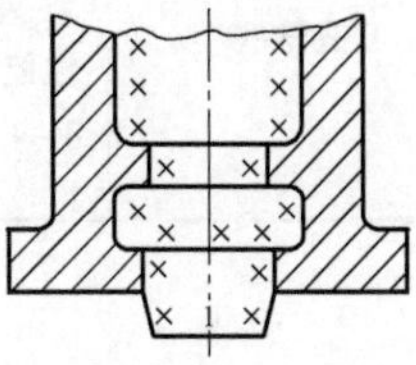 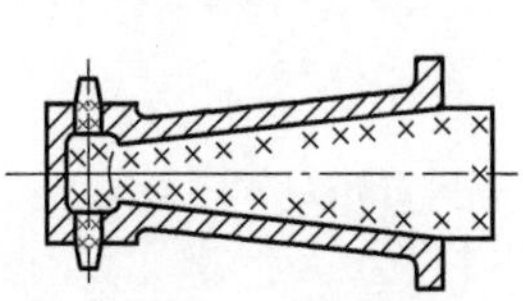 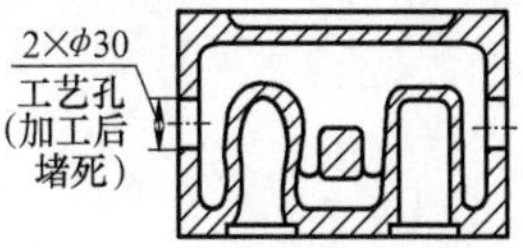
5	简化清理操作	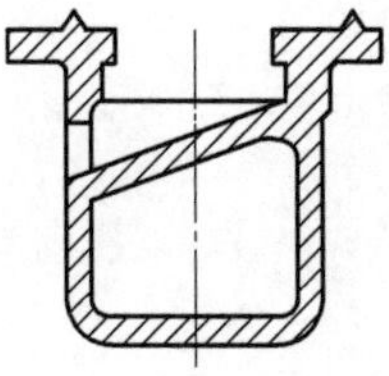	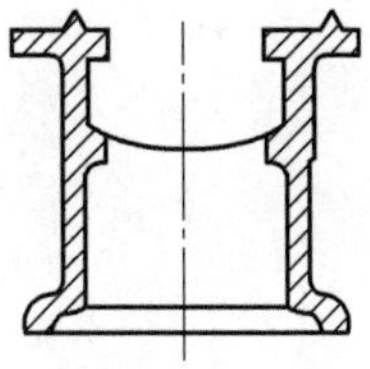

第三节 不同铸造合金对铸件结构的要求

不同的铸造合金具有不同的铸造性能，在铸件设计及产品零件结构工艺性分析时应充分注意到各种不同铸造合金的特点并采取相应的合理结构和工艺措施。

表1-10列出了常用铸造合金的性能及结构特点。

表 1-10　常用铸造合金的性能及结构特点

合金种类	性能特点	结构特点
灰铸铁	流动性好,体收缩和线收缩小,缺口敏感性小。综合力学性能低,抗压强度比抗拉强度高约 3~4 倍,吸振性好,比钢约大 10 倍;弹性模量较低	由于流动性好,可以铸造壁厚较薄、形状复杂的铸件。铸件残余应力小、吸振性好。常用来制作机床床身、发动机机体、机座等铸件
铸钢	流动性差,体收缩和线收缩较大。综合力学性能高,抗压和抗拉强度相等。吸振性差,缺口敏感性大	铸件允许最小壁厚比灰铸铁要厚,不易铸出复杂件。铸件内应力大,易挠曲变形。结构应尽量减少热节点,并创造顺序凝固的条件。相连接壁的圆角和不同壁的过渡段较灰铸铁件大
球墨铸铁	流动性和线收缩与灰铸铁相近,体收缩及形成内应力倾向较灰铸铁大,易产生缩孔、缩松和裂纹。强度、塑性、弹性模量均比灰铸铁高,抗磨性好,吸振性比灰铸铁差	一般都设计成均匀壁厚,尽量避免厚大断面。对某些厚大断面的球墨铸铁件可采用空心结构,如大型的球墨铸铁曲轴类等
可锻铸铁	流动性比灰铸铁差,体收缩大。退火前很脆,毛坯易损坏;退火后,线收缩小。综合力学性能稍次于球墨铸铁,冲击韧度比灰铸铁大 3~4 倍	由于铸态要求获得白口,故一般适宜制作均匀薄壁的小件。最合适的壁厚为 5~16mm。壁厚应尽量均匀。为增加刚性,断面形状多设计成 T 字形或工字形,避免十字形断面。铸件的突出部分应该用筋条加固

2

铸造工艺方案的确定

确定合理的铸造工艺方案是进行铸造工艺设计的第一步，在这个基础上才能进行后续的工装设计和制定生产用的工艺规范。

铸造工艺方案概括地说明了铸件生产的基本过程和方法，即根据实际生产条件和铸件的生产批量对拟采用的铸造方法、生产的零件进行工艺分析，并对各种可能的方案进行对比，根据工厂实际与可能的条件择优确定造型、制芯方法和铸型的种类、浇注位置、分型面、砂芯分块、浇冒口系统等。因此，它包括的内容和范围很广，要想确定最佳的铸造工艺方案，首先应对零件的结构进行铸造工艺性深入分析。本章重点介绍砂型铸造过程中，造型和制芯方法、铸型种类、浇注位置和分型面的确定等内容。

确定合理而先进的铸造工艺方案，对获得优质铸件，简化工艺过程，提高生产率，改善劳动条件以及降低生产成本等起着决定性的作用。因此，在进行工艺设计时对铸造工艺方案要予以充分重视。

第一节　造型、制芯方法及铸型种类确定

一、造型和制芯方法及选择

砂型铸造一般不受零件形状、大小以及复杂程度的限制，而且原材料来源广、见效快、成本低，目前它所生产的铸件约占铸件总产量的 80% 以上。

铸造生产可分为手工和机器两大类。手工制型和制芯所使用的工艺装备简单，灵活多样，适应性强，所以在单件、小批或成批生产中，特别是在重大型铸件和复杂铸件中仍有着广泛的用途，但其生产率低，劳动强度大，质量不稳定；机器造型和制芯有生产率高、劳动强度低、质量比较稳定等优点，但是，它需要庞大的机器设备，投资大，主要应用于成批大量生产中。

造型和制芯还可以按制作过程中的主要特点来分类。选型和制芯的各种方法见表 2-1 和表 2-2。

表 2-1 和表 2-2 中地坑造型，刮板造型和刮板制芯只适用于手工操作，其余可以适用于机器或手工操作。

机器造型可按其紧砂方式进行分类，见表 2-3。

表2-1 造型的各种方法

造型方法	主 要 特 点	应 用 情 况
砂箱造型	在砂箱内造型,操作方便,劳动量较小	大、中、小铸件,大量成批和单件生产均可采用
劈箱造型	将模样和砂箱分成相应的几块,分别造型,然后组装起来,使造型、烘干、搬运、合箱、检验等工序操作方便,但制造模样、砂箱的工作量大	常用于成批生产的大型复杂铸件,如机床床身、大型柴油机机体等
叠箱造型	将几个甚至十几个铸型重叠起来浇注,可节约金属,充分利用生产面积	可用于成批生产的中小件(特别是小型铸钢件)
脱箱造型(无箱造型)	造型后将砂箱取走,在无箱或加套箱的情况下浇注	用于大量成批或单件生产的小件
地坑造型	在车间的地坑中造型,不用砂箱或只用盖箱,操作较麻烦,劳动量大,生产周期长	在无合适砂箱时,单件生产的中大型铸件才采用
刮板造型	用专制的刮板刮制铸型,可节省制造模样的材料和工时,操作麻烦,生产率低	多用于单件小批生产的、外形简单的或回转体的铸件
组芯造型	铸型由多块砂芯组装而成,可在砂箱、地坑中或用夹具组装	用于单件或成批生产的、结构复杂的铸件

表2-2 制芯的各种方法

制芯方法	主 要 特 点	应 用 情 况
芯盒制芯	用芯盒内表面形成砂芯的形状,砂芯尺寸准确,可制造小而复杂的砂芯	各种形状、尺寸和批量的砂芯均可采用
刮板制芯	与刮板造型相似	用于单件小批生产形状简单的或回转体砂芯

表2-3 机器造型的各种方法

造型方法	主 要 特 点	应 用 情 况
震实式	靠震击来紧实铸型。机器结构简单,制造成本低。但噪声大,生产率低,对厂房基础要求高;铸型出现上松下紧现象,常需人工补实上表面,劳动强度大	可用于成批大量生产的中小件的上半铸型,但应用较少
压实式	用较低的比压压实铸型。机器结构简单,噪声小,生产率较高。但铸型上下部位紧实度差别较大,所以铸件高度不可太高	适用于成批大量生产的矮小铸件
震压式	在震压后加压紧实铸型,克服震击后铸型上部疏松的缺点。机器结构简单,生产率较高,但噪声仍大	用于成批大量生产的中小件,常用于脱箱造型
微震压实式	在微震的同时加压紧实铸型。生产率较高,但机器结构复杂,仍有噪声	用于成批大量生产的中小件
高压造型	用较高的比压(一般大于0.7MPa)压实铸型。生产率高,铸件尺寸准确,易于实现自动化。但机器结构复杂,制造成本高	用于大量生产的中小件
射压式	用射砂法填砂,水平分型,再用高比压压实铸型。生产率高,易于实现自动化。可以是有箱或无箱造型法	用于大量生产的中小件
挤压式	是垂直分型的射压式造型,不用砂箱,自动化程度高,生产率高,占地面积小	主要应用于成批大量生产的小件
抛砂	用抛砂的方法填砂和紧实铸型。机器的制造成本较高	用于各种批量的大型铸件
真空密封	利用极薄而富有弹性的塑料薄膜,将砂箱内无黏结剂的干砂密封,利用真空负压,使型砂形成铸型和紧实,生产率高,表面光洁,特别易落砂,成本低,但设备复杂	适用于成批大量生产的中小件

机器制芯的各种方法见表2-4。

表2-4　机器制芯的各种方法

制芯方法	主要特点	应用情况
震实式；震压式；微震压实式	同表2-3相应造型方法的主要特点	可用黏土芯砂、合脂砂、桐油砂的砂型
射芯法	将芯砂悬浮在压缩空气的气流中，以高速射入芯盒而制成砂芯。操作方便，生产率高，易实现自动化。除普通射芯盒法之外，尚有热芯盒法和冷芯盒法之分	适用于成批大量生产的中小型砂芯
热芯盒法	将芯盒加热，砂芯在盒内固化。砂芯尺寸精度高，表面粗糙度值小，但有刺鼻气味	适用于成批大量生产的中小型砂芯，多用树脂砂
冷芯盒法	芯盒不加热，在室温下通过化学或物理变化，使砂芯快速在芯盒内固化。具有热芯盒的全部优点，省掉了加热设备。但目前用树脂砂制芯会产生有毒气体	
壳芯法	将芯砂吹入加热的芯盒中保持一定的结壳时间，然后倒出砂芯中未黏结在一起的树脂砂而形成一个中空薄壳的砂芯。比热芯盒法突出的优点是树脂砂耗量小，砂芯通气性好。有顶吹法和下吹法两种	用于成批大量生产的中小型砂芯（通常使用树脂砂）

选择方法时应根据铸件的结构特点、合金种类、铸件的生产批量和数量、铸件的尺寸精度和表面粗糙度、铸件的需要日期以及车间的生产条件等进行选择，应优先考虑采用先进工艺，以便提高产品质量，节省材料，改善劳动条件，提高生产率，降低生产成本。

二、铸型的种类及选择

砂型铸造常用的铸型有干型、表面干燥型、湿型、自硬型和铁模复砂型等，其特点见表2-5。

表2-5　铸型的种类及特点

铸型种类	主要特点	应用情况
干型	铸型经烘干，水分少，强度高，透气性好，可避免由湿型而引起的一些铸造缺陷（如夹砂、气孔、冲砂、黏砂、涨箱）。但燃料耗费多，成本高，工艺过程复杂、生产周期长，劳动条件差，不易实现自动化	结构复杂、质量要求高的单件、小批生产的中大型铸件
表面干燥型	只将铸型表面层烘干（烘干层厚度为10~80mm），克服干型的部分缺点，保持干型的一些优点。降低了成本，提高了生产率	结构复杂、质量要求较高的单件、小批生产的中大型铸件
湿型	铸型不烘干。优点是成本低、生产率高、劳动条件得到改善，易于实现机械化、自动化。但铸型水分多、强度低，易产生呛火、夹砂、气孔冲砂、黏砂、涨箱等铸造缺陷	单件、成批和大量生产的中小件，机械化、自动化的流水线生产中。自采用膨润土活化砂后，大大扩大了湿型的应用范围
自硬型	铸型靠型砂（芯砂）自身的化学反应而硬化，一般不需烘干或经低温烘烤。优点是强度高、粉尘少、效率高。但成本较高，易产生黏砂等缺陷。由于砂子回收利用困难，为了减少自硬砂的用量，可采用复砂铸型，即用普通砂作为背砂，用自硬砂作为面砂。自硬砂根据使用黏结剂的不同有水玻璃类和树脂类等。目前我国由于树脂供应困难，故以水玻璃类应用最广。水玻璃类根据使用硬化剂的不同可分为： 1)二氧化碳法。利用吹 CO_2 气使铸型硬化，硬化快，效率高 2)加热法。利用加热使铸型硬化，耗费燃料，生产周期长	各种铸件均可采用，但以铸钢件、中大型铸件应用较多

（续）

铸型种类	主要特点	应用情况
自硬型	3）硅铁粉法。在型砂内加入硅铁粉经化学反应而硬化。此法硬化快，效率高，但放出氢气，所以大量采用时应注意有发生爆炸的危险 4）炉渣自硬砂法。在型砂内加入炼钢炉渣而硬化。此法利用废料，成本低，但需破碎设备 5）赤泥自硬砂法。型砂中加入赤泥，硬化较慢，一般需经200℃左右的烘烤，但成本较低	各种铸件均可采用，但以铸钢件、中大型铸件应用较多
水泥砂铸型	用普通水泥(或加某些附加剂，如聚乙烯醇)或双快(快干、快凝)水泥为黏结剂制成铸型(或砂芯)，具有自硬、干强度高、发气量少、出砂性能好等优点，有利于保证铸件质量和尺寸精度，造型(制芯)方便，旧砂可回收利用。但硬化周期较长，制备好的型砂保存时间不易太长	适用于单件、成批生产，特别是机床等类型的中大型铸件
石灰石砂铸型	用破碎成粒状的石灰石砂来代替一般的硅砂(常用水玻璃作为黏结剂)做成自硬性铸型。具有硅粉尘少、易清理的优点，因而对消除工人的砂肺病有利。但应用于大件时有缩沉及CO中毒现象，而且旧砂的回收利用困难	目前主要应用于铸钢件的生产中
流态砂铸型	由于在赤泥自硬砂中加入发泡剂而使型砂具有一定的流动性，因此灌入砂箱内，不需人工捣实，自行硬化。具有造型效率高、劳动条件好等优点，但易出现黏砂和缩沉缺陷，砂子回收利用也困难	应用于中大型铸型及砂芯
铁模复砂型	最近发展起来的一种制造厚大球墨铸铁铸件的铸型。铁模用一般灰铸铁铸成，砂层可用树脂砂、矾土水泥流态砂等。复砂层厚为5~15mm。这种铸型刚度大，有利于利用球墨铸铁的缩前膨胀，可减轻或消除球墨铸铁内的缩孔和缩松，提高了质量，降低了劳动强度，但铸型费用高，旧砂不可回收利用	应用于成批大量生产厚大的球墨铸铁铸件，如曲轴等

第二节　浇注位置和分型面的确定

浇注位置是指浇注时铸件在型内所处的状态和位置。确定浇注位置是铸造工艺设计中重要的一环，其关系到铸件的内在质量、铸件的尺寸精度及造型工艺过程的难易，因此往往需制定出几种方案加以分析、对比，最后择优选用。浇注位置与造型（合箱）位置、铸件冷却位置可以不同。生产中常以浇注时分型面是处于水平、垂直或倾斜位置的不同，分别称为水平浇注、垂直浇注或倾斜浇注，但这不代表铸件的浇注位置的含义。

浇注位置一般是在选择造型方法之后确定的。根据合金种类、铸件结构和技术要求，结合选定的造型方法，确定出铸件上质量要求高的部位（如重要加工面、受力较大的部位、承受压力的部位等）。结合生产条件估计主要废品倾向和容易发生缺陷的部位（如厚大部位容易出现收缩缺陷，大平面上容易产生夹砂结疤，薄壁部位容易产生浇不到、冷隔等缺陷，薄厚相差悬殊的部位应力集中而容易发生裂纹等）。这样在确定浇注位置时，就应使重要部位处于有利的状态，并针对容易出现的缺陷，采取相应的工艺措施予以防止。

应指出，确定浇注位置在很大程度上取决于控制铸件的凝固。实现铸件的顺序凝固，可消除缩孔、缩松等缺陷，确保获得致密的铸件。在这种条件下，浇注位置的确定应有利于安放冒口。实现同时凝固的铸件，内应力小，变形小，金相组织比较均匀一致，不用或很少采用冒口，节约金属，减小热裂倾向。铸件内部可能有缩孔或轴线缩松存在。因此，多应用于薄壁铸件或内部出现轻微轴线缩松不影响使用的情况下。这时，如果铸件有局部肥厚部位，可置于浇注位置的底部，利用冷铁或其他激冷措施，实现同时凝固。灰铸铁件、球墨铸铁件常利用凝固阶段的共晶体积膨胀来消除收缩缺陷，因此，可不遵守顺序凝固条件而获得健全铸件。

分型面是指两个半铸型相互接触的表面。一般先从保证铸件的质量出发来确定浇注位置，然后从工艺操作方便出发确定分型面。一些质量要求不高（如支架类铸件）或外形复杂、生产批量又不大的铸件，为了简化工艺操作，也可优先考虑分型面。

一、铸件浇注位置的确定原则

铸件浇注位置要符合于铸件的凝固方式，保证铸型的充填。确定浇注位置时应注意以下几个原则。

（1）铸件的重要部位应尽量置于下部 一般情况下铸件浇注位置的上部铸造缺陷较下部多，所以应将铸件的重要加工面或主要受力使用面等要求较高的部位放到下部，若有困难则可放到侧面或斜面。铸件下部金属在上部金属的静压力下凝固并得到补缩，组织致密。例如：机床床身的导轨面是关键部分，其浇注位置应当是把导轨面放到最下部，如图 2-1 所示。图 2-2 所示的锥齿轮，因为牙齿部分要求高，所以应将其放到下部。图 2-3 所示的起重机卷筒，表面要求均匀一致，多采用立浇方案。但对于体收缩较大的合金铸件，如铸钢件，考虑到放置冒口和减少非加工面的飞边，加工面可以放到上面，如图 2-4 所示。

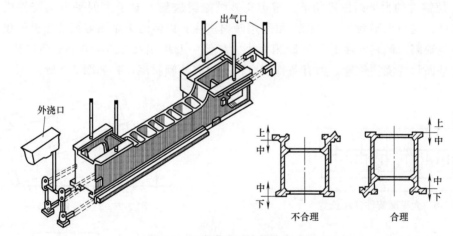

图 2-1 机床床身的合理浇注位置

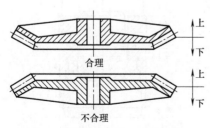

图 2-2 锥齿轮的合理浇注位置

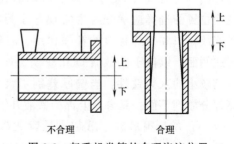

图 2-3 起重机卷筒的合理浇注位置

（2）重要加工面应朝下或呈直立状态 经验表明，气孔、非金属夹杂物等缺陷多出现在朝上的表面，而朝下的表面或侧立面通常比较光洁，出现缺陷的可能性小。浇注位置的选择应有利于铸型的充填和型腔中气体的排除，所以，薄壁铸件应将薄而大的平面放到下面或侧立、倾斜，以防止出现浇不足和冷隔等缺陷。对流动性差的铸造合金应特别注意这个问题。个别加工表面必须朝上时，应适当放大加工余量，以保证加工后不出现缺陷。

各种机床床身的导轨面是关键表面，不允许有砂眼、气孔、渣孔、裂纹和缩松等缺陷，而且要求组织致密、均匀，以保证硬度值在规定范围内。因此，尽管导轨面比较肥厚，对于灰铸铁件而言，床身的最佳浇注位置是导轨面朝下。缸筒和卷筒等圆筒形铸件的重要表面是内、外圆柱面，要求加工后金相组织均匀、无缺陷，其最优浇注位置应使内、外圆柱面呈直立状态。

（3）应保证铸件能充满 对具有薄壁部分的铸件，应把薄壁部分放在下半部或置于内浇道以下，以免出现浇不到、冷隔等缺陷。图2-5所示为铝电动机端盖的合理浇注位置。

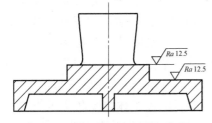

图2-4 铸钢件的合理浇注位置

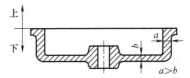

图2-5 铝电动机端盖的合理浇注位置

（4）使铸件的大平面位置朝下，避免夹砂结疤类缺陷 对于大的平板类铸件或有大平面的铸铁件，应将大平面放在下面。可采用倾斜浇注，以便增大金属液面的上升速度，防止夹砂结疤类缺陷。倾斜浇注时，依砂箱大小，H 值一般控制在 $200\sim400\text{mm}$ 范围内。图2-6所示为大平面铸件浇注位置。如有条件则应将平板铸件倾斜浇注，如图2-7所示。

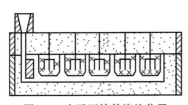

图2-6 大平面铸件浇注位置

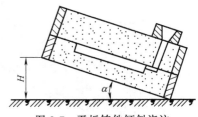

图2-7 平板铸件倾斜浇注

（5）应有利于铸件的补缩 对于因合金体收缩大或铸件结构上厚薄不均匀而易于出现缩孔、缩松的铸件，浇注位置的选择应优先考虑实现顺序凝固的条件，要便于安放冒口和发挥冒口的补缩作用，将厚大部分放到上面或侧面，以便于安放冒口和冷铁，如图2-8所示。对收缩较小的灰铸铁件，当壁厚差别不太大时，也可以将厚部分放到下面，靠自身上部的铁液补缩而不用冒口。

（6）避免用吊砂、吊芯或悬臂式砂芯，便于下芯、合箱及检验 确定浇注位置时应尽量减少砂芯的数量，

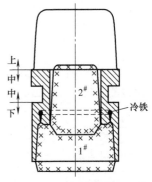

图2-8 双排链轮浇注位置（铸钢）

如图 2-9 所示。同时有利于砂芯的定位、稳固、排气和检验方便，如图 2-10 所示。因此，较大的砂芯应尽可能使芯头朝下，尽量避免砂芯吊在上箱、悬臂或仅靠芯撑来固定。可采用多个铸件共用一个砂芯（如图 2-11 所示的挑担砂芯）来避免上述困难。经验表明，吊砂在合箱、浇注时容易塌箱。在上半型上安放吊芯很不方便。悬臂式砂芯不稳固，在金属浮力作用下易偏斜，故应尽量避免。此外，要考虑下芯、合箱和检验的方便。

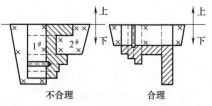

图 2-9 从减少砂芯数量来确定浇注位置

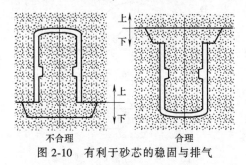

图 2-10 有利于砂芯的稳固与排气

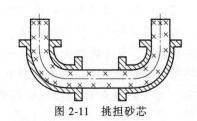

图 2-11 挑担砂芯

（7）应使合箱位置、浇注位置和铸件冷却位置一致 这样可以避免在合箱后或于浇注后再次翻转铸型。翻转铸型不仅劳动量大，而且易引起砂芯移动、掉砂、甚至跑火等缺陷。

一般情况下，铸件的冷却位置和浇注位置是一致的，但有时工艺上要求，在浇注后需改变铸件的凝固位置。只在个别情况下，如单件、小批量生产较大的球墨铸铁曲轴时，为了造型方便和加强冒口的补缩效果，常采用横浇竖冷方案。在浇注后将铸型竖起来，使冒口在最上端进行补缩。在工艺设计时，当浇注位置和冷却位置不一致时，应在铸造工艺图上注明冷却位置。

此外，应注意浇注位置、冷却位置与生产批量密切相关。同一个铸件，如球墨铸铁曲轴，在单件小批生产的条件下，采用横浇竖冷是合理的，浇注完后将曲轴直立或倾斜。这既可使造型、浇注操作方便，又提高了冒口的补缩效果。而当大批大量在机械化的流水线上生产时，则应采用造型、合箱、浇注和冷却位置一致的卧浇、卧冷方案。

二、分型面的确定原则

分型面是指两半型相互接触的表面。除了地面软床造型、明浇的小件、实型铸造及熔模铸造以外，都需要选择分型面。对零件图进行审核，分析零件结构是否符合铸造工艺要求，考虑在工艺设计中如何采取措施防止出现铸造缺陷，因此，分型面的选择原则如下。

（1）分型面一般选取在铸件的最大截面上 为了起模方便，分型面一般选取在铸件的最大截面上，但注意不要使模样在一箱内过高。如图 2-12 所示，若采用②的方案可使模样在下箱内的高度减少。

（2）重要加工面或大部分加工面和加工基准面放到同一个砂箱中，尽可能地放在下箱
尽量将铸件的重要加工面或大部分加工面和加工基准面放到同一个砂箱中，而且尽可能地放在下箱，以便保证铸件尺寸的精确，减少铸件的飞边。如图 2-13 所示，为了保证支架上下两孔的位置，而将其放于一个砂箱中。

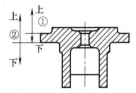

图 2-12 托架分型面的选择

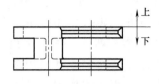

图 2-13 支架的分型方案

分型面主要是为了取出模样而设置的，但对铸件精度会造成损害。

1）箱对准时的误差会使铸件产生错偏。

2）合箱不严，会使铸件在垂直分型面方向上的尺寸增加。

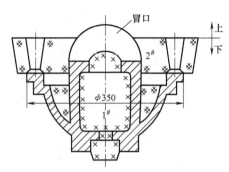

因此，为了保证铸件精度，如果做不到上述要求，也应尽可能把铸件的加工面和加工基准面放在同一砂箱内。凡是铸件上要求严格的尺寸部分，尽量不被分型面所穿越。图 2-14 所示为后轮毂的分型方案，加工内孔时以 $\phi350\text{mm}$ 的外圆周定位（基准面）。

图 2-14 后轮毂的分型方案

（3）尽量减少分型面的数目 为了简化操作过程和保证铸件尺寸精度，应尽量减少分型面的数目，减少活块的数目。分型面少，铸件精度就容易保证，且砂箱数目少。但这不是绝对的。特别是机器造型流水线生产，通常只允许有一个分型面，而且尽量不用活块，而用砂芯代替活块，如图 2-15 和图 2-16 所示。当然，对于同一铸件可能有不同的分型面选择，尤其对于一些大而复杂的铸件，有时往往需要采用两个以上的分型面（如劈箱造型），这样反而对保证质量和简化工艺操作有利。图 2-17 所示为

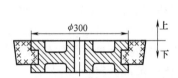

图 2-15 绳轮铸件采用砂芯使
三箱造型变为两箱造型

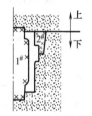

图 2-16 以砂芯代替活块

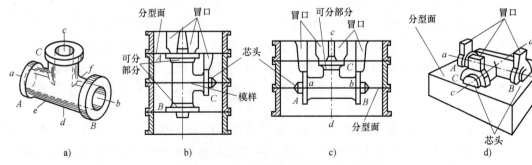

图 2-17 三通铸件的不同分型面选择
a）铸件 b）四箱造型 c）三箱造型 d）两箱造型

三通铸件的不同分型面选择。

（4）分型面应尽量选用平面 为了便于生产操作，减少制造工艺装备的费用，分型面应尽量采用平面，如图 2-18 所示。平直的分型面可简化造型过程和模底板的制造，易于保证铸件精度。但在大批量机器造型生产时，有时也要采用不平的分型面（如凹凸面、折面、曲面等），但应尽量选用规则的曲面，如圆柱面或折面，以便减少砂芯的数量，降低砂箱的高度，减少铸件的飞边等。因为只有上、下模底板表面曲度精确一致时才能合箱严密，不规则曲面会给模底板的加工带来困难。如图 2-19 所示，摇臂铸件选用了曲面分型后，使清理工作量大为减少，同时铸件整齐美观。图 2-20 中采用曲面分型可使操作方便，防止错箱。

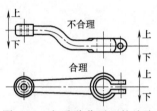

图 2-18 起重臂分型面的选取

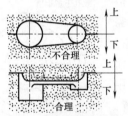

图 2-19 摇臂铸件分型面

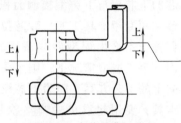

图 2-20 定位臂曲面分型

（5）应尽量减少砂芯的数目 选择分型面时，应尽量减少砂芯的数目。图 2-21 所示的接头，采用自带砂芯代替砂芯。若按图 2-21a 所示对称分型则必须制作砂芯，但按图 2-21b 所示分型，内孔可以用堆吊砂（也称为自带砂芯），这样不仅铸件飞边少，而且易清理，整齐美观。但也要辩证地看待，如大批大量生产发动机缸体、缸盖之类的铸件，有些工厂采用组芯造型，即铸型全部或大部分用砂芯组成，这些砂芯都是机器造出来的，有严格的检验和定位装置，这样不仅保证了质量，而且也提高了生产率。另外，机器造型的中小件，一般只允许一个分型面，以便充分发挥造型机的生产率。虽然总的原则是应尽量减少分型面，但针对具体条件，有时采用多分型面

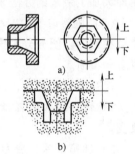

图 2-21 接头分型面

对于单件手工造型也是有利的，可以省去一个芯盒，如图 2-22 所示。在单件小批生产的手工造型中也可用活块代替砂芯。在一般情况下要尽量地使砂芯位于下箱，以便于安放和检验。图 2-23 所示的机床支柱，由于批量不大，若采用下面的方案则便于检查支柱壁厚。

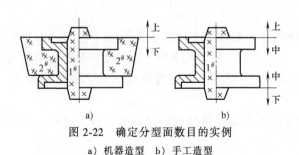

图 2-22 确定分型面数目的实例
a）机器造型 b）手工造型

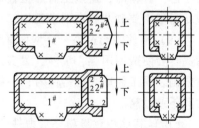

图 2-23 机床支柱分型面的确定

（6）考虑到内浇口的引入位置 分型面的确定应尽可能考虑内浇口的引入位置，并使合箱后与浇注位置一致，以避免合箱后再翻动铸型。

确定浇注位置和分型面是制定铸造工艺方案的第一步。这一步对铸件质量、劳动生产率，劳动强度和铸件成本都有直接的影响。特别是在大批量生产中，整套工艺装备往往都是根据工艺方案设计和制作的，因此要认真地确定。

上面介绍的一些原则，不应当成教条去看待，而应抓住主要矛盾，最后确定合理而先进的铸造工艺方案。如生产某机器后盖（图 2-24）用机器造型，采用大平面向下的工艺方案，用湿型、湿芯，这样有利于保证大平面的质量，尽管砂芯的下芯头与下铸型接触面积小，但砂芯用专用卡具下芯，砂芯位置不需调整，不会出现型砂被挤坏的现象。而在手工造型情况下，则采用大平面向上的工艺方案，因为下芯没有专用卡具，要用起重机来调整砂芯位置，若下芯头接触面积太小不稳定，易挤坏砂型，所以不得不使大平面向上，用加大加工余量的办法来保证大平面的质量。

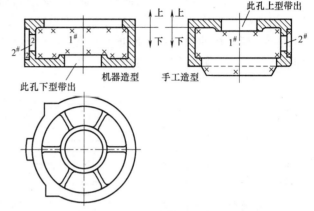

图 2-24　机器后盖铸造工艺示意图

（7）机器造型的中小件，尽量只用一个分型面　机器造型的中小件，一般只允许有一个分型面，以便充分发挥造型机的生产率，凡不能出砂的部位均采用砂芯，而不允许用活块或多分型面。

但在下列情况下，往往采用多分型面的劈箱造型。

1）铸件高大而复杂，采用单分型面会使模样很高，起模斜度会使铸件形状有较大的改变。

2）砂箱很深，造型不方便。

3）砂芯多而型腔深且窄，下芯困难。

选择分型面时总的原则应该尽量减少分型面，但针对具体条件，有时采用多分型面也是有利的。

（8）应便于下芯、合箱和检查型腔尺寸　在手工造型时，模样及芯盒尺寸精度不高，在下芯、合箱时，造型工需要检查型腔尺寸，并调整砂芯位置，才能保证壁厚均匀。为此，应尽量把主要砂芯放在下半型中。

（9）不使砂箱过高　分型面通常选在铸件最大截面上，以使砂箱不至于过高。因为砂箱高，会使造型困难，填砂、紧实、起模、下芯都不方便。几乎所有的造型机都对砂箱高度有限制。手工铸造大型铸件时，一般选多分型面，即用多箱造型以控制每个砂箱的高度，使其不致过高。

（10）其他注意事项　受力件分型面的选择不应削弱铸件的结构强度。铸件结构设计还应注意减少铸件清理和机械加工量。

以上是分型面选择的主要原则，这些原则之间有的相互矛盾和制约。一个铸件应以哪几项原则为主来选择分型面，这需要进行多个方案的对比，根据实际生产条件，并结合经验做出正确的判断，最后选出最佳方案，付诸实施。

第三节　铸造工艺符号及表示方法

　　铸造工艺符号是铸造工作者表达铸件工艺设计的技术语言，是铸造生产者遵守工艺规范、执行工艺指令所必需的技术文件，工艺符号的统一规范有利于企业间的技术交流和工艺文件的执行。绘制铸造工艺图，除了要正确掌握一般机械制图的规则以外，还必须了解铸造工艺符号及表示方法。由于之前没有统一标准，各厂使用的符号及表示方法有所偏差。现将JB/T 2435—2013 规定的铸造工艺符号及表示方法列于表 2-6，以便于符号的统一。

表 2-6　铸造工艺符号及表示方法（JB/T 2435—2013）

名　称	铸造工艺符号及表示方法
分型面	分型面用红色线表示，用红色箭头及红色字标明"上、中、下"字样 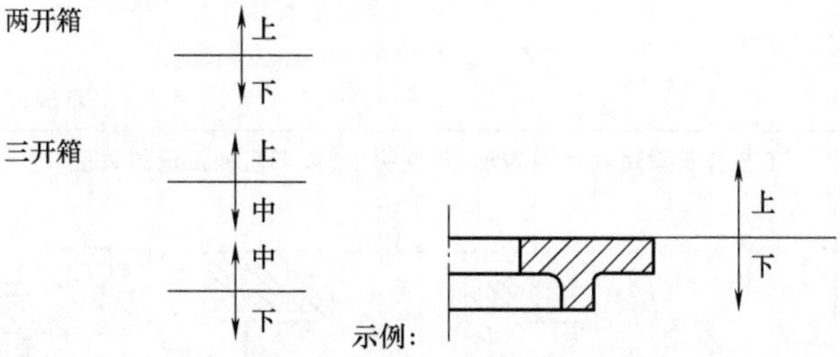
分模面	分模面用红色线表示，并在线的任一端划"<"或">"号（只表示模样分开的界线） 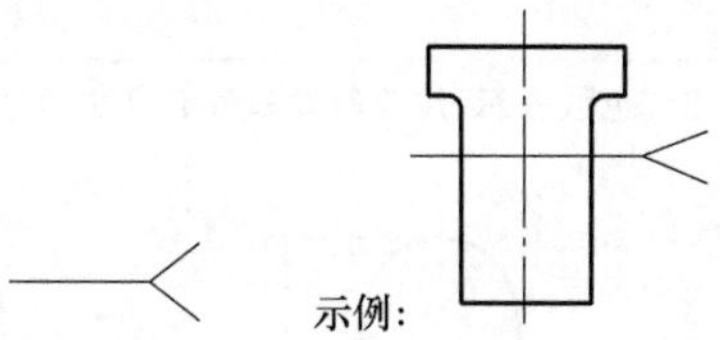
分型分模面	分型分模面用红色线表示 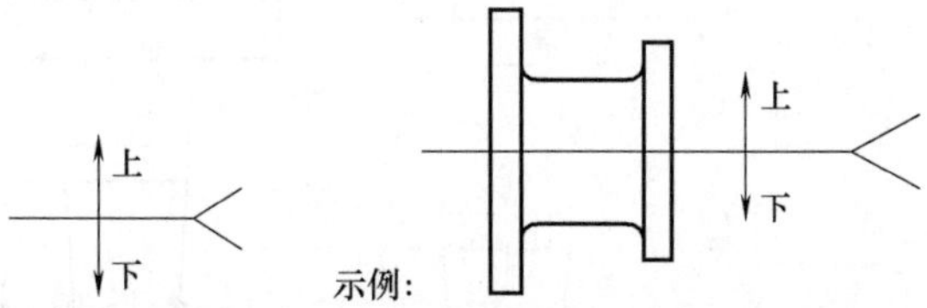
分型负数	分型负数用红色线表示，并注明减量数值 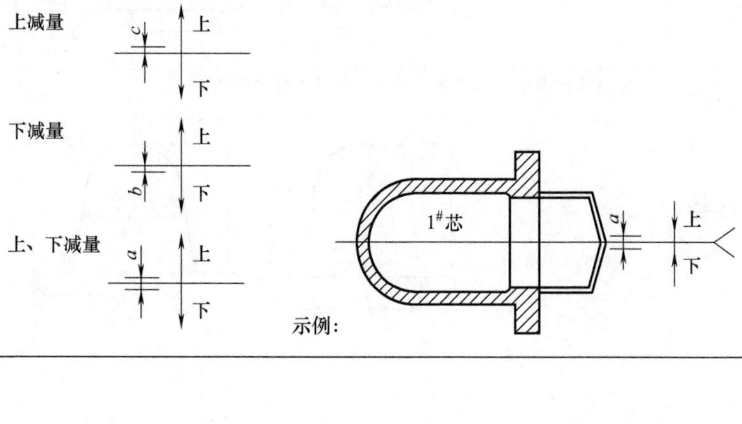

（续）

名　称	铸造工艺符号及表示方法
机械加工余量	加工余量分两种方法表示，可任选其一 1）用红色线表示，在加工符号附近注明加工余量数值 2）在工艺说明中写出上、侧、下字样，注明加工余量数值，特殊要求的加工余量可将数值标在加工符号附近 凡带斜度的加工余量要注明斜度 示例：
不铸出的孔和槽	不铸出的孔和槽用红线打叉 示例：
工艺补正量	工艺补正量用红色线表示，并注明正、负工艺补正量的数值
冒口	各种冒口用红色线表示，注明斜度和各部尺寸，并用序号 1#、2# 区分 示例： 示例：
冒口切割余量	冒口切割余量用红色虚线表示，注明切割余量数值 示例：

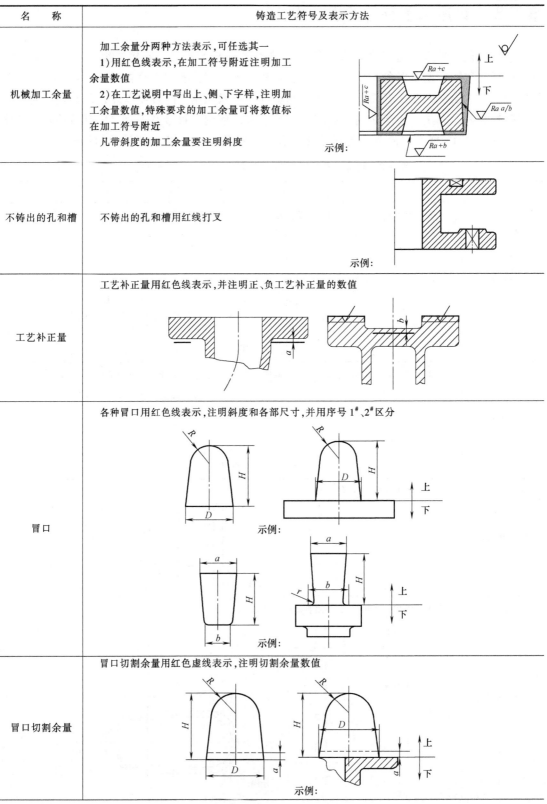

（续）

名 称	铸造工艺符号及表示方法
补贴	补贴用红色线表示并注明各部尺寸 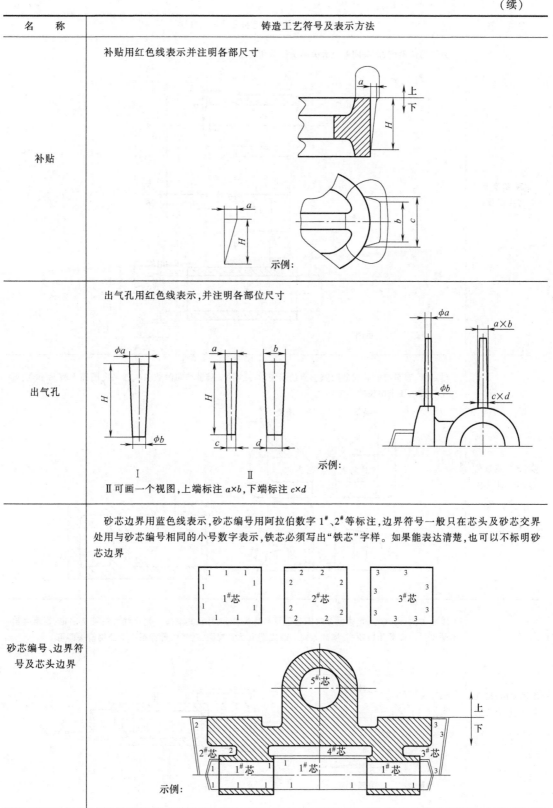
出气孔	出气孔用红色线表示，并注明各部位尺寸 Ⅱ可画一个视图，上端标注 $a{\times}b$，下端标注 $c{\times}d$
砂芯编号、边界符号及芯头边界	砂芯边界用蓝色线表示，砂芯编号用阿拉伯数字 1#、2# 等标注，边界符号一般只在芯头及砂芯交界处用与砂芯编号相同的小号数字表示，铁芯必须写出"铁芯"字样。如果能表达清楚，也可以不标明砂芯边界

（续）

名　　称	铸造工艺符号及表示方法
芯头斜度及芯头间隙	外形芯头斜度、芯头间隙及有关芯头部分所有工艺参数全部用蓝色线和字表示 示例： 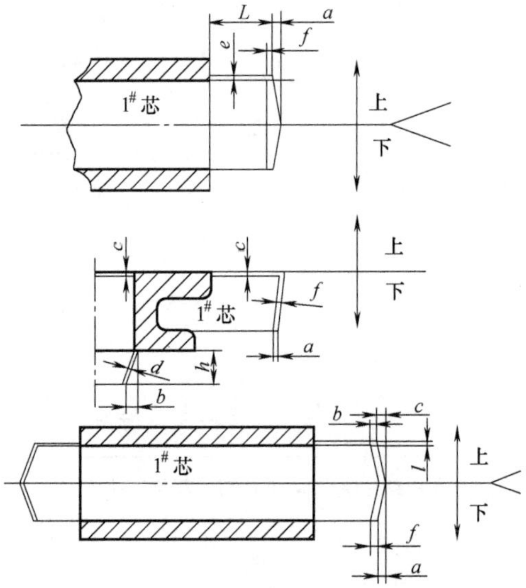
砂芯增、减量与砂芯间的间隙	砂芯增、减量与砂芯间的间隙用蓝色线表示，注明增、减量和间隙数值。如果在图面上表示不全，可在工艺技术要求中说明 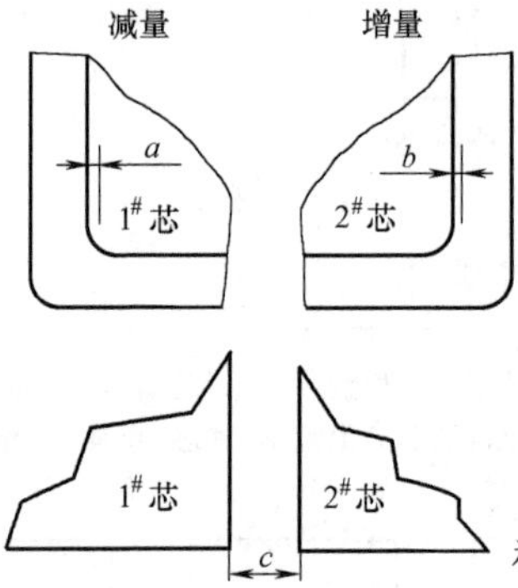 示例： 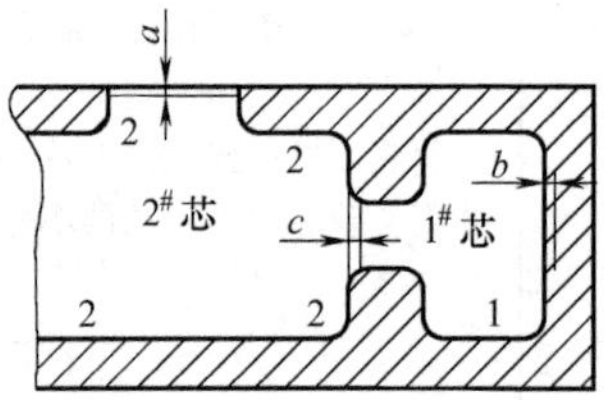
填砂方向、出气方向、紧固方向	填砂方向、出气方向、紧固方向用蓝色线半箭头表示，并在其箭头一侧标注大写英文字母，箭尾画出不同符号。如果几块砂芯，填砂方向一致则选出适宜视图，适当位置标画一个公用箭头即可 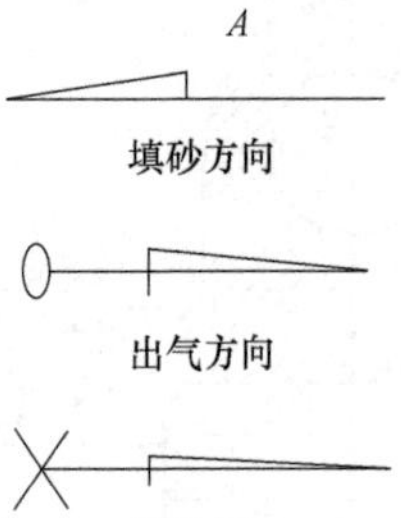 填砂方向 出气方向 示例：　紧固方向 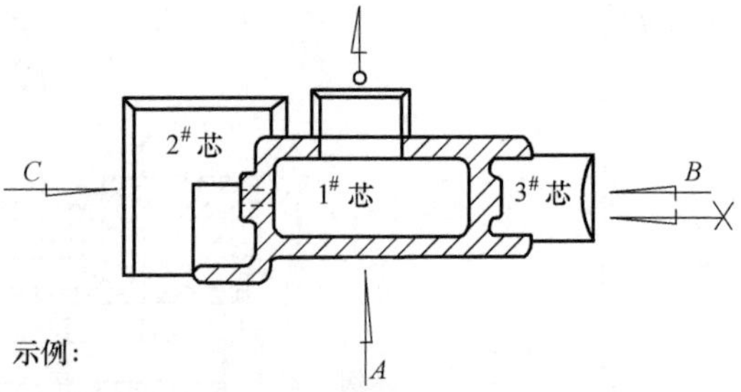

（续）

名　　称	铸造工艺符号及表示方法
芯撑	芯撑用红色线表示,特殊结构的芯撑写出"芯撑"字样 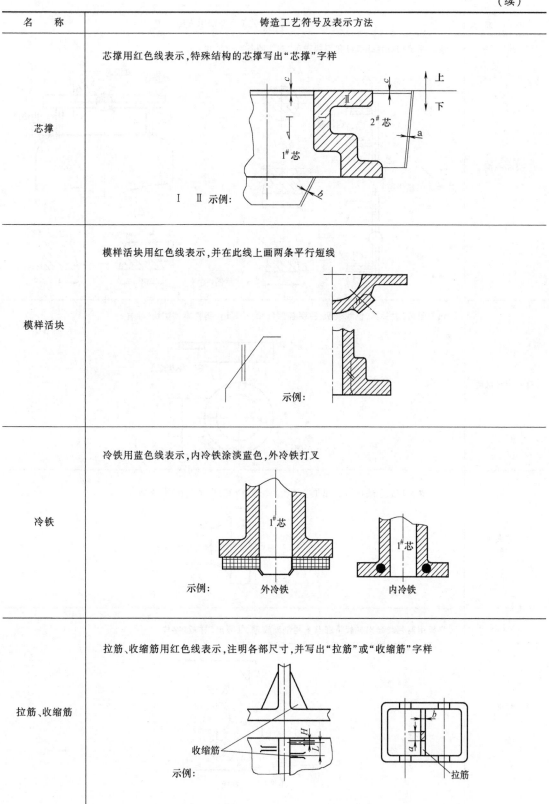
模样活块	模样活块用红色线表示,并在此线上画两条平行短线
冷铁	冷铁用蓝色线表示,内冷铁涂淡蓝色,外冷铁打叉
拉筋、收缩筋	拉筋、收缩筋用红色线表示,注明各部尺寸,并写出"拉筋"或"收缩筋"字样

（续）

名　　称	铸造工艺符号及表示方法
浇注系统	浇注系统用红色线或红色双线表示，并注明各部位尺寸
铸件附铸试块	铸件附铸试块用红色线表示，注明各部尺寸，并写出"铸件附铸试块"字样
工艺夹头	工艺夹头用红色线描（画）出工艺夹头的轮廓，并写出"工艺夹头"字样
样板	样板用蓝色线画出样板轮廓及木材剖面纹理，并写出"样板"字样 专门绘制样板图时，应在检验位置注明样板标记

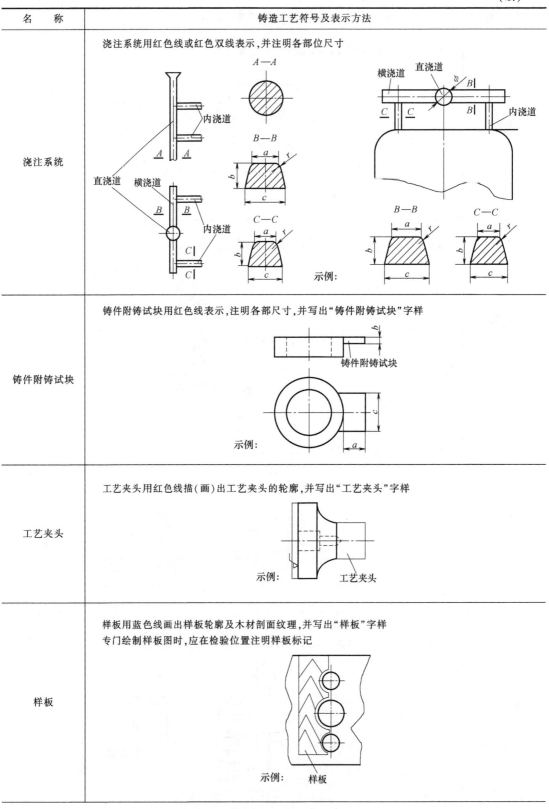

（续）

名　　称	铸造工艺符号及表示方法
反变形量	反变形量用红色双点画线表示，并注明反变形量的数值 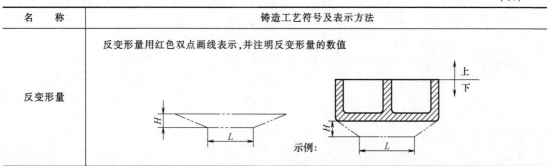

使用表 2-6 时应注意以下几点：

1）本表适用于砂型铸钢件、铸铁件及有色金属铸件，其他铸造工艺方法也可参照执行。

2）铸造工艺图中工艺符号表示颜色规定为红、蓝两色。

3）本表中只列入常用工艺符号及表示方法 24 种，不常用的工艺符号及表示方法可根据各厂规定执行。

第三章

工艺参数的选择

铸件的工艺设计，除了根据铸件的特点和具体的生产条件正确地选择铸造方法和确定铸造工艺方案以外，还应该正确地选择合适的工艺参数。例如：由于铸件浇注后要收缩，因此在制作模样和芯盒时必须在尺寸上放出收缩率；铸件有的表面需要机械加工，在模样和芯盒制造时要考虑铸件的机械加工余量；为了便于起模和取芯，模样和芯盒上应该有起模斜度，以及其他在铸造过程中或机械加工过程中所应考虑的，如铸件的尺寸和重量的允许偏差、最小铸出孔的尺寸、工艺补正量、分型负数、反变形量、砂芯负数以及非加工壁的负余量等。这些在进行铸造工艺设计时需要确定的工艺数据称为铸造工艺参数。铸造工艺参数的选择是否合适同样对铸件的质量（特别是铸件的精确度）、生产率和成本有很大的影响。

第一节　铸造收缩率

铸件在凝固和冷却过程中，体积一般要收缩。铸造收缩率分为线收缩率和体收缩率。金属在液态和凝固过程中的收缩量以体积的改变量表示，称为体收缩。在固态下的收缩量常以长度表示，称为线收缩。铸件凝固后冷却到常温，由于铸件的固态收缩（线收缩）将使铸件各部分尺寸小于模样原来的尺寸，因此，为了使铸件冷却后的尺寸与铸件图示尺寸一致，则需要在模样或芯盒上加上其收缩的尺寸。加大的这部分尺寸为铸件的收缩量，一般用铸造收缩率表示，可用下式求出，即

$$K = \frac{L_{模样} - L_{铸件}}{L_{铸件}} \times 100\%$$

式中，$L_{模样}$是模样尺寸；$L_{铸件}$是铸件尺寸。

在制造模样时，为了方便起见，常用特制的"收缩尺"。收缩尺的刻度比普通尺长，其加长的尺寸等于收缩量。根据实际需要，可做成0.8%、1%、1.5%、2.0%等各种比例的收缩尺，以供选用。

铸造收缩率主要和铸造合金的种类及成分有关，同时也取决于铸件在收缩时受到阻碍的大小，即还受铸件结构、尺寸、铸型种类等因素的影响。如图3-1所示，同一成分的铸件，由于铸件结构的不同，铸件收缩时所受的阻碍也不同，铸件的收缩率相差很大。实际生产中影响铸造收缩率的因素很多，除了合金本身的性质外，还和铸件的结构、大小、壁厚、砂型和砂芯的退让性、浇冒口系统的类型和开设位置、砂箱的结构及箱带的位置等有关。如果铸

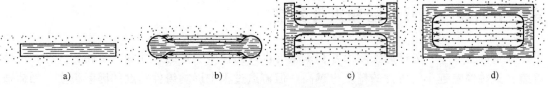

图 3-1 铸件结构对铸造收缩率的影响

a) 自由收缩（≈2.5%） b) 容易收缩（≈1.5%） c) 难于收缩（≈1.0%） d) 十分难于收缩（≈0.5%）

件的收缩率选择不当，不但影响铸件的尺寸精度，而且会使铸件上某些部分位置发生偏移，影响加工和装配。因此在决定铸件的收缩率时，应该充分考虑到各种因素的影响，力求比较正确地确定铸造收缩率的大小。对于大量生产的铸件，一般在试生产过程中，要对铸件进行多次画线，反复测量铸件各部分的实际铸造收缩率，在掌握一定规律以后，再设计金属模样。而对于单件小批生产的铸件，一般根据生产中长期积累的经验来选取铸造收缩率。也可考虑采用工艺补正量和适当加大机械加工余量等工艺措施来保证铸件尺寸合格。

在通常情况下，简单、厚实的铸件收缩可视为自由收缩，其余均视为受阻收缩。另外，铸造收缩率还随着铸件壁厚的增加而增加。表 3-1 列出了砂型铸造时各种铸造合金的铸造收缩率，可供选用时参考。

表 3-1 砂型铸造时各种铸造合金的铸造收缩率

合金种类	铸造收缩率(%)	
	自由收缩	受阻收缩
灰铸铁 中小型铸件	0.9~1.1	0.8~1.0
中大型铸件	0.8~1.0	0.7~0.9
特大型铸件	0.7~0.9	0.7~1.0
筒形铸件 长度方向	0.8~1.0	0.8~1.0
直径方向	0.6~0.8	0.6~0.8
孕育铸铁 HT 250、HT 300	0.9~1.1	0.7~0.9
HT 350	1.5	1.0
白口铸铁	1.75	1.5
黑心可锻铸铁 壁厚≥25mm	0.65~0.9	0.5~0.7
壁厚<25mm	0.8~1.0	0.6~0.8
白心可锻铸铁	1.75	1.5
球墨铸铁:珠光体基体	0.9~1.1	0.6~0.8
铁素体基体	0.8~1.0	0.4~0.8
铸钢 碳素钢和低合金钢	1.6~2.0	1.3~1.7
含铬高合金钢	1.3~1.7	1.0~1.4
铁素体-奥氏体钢	1.8~2.2	1.5~1.9
奥氏体钢	2.0~2.3	1.7~2.0

注：1. 通常简单、厚实铸件的收缩可视为自由收缩，除此之外均视为受阻收缩，并视其受阻程度，选用适宜的铸造收缩率。

2. 同一铸件由于结构上的原因，其局部与整体，纵向与径向或长、宽、高三个方向的铸造收缩率可能不一致，对于重要铸件应分别给以不同的铸造收缩率。

3. 铸型种类和紧实度对球墨铸铁的铸造收缩率有很大影响，有的工厂在湿型生产球墨铸铁小件时，有时不留缩尺。

4. 湿砂型、水玻璃砂型的铸造收缩率应比干型要大些。油砂芯的铸造收缩率介于湿芯和干芯之间。流态自硬砂生产碳素钢铸件的铸造收缩率，根据某厂生产铸钢阀体的经验，砂型和砂芯长度方向采用 2.0%，砂芯径向采用 3.0%~3.5%。

第二节 铸件尺寸公差和重量公差

在实际生产中，铸件的实际尺寸和重量与设计图样所规定的尺寸和重量相比，存在一些偏差，这种偏差越小，铸件的精度也越高。但铸造过程中影响铸件精度的因素很多，如铸造收缩率等工艺参数的选择，分型面、浇冒口系统和砂芯的设计，造型和制芯的工艺操作以及工艺装备本身的精度等。如果其中某个或某些因素处理不当，就会降低铸件的精度。所以也不应该不顾铸件的要求和具体生产条件，盲目提高对铸件的精度要求，否则会导致铸件成本的提高和工艺复杂化，造成不必要的浪费。

有时，整个铸件上只有一两个要求较严格的尺寸公差，这时就没有必要将全部尺寸都按同一等级规定公差。为提高铸件公差等级，一般可以改用金属模具，需要显著提高时则必须变换造型方法，如采用壳型铸造或其他精密铸造工艺，但必然会导致模具费用增高，生产准备周期延长，铸件成本增加。

评定铸件几何形状精度时，除了加工面余量、铸件重量偏差需加规定外，最有代表性的壁厚和筋厚的公差范围或偏差范围也应给定。结构必需的壁厚由铸件设计者决定，最小容许壁厚由铸造工艺师确定。在大多数情况下，设计者决定图样上的壁厚。这一设计壁厚与实际壁厚之间的容许偏差是表征铸件几何形状精度的重要指标。

1. 铸件尺寸公差和机械加工余量

根据有关金属及其合金铸件的公差等级和机械加工余量等级的体系规定铸件尺寸公差和机械加工余量（GB/T 6414—2017）。零件图样上给出的一般公差和一般要求的机械加工余量（RMA），也适用于标注在具体尺寸后面的个别公差或个别要求的机械加工余量。铸件尺寸公差等级有 16 级（DCTG1～DCTG16），机械加工余量等级（RMAG）有 10 级（A、B、C、D、E、F、G、H、J 和 K 级）。铸件尺寸公差见表 3-2。铸件机械加工余量见表 3-3。

表 3-2　铸件尺寸公差 （GB/T 6414—2017）　　　　　（单位：mm）

毛坯铸件公称尺寸	铸件尺寸公差等级 DCTG															
	1	2	3	4	5	6	7	8	9	10	11	12	13	14	15	16
≤10	0.09	0.13	0.18	0.26	0.36	0.52	0.74	1.0	1.5	2.0	2.8	4.2	—	—	—	—
>10～16	0.10	0.14	0.20	0.28	0.38	0.54	0.78	1.1	1.6	2.2	3.0	4.4	—	—	—	—
>16～25	0.11	0.15	0.22	0.30	0.42	0.58	0.82	1.2	1.7	2.4	3.2	4.6	6	8	10	12
>25～40	0.12	0.17	0.24	0.32	0.46	0.64	0.9	1.3	1.8	2.6	3.6	5.0	7	9	11	14
>40～63	0.13	0.18	0.26	0.36	0.50	0.70	1.0	1.4	2.0	2.8	4.0	5.6	8	10	12	16
>63～100	0.14	0.20	0.28	0.40	0.56	0.78	1.1	1.6	2.2	3.2	4.4	6.0	9	11	14	18
>100～160	0.15	0.22	0.30	0.44	0.62	0.88	1.2	1.8	2.5	3.6	5	7	10	12	16	20
>160～250	—	0.24	0.34	0.50	0.72	1.0	1.4	2.0	2.8	4.0	5.6	8	11	14	18	22
>250～400	—	—	0.40	0.56	0.78	1.1	1.6	2.2	3.2	4.4	6.2	9	12	16	20	25
>400～630	—	—	—	0.64	0.9	1.2	1.8	2.6	3.6	5	7	10	14	18	22	28
>630～1000	—	—	—	0.72	1.0	1.4	2.0	2.8	4.0	6	8	11	16	20	25	32
>1000～1600	—	—	—	0.80	1.1	1.6	2.2	3.2	4.6	7	9	13	18	23	29	37
>1600～2500	—	—	—	—	—	—	2.6	3.8	5.4	8	10	15	21	26	33	42
>2500～4000	—	—	—	—	—	—	—	4.4	6.2	9	12	17	24	30	38	49
>4000～6300	—	—	—	—	—	—	—	—	7.0	10	14	20	28	35	44	56
>6300～10000	—	—	—	—	—	—	—	—	—	11	16	23	32	40	50	64

表 3-3　铸件机械加工余量（GB/T 6414—2017）　　　（单位：mm）

公称尺寸	机械加工余量等级 RMAG									
	A	B	C	D	E	F	G	H	J	K
≤40	0.1	0.1	0.2	0.3	0.4	0.5	0.5	0.7	1	1.4
>40~63	0.1	0.2	0.3	0.3	0.4	0.5	0.7	1	1.4	2
>63~100	0.2	0.3	0.4	0.5	0.7	1.0	1.4	2	2.8	4
>100~160	0.3	0.4	0.5	0.8	1.1	1.5	2.2	3	4	6
>160~250	0.3	0.5	0.7	1.0	1.4	2.0	2.8	4	5.5	8
>250~400	0.4	0.7	0.9	1.3	1.4	2.5	3.5	5	7	10
>400~630	0.5	0.8	1.1	1.5	2.2	3.0	4	6	9	12
>630~1000	0.6	0.9	1.2	1.8	2.5	3.5	5	7	10	14
>1000~1600	0.7	1.0	1.4	2.0	2.8	4.0	5.5	8	11	16
>1600~2500	0.8	1.1	1.6	2.2	3.2	4.5	6	9	14	18
>2500~4000	0.9	1.3	1.8	2.5	3.5	5.0	7	10	14	20
>4000~6300	1.0	1.4	2.0	2.8	4.0	5.5	8	11	16	22
>6300~10000	1.1	1.5	2.2	3.0	4.5	6.0	9	12	17	24

注：等级 A 和 B 只适用于特殊场合，如带有工装定位面、夹紧面和基准面的铸件。

各种铸造方法的精度取决于许多因素，包括铸件的复杂程度、模样装备或金属型装备的类型、所涉及的金属或合金、模样或金属型的状况、铸造厂的生产方式等。各种铸造方法通常能够达到的公差等级见表 3-4。对于大批量重复生产方式，可以通过调整和控制型芯的位置达到比表 3-4 中更精的尺寸公差等级。

表 3-4　大批量生产的铸件的尺寸公差等级（GB/T 6414—2017）

工艺方法		铸件尺寸公差等级 DCTG								
		铸件材料								
		钢	灰铸铁	球墨铸铁	可锻铸铁	铜合金	锌合金	轻金属合金	镍基合金	钴基合金
砂型铸造(手工造型)		11~13	11~13	11~13	11~13	10~13	10~13	9~12	11~14	11~14
砂型铸造(机器造型和壳型)		8~12	8~12	8~12	8~12	8~10	8~10	7~9	8~12	8~12
金属型铸造(重力铸造或低压铸造)		—	8~10	8~10	8~10	8~10	7~9	7~9	—	—
压力铸造		—	—	—	—	6~8	4~6	4~7	—	—
熔模铸造	水玻璃	7~9	7~9	7~9	—	5~8	—	5~8	7~9	7~9
	硅溶胶	4~6	4~6	4~6	—	4~6	—	4~6	4~6	4~6

注：1. 表中所列出的尺寸公差等级是在大批量生产下铸件通常能够达到的尺寸公差等级。

2. 本表还适用于经供需双方商定的本表未列出的其他铸造工艺和铸件材料。

3. 本表还适用于本表未列出的由铸造厂和采购方之间协议商定的工艺和材料。

当采用砂型铸造方法、小批量和单个铸件生产时，通过采用金属模样和研制开发装备及铸造工艺来达到小公差的做法通常是不切实际且不经济的，表 3-5 给出了适用于这种生产方式的较宽的公差。

2. 铸件重量公差

铸件公称重量是衡量被检验铸件轻重的基准重量，其包括机械加工余量和其他工艺余量。铸件重量公差是铸件实际重量与公称重量的差与铸件公称重量的比值（用百分率表示）。

表 3-5　小批量生产或单件生产的铸件的尺寸公差等级（GB/T 6414—2017）

工艺方法		铸件尺寸公差等级 DCTG							
		铸件材料							
		钢	灰铸铁	球墨铸铁	可锻铸铁	铜合金	轻金属合金	镍基合金	钴基合金
砂型铸造手工造型	黏土砂	13～15	13～15	13～15	13～15	13～15	11～13	13～15	13～15
	化学黏结剂砂	12～14	11～13	11～13	11～13	10～12	10～12	12～14	12～14

注：1. 表中所列出的尺寸公差等级是砂型铸造小批量或单件生产时，铸件通常能够达到的尺寸公差等级。

2. 本表中的数值一般适用于公称尺寸大于25mm的铸件。对于较小尺寸的铸件，通常能保证下列较精的尺寸公差：①公称尺寸≤10mm：公差等级提高三级；②10mm<公称尺寸≤16mm：公差等级提高二级；③16mm<公称尺寸≤25mm：公差等级提高一级。

重量公差的代号用字母"MT"表示，共分16级，MT1～MT16。铸件重量公差数值见表3-6。成批和大量生产时，从供需双方共同认定的首批合格铸件中随机抽取不少于10件的铸件，以实称重量的平均值作为公称重。小批量和单件生产时，以计算重量或供需双方共同认定的任一个合格铸件的实称重量作为公称重。

表 3-6　铸件重量公差数值（GB/T 11351—2017）　　　　　　　　　　（%）

公称重量/kg	铸件重量公差等级 MT															
	1	2	3	4	5	6	7	8	9	10	11	12	13	14	15	16
≤0.4	4	5	6	8	10	12	14	16	18	20	24	—	—	—	—	—
>0.4～1	3	4	5	6	8	10	12	14	16	18	20	24	—	—	—	—
>1～4	2	3	4	5	6	8	10	12	14	16	18	20	24	—	—	—
>4～10	—	2	3	4	5	6	8	10	12	14	16	18	20	24	—	—
>10～40	—	—	2	3	4	5	6	8	10	12	14	16	18	20	24	—
>40～100	—	—	—	2	3	4	5	6	8	10	12	14	16	18	20	24
>100～400	—	—	—	—	2	3	4	5	6	8	10	12	14	16	18	20
>400～1000	—	—	—	—	—	2	3	4	5	6	8	10	12	14	16	18
>1000～4000	—	—	—	—	—	—	2	3	4	5	6	8	10	12	14	16
>4000～10000	—	—	—	—	—	—	—	2	3	4	5	6	8	10	12	14
>10000～40000	—	—	—	—	—	—	—	—	2	3	4	5	6	8	10	12
>40000	—	—	—	—	—	—	—	—	—	2	3	4	5	6	8	10

注：表中重量公差数值为上、下极限偏差之和，即一半为上极限偏差，一半为下极限偏差。

用于成批和大量生产的铸件重量公差等级见表3-7。

表 3-7　用于成批和大量生产的铸件重量公差等级（GB/T 11351—2017）

工艺方法	铸件重量公差等级 MT								
	铸件材料								
	铸钢	灰铸铁	球墨铸铁	可锻铸铁	铜合金	锌合金	轻金属合金	镍基合金	钴基合金
砂型铸造(手工造型)	11～14	11～14	11～14	11～14	10～13	10～13	9～12	11～14	11～14
砂型铸造(机器造型和壳型)	8～12	8～12	8～12	8～12	8～10	8～10	7～9	8～12	8～12
铁型覆砂	8～12	8～12	8～12	8～12	—	—	—	—	—

（续）

工艺方法		铸件重量公差等级 MT								
		铸件材料								
		铸钢	灰铸铁	球墨铸铁	可锻铸铁	铜合金	锌合金	轻金属合金	镍基合金	钴基合金
金属型铸造（低压铸造）		—	8~10	8~10	8~10	8~10	7~9	7~9	—	—
压力铸造		—	—	—	—	6~8	4~6	4~7	—	—
熔模铸造	水玻璃	7~9	7~9	7~9	—	5~8	—	5~8	7~9	7~9
	硅溶胶	4~6	4~6	4~6	—	4~6	—	4~6	4~6	4~6

用于小批量和单件生产的铸件重量公差等级见表 3-8。

表 3-8 用于小批量和单件生产的铸件重量公差等级 （GB/T 11351—2017）

工艺方法	铸件重量公差等级 MT								
	铸件材料								
	铸钢	灰铸铁	球墨铸铁	可锻铸铁	铜合金	锌合金	轻金属合金	镍基合金	钴基合金
湿型砂铸造	11~13	11~13	11~13	11~13	11~13	11~13	11~13	11~13	11~13
自硬砂铸造	12~14	11~13	11~13	11~13	10~12	12~14	10~12	12~14	12~14
消失模铸造	11~13	11~13	11~13	11~13	—	—	—	—	—
V 法铸造	12~14	11~13	11~13	11~13	—	—	—	—	—
熔模铸造	4~6	4~6	4~6	—	4~6	—	4~6	4~6	4~6

第三节 铸造起模斜度

为了在造型和制芯时便于起模而不致损坏砂型和砂芯，应该在模样或芯盒的出模方向带有一定的斜度。如果零件本身没有设计出相应的结构斜度时，就要在铸型工艺设计时给出起模斜度。起模斜度的大小应根据模具的高度、模具的尺寸和表面粗糙度以及造型方法来确定。表 3-9 列出了砂型铸造选用的起模斜度，适用于砂型铸造（手工造型和机器造型）所用的木模和金属模。对于因其他特殊需要（如因铸件壁厚转变或冒口下部需局部加厚以及芯头安装斜度等）而使铸件斜度有所改变，均不包括在内。

表 3-9 砂型铸造选用的起模斜度

测量面高度/mm	金属模		木模	
	a/mm	α	a/mm	α
≤20	0.5~1.0	1°30′~3°	0.5~1.0	1°30′~3°
>20~50	0.5~1.2	0°45′~2°	1.0~1.5	1°30′~2°30′
>50~100	1.0~1.5	0°45′~1°	1.5~2.0	1°~1°30′
>100~200	1.5~2.0	0°30′~0°45′	2.0~2.5	0°45′~1°
>200~300	2.0~3.0	0°20′~0°45′	2.5~3.5	0°30′~0°45′
>300~500	2.5~4.0	0°20′~0°30′	3.5~4.5	0°30′~0°45′
>500~800	3.5~6.0	0°20′~0°30′	4.5~5.5	0°20′~0°30′

（续）

测量面高度/mm	金属模		木模	
	a/mm	α	a/mm	α
>800~1200	4.0~6.0	0°15′~0°20′	5.5~6.5	0°20′
>1200~1600	—	—	7.0~8.0	0°20′
>1600~2000	—	—	8.0~9.0	0°20′
>2000~2500	—	—	9.0~10.0	0°15′
>2500	—	—	10.0~11.0	0°15′

起模斜度在工艺图上用角度 α 或宽度 a 表示。通常用机械加工方法加工模具时，采用角度（α）比较方便。而用手工加工模具时，则采用宽度（a）较为方便。起模斜度可采用增加铸件厚度、加减铸件厚度和减少铸件厚度三种方法形成，如图3-2所示。

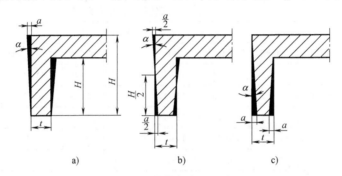

图 3-2 起模斜度的形式

a）增加铸件厚度　b）加减铸件厚度　c）减少铸件厚度

对于铸件侧面要经过加工的，起模斜度一般按增加厚度法或加减厚度法确定。这时模样的起模斜度应在加上加工余量后做出确定。当高度大于500mm时，底部的加工余量可减少20%。对于需与其他零件相结合的非加工面（如与螺栓相连接的面），起模斜度取表3-9中所列数值的1/2。起模困难的模样，允许采用较大的起模斜度，但不得超过表3-9中所列数值的一倍。用砂芯形成的铸件内表面一般应与铸件外表面的斜度一致，以保持铸件均匀的壁厚。当内壁不用砂芯而靠铸型形成时（即自带砂芯），则应比外壁有较大的斜度。

互相配合的铸件（如机床的主轴箱体和主轴箱盖），选取起模斜度时应尽量保证其配合部位的配合尺寸。同一铸件，上下两个模样的起模斜度，起点应取在分型面上的同一点，如图3-3所示。其中图3-3b所示为正确的取法。

水玻璃砂型用的起模斜度一般应比黏土砂型大些，而水玻璃流态自硬砂型的起模斜度更大。根据生产经验，黏土干砂型、水玻璃砂型和流态自硬砂型的起模斜度可按表3-10选取。

由自带砂芯形成的铸孔的起模斜度可参考表3-11选取。

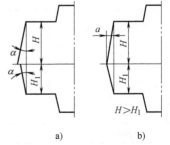

图 3-3 起模斜度的取法示意图

a）不正确　b）正确

表 3-10　黏土干砂型、水玻璃砂型和流态自硬砂型的起模斜度

砂型种类	铸件高度/mm									
	≤20	21~50	51~100	101~200	201~300	301~500	501~800	801~1000	1000~1200	>1200
	起模斜度/(°)									
黏土干砂型	1	1.5	2	2.5	3	4	5	6	7	8
水玻璃砂型	1.5	2.5	3	4	4.5	6	7.5	9	10.5	12
流态自硬砂型	2~3	3~4	4~6	5~7	6~9	8~12	10~15	12~16	14~18	16~20

注：本表适用于木模、手工造型。

表 3-11　铸孔的起模斜度

铸孔直径/mm	铸孔高度/mm							
	≤20	>20~40	>40~60	>60~90	>90~120	>120~150	>150~200	>200~250
	起模斜度							
≤30	10°	8°	—	—	—	—	—	—
31~50	10°	8°	—	—	—	—	—	—
51~70	8°	8°	7°	—	—	—	—	—
71~100	7°	7°	6°	6°	—	—	—	—
101~130	6°	6°	5°	5°	5°	—	—	—
131~160	6°	6°	5°	4°30′	4°30′	4°	—	—
161~200	5°	5°	4°30′	4°30′	4°	4°	3°30′	—
201~250	5°	5°	4°	4°	4°	3°30′	3°30′	3°30′
251~350	5°	4°	4°	4°	3°30′	3°30′	3°30′	3°
>350	4°	4°	3°30′	3°30′	3°30′	3°	3°	3°

第四节　最小铸出孔及槽

机械零件上往往有许多孔、槽和台阶，一般来说，应尽可能在铸造时铸出，这样既可节约金属，减少机械加工的工作量，降低成本，又可使铸件壁厚比较均匀，减少形成缩孔、缩松等铸造缺陷的倾向。但是，当铸件上的孔、槽的尺寸太小，而铸件的壁厚又较厚和金属压力较高时，反而会使铸件产生黏砂，造成清铲和机械加工困难；为了铸造出某些孔、槽，必须采用复杂而且难度较大的工艺措施，而实现这些措施较机械加工制备更为复杂；有时由于孔距要求很精确，铸出的孔如有偏心，就很难保证加工精度。因此在确定零件上的孔和槽是否铸出时，必须既考虑到铸出这些孔或槽的可能性，又要考虑到铸出这些孔或槽的必要性和经济性。

最小铸出孔或槽的尺寸和铸件的生产批量、合金种类、铸件大小、孔处铸件壁厚、孔的长度以及孔的直径有关（表 3-12）。

表 3-12　铸件的最小铸出孔　　　　　　　　　（单位：mm）

生产批量	最小铸出孔直径	
	灰铸铁件	铸钢件
大量生产	12~15	—
成批生产	15~30	30~50
单件、小批量生产	30~50	50

注：1. 若是加工孔，则孔的直径应为加上加工余量后的数值。
　　2. 有特殊要求的铸件例外。

各厂的条件不同，具体规定也不相同，下面介绍一般灰铸铁件和球墨铸铁件的最小铸出孔及槽的规定。

1. 加工圆孔

加工圆孔可按表3-13选取。

表 3-13　加工圆孔的最小铸出孔　　　　　　　　　　　（单位：mm）

铸件厚度		≤50	>50~100	>100~200	≥200
应铸出的最小孔径	灰铸铁件	30	35	40	另行规定
	球墨铸铁件	35	40	45	另行规定

2. 不加工孔

一般情况下应尽量铸出。如果孔径小于30mm（单件、小批生产）或小于15mm（成批、大量生产），或孔的长度（L）和孔的直径（D）之比（L/D）大于4时，则不便铸出，建议用机械加工方法制备。

3. 特殊形孔

如正方形孔、矩形孔、蒸气气路或压缩空气气路等弯曲孔，不能加工制作出的原则上必须铸出。但这些孔必须是孔径或孔的最短边大于 30mm，铸件厚度小于 40mm 时才能铸出。

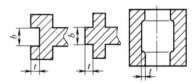

图 3-4　凹槽、台阶和胖肚圆孔

4. 凹槽、台阶和胖肚圆孔

当 $t ≤ 10mm$、$b ≤ 20mm$ 时，不予铸出（图3-4）。

第五节　工艺补正量

生产中常会发现由于所选定的铸造收缩率与实际不符，或由于操作工艺过程中不可避免的偏差，如微小的错箱、涨箱及型芯偏移等原因，使得加工后的铸件某些部分厚度小于图样要求的尺寸，如两端要加工的法兰铸件、齿轮等，严重时会因强度太弱而报废。为了防止出现这种问题，制订工艺时，在法兰或齿轮轮缘厚度的非加工面上加厚尺寸，其加厚的那一部分尺寸就称为工艺补正量。工艺补正量的几种方法如图3-5所示。

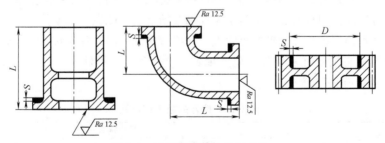

图 3-5　工艺补正量的几种方法

具体工艺补正量的尺寸，一般各厂根据实际生产经验确定。表3-14中涉及的不同类型铸件的数据可供设计时参考。工艺补正量的应用不限于齿轮、带法兰的铸件。它虽然是防止铸件局部尺寸超差而报废的一种措施，但也是使铸件超重的一个重要原因。随着生产工艺水平的提高，应尽量少用或不用。一般只限于单件、小批生产的铸件才应用工艺补正量，这时，由于生产件数少，无法对铸件取得经验数据后修改模样及芯盒尺寸。

表 3-14 各类铸件的工艺补正量

法兰铸件的工艺补正量/mm					
法兰间的距离 L	工艺补正量 S		法兰间的距离 L	工艺补正量 S	
	铸铁件	铸钢件		铸铁件	铸钢件
≤100	1	2	1501~2500	4	8
101~160	1.5	3	2501~4000	5	10
161~250	2	4	4001~6500	6	12
251~400	2.5	5	6501~8000	6	12
401~650	2.5	5	8001~10000	8	16
651~1000	3	6	10001~12000	9	18
1001~1500	3.5	7			

铸铁齿轮的工艺补正量/mm			
轮缘内径 D	工艺补正量 S	轮缘内径 D	工艺补正量 S
≤500	1	1001~1400	2.5
501~800	1.5	1401~1800	3
801~1000	2	1801~2400	4

铸钢齿轮的工艺补正量/mm			
轮缘内径 D	工艺补正量 S	轮缘内径 D	工艺补正量 S
≤600	4	1401~1800	7
601~1000	5	1801~2400	8
1001~1400	6	>2400	10

第六节 分型负数和反变形量

一、分型负数

砂型铸造时，上下两个砂型的接触面一般都是不平整的。特别是干型和表面干燥型，由于烘干时分型面产生变形，合箱时上下两个砂型之间就不能紧密地接触。为了防止浇注时跑铁液，合箱前往往要在下箱分型面上垫上石棉绳或泥条。这样就增加了垂直于分型面方向的铸件尺寸。为了使铸件符合图样的尺寸要求，必须在制作模样时减去这部分高出的尺寸。这个被减去的尺寸，就称为分型负数，如图 3-6 所示。

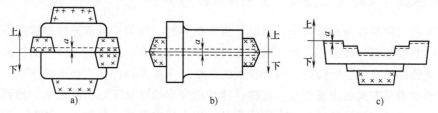

图 3-6 模样分型负数示意图

a）分型负数留在上箱　b）分型负数上下相同，上下两半模样上各取一半　c）分型负数留在与砂箱面平行的平面上分型负数的具体数值可参考表 3-15 选取。

表 3-15 模样的分型负数 （单位：mm）

砂箱长度	分型负数	
	干型	表面干燥型
≤1000	3	1
>1000~2000	3	2
>2000~3500	4	3
>3500~5000	6	4
>5000	7	6

决定模样的分型负数时要注意以下几点。

1) 若模样分为两半，一半在上箱，一半在下箱。这种情况一般是将分型负数留在上箱（图 3-6a）。如果上下两半模样对称，为了保持模样的对称性，则分型负数在上下两半模样上各取一半（图 3-6b）。若模样为一个整体，又全部位于一个砂箱中，则模样的分型负数留在与砂箱面平行的平面上（图 3-6c）。

2) 多箱造型时，每个分型面处都留出分型负数。

3) 湿砂型一般不留分型负数，当砂箱尺寸大于 2m 时，湿型也可留分型负数，但数值应较干型小。

干型和表面干燥型的分型负数，可按砂箱平均轮廓尺寸（即砂箱长与宽的平均值）从表 3-16 中查取。

表 3-16 按砂箱平均轮廓尺寸确定分型负数 （单位：mm）

砂箱平均轮廓尺寸	分型负数	
	Ⅰ	Ⅱ
≤800	1	2
>800~1500	2	3
>1500~2000	3	4
>2000~3000	4	5
>3000	5	6

注：1. Ⅰ适用于工艺装备好，成批生产的干型；Ⅱ适用于工艺装备较差，单件生产的干型。

2. 一般湿型可不考虑分型负数，但砂箱平均轮廓尺寸大时，也可考虑分型负数，其值小于干型。

3. 用砂芯盖住的铸型，在分型面处不留分型负数。

4. 采用流态砂造型时，分型负数可缩小。表面干燥型可用Ⅰ的数值。

有的工厂用在铸件高度上不放铸造收缩率或减小收缩率来补偿铸件高度的增加，这样就可以不用在模样上留分型负数。但这种方法会降低铸件高度方向上一系列尺寸的精度。

二、反变形量（又称为反挠度、假曲率、反弯势）

在铸造较大的平板类和床身类铸件时，由于壁厚的不均匀，各部分冷却速度不同，因此冷却过程中造成各部分收缩不一致，就会在铸件中产生残余应力，引起铸件的挠曲变形。

为解决铸件的挠曲变形问题，对于较大的平板、床身类铸件，在制造模样时，按铸件可能产生变形的相反方向做出反变形，使铸件冷却后变形的结果正好将其抵消，得到符合图样要求的铸件。这种在制模时预先做出的变形量，称为反变形量，又称为反挠度、假曲率和反弯势等。

铸件变形的大小和铸件的材质、尺寸及结构等因素有关。铸件壁厚越不均匀，长度越大，高度越小，则变形越大，需要加的反变形量也越大。

反变形量的大小一般根据实际生产经验决定。如床身类铸件，有的工厂采取 0.1% ~ 0.3% 的反变形量或是铸件长度每增加 1m，需要做出反变形量 1~3mm。而对于尺寸较小的平板或床身，一般不采取在制模时做出反变形的办法，而是用加大加工余量来补偿铸件的挠曲变形，或是采取其他工艺措施（如使用冷铁等），形成同时凝固、均匀冷却的条件。

箱体铸件的反变形量依箱体尺寸不同，由表 3-17 确定。

表 3-17 箱体铸件的反变形量　　　　　　　　　（单位：mm）

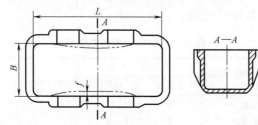

壁厚	L×B	f
	（≥500~700）×（≥150~300）	1.5
	（≥500~700）×（≥300~400）	2
	（≥700~900）×（≥150~300）	2
	（≥700~900）×（≥300~400）	2.5
	（≥900~1100）×（≥150~300）	2.5
	（≥900~1100）×（≥300~400）	3
10~20	（≥1100~1500）×（≥150~300）	2.5
	（≥1100~1500）×（≥300~400）	3
	（≥1500~2000）×（≥150~300）	3
	（≥1500~2000）×（≥300~400）	3.5
	（≥2000~2500）×（≥150~300）	3.5
	（≥2000~2500）×（≥300~400）	4.5

注：如壁厚小于 10mm 或大于 20mm 可按具体情况增减。

表 3-18 列出了某工厂机床床身铸件的反变形量的经验数据，可供参考。

表 3-18 机床床身铸件的反变形量　　　　　　　（单位：mm）

铸件号	铸件名称	轮廓尺寸 长×宽×高	侧壁厚度	导轨厚度		全长中心处 反变形量
				山形导轨	平导轨	
CW 61100-01013	床身	9700×850×650	25	140	72	22
CW 61100-01011	床身	5700×850×650	25	140	72	12
CW 61100-01012	床身	4200×850×650	25	140	72	8
CW 6163/3000	床身	4765×470×410	18	91	50	10
CW 6163/1500	床身	3265×470×410	18	91	50	6
CW 6180/3000	床身	4855×600×700	18	70	58	7
Q 1322~01011	床身	3300×1000×700	25	102	55	6

第七节　其他铸造工艺参数

一、砂芯负数

砂芯在制作过程中，由于芯盒刚度较差，紧实时向四周涨开，或由于运输、烘干过程中发生变形以及刷涂料等原因，砂芯的尺寸往往大于所要求的尺寸。为了防止因砂芯涨大而影响铸型的装配和造成铸件的尺寸偏差，需要将芯盒的尺寸预先做小，这个减少的数值就称为砂芯负数。砂芯负数各厂根据具体生产经验确定。铸铁件的砂芯负数可由表 3-19 中选取，铸钢件的砂芯负数可由表 3-20 中选取。

表 3-19　铸铁件的砂芯负数　　　　　　　　　（单位：mm）

砂芯尺寸		各面砂芯负数		备　　注
平均轮廓尺寸	高度	沿长度	沿宽度	
250~500	≤300	0	1	表中规定的各面负数值，是该方向负数值的总和 砂芯长、宽、高的区分，是以砂芯烘干时的位置为准，高度方向一般不留负数，若有特殊情况可酌情确定 当芯头与砂芯本体连接部分的截面相一致时，应先在芯头上留出与砂芯本体相同的负数，而后再在模样芯头上留出间隙；当芯头与砂芯本体连接部分的截面不一致时，芯头上不留负数，只在模样芯头上留间隙
	>300~500	1	2	
	>500	2	3	
500~1000	≤300	1	2	
	>300~500	2	3	
	>500	3	3	
1000~1500	≤300	2	3	
	>300~500	3	3	
	>500	4	4	
1500~2000	≤300	2	3	
	>300~500	3	3	
	>500	4	4	
2000~2500	≤300	3	3	
	>300~500	4	4	
	>500	50	5	

表 3-20　铸钢件的砂芯负数　　　　　　　　　（单位：mm）

砂芯尺寸	300~500	500~800	800~1200	1200~1500	1500~2000	2000~2500	>2500
砂芯负数	1.5~2	2~3	3~4	4~5	5~6	6~7	7

注：1. 砂芯尺寸是指与舂砂方向垂直的四周最大轮廓尺寸。

2. 圆柱形砂芯应较表中数值减少 1/2~1/3。

二、非加工壁厚的负余量

在手工造型和制芯时，为了起模和取芯方便，需要敲动木模和芯盒内的筋板，以及由于木模（包括非加工壁的筋条）吸潮而引起的膨胀，这些都会使型腔尺寸扩大，造成铸件非加工壁的壁厚增加，使铸件超重。为保证铸件尺寸的准确性，应使形成铸件非加工面壁厚的木模或芯盒内的筋板尺寸减小，即小于图样上相应的尺寸。所减少的尺寸，称为非加工壁厚的负余量。手工造型时铸件非加工壁厚的负余量可按铸件重量由表 3-21 中查取。

表 3-21 非加工壁厚的负余量 （单位：mm）

铸件重量/kg	铸件壁厚									
	≤7	8~10	11~15	16~20	21~30	31~40	41~50	51~60	61~80	81~100
≤50	0.5	0.5	0.5	1.0	1.5	—	—	—	—	—
51~100	1.0	1.0	1.0	1.0	1.5	2.0	—	—	—	—
101~250	—	1.0	1.5	1.5	2.0	2.0	2.5	—	—	—
251~500	—	—	1.5	1.5	2.0	2.5	2.5	3.0	—	—
501~1000	—	—	—	2.0	2.5	2.5	3.0	3.5	4.0	4.5
1001~3000	—	—	—	2.0	2.5	3.0	3.5	4.0	4.5	4.5
3001~5000	—	—	—	—	3.0	3.0	3.5	4.0	4.5	5.0
5001~10000	—	—	—	—	3.0	3.5	4.0	4.5	5.0	5.5
>10000	—	—	—	—	4.0	4.5	5.0	5.5	6.0

有的工厂在确定铸件的铸造收缩率时，已考虑到由木模敲动和吸潮膨胀等使型腔尺寸扩大的因素，故不再另外考虑非加工壁厚的负余量。

三、铸造表面粗糙度

铸件铸造表面粗糙度是衡量干净、真实铸件表面质量的重要指标。铸件铸造表面粗糙度是按不同铸造合金及其铸造方法、用轮廓算术平均偏差 Ra 表示，单位为 μm。对照 GB/T 6060.1—1997《表面粗糙度比较样块 铸造表面》的规定进行比较和评定；其评定方法按 GB/T 15056—2017《铸造表面粗糙度 评定方法》进行。铸钢件和铸铁件砂型铸造表面粗糙度分级见表 3-22。

表 3-22 铸钢件和铸铁件砂型铸造表面粗糙度分级

材料	品质	铸件重量分类			
		≤50kg	>50~100kg	>100~1000kg	>1000kg
		表面粗糙度 Ra/μm			
铸钢	一等品	≤25	≤25	≤50	≤100
	合格品	≤50	≤50	≤100	≤800
铸铁	一等品	≤12.5	≤12.5	≤25	≤50
	合格品	≤25	≤25	≤50	≤100

注：1. 铸件的内腔非主要表面和加工表面的表面粗糙度可以相应地降低一级验收。

2. 对大于 10000kg 的砂型铸铁件，其表面粗糙度可以相应地降低一级验收。

对于重要铸件，当所有铸造表面粗糙度要求相同时，可在铸件图样或铸造工艺图样上统一标注表面粗糙度符号。如果大部分铸造表面粗糙度相同时，可将该表面粗糙度符号统一标注在图样，并在符号后加注"(√)"；余下的部分表面粗糙度，将其符号直接标注在其表面轮廓或尺寸延长线上。铸造表面粗糙度也可按需方的要求或供需方的协商确定。

第四章

砂 芯 设 计

第一节　概述

砂芯设计是铸造工艺设计过程中的一个重要环节。它对铸件的质量、铸造工艺过程以及铸造工艺装备均有直接的影响。

一、砂芯的用途及对砂芯的要求

1. 砂芯的用途

砂芯主要用于形成铸件的内腔及孔。对于铸件外形妨碍起模和出砂的部位以及铸型中某些要求较高或特殊的部位（如直浇道下端、滤渣网等），均可采用砂芯。

2. 砂芯的要求

1）形状尺寸及其在砂型中的位置符合铸件的要求。

2）具有足够的强度和刚度。

3）在铸件的浇注凝固过程中，砂芯中产生的气体能够及时地排出铸型。

4）铸件收缩时，砂芯的阻力要小。

5）清砂容易。

二、砂芯设计的主要内容

1）决定砂芯的数量和每一个砂芯的形状尺寸、芯砂种类及制芯方法，并按照下芯的先后次序注明砂芯的序号。

2）决定每一个砂芯的芯头个数、形状和尺寸。采用芯撑时，应该确定芯撑的位置、形状尺寸和个数。

3）决定芯骨的材料、形状和尺寸以及砂芯的通气方式。

三、确定砂芯形状的总原则

确定砂芯形状的总原则是：便于制芯和下芯的整个过程，不致造成气孔等缺陷，精确铸件内腔尺寸，尽量使芯盒结构简单。

1. 保证铸件内腔尺寸精确

凡是铸件内腔尺寸要求较严的部分应由同一半砂芯形成，避免被分盒面所分割，更不宜分为几个砂芯。但手工造型中大的砂芯，为保证某一部位精度，有时需将砂芯分块。

2. 保证操作方便

复杂的大砂芯、细而长的砂芯可分为几个小而简单的砂芯。细而长的砂芯易变形，应分成数段，并设法使芯盒通用。在分砂芯时要防止液体金属钻入砂芯分割面的缝隙，堵塞砂芯通气道。

3. 保证铸件壁厚均匀

使砂芯的起模斜度和模样的起模斜度大小、方向一致，保证铸件壁厚均匀，如图 4-1 所示。

4. 应尽量减少砂芯数目

用砂胎（自带砂芯）或吊砂可减少砂芯，某柴油机曲轴定位套的用砂胎取代砂芯的机器造型方案，如图 4-2 所示。

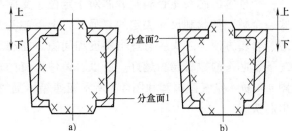

图 4-1 保证铸件壁厚均匀
a）不合理 b）合理

在手工造型时，遇到难于起模的地方，一般尽量用模样活块，即用活块取代砂芯，如图 4-3 所示。这样虽然增加了造型工时，但却节省了芯盒、制芯工时及费用。

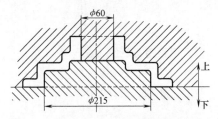

图 4-2 用砂胎取代砂芯的机器造型方案

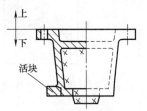

图 4-3 用活块取代砂芯

5. 填砂面应宽敞，烘干支撑面是平面

需要进炉烘干的大砂芯，通常沿最大截面切分为两半制作。

6. 砂芯形状适应造型、制芯方法

高速造型线限制下芯时间，对一型多铸的小铸件，不允许逐个下芯。因此，分砂芯形状时，常把几个至十几个小砂芯连成一个大砂芯，以便节约下芯、制芯时间，以适应机器造型节拍的要求。

对壳、热芯和冷芯盒砂芯要从便于射紧砂芯方面来考虑改进砂芯形状。

除上述的原则外，还应使每个砂芯有足够的断面，确保一定的强度和刚度，并能顺利排出砂芯中的气体；使芯盒结构简单，便于制造和使用等。

第二节 芯头设计

芯头是砂芯的重要组成部分，是伸出铸件以外不与金属接触的砂芯部分。芯头的作用是定位、支撑和排气。但并不是每一个芯头都必须同时起这三个作用。

1）定位作用。通过芯头与芯座的配合，便于将砂芯准确地安放在砂型中，使砂芯在铸造中有准确的位置。

2）支撑作用。砂芯通过芯头支撑在铸型中，保证砂芯在它自身重力及金属液体的浮力作用下位置不变。

3）排气作用。在浇注凝固过程中，砂芯中产生的大量气体能够及时地从芯头排出铸型。

一个砂芯的芯头能否满足砂芯对于定位、支撑和排气这三方面的要求，主要是由芯头的形式、个数、形状和尺寸决定的。另外，上下芯头及芯号容易识别，不致下错方向或芯号；下芯、合箱方便，芯头应有适当斜度和间隙。在满足砂芯支撑稳固、定位准确和排气通畅的情况下，芯头的数目越少越好。所以，铸件上有的通孔虽然由砂芯形成，但并不做出芯头，如图4-4所示空气锤阀套和图4-5所示变速箱体上的 A 孔虽然由砂芯形成，但相应的地方不做出芯头。

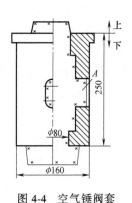

图 4-4　空气锤阀套

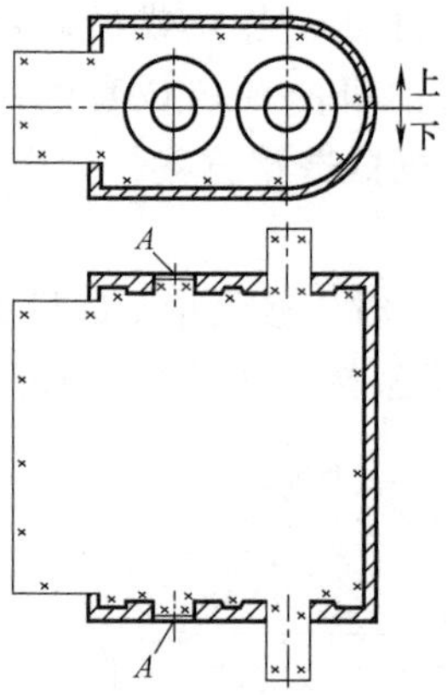

图 4-5　变速箱体

一、芯头的形式

根据芯头在砂型中的位置，可分为水平芯头和垂直芯头两种基本类型。典型的芯头结构如图4-6所示。

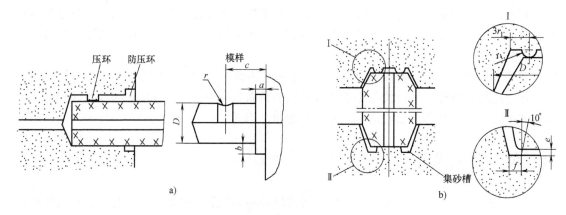

图 4-6　典型的芯头结构

a）水平芯头　b）垂直芯头

1. 芯头的结构

典型芯头的结构包括长度、斜度、间隙、压环、防压环和集砂槽等。

（1）芯头长度　指砂芯伸入铸型部分的长度。

（2）芯头斜度　指对垂直芯头，上、下芯头都应设有斜度。

（3）芯头间隙　指为了下芯方便，通常在芯头和芯座之间留有间隙。

（4）压环、防压环和集砂槽　压环的作用主要是合箱后它能把砂芯压紧，避免金属液沿间隙钻入芯头；防压环的作用主要是下芯、合箱时，它可防止此处砂型被压塌，因而可以防止掉砂；集砂槽的作用主要是用来存放个别的散落砂粒，这样就可以加快下芯速度。

2. 垂直芯头

图 4-7 所示为垂直芯头，其中图 4-7a 中上、下都做出芯头，可使砂芯定位准确，支撑可靠，一般常用这种形式，尤其适宜于高度大于直径的砂芯。图 4-7b 中不做上芯头只做下芯头以便于合箱，适宜于横截面较大而高度不大的砂芯，特别适用于手工造型的砂芯。图 4-7c 中上、下芯头都不做出，适宜于比较稳的大砂芯。不做下芯头，便于下芯时根据型腔尺寸适当地调整砂芯的位置，同时也可减少砂箱的高度。

对于横截面不大而高度较大的砂芯，为了使砂芯在砂型中比较稳固，可以适当加大下芯头。有的工厂推荐，当 $L \geqslant 5D$ 时，取 $D_2 = (1.5 \sim 2)D$ （图 4-8）。

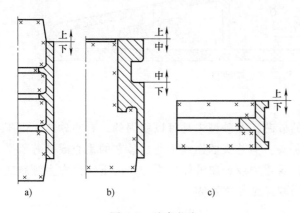

图 4-7　垂直芯头

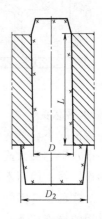

图 4-8　加大下芯头

对于只能做上芯头而无其他芯头的砂芯，为了使砂芯仍然有可靠的固定，可采取下列措施：

1）加长上芯头，并且采取在芯头与芯座之间不留间隙或过盈配合，砂芯下在上箱中挤紧。对于小砂芯还可以采取在芯头上刷黏结剂等措施。

2）预埋砂芯，如图 4-9 所示。将芯头做成上大下小的形状，造型时将砂芯事先放在模样上对应位置的备用孔内，只露出芯头。这样，填砂和舂砂后芯头即被埋在砂型中。这种预埋芯头只适用于重量不大的小砂芯。

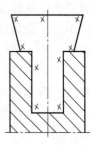

图 4-9　预埋砂芯

3）吊芯，如图 4-10 所示。砂芯用铁丝或螺栓吊在上箱。吊芯操作麻烦，翻箱时容易损坏，只适宜于单件小批生产。吊芯有利于砂芯排气，芯头可以做得较短。

4) 盖板砂芯，如图 4-11 所示。将芯头扩大，下在下箱中。这种方式操作方便，有利于保证铸件精度及组织流水线生产。

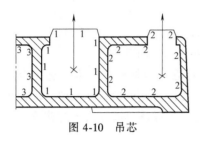

图 4-10　吊芯

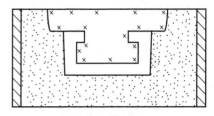

图 4-11　盖板砂芯

5) 使用芯撑。如图 4-12 所示的大型复杂铸件，砂芯较多，难以采用吊芯，只得用芯撑支撑砂芯。由于砂芯的位置不大准确，不能做上芯头，合箱前必须注意防护砂芯上端面的通气孔，严防浇注时金属液体钻进去，影响砂芯的排气。

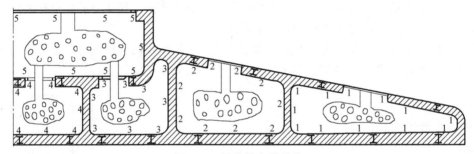

图 4-12　用芯撑支撑砂芯

3. 水平芯头

一般情况下，具有两个以上水平芯头的砂芯，在砂型中是可以稳固的。有些砂芯，由于只有一个水平芯头，或者虽然有两个水平芯头，但芯头的连线不通过砂芯的重心或砂芯所受浮力的作用线，因而不稳固。这种砂芯在自身重力或金属液体的浮力作用下，会发生倾斜或转动。对这种不稳固的砂芯，设计时必须采取措施使之稳固。

常用的措施如下：

1) 联合砂芯。将两个或几个铸件中的砂芯串联起来共用芯头（图 4-13 所示 3# 芯），使悬臂砂芯安放稳固，称为联合砂芯，也称为挑担砂芯。一般中、小型铸件铸造小型弯管接头就常常采用联合砂芯。

2) 加大或加长芯头，将砂芯的重心移入芯头的支撑面内。图 4-14 所示为悬臂芯头加大或加长芯头的方法，常用于中小铸件。此时芯头的尺寸可按下述比例决定。

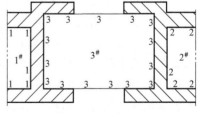

图 4-13　联合砂芯

当 D 或 $H \leqslant 150\text{mm}$ 时，取 $h = D$ 或 $H = 1.25L$。

当 D 或 $H > 150\text{mm}$ 时，取 $h = (1.5 \sim 1.8)D$ 或 $h = (1.5 \sim 1.8)H$；$l \geqslant L$。

3) 安放芯撑，增加砂芯的支撑点和承压面积，使砂芯稳固。图 4-15 所示的 2# 砂芯，适当加大芯头同时配合安放芯撑控制铸件壁厚，防止砂芯倾斜。

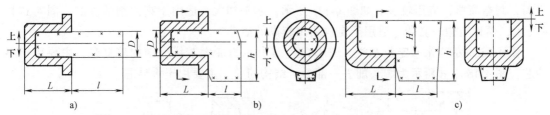

图 4-14　悬臂芯头加大或加长芯头的方法

a）正常芯头　b）悬臂芯头加大　c）加长芯头

4）增设工艺孔。为了使砂芯稳固或者便于砂芯排气和清理，经设计者同意后，可在铸件的适当部位增加一个或几个具有一定尺寸的孔，以便做成芯头，满足砂芯的要求，如图 4-16 所示，A 孔称为工艺孔。工艺孔在铸件铸成后也可用螺塞堵住或焊死。

4. 芯头的定位结构

砂芯要求定位准确，不允许沿芯头方向移动或者绕芯头的轴线转动。对于形状不对称的砂芯或一个铸型中的数种砂芯，它们的芯头形状和尺寸相同时，为了定位准确和不致搞错方位，均可采用定位芯头。

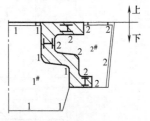

图 4-15　加大芯头同时安放芯撑

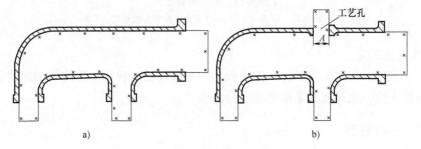

图 4-16　排气管铸件

a）砂芯不稳定　b）增加工艺孔后，砂芯稳定

垂直定位芯头和水平定位芯头如图 4-17 和图 4-18 所示。

图 4-17 所示为垂直定位芯头。如图 4-17a 所示，因芯头切去一部分，支撑面积减少，常用于高度不大而芯头直径较大的砂芯。如图 4-17b 所示，只切去芯头头部一部分，固定仍较

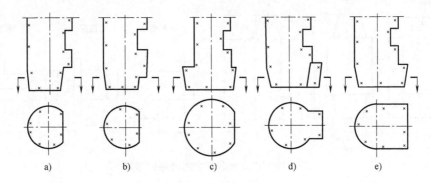

图 4-17　垂直定位芯头

稳固，制造简单，应用较多。如图 4-17c 所示，芯头加大，适用于高而细的砂芯。图 4-17d、e 所示，两种结构较复杂，适用于定位要求较高的砂芯。

图 4-18 所示为水平定位芯头。图 4-18a、b 所示为加大芯头，结构较复杂，主要用于小砂芯；图 4-18c、d 所示为芯头削去一部分，结构简单，主要用于大砂芯。

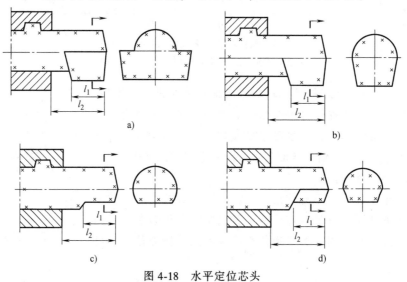

图 4-18　水平定位芯头

注：当芯头较长时，可取 $l_1 = (0.6 \sim 0.8) l_2$；当芯头较短时，可取 $l_1 = l_2$。

5. 特殊定位芯头

有的砂芯有特殊的定位要求，如防止砂芯在型内绕轴线转动，不许可轴向位移偏差过大或下芯时搞错方位，这时就应采用特殊定位芯头。

二、芯头尺寸的确定

芯头横截面的尺寸一般决定于铸件相应部位孔的尺寸。为了便于下芯合箱，芯头应有一定的斜度，芯头与芯座之间应留一定的间隙（湿型小件下芯头可不留间隙）。在实际生产中，芯头的尺寸、斜度和间隙一般根据生产经验查表决定。

芯头与芯座之间的间隙，通常是采取将芯盒做成名义尺寸而将模样加大形成的，如图 4-19 所示。

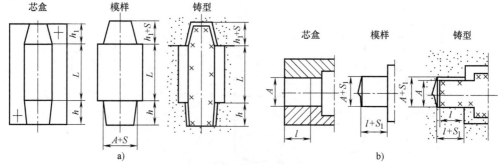

图 4-19　芯头与芯座之间间隙的形成

a）垂直芯头　b）水平芯头

垂直芯头的高度、斜度和芯头与芯座之间的间隙见表 4-1、表 4-2 及表 4-3；水平芯头的长度、斜度和芯头与芯座之间的间隙见表 4-4 及表 4-5。

表 4-1　垂直芯头的高度 h 和 h₁　　　　　（单位：mm）

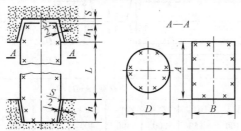

L	当 D 或 $(A+B)/2$ 为下列数值时的高度 h									
	≤30	31~60	61~100	101~150	151~300	301~500	501~700	701~1000	1001~2000	>2000
≤30	15	15~20	—	—	—	—	—	—	—	—
31~50	20~25	20~25	20~25	—	—	—	—	—	—	—
51~100	25~30	25~30	25~30	20~25	20~25	30~40	40~60	—	—	—
101~150	30~35	30~35	30~35	25~30	25~30	40~60	40~60	50~70	50~70	—
151~300	35~45	35~45	35~45	30~40	30~40	40~60	50~70	50~70	60~80	60~80
301~500	—	40~60	40~60	35~55	35~55	50~70	50~70	50~70	80~100	80~100
501~700	—	60~80	60~80	45~65	45~65	50~70	60~80	60~80	80~100	80~100
701~1000	—	—	—	70~90	70~90	60~80	60~80	80~100	80~100	80~150
1001~2000	—	—	—	—	100~120	100~120	80~100	80~100	80~120	100~150
>2000	—	—	—	—	—	—	80~120	80~120	80~120	100~150

由 h 查 h₁

h	15	20	25	30	35	40	45	50	55	60	65	70	80	90	100	120	150
h_1	15	15	15	20	20	25	25	30	30	35	35	40	45	50	55	65	80

注：1. 大量生产中，对于不必区分上芯头与下芯头的砂芯，如等截面的柱状砂芯，上下芯头应取同样的高度和斜度，以便下芯。

　　2. 对于大而矮的垂直砂芯，可不用上芯头，下芯头也可短些。

表 4-2　垂直芯头的斜度 α

	芯头高 h/mm	15	20	25	30	35	40	50	60	70	用 a/h 表示斜度时	用角度 α 表示时
	上芯头	2°	3°	4°	5°	6°	7°	9°	11°	12°	1/5	10°
	下芯头	1°	1.5°	2°	2.5°	3°	3.5°	4°	5°	6°	1/10	5°

表 4-3　垂直芯头与芯座之间的间隙 S　　　　　（单位：mm）

种类	D 或 $(A+B)/2$											
	≤50	51~100	101~150	151~200	201~300	301~400	401~500	501~700	701~1000	1001~1500	1501~2000	>2000
湿型	0.5	0.5	1.0	1.0	1.5	1.5	2.0	2.0	2.5	2.5	3.0	3.0
干型	0.5	1.0	1.5	1.5	2.0	2.5	3.0	3.5	4.0	5.0	6.0	7.0

注：1. 影响芯头与芯座之间间隙的因素很多，如模样与芯盒的尺寸偏差，砂芯和砂型在制造、运输、烘干过程中的变形等，因此表中数据仅供参考。

　　2. 一般情况下，机器造型、湿型、生产量较大时，常用间隙为 0.5~1mm。对于干型、大件，常用间隙为 2~4mm。

　　3. 当上芯头或下芯头的个数多于 1 时，可将其中定位作用不大的芯头的侧面间隙加大。

表 4-4　水平芯头的长度 *l*　　　　　　　　　　（单位：mm）

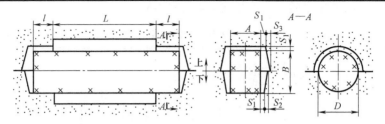

L	D 或（A+B）/2												
	≤25	26~50	51~100	101~150	151~200	201~300	301~400	401~500	501~700	701~1000	1001~1500	1501~2000	>2000
≤100	20	25~35	30~40	35~45	40~50	50~70	60~80	—	—	—	—	—	—
101~200	25~35	30~40	35~45	45~55	50~70	60~80	70~90	80~100	—	—	—	—	—
201~400	—	35~45	40~60	50~70	60~80	70~90	80~100	90~100	—	—	—	—	—
401~600	—	40~60	50~70	60~80	70~90	80~100	90~110	100~120	120~140	130~150	—	—	—
601~800	—	—	60~80	70~90	80~100	90~110	100~120	110~130	130~150	140~160	150~170	—	—
801~1000	—	—	—	80~100	90~110	100~120	110~130	120~140	130~150	150~170	160~180	180~200	—
1001~1500	—	—	—	90~110	100~120	110~130	120~140	130~150	140~160	160~180	180~200	200~220	220~260
1501~2000	—	—	—	—	110~130	120~140	140~160	150~170	160~180	180~200	200~220	220~240	260~300
2001~2500	—	—	—	—	130~150	150~170	160~180	180~200	200~220	220~240	240~260	260~300	300~360
>2500	—	—	—	—	—	180~200	200~220	220~240	240~260	260~280	280~320	320~360	360~420

注：受砂箱尺寸限制时，芯头长度可以缩短 30%。但是，由于芯头承压面积的减少，可能压坏芯座，这时，须同时在芯座上垫铁片或耐火砖等，以提高芯座的抗压能力。

表 4-5　水平芯头的斜度及间隙　　　　　　　　（单位：mm）

D 或（A+B）/2		≤50	51~100	101~150	151~200	201~300	301~400	401~500	501~700	701~1000	1001~1500	1501~2000	>2000
湿型	S_1	0.5	0.5	1.0	1.0	1.5	1.5	2.0	2.0	2.5	2.5	3.0	3.0
	S_2	1.0	1.5	1.5	1.5	2.0	2.0	3.0	3.0	4.0	4.0	4.5	4.5
	S_3	1.5	2.0	2.0	2.0	3.0	3.0	4.0	4.0	5.0	5.0	6.0	6.0
干型	S_1	1.0	1.5	1.5	1.5	2.0	2.0	2.5	2.5	3.0	3.0	4.0	5.0
	S_2	1.5	2.0	2.0	3.0	3.0	4.0	4.0	5.0	5.0	6.0	8.0	10.0
	S_3	2.0	3.0	3.0	4.0	4.0	6.0	6.0	8.0	8.0	9.0	10.0	12.0

　　在湿型大量生产中，为了加速下芯合箱及保证铸件质量，在芯头的模样上常常做出压环、防压环和集砂槽。压环用来阻止金属液体钻进砂芯的通气道；防压环用来防止芯头压坏芯座的边缘后，散砂落入型腔；集砂槽则用于存放散落的砂粒。压环、防压环和集砂槽的尺寸见表 4-6。

表 4-6　压环、防压环和集砂槽的尺寸　　　　　　　　　　（单位：mm）

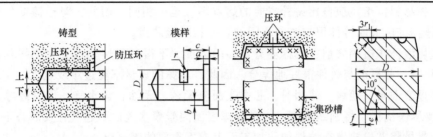

芯头直径 D	水平芯头				垂直芯头		
	a	b	c	r	e	f	r_1
>30~50	5	0.5	15	1.5	1.5	3	1.5
51~100	5	1	15	2	2	3	2
101~200	8	1.5	20	3	3	4	3
201~400	10	1.5	25	5	4	5	5
>400	12	2	40	5	5	6	6

第三节　芯撑和芯骨

　　砂芯在铸型中主要靠芯头固定，但有时砂芯无法设置芯头或只靠芯头固定难以保证砂芯稳固。因此，在生产中常采用芯撑，如图 4-12 所示。

一、芯撑

　　使用芯撑的铸型结构如图 4-20 所示。当使用芯撑时，芯撑可能与铸件焊合不良及引起气孔。所以，水箱、油箱及阀体类铸件在水压、气压下工作，尤其是壁厚在 8mm 以下的薄壁件，应尽量不用芯撑，以免引起渗漏。必要时，可采用支柱上有凹槽或螺纹的芯撑，或采用图 4-21 所示的防渗漏措施。图 4-21a、b 所示为让薄铁皮（一般厚度为 0.5mm）与铸件较好地焊

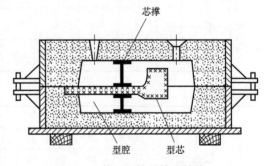

图 4-20　使用芯撑的铸型结构

合，图 4-21c 所示为让芯撑与铸件上的凸台良好地焊合，从而防止铸件在工作时渗漏。

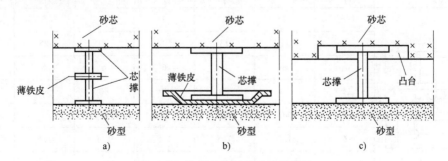

图 4-21　使用芯撑时的防渗漏措施

为了使芯撑良好地同铸件焊合，并不引起气孔缺陷，使用芯撑时应注意以下几个方面。

1）芯撑材料的熔点应该比铸件材质的熔点高，至少相同。因此，对于铸铁件用低碳钢或铸铁芯撑；有色金属铸件用与铸件相同的合金材料做芯撑。

2）金属液体未凝固之前，芯撑应有足够的强度，不得过早熔化而丧失支撑作用；在铸件凝固过程中，芯撑须与铸件很好地焊合。因此，芯撑的重量不能过小或过大。

3）芯撑表面最好镀锡。使用时，芯撑表面应无锈、无油、无水气。同时芯撑在放入铸型之后，要尽快浇注，特别是湿型，以免芯撑表面因凝聚水气而引起气孔及焊合不良。

4）应尽量将芯撑放置在铸件的非加工面上或不重要的表面上。

5）为了防止芯撑陷入砂型、砂芯（特别是湿型、湿芯）而造成铸件壁厚不均，必要时可在芯撑端面垫以面积较大的铁片、干砂芯或耐火砖。芯撑的形状尺寸，决定于铸件相应部位的形状、壁厚及芯撑在铸型中所处的位置。图 4-22 所示为几种常用的芯撑。小、中、大型铸件和重型铸件用的芯撑见表 4-7～表 4-9。

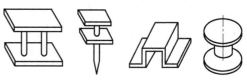

图 4-22　几种常用的芯撑

表 4-7　小型铸件用的芯撑　　　　　（单位：mm）

序号	1	2	3	4	5	6	7	8	9	10
H	15	20	25	25	30	35	35	40	45	50
d_1	6	6	6	66	6	6	9.5	9.5	9.5	9.5
A	25	30	30	30	30	30	35	40	45	50
b	1.2	1.2	1.2	1.2	1.2	1.2	1.2	1.5	1.5	1.5

表 4-8　中、大型铸件用的芯撑　　　　　（单位：mm）

序号	1	2	3	4	5	6	7	8	9	10	11	12	13
H	25	28	30	35	40	45	50	55	60	65	70	75	80
d_1	10	10	10	15	15	15	15	20	20	20	20	20	20
d_2	6	6	6	8	8	8	8	10	10	10	10	10	10
A	50	50	50	50	50	50	60	60	60	65	70	75	80
b	2.5	2.5	3	3	3	4	4	4	5	5	5	5	5

序号	1	2	3	4	5	6
H	12	13	18	20	25	30
d_1	6	6	6	6	6	6
A	80	80	80	80	80	80
B	40	40	40	40	40	40
b	1.5	1.5	1.5	1.5	1.5	1.5
a	22.5	22.5	22.5	22.5	22.5	22.5

表 4-9　重型铸件用的芯撑　　　　　　　　（单位：mm）

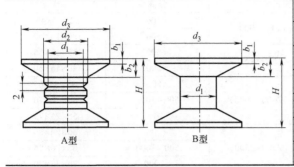

序号	1	2	3	4	5	6	7	8	9
H	20	25	30	35	40	45	50	55	60
d_1	17	17	17	22	22	22	27	27	27
d_2	20	20	20	25	25	25	30	30	30
d_3	40	40	40	40	50	50	60	60	60
b_1	2	2.5	2.5	2.5	3	3	3	3.5	3.5
b_2	6	8	8	10	10	10	12	14	14

二、芯骨

为了保证砂芯在制造、运输、下芯过程中，以及在金属液体浮力的作用下不变形、不断裂，砂芯必须具有足够的强度和刚度。因此，除了选用合适的芯砂之外，制芯时可在砂芯中放置芯骨。特别是大砂芯和形状复杂、断面细薄的砂芯，必须放置芯骨。

对芯骨的要求如下：

1）保证砂芯具有足够的强度和刚度。

2）芯骨不应阻碍铸件收缩。因此，芯骨至砂芯的工作表面必须有适当的距离，即有一定的吃砂量。芯骨吃砂量见表 4-10。

表 4-10　芯骨吃砂量　　　　　　　　（单位：mm）

芯骨材料	砂芯尺寸（长×宽）	芯骨吃砂量
铁丝	<（300×300）	10~20
铸铁	<（300×300）	15~25
	>（300×300）~（500×500）	20~30
	>（500×500）~（1000×1000）	25~40
	>（1000×1000）~（1500×1500）	30~50
	>（1500×1500）~（2000×2000）	40~50
	>（2000×2000）~（2500×2500）	50~70

3）芯骨不应妨碍在砂芯中做出必要的通气道。

4）有些芯骨需便于砂芯的吊运、合并及固定，因此应做出吊环等结构。

5）清砂时，芯骨最好能完整地取出，以便重用，降低成本。

6）在满足使用要求的前提下，芯骨必须简单，便于制造。

小型砂芯和砂芯上的细薄部分，多用铁丝芯骨，铁丝应退火以消除弹性。中型、大型砂芯，常用铸铁芯骨。比较复杂的芯骨是由基础骨架和插齿构成的。基础骨架较粗，是芯骨的主干，保证砂芯具有必要的强度和刚度。基础骨架最好伸入芯头中，以便于吊运和支撑砂芯。插齿较细，主要是将砂芯的各部分连接在基础骨架上。铸铁芯骨基础骨架尺寸见表 4-11。

在成批大量生产中，往往采用圆钢或钢焊接件作为芯骨，以便循环使用。圆柱形砂芯，一般用钻有许多小孔的钢管作为芯骨，兼作排气用。

表 4-11　铸铁芯骨基础骨架尺寸　　　　　　　　　　（单位：mm）

芯骨长宽尺寸	芯骨高度	$a×b×c$
（500×500）～（1000×1000）	<500	25×5×45
	>500	30×10×50
（1000×1000）～（1500×1500）	<500	35×12×55
	>500	40×15×60
（1500×1500）～（2000×2000）	<500	45×18×65
	500～1000	50×20×70
	>1000	55×25×75
（2000×2000）～（2500×2500）	<500	60×28×80
	500～1000	65×30×85
	>1000	70×35×90

注：1. 吊环处的骨架适当加粗。有两个以上的吊环时，骨架断面可适当缩小。

　　2. 水平砂芯中的单梁芯骨长度超过 3m 时，骨架断面应增大 50% 以上。

第四节　砂芯的排气、合并与预装配

一、砂芯的排气

砂芯在高温金属液体作用下，由于有机物挥发、分解和燃烧以及水分蒸发，短时间内会产生大量气体。这些气体一旦钻入金属液体，就很可能留在里面而使铸件产生气孔。因此，在设计、制造砂芯及下芯、合箱的整个过程中，要注意砂芯的排气。一定要让浇注时砂芯中产生的气体能够及时地从芯头排出铸型外。

为了保证砂芯的排气，除了砂芯具有一定大小的芯头和采用透气性较好的芯砂之外，制芯时在砂芯中开设适当的通气道也是一个很重要的措施。同时，砂型与芯头出气孔相对应的位置也应有通气道连通。

对于砂芯多的薄壁箱体铸件、多层砂芯及只能从下芯头排气的砂芯，须特别注意排气条件。

形状复杂、尺寸较大的砂芯，应该开设纵横通气道。通气道必须通至芯头断面，不能通到砂芯的工作表面。

砂芯通气道的几种做法，见表 4-12。

表 4-12　砂芯通气道的几种做法

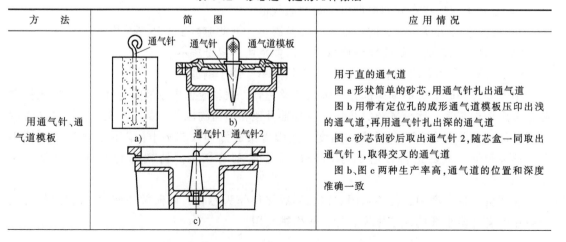

方　　法	简　　图	应　用　情　况
用通气针、通气道模板		用于直的通气道 图 a 形状简单的砂芯，用通气针扎出通气道 图 b 用带有定位孔的成形通气道模板压印出浅的通气道，再用通气针扎出深的通气道 图 c 砂芯刮砂后取出通气针 2，随芯盒一同取出通气针 1，取得交叉的通气道 图 b、图 c 两种生产率高，通气道的位置和深度准确一致

（续）

方　法	简　图	应 用 情 况
用造型工具	A—A	用于分两半做的砂芯。在黏合面上切挖出主通气道，从主通气道再扎出较深的支通气道，其间距为 30～50mm，距砂芯表面为 6～15mm
用蜡线		用于弯曲砂芯和形状复杂的薄砂芯。砂芯须烘干透。蜡线熔出后得到弯曲的通气道 有时可用草绳代替蜡线
用焦炭块、炉渣块、钢管	a) b)	用于中型、大型砂芯 图 a 砂芯中放焦炭块或炉渣块（大小为 10～40mm），同时用钢管或挖出较粗的通气道直至芯头端面 图 b 用钻有许多孔的钢管作为芯骨兼排气，管外绕数层草绳，退让性好 砂芯外表面至焦炭块的砂层距离

砂芯尺寸/mm	砂层距离/mm
<500×500	60～80
（500×500）～（1000×1000）	80～100
（1000×1000）～（1500×1500）	100～120
（1500×1500）～（2000×2000）	120～150

二、砂芯的合并与预装配

将多个砂芯合并成一个较大或较复杂的砂芯时，各砂芯间的连接一定要牢固，相互位置应符合铸件要求。砂芯合并的情况分以下三种。

1）湿芯与湿芯合并。常用于对开式芯盒制造的砂芯。优点是不需磨削砂芯的黏合面，砂芯精度易保证，但有些砂芯在烘干时要用砂座或成形烘干器支撑。

2）湿芯与干芯合并。根据情况，可以将形状简单的小干砂芯（图 4-23 所示 1# 芯）放在大砂芯芯盒相应部位的孔中，露出芯头，再制作大砂芯；或者采取在大砂芯出盒后，将小干砂芯放进大砂芯的芯座中。

3）干芯与干芯合并。主要用于形状复杂、要求较高的砂芯。此法操作麻烦、工序多。合并时，小砂芯可以用糊精或黏合胶黏合；大砂芯须用螺栓连接或用铁丝绑扎在一起；尺寸要求比较准确的中、小砂芯，可用浇注易熔合金的方法连接（图 4-24）。用螺栓或浇注易熔

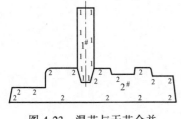

图 4-23　湿芯与干芯合并

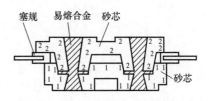

图 4-24　用浇注易熔合金法连接砂芯

合金连接的砂芯，制芯时需制出一定的连接孔（后者采用锥孔）。两个砂芯非接触面之间的距离，可用塞规控制。

为适应机械化流水线生产的高速度要求，对尺寸精度要求高且砂芯多的铸件可采用专用组芯模具和应用自动锁芯系统（KEY-CORE SYSTEM 或称为制芯中心）进行砂芯预装配，以适应生产节拍的要求和提高铸件的制造精度。自动锁芯系统具有以下优点：

1）原材料供应方便。所需的原材料与制芯材料相同，即相同的砂芯和树脂。这样，可以省去制备其他辅助材料所需的生产环节。

2）采用自动锁芯系统技术对芯盒并无特殊要求，可实现组芯过程生产自动化，避免了人为因素而造成的质量事故。夹具中的机械定位装置可保证高的尺寸精度要求，其尺寸精度的准确性也容易被检测及实施。

3）单个芯组成整体芯后，可始终保证整体尺寸精度的要求。

4）自动锁芯系统可将制芯工艺过程进行流水化设计，从制芯、修芯、涂料、烘干和运送到下芯部位可实现自动化。

5）自动锁芯系统的锁芯通道增强了型芯强度，有利于整体芯的机械化配送。

6）可省去修芯环节。

7）自动锁芯系统对铸件加工的精度提供了有效保证，减少了加工余量，加工余量可降低 1.5mm 以上，减少了加工刀具的磨损量。

8）自动锁芯系统能提高铸件质量，提高铸件销售的附加值。随着对铸件质量的要求不断提高，它将会被更为广泛地采用。

第五章

浇注系统设计

第一节　概述

浇注系统是砂型中引导液态合金流入型腔的通道。生产中常常因浇注系统设计安排不当，造成砂眼、夹砂、黏砂、夹渣、气孔、铁豆、抬箱、缩孔、缩松、冷隔、浇不足、变形、裂纹、偏析等铸造缺陷。此外，浇注系统的好坏还影响造型和清理工作的繁简，砂型的体积大小和型砂的耗用运输量，非生产性消耗的液态合金用量等。所以，浇注系统与获得优质铸件、提高生产率和降低铸件成本密切相关。因此对浇注系统的设计必须慎重认真。常用的浇注系统大多由浇口杯（外浇口）、直浇道、横浇道、内浇道等部分（组元）组成（图 5-1），其结构如图 5-2 所示。除导入液态合金这一基本作用外，正确的浇注系统还应包括以下几个方面功能：

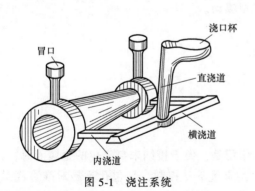

图 5-1　浇注系统

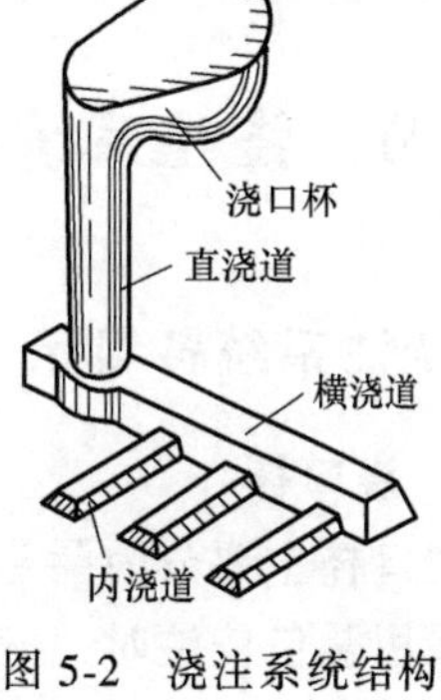

图 5-2　浇注系统结构

1）使液态合金平稳充满砂型，不冲击型壁和砂芯，不产生激溅和涡流，不卷入气体，并顺利地让型腔内的空气和其他气体排出型外，以防止金属过度氧化及产生砂眼、铁豆、气孔等缺陷。

2）阻挡夹杂物进入型腔，以免在铸件上形成渣孔。

3）调节砂型及铸件上各部分温差，控制铸件的凝固顺序，不阻碍铸件的收缩，减少铸件变形和开裂等缺陷。

4）起一定的补缩作用，一般是在内浇道凝固前补给部分液态收缩。

5）让液态合金以最短的距离、最合宜的时间充满型腔，并有合适的型内液面上升速度，得到轮廓完整清晰的铸件。

6）充型流股不要正对冷铁和芯撑，防止降低外冷铁的激冷效果及表面熔化，造成铸件壁厚变化。

7）在保证铸件质量的前提下，浇注系统要有利于减小冒口体积，结构要简单，在砂型中占据的面积和体积要小，以方便工人操作、清除和浇注系统模样的制造，节约金属液和型砂的消耗量，提高砂型有效面积的利用。

浇注系统主要是在满足上述各项要求的原则下，根据铸件的结构特点、技术条件、铸造合金的特性、生产批量及具体的生产条件等，选择浇注系统的类型和结构，合理地布置浇注系统的位置，确定内浇道数目和浇注系统各组元的断面尺寸、断面比例等。本章主要介绍确定浇注系统断面尺寸的具体方法等。推荐的计算方法、数据、表格、结构及方案等仅作为参考，使用时应按具体情况修正。

液态金属在浇注系统基本组元中的流动主要包括以下几个特点：

1）型壁的多孔性、透气性和合金液的不相润湿性，合金液的运动以及特殊边界条件。

2）在充型过程中，合金液和铸型之间有着激烈的热作用、机械作用和化学作用。

3）浇注过程是不稳定流动过程。即：

① 在型内合金液淹没了内浇道之后，随着合金液面上升，充型的有效压力头渐渐变小。

② 型腔内气体的压力并非恒定。

③ 浇注操作不可能保持浇口杯内液面的绝对稳定。

4）合金液在浇注系统中一般呈紊流状态。

5）多相流动。一般合金液总含有某些少量固相杂质、液相夹杂和气泡，在充型过程中还可能析出晶粒及气体，故充型时合金液属于多相流动。

第二节　浇注系统类型选择和出气孔

一、浇注系统各组元

1. 浇口杯

浇口杯主要分为漏斗形和池形两大类，它的作用是：便于接纳来自浇包的金属液流，尤其是采用漏包浇注时，液态合金压头高，冲力大，流量不易控制，且包孔不易对准直浇道，使用浇口杯方便浇注工作，避免金属液飞溅和溢出，便于浇注；浇注时流股先进入浇口杯，能防止液流直接冲入直浇道。漏斗形浇口杯的挡渣效果差，但结构简单，消耗金属少。池形浇口杯容积较大，当储存足够的金属液量时，还可以减少或消除在直浇道顶面产生水平旋涡，防止熔渣、夹杂和气体卷入直浇道的危险。底部设置有堤坝，可以使金属的浇注速度达到适宜的大小后再流入直浇道，浇口杯内液体深度大，可以阻止水平旋涡的产生而形成垂直旋涡，有助于分离渣滓和气泡。此外还有"过桥"浇口，其作用是将金属液分配给两个以上的直浇道和离浇包比较远的直浇道。

表 5-1 列举了常用浇口杯的类型、特点及适用范围。

表 5-1 常用浇口杯的类型、特点和应用

类 型	图 例	特点和应用
普通漏斗形浇口杯	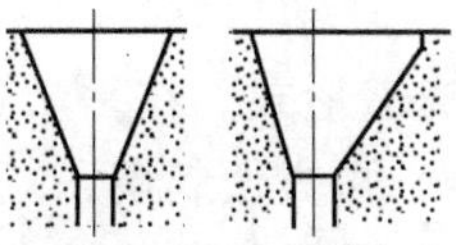	结构简单,制作方便,容积小,消耗的金属液少,能缓冲浇注的流股,但挡渣作用极小 主要用于浇注小型铸件及铸钢件,在机器造型中被广泛采纳
普通池形浇口杯	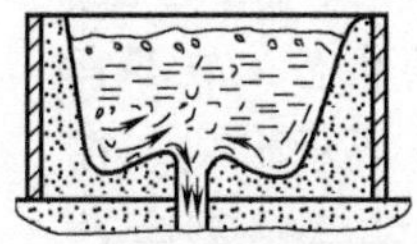	侧壁倾斜,底部(直浇道附近)制成凸起,以减小液流落下时的冲击力,有利熔渣、杂质上浮,故有一定的挡渣能力,但耗费金属液较多,主要用于浇注铸铁件
闸门浇口杯	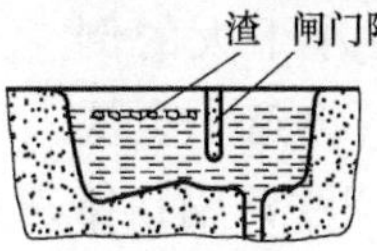 渣 闸门隔板	制作较费事,隔板可挡渣,挡渣效果较好,用于要求较高的中、大型铸件
拔塞浇口杯	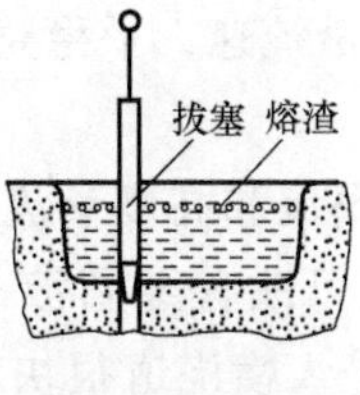 拔塞 熔渣	浇注前用拔塞将直浇道堵住,浇口杯充满后将拔塞拔起,并一直维持浇口杯中液面高度,有的浇口杯本身就是定量器。这种浇口杯挡渣效果好,可避免浇注初期液流带入杂质及防止卷入气体。但使用较麻烦,操作不当还会损坏拔塞孔附近的砂型,造成砂眼缺陷,如用平底拔塞或者塞孔改用油砂芯座,可以得到改善 用于浇注质量要求高的中、大型铸件,如气缸体等
熔化铁隔片浇口杯	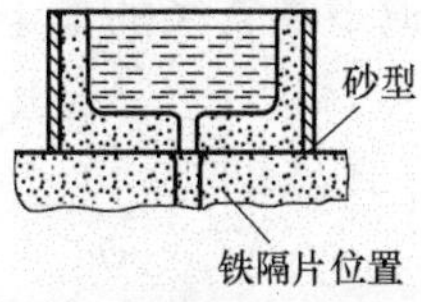 砂型 铁隔片位置	特点与拔塞浇口杯相同。通常浇口杯的容量略大于浇注的金属液总量。浇注完毕后,隔片自行熔破。浇注铸铁时,隔片主要采用镀锌薄铁片,也可用同牌号的铸铁片 多用于浇注气缸体等重要铸件
滤网浇口杯		可以有效地防止卷入夹杂及气体,还可细化流股,减少冲击。缺点是要制作滤网,特别是使用油砂滤网(生产中用得最多)时,金属液量不宜过大,故主要用于浇注中、小型铸件

2. 直浇道

直浇道作用主要是从浇口杯引导金属液向下进入横浇道、内浇道或直接导入型腔。另外，还提供足够的压头，使金属液在重力作用下能克服各种流动阻力，在规定的时间内充满型腔。

金属液在直浇道中的流动特点如下：

1）流动状态为充满式和非充满式流动。

2）在非充满式直浇道中，流股呈渐缩形，流股表面微呈正压，在直浇道中的气体可被金属表面所吸收和带走。

3）直浇道的入口形状影响金属流态，入口为尖角时，增加流动阻力和断面收缩率，常导致非充满式流动。要使直浇道呈充满流态，要求入口处圆角半径 $r \geq d/4$（d 为直浇道上口直径）。

4）在有机玻璃模型中能够出现真空度下的充满式流态，但这种情况不能代表砂型中的金属流态，因为砂型是透气的，只有当模型中的液流压力 $P \geq 1$ 个大气压时，才代表砂型中的流态。

尽管非充满的直浇道有带气的缺点，但在特定条件下也会采用，如阶梯式浇注系统中为了实现自下而上地逐层引入金属的目的而采用。又如用底注式浇注的条件下，为了防止钢液溢至型外而使用非充满态的直浇道。

直浇道多用圆形断面。图 5-3 所示为常用的直浇道形式。在手工造型和一般机器造型中，直浇道取斜度 2%~4% 上大下小的锥形（图 5-3a）可方便起模，金属液能较快充满在直浇道中呈正压状态流动，减少吸气和卷渣。但对于阶梯式浇注系统，由于直浇道中不允许呈充满状态，故不宜选用图 5-3a 所示直浇道，而应采用图 5-3b 或图 5-3c 所示形式。在高效率半自动造型生产线上（如高压造型及微震压实等造型生产线），模样大多固定在模板上，必须制成图 5-3b 所示上小下大的倒锥形，才能从砂型中拔出。这时应注意增大横浇道、内浇道中金属

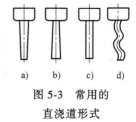

图 5-3　常用的
直浇道形式

液流的阻力，让直浇道仍呈充满（即正压）状态。对于浇注铸钢，特别是浇注中大型铸钢件，多用耐火材料管形成浇注系统，直浇道则为图 5-3c 所示没有斜度的圆管。图 5-3d 所示为蛇形直浇道，多用于有色金属铸件，其阻力大，可降低金属液流速，平稳充型，减少卷气。

3. 直浇道窝

金属液对直浇道底部有强烈的冲击作用，并产生涡流和高度紊流区，常引起冲砂、渣孔和大量氧化夹杂物等铸造缺陷。设直浇道窝（凹井）可改善金属液的流动状况。直浇道窝对液流的影响如图 5-4 所示，增加了直浇道窝的液流进入横浇道很快就进入正常区。常用直浇道窝的形状如图 5-5 所示，直浇道窝的直径为直浇道下端直径的 1.4~2 倍，高度为横浇道高度的 2 倍。它的作用主要有以下几点：

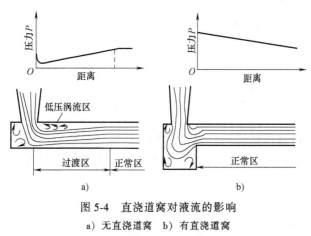

图 5-4　直浇道窝对液流的影响
a）无直浇道窝　b）有直浇道窝

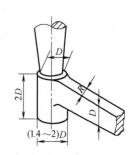

图 5-5　常用直浇
道窝的形状

1）缓冲作用，减轻金属液对直浇道底部型砂的冲刷。

2）缩短直-横浇道拐弯处的高度紊流区。

3）改善内浇道的流量分布，有利于内浇道流量分布的均匀化。

4）减少直-横浇道拐弯处的局部阻力系数和水头损失。

5）有利于金属液中气泡的浮出。

4. 横浇道

横浇道的作用除连接直浇道和内浇道，向内浇道分配洁净的金属液外，主要是储留最初

浇入的含气和渣污的低温金属液并阻留渣滓。在浇注初期，总会有些夹杂物（来自浇包的熔渣、剥落的涂料、松散的砂粒等）被液流带入横浇道，所以，除保持浇包清洁，清除型内掉砂，浇注时妥善阻挡包内夹杂物，让浇口杯整个浇注过程中充满等必要的措施外，还应充分利用横浇道挡渣，才能有效地保证铸件质量。另外，还可以使金属液流平稳和减少产生氧化夹杂物。

横浇道能起挡渣作用的条件如下：

1）夹杂物能在横浇道中浮起。液态合金在横浇道中流动时紊流作用越小，越有利夹杂物上浮，低的液流线速度有利于夹杂物上浮并保留在顶部，故横浇道要平直（曲折会引起额外的紊流，必须弯曲时，应尽量利用分型面上的空隙位置，做成较大的曲率半径），断面积应较大，使液态合金平稳、缓慢、近乎层流地在横浇道中流动。

2）能够滞留夹杂物。进入横浇道的夹杂物必须浮到液流上表面，并与横浇道顶面接触，因摩擦增大而减慢速度，最后才停留下来不随液流进入型腔，所以横浇道中充满液态合金，即满足充满条件是能挡渣的必要条件。

3）夹杂物有足够的时间上浮至顶面，并不被吸入内浇道，即流速应尽可能低。直浇道到第一个内浇道的距离应使夹杂物到达第一个内浇道之前能上浮到横浇道顶部，这段横浇道的长度约为其高度的五倍；上浮到横浇道顶部的夹杂物又应高于内浇道吸动作用区域，才不至被吸入内浇道，因此横浇道的高度最好是内浇道高度的 4~6 倍，故生产中横浇道多为长梯形，而内浇道则扁而宽。

4）延长横浇道长度。为储存浇注之初进入横浇道的夹杂物，横浇道应设延长段，其最小距离（最后一个内浇道与横浇道末端之间的距离）一般在 50mm 以上。铸件越大，延长段也要相应加长，即内浇道的位置关系要正确。

为加强横浇道的挡渣功能，又不过多地占用砂型面积，常采用阻流式、缓流式、带集渣包式等的横浇道（表 5-4）。

图 5-6 所示为常用横浇道的断面形状。梯形和圆顶梯形主要用于浇注灰铸铁件和有色金属铸件，圆形断面的横浇道散热最少，挡渣效果差，多用于浇注铸钢件（铸钢主要用漏包浇注，金属液流干净）。

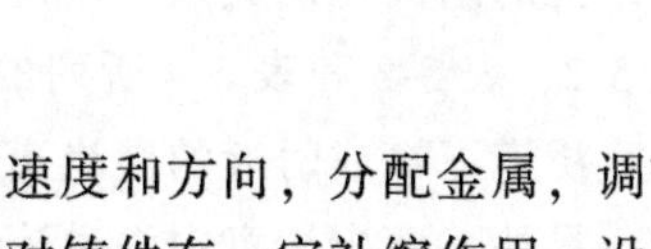

图 5-6 常用横浇道的断面形状

常用横浇道挡渣的措施如图 5-7 所示，为了强化挡渣效果，常在横浇道内设置过滤措施，以净化金属液。

5. 内浇道

内浇道的作用是引导液态合金平稳地流入型腔，控制充型速度和方向，分配金属，调节铸件各部位的温度和凝固顺序。浇注系统的金属液通过内浇道对铸件有一定补缩作用。设计内浇道时还应避免流入型腔时的喷射现象和飞溅，使充型平稳，这对铸件质量有较大的影响。

内浇道不能挡渣，图 5-8 所示扁平内浇道造成的吸动作用区域小，有助于横浇道发挥挡渣作用，并且模样制造方便，易于从铸件上去除；应用最广的长梯形用于沿垂直壁充型；月牙形和三角形内浇道虽然易于从铸件上去除，但冷却快；圆形内浇道冷却最慢，主要用于铸钢件。

为了避免砂型局部过热，在内浇道附近引起黏砂、缩松、晶粒粗大等缺陷，一般除很小

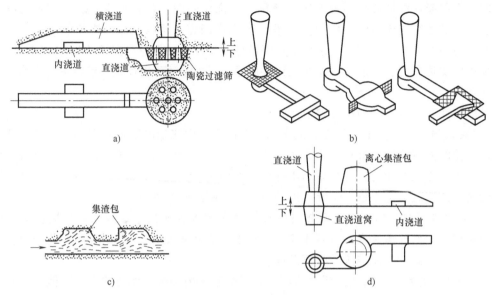

图 5-7　常用横浇道挡渣的措施

a）陶瓷过滤筛　b）过滤网　c）横浇道集渣包　d）离心集渣包

的铸件外，常用两个或更多的内浇道，让液态合金均匀分散地充型，这对薄壁铸件更为必要。铸钢件为了不让液态合金过分冷却和氧化，浇注系统分枝应较少，而铝合金铸件要求平稳均匀地充型，内浇道数目一般较多。

图 5-8　内浇道的断面形状

　　内浇道的位置和方向，应使液流顺型壁流入，不冲击型壁和砂芯（特别不要正对凸出部位）；对圆形铸件常采用切线浇口，但对内表面要求高的铸件不宜采用。内浇道最好不要开设在要求高的表面和曲面上。

二、浇注系统类型选择

　　直浇道、横浇道和内浇道断面积之比（即 $S_直 : S_横 : S_内$）称为浇口比。根据浇注系统各组元的断面比例关系、内浇道对铸件型腔的引注高度、浇道的结构等，可将浇注系统分为表 5-2、表 5-3 和表 5-4 所列的几种类型。以内浇道为阻流时，金属液流入型腔时喷射严重；以直浇道下端或附近的横浇道为阻流时，充型较平稳，$S_内/S_阻$ 比值越大则越平稳。

　　另外，还应注意内浇道流量的不均匀性。同一横浇道上有多个等截面的内浇道时，各内浇道的流量不等。试验表明：一般条件下，远离直浇道的内浇道流量大，且先进入金属液；近直浇道的流量小，且后进入金属液。浇注初期，进入横浇道的金属液流向末端时失去动能而使压力升高，金属液首先在末端充满并形成末端压力高而靠近直浇道压力低的态势，故而形成这种流量分布；但当总压头小而横浇道很长时，沿程阻力大，也会出现近直浇道处压力高的情况，这时近处的内浇道流量大。

　　内浇道的基本设计原则：内浇道在铸件上的位置和数目应服从所选定的凝固顺序或补缩方法，方向不要冲着细小砂芯、型壁、冷铁和芯撑，必要时采用切线引入；内浇道应尽量薄，薄的内浇道的好处是：①降低内浇道的吸动区，有利于横浇道挡渣；②降低初期进入渣的可能性；③减轻清理工作量；④内浇道薄于铸件的壁厚，在去除浇道时不易损害铸件。

对铸铁件，薄的内浇道能充分利用铸件本身的石墨化膨胀获得紧实的铸件；对薄壁铸件可用多内浇道的浇注系统实现补缩，这时内浇道尺寸应符合冒口颈的要求。

表 5-2   浇注系统各组元断面比例关系、特点和应用

类型	断面比例关系	特点和应用
开放式	$S_直 < S_横 < S_内$	1)在浇注初期，液态合金不能充满浇注系统，随着型腔内金属液面的上升，才逐渐充满整个浇注系统 2)充型平稳，对砂型冲刷力小，但容易带入夹杂物和气体，故应加强型外的挡渣措施 3)适用于中、大型铸铁件及有色合金和铸钢件
封闭式	$S_直 > S_横 > S_内$	1)浇注开始后，液态合金很快充满浇注系统 2)铸件成品率较高，挡渣能力较强，浇注初期也有一定的挡渣作用，但充型液流的冲刷力较大，甚至会喷溅 3)适用于铸铁的湿型小件及干型中、大铸件
半封闭式	$S_横 > S_直 > S_内$	1)浇注系统的充满时间晚于封闭式而比开放式早，挡渣能力较好 2)因 $S_横$ 最大，$S_内$ 最小，故浇注初期对砂型的冲刷力也较小 3)适用于大、中、小型铸铁件，在表面干燥型上广泛使用
封闭-开放式	$S_杯 > S_直 < S_横 < S_内$ $S_杯 > S_直 > S_{集渣包出口} < S_横 < S_内$ $S_直 > S_阻 < S_横 < S_内$ $S_直 < S_阻 < S_内 < S_横$	1)阻流断面(最小断面)设在直浇道根部，或集渣包出口处，或为横浇道中的阻流片，靠浇口杯、集渣包或阻流片挡渣 2)阻流断面之前封闭，后段开放，故既能挡渣，充型又平稳 3)一般用于中、小型铸铁件

注：$S_杯$、$S_直$、$S_横$、$S_阻$、$S_内$ 是指浇口杯、直浇道、横浇道、阻流片、内浇道最小处的截面积。

表 5-3   浇注系统的引注位置、特点和应用

类型	形式	图例	特点和应用
中间注入	一般形式		1)内浇道开设在铸件中部某一高度上的浇注系统，一般从分型面注入，造型简单方便 2)适用于各种壁厚均匀、高度不大的中、小型铸件，生产中应用最普遍
顶部注入	一般形式		1)内浇道开设在铸件顶部的浇注系统，液态合金从顶面流入型腔，易于充满，可减少浇不足、冷隔等缺陷 2)始终保持型腔上部温度最高，有利于铸件自下而上的顺序凝固及补缩 3)浇注系统结构简单，便于造型，金属消耗量也较少 4)如果铸件太高(指浇注位置)，则会由于金属液的冲击、飞溅、卷气、氧化而易产生砂眼、铁豆、气孔、氧化夹杂等缺陷 5)一般用于结构较简单、壁不厚、高度不大的铸件，以及要求铸件致密，采用顶部冒口补缩的中、小型厚壁铸件。易氧化的合金一般不宜采用

（续）

类型	形式	图 例	特点和应用
顶部注入	搭边浇口	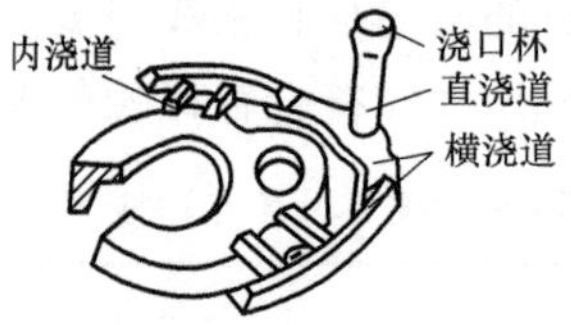 内浇道 浇口杯 直浇道 横浇道	1）液态合金沿铸型壁导入，充型快而平稳，可防止冲砂 2）清除内浇口残根比较费事 3）适用于薄壁中空铸件，在纺织机械、小型柴油机铸件上应用较多
	压边浇口	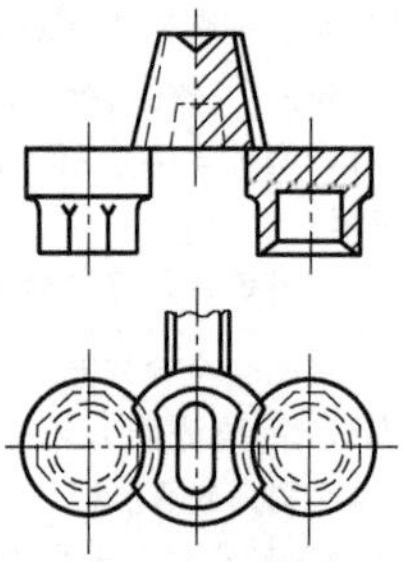	1）液态合金经过压边窄缝流入型腔，充型慢而平稳，有利于顺序凝固，补缩作用良好 2）一般采用封闭式，对于牌号高的铸铁件，可采用封闭-开放式 3）结构简单紧凑，操作方便，易于清除，金属液消耗较少 4）适用于壁较厚的中小型铸件
	雨淋浇口	 内浇道 浇口杯 横浇道 冒口 铸件	1）液态合金从铸件顶部的许多小孔漏入型腔，挡渣良好，与一般顶注相比，对型腔的冲击较小 2）炽热的细小流股不断地冲击金属液面，使型内熔渣及杂物不易黏附在型壁和砂芯上，可造成自下而上的顺序凝固条件，如铸件浇注位置的顶部为冒口段，可充分补缩 3）浇注空心套筒类铸件时，如雨淋孔分布均匀而大小得当，可保证铸件内外表面的质量，四周温度分布均匀 4）适用于均匀壁厚的筒类铸件及其他要求较高的铸件，但铸件高度也不宜太大
	楔形浇口	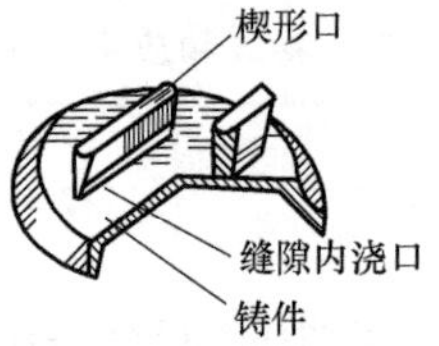 楔形口 缝隙内浇口 铸件	1）内浇道呈缝隙状，根部窄而长，液态合金流程短，能迅速充满型腔 2）易于清理，但内浇道与铸件连接处的型砂应较紧实 3）适用于薄壁容器类型的铸件
底部注入	一般形式	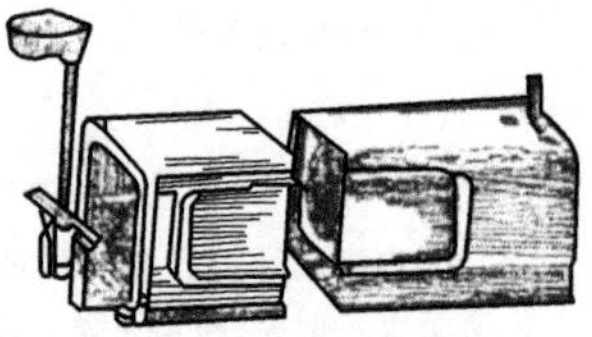	1）内浇道开设在铸件浇注位置底部的浇注系统，液态合金充型平稳，金属氧化小，对砂型和砂芯的冲击力小，有利排除型腔中的气体 2）最热的液态合金从下面注入，与金属自下而上的凝固顺序相背，不利补缩，金属液消耗较多，造型也比较麻烦。如铸件过高，虽然充型平稳，金属液在上升过程中长时间与空气接触，也可能生成氧化皮而产生夹渣和冷隔等缺陷 3）适用于易氧化的有色合金及铸钢件，也应用于要求较高或形状复杂的铸铁件，但薄壁铸件不易充满
	底雨淋式	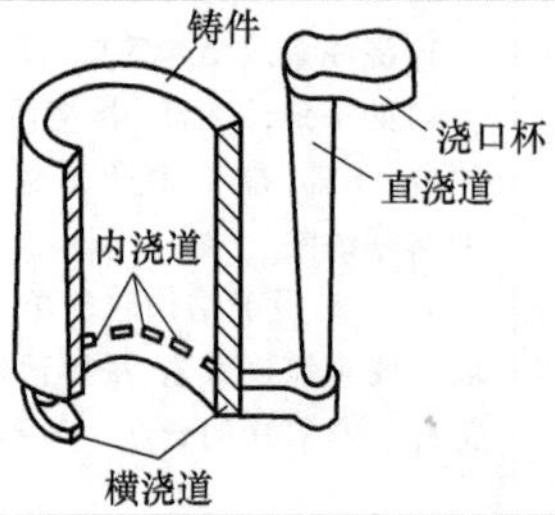 铸件 浇口杯 直浇道 内浇道 横浇道	1）充型均匀平稳，可减少金属液的氧化 2）造型较费事，液态合金消耗也较多，不利补缩 3）适用于要求高的气缸套、外形及内腔复杂的套筒、大型床身等类铸铁件以及易氧化的筒套等铸件

（续）

类型	形式	图例	特点和应用
底部注入	牛角式	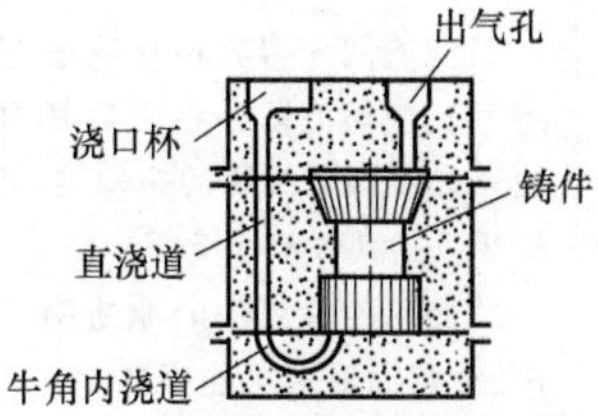	1）随着浇注进行，充型很快趋于平稳，如做成向铸件逐渐扩张的牛角内浇道，可减小冲击和氧化 2）适用于要求高、形状复杂的铸件，如齿轮、轧辊及各种有砂芯的圆柱形铸件，在易氧化的有色合金铸件中应用较多
分层注入	阶梯式	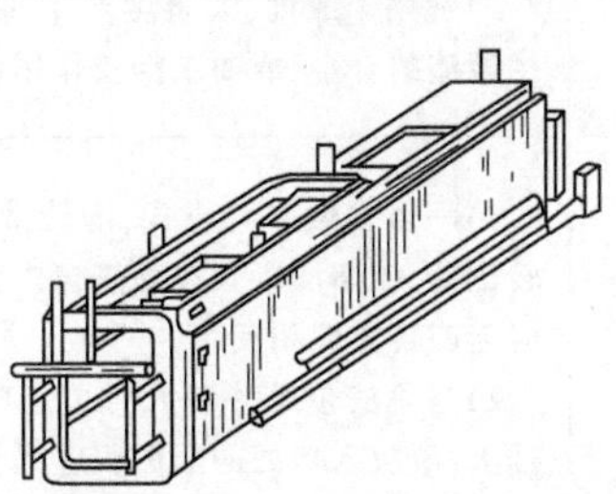	1）在铸件的几个高度面上都设有内浇道的浇注系统称为阶梯式浇注系统 2）液态合金注入型腔必须自下而上分层顺序进行，故直浇道不能封闭；内浇道分层分散，金属液对型底的冲击力小，充型平稳，铸件上部可获得温度较高的液态合金，有利补缩，又不至造成铸型严重的局部过热现象，故兼有顶部注入和底部注入的优点，但造型复杂，金属液消耗也多 3）当铸件浇注位置的顶面为加工面时，沿顶面应设一层内浇道，以保证顶面的质量
	缝隙式	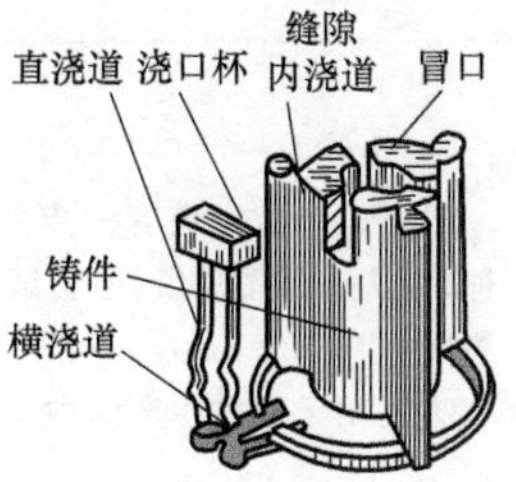	1）内浇道呈垂直片状沿铸件高度分布，是阶梯式浇注系统的特殊形式 2）直浇道的不封闭性保证了充型液流平稳，防止卷入氧化膜。充型液流自缝隙浇口的下部逐渐上移，造成了有利于顺序凝固和充分补缩的条件，为获得组织致密的铸件创造了条件 3）浇注系统消耗的液态合金较多，但冒口体积可以减小 4）造型和浇道切割费工费事 5）适用于小型的、要求高的各种有色合金铸件及铸钢件

表5-4 其他形式浇注系统的特点和应用

形式	图例	特点和应用
阻流式	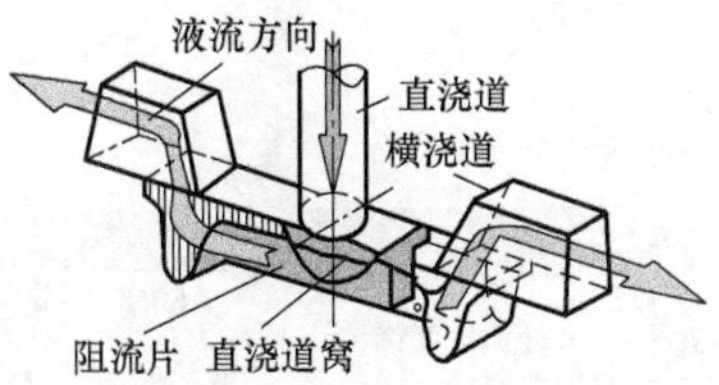	1）阻流式浇道分垂直阻流和水平阻流两类，在图所示为T形垂直阻流式 2）由于阻流片很窄（4~8mm），从浇口杯至阻流片这一段呈很强的封闭性，有利挡渣，从阻流片流出的液态合金进入宽阔的横浇道，液流速度减慢，有利于熔渣上浮，故阻流式浇道挡渣作用良好 3）垂直阻流式结构复杂，模样制造较费事，砂型不便修整，型砂质量要好，主要用于挡渣要求高的中、小型铸件机器造型 4）水平阻流式结构简单，模样制造方便，砂型易于修整，可用于小批量生产手工造型，其挡渣效果较差
缓流式	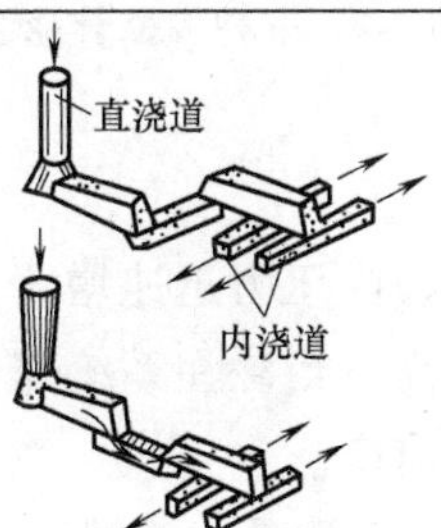	1）利用在分型面上下安置的多级横浇道增加液态合金在流动过程中的阻力，使充型平稳 2）$S_直 > S_内$，能挡渣，如同时使用滤网，可增强挡渣能力 3）对型砂的要求可比阻流式略低 4）适用于成批或大量生产比较重要而复杂的中、小型铸件

（续）

形式	图例	特点和应用
滤渣网式		1) 滤渣网大多放在直浇道上端或下端（也可放在横浇道上），使熔渣留存在浇口杯内或黏附在滤渣网的底面，所以必须满足封闭的条件，当滤渣网放在直浇道上端时，要求 $S_{网}=(1.2\sim1.3)S_{直}$ 2) 使用油砂制作的滤渣网时，液态合金的压头不宜过高，否则滤渣网可能损坏 3) 适用于成批、大量生产中小型重要铸件以及容易产生熔渣的合金，或要求挡渣作用良好的浇注系统中
带集渣包式		1) 一般多做成离心式，即让液态合金在集渣包内做旋转运动，使熔渣凝聚在集渣包内液面中心，液流出口方向应与旋转方向相反 2) 当集渣包尺寸够大时可起暗冒口作用，如主要用来挡渣，液流入口处的断面积应大于出口处的断面积，即满足封闭条件 3) 主要用于重要的大、中型铸件
锯齿形式	逆齿 顺齿	1) 锯齿形横浇道有一定的挡渣效果，分顺齿和逆齿两种，生产中多用顺齿，但有试验认为逆齿比顺齿的挡渣效果好 2) 适用于成批生产的中、小型铸件

另外，目前随着技术的发展，尤其是大型铸件的开发和陶瓷管浇注系统的应用，大大提高了效率，简化了造型工艺。图 5-9 所示为一种陶瓷管浇注系统的结构。

三、出气孔

铸件的出气孔虽然不属于浇注系统，但其作用是与浇注系统互相关联的。出气孔是型腔出气冒口、砂型和砂芯排气通道的总称，分明、暗两种。明出气孔引出型外，与大气相通；暗出气孔不与大气相通，常做成设置在型内或芯内的片状或针状空腔。

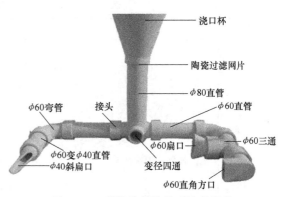

图 5-9　一种陶瓷管浇注系统的结构

开始浇注的瞬间，型腔内的空气即被加热膨胀，型内压力迅速增大，有些空气可从型砂的空隙逸出，但型砂的透气性不足以防止压力显著增高。当浇注系统完全充满时，压力可以高到使液态合金倒流，再周期性地返回，并降低浇注速度。

压力过大会瞬时抬起上箱，引起"跑火"，甚至从直浇道中喷溅，造成事故。通气不良还会造成气孔、浇不足和冷隔等缺陷。所以常要用出气孔将型内气体引至砂型之外。

1. 出气孔的作用

1）排出砂型中型腔、砂芯以及由金属液析出的各种气体。

2）减小充型时型腔内气体压力，改善金属液充型能力。

3）便于观察金属充填型腔的状态及充满程度。

4）排出先行充填型腔的低温金属液和浮渣。

2. 出气孔设置原则

1）出气孔一般设置在铸件浇注位置的最高点，充型金属液最后到达的部位，砂芯发气和蓄气较多的部位，型腔内气体难以排出的"死角"处。

2）出气孔的设置位置应不破坏铸件的补缩条件，通常不宜设置在铸件的热节和厚壁处，以免因出气孔冷却过快导致铸件在该处产生收缩缺陷。如确实需要，可采用引出式出气孔。

3）出气孔应尽量不与型腔直通，可采用引出过道与型腔连通，以防止因掉砂等原因导致散砂落入型腔。

4）为防止金属液堵死砂芯出气孔，应采用密封条等填塞芯头。

5）直接出气孔不宜过小，必要时可在出气孔上部设置溢流杯，既可排出脏的金属液，又可防止在出气孔根部产生气孔。

6）出气孔根部的厚度，一般按所在处铸件厚度的 0.4～0.7 倍计算，凝固体收缩大的合金取偏小值，防止形成接触热节导致铸件产生缩孔。

7）放置内冷铁的铸型上方应设置出气孔，如上方是暗冒口，冒口上也应设置较大的出气孔。

8）一般认为，没有设置明冒口的铸件，出气孔根部总断面积最小应等于内浇道总断面积，以保证出气孔能顺畅地排出型腔中的气体。

图 5-10 所示为出气孔模样的几种形式，其中，圆形和矩形断面的出气孔模样使用最广，图 5-10a、b 所示出气孔模样多用于手工造型，图 5-10c 所示为固定在模板上的圆形出气孔模样。对于薄壁铸件，为了清除出气孔时不损坏铸件（不带肉），常用类似浇注系统的水平扁通气道，如气缸盖之类的铸件，则常采用出气针和出气片（图 5-10d、e）。

铸件越大、液态合金充型越快，出气孔的断面积也应越大。圆形出气孔的直径多在 5～25mm 之间，矩形出气孔的宽度可取铸件该处壁厚的 0.8 倍，铸件上出气孔的总断面积最好大于直浇道的断面积，其位置和数目，主要根据经验和试生产确定。

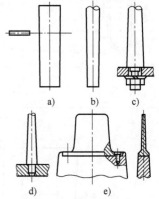

图 5-10 出气孔模样的几种形式

明冒口可以兼起出气孔的作用，但不应运用出气孔补缩铸件，因出气孔的断面尺寸、形状、体积、安装和设置位置等，主要考虑排除气体而不是根据铸件的补缩要求设计的，所以希望出气孔补缩铸件，常常适得其反。

出气孔必须使型腔与型外连通，当在机器造型（震击式造型机除外），尤其在高效率造型机上难以实现时，这时要利用分型面排气。

3. 出气孔分类及结构

1）按是否与型外大气相通分为明出气孔及暗出气孔，如图 5-11 所示。

2）按铸件与出气孔是否直接相通分为直接出气孔与引出式出气孔，如图 5-12 所示。

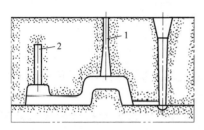

图 5-11　明出气孔与暗出气孔结构

1—明出气孔　2—暗出气孔

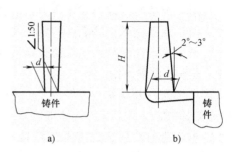

图 5-12　直接出气孔与引出式出气孔结构

a）直接出气孔　b）引出式出气孔

4. 出气孔尺寸

（1）圆形出气孔尺寸　直接出气孔断面尺寸不宜过大，其底部尺寸一般等于铸件该处壁厚的 1/2～3/4；引出式出气孔直径 d 可大些，如图 5-12 所示。对于中、小型铸件，常用圆形出气孔，断面尺寸为 $\phi8mm$、$\phi10mm$、$\phi12mm$ 等；对于重、大型铸件，断面尺寸为 $\phi14～\phi25mm$，其高度 H 视具体情况而定。

（2）扁形出气孔尺寸（表 5-5）

表 5-5　扁形出气孔尺寸

断面积 /cm^2	r/mm	r_1/mm	L/mm	H/mm	每 cm 长铁液质量/（kg/cm）
6.27	7.5	10	30	500	0.04
9.14	10	15	30	500	0.08
17.41	12.5	17	50	600	0.158
22.06	15	25	50	600	0.195
28.56	20	30	40	500	0.225
39.63	25	35	40	500	0.33
a/cm	b/cm	a_1/cm	b_1/cm	H/mm	
5	25 35	15	30 40	150 200	
10	30 40	20	35 45	200 200	
15	30 40	25	35 45	200 200	
20	40 50	30	45 55	200 200	
25	45 55	35	50 60	200 240	

（3）出气针与出气片尺寸　用机器造型生产的薄壁复杂铸件，如气缸体、气缸盖等，

常采用出气针或出气片等来排出铸件易产生气孔缺陷部位的气体。出气针一般设在铸件凸台、螺栓凸台等处，出气片一般设在铸件法兰处，尺寸见表5-6。

表5-6 出气针及出气片尺寸

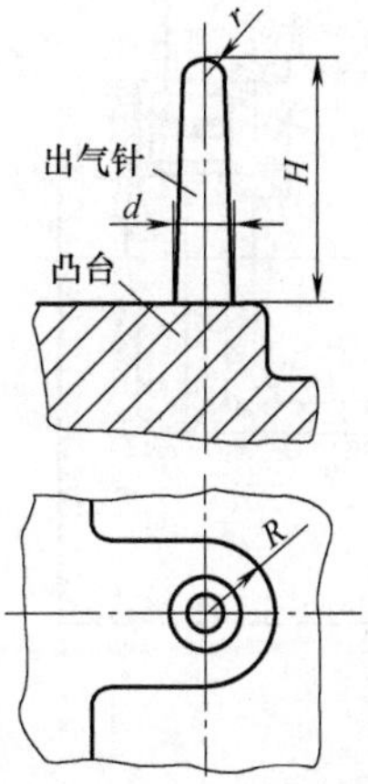

	R/mm	d/mm	H/mm	r/cm
	5	$\phi6$	$30\sim60$	2
	$6\sim10$	$\phi8\sim\phi14$	$40\sim80$	$3\sim5$
	$11\sim20$	$\phi10\sim\phi20$	$50\sim90$	$3.5\sim7$
	$21\sim30$	$\phi12\sim\phi35$	$70\sim100$	$4\sim14$

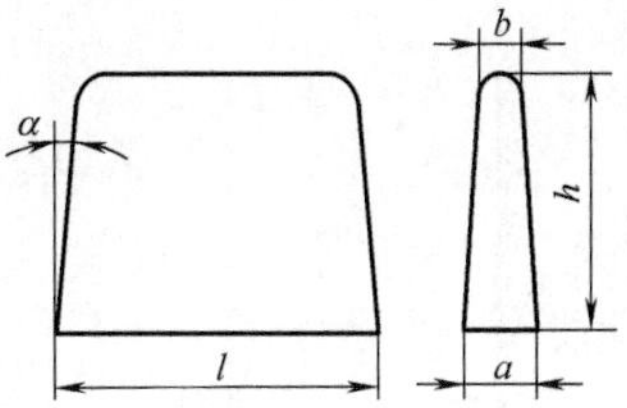

	厚度	a/cm	b/cm	h/cm	$\alpha/(°)$	l/mm
铸件肋条	8	5	3	50	5	$30\sim60$
	10	6	4	60	5	$40\sim80$
	15	8	5	70	7	$50\sim90$
铸件壁厚	$5\sim6$	$4\sim5$	$2\sim3$	50	5	$30\sim60$
	$7\sim10$	$5\sim8$	$3\sim5$	60	5	$40\sim80$
	$11\sim15$	$6\sim10$	$4\sim6$	70	7	$50\sim90$

5. 出气孔应用实例

以气缸体为例，说明出气孔的设计原理，如图5-13所示。该缸体为直列六缸，净重150kg，外形尺寸为833mm×301mm×382mm。采用湿型砂，高压多触头造型线生产。

小型铸件一般用造型机造型，在确保浇注系统合理和型砂性能有保证的条件前提下，为提高生产率，方便铸件清理及模具的制造、维修及保管，减少产生铸件缺陷的因素，最好不用出气孔。虽然因为增设出气孔显然可以有效地排气，但也可能造成以下不利状况。

1）型腔内的热气流主要从出气孔排出型外，使出气孔周围的型砂局部过热，容易在其根部形成缩孔、气孔、铁豆、晶粒粗大、局部黏砂等缺陷。

2）出气孔的截面较大时残根不便清除，当根部出现圆角时更严重，所以出气孔根部要保持清洁，模具制造和修理砂型时必须注意到这个问题。

3）模板上加出气元件（尤其是出气针和出气片，数量多，断面小，强度差），增添了模具制造工作量。另外，模具顶上的出气元件位置较高，在装卸模板、往造型机上装砂箱卸砂型以及模板在运送保存过程中，易碰弯松动而不易察觉，造型时会使砂型的出气孔内表面不光整，加上其周围型砂易"风干"，故当合箱、紧固砂型、砂型搬运受到振击时，风干的型砂落入型腔，就可能产生砂眼缺陷。

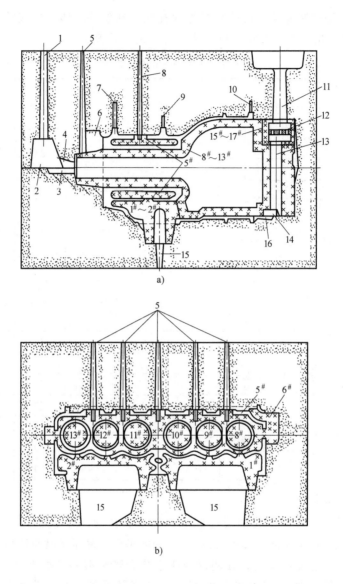

图 5-13　气缸体出气孔布置简图

a) 沿缸筒轴线方向剖面　b) 沿缸体水套方向剖面

注：1. 明出气孔 1——用于排出 $8^{\#}\sim13^{\#}$ 缸筒砂芯的气体，与其相连的 2 为减压排气室，3、4 为连接通道。

2. 明出气孔 5——用于排出缸筒型腔部位的气体，这部分气体全来自浇注中卷入的气体、铁液中的气体及 $8^{\#}\sim13^{\#}$ 芯外表面与芯 $5^{\#}$ 产生的气体，与其相连的 6 为排气过桥，它对排出气缸筒中气体的作用极大。

3. 暗出气孔 7——用于排出水套盖板法兰螺栓凸台处的气体。

4. 明出气孔 8——用于排出 $5^{\#}$ 砂芯（水套芯）的气体，它与水套芯的排气道相通。

5. 暗出气孔 9——用于排除水套盖板法兰平面的气体。

6. 出气片 10——用于排出曲轴箱法兰处的气体。

7. 明出气板 15——用于排出 $1^{\#}$、$2^{\#}$ 砂芯（气门室砂芯）产生的气体。因为该芯被铁液包围，且位于下箱底部，故采用出气板，使之与铸型运输小车台面的排气槽相接，通过铸型底面将气体排出。

8. 图 5-13 中其余分别为：11——直浇道、12——过滤器、13——分配直浇道、14——横浇道、16——内浇道。

第三节 计算阻流断面的水力学公式

把浇注系统视为充满流动金属液的管道，是用水力学原理计算浇注系统阻流（最小断面积）的基础，所导出的公式适用于转包浇注的封闭式浇注系统。

1. 阻流断面积的计算

以内浇道为阻流的浇注系统计算原理图如图 5-14 所示。因此，奥赞公式为

$$S_{阻} = \frac{m}{\rho \tau \mu \sqrt{2gH_p}} \tag{5-1}$$

式中，$S_{阻}$ 是阻流断面积；m 是流经阻流的金属总质量；τ 是充填型腔的总时间；μ 是充填全部型腔时，浇注系统阻流断面的流量系数；H_p 是充填型腔时的平均计算压力头。

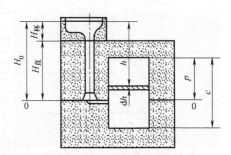

图 5-14 以内浇道为阻流的浇注系统计算原理图

传统的解法中假定：

1）金属液从浇口杯顶液面至流出阻流所做的功，可用总质量 m、重力加速度 g 和平均计算压力头 H_p 的连乘积来表示，即等于 mgH_p。

2）假定铸件（型腔）的横截面积 S 沿高度方向不变。

$$H_p = H_0 - \frac{p^2}{2c} \tag{5-2}$$

式中，H_0 是金属充型压头高度；H_p 是阻流断面以上的金属液平均计算压力头；c 是铸件（型腔）总高度；p 是阻流以上（严格说是阻流断面重心以上）的型腔高度。

对于底注式：$p = c$，故

$$H_p = H_0 - \frac{p}{2} \tag{5-3}$$

对于顶注式：$p = 0$，故

$$H_p = H_0 \tag{5-4}$$

对于中注式：$p = c/2$，故

$$H_p = H_0 - \frac{c}{8} \tag{5-5}$$

2. 浇注时间

浇注时间对铸件质量有重要影响，应考虑铸件结构、合金和铸型等方面的特点来选择快浇、慢浇或正常浇注。因此，确定合适的浇注时间尤为重要。铸件的浇注时间在早期只是作为计算浇口截面大小的一个因素，但浇注时间的作用远非只是保证充满型腔。长期的实践和工艺研究表明，它还与铸件质量诸多方面（包括夹砂、夹渣、气孔、缩孔、铸件应力和表面粗糙度等）均有密切相关关系。自从 1930 年迪台尔特（Dietert）发表第一个计算公式的半个世纪以来，不断出现新的计算公式，以至浇注时间已成为一个独立的铸造工艺因素和重

要的工艺参数。一些常用铸件浇注时间计算公式见表 5-7。我国推荐使用的计算公式见表 5-8。实际生产中，可以根据实际选择合适的公式进行计算，而对于普通灰铸铁件、铸钢件的浇注时间可以根据表 5-9 快速选取。

表 5-7　一些常用铸件浇注时间计算公式

序号	计算公式	内容说明
1	$\tau = S\sqrt{G}$ 或 $\tau = \dfrac{1}{1.49}S\sqrt{G}$	G 是铸件重量（kg）；δ 是铸件壁厚（mm）；S 是与壁厚有关的系数 见下表 适用于铸铁件，也可用于其他合金
2	$\tau = 0.5\sqrt[4]{\delta}\sqrt{G}$	G 是铸件重量（kg）；δ 是铸件壁厚（mm）
3	$\tau = K\sqrt[4]{G}$	G 是铸件重量（kg）；K 是系数
4	$\tau = \sqrt[3]{G}$	G 是铸件重量（kg）
5	$\tau = S_1\sqrt[3]{\delta G}$ 或 $\tau = K\sqrt[3]{G}$，$K = S_1\sqrt[3]{\delta}$	S_1 是系数，与铸件材质有关；G 是铸件重量（kg）；δ 是铸件壁厚（mm）。适用于各种合金 见下表
6	$\tau = (0.01 \sim 0.03)\tau_{凝}$	$\tau_{凝}$ 是钢铸件的凝固时间，当 $\tau = 0.01\tau_{凝}$ 时，浇注过程中不会发生局部凝固；当 $\tau = 0.07\tau_{凝}$ 时，铸件发生对火或浇不足。公式来源： $$\sqrt{\tau} = \left(\frac{V}{A}\right)\frac{7000(\tau_{浇} - \tau_{凝})C + 7000\varphi W_L}{0.66(\tau_{浇} - \tau_{型})b \times 1.158}\xi$$ V 是铸件凝固体积，A 是铸件传热表面积
7	$\tau = S_2\sqrt{G}$ 或 $\tau = 1.11S\sqrt{G}$ $(\tau = S\sqrt{2PG})$	G 是铸件重量（kg）；δ 是铸件壁厚（mm）；P 是常数（0.62），根据经验 1000kg 铁液浇注时间为 35s 为宜而定的；S_2 和 S 是系数，与 δ 有关，对铸铁件 见下表 适用于各种合金
8	$\tau = 1.5 \sim 2.35\sqrt{G}$	G 是铸件重量（kg）。 适用于铸钢件
9	$\tau = m\sqrt{\delta G}$	m 是与铸件形状有关的速度系数，$0.33 \sim 0.5$；G 是铸件重量（kg）；δ 是铸件壁厚（mm）。适用于铸铁件
10	$\tau = \dfrac{R}{\varepsilon}$	R 是铸件换算厚度 $\left(\dfrac{V}{F}\right)$（cm）；$\varepsilon$ 是金属与铸型界面上热流平均速度 $\varepsilon = \dfrac{a}{C\gamma}\dfrac{\tau_{浇} - \tau_{型}}{(\tau_{浇} - \tau_{型}) + \dfrac{aq}{C}}$，对于铸铁为 0.037cm/s V 是铸件凝固体积，F 是铸件表面积
11	$\tau = 1.0\sqrt[3]{\delta G}$	G 是铸件重量（kg）；δ 是铸件壁厚（mm）
12	$\tau = \dfrac{G}{2\Pi\gamma}$ 或 $\tau = \dfrac{G}{Q\gamma}$	G 是铸件重量（kg）；Π 是型腔横截面的总周长（cm）；γ 是金属液比重（g）；Q 是金属流量（cm³/s）。适用于铝合金层流浇注（$Re \le 280$）

序号 1 内容说明中的表：

δ/mm	2.5~3.5	3.5~8	8~15
S	1.63	1.85	2.2

序号 5 内容说明中的表：

材质	灰铸铁	铸钢	可锻铸铁	锡青铜	铅青铜	铝合金
S_1	2.0	1.4	2.05	2.0~2.1	1.9	2.0

序号 7 内容说明中的表：

δ/mm	≤10	11~20	21~40	41~80 或 >80
S_2	1.1	1.4	1.7	1.9
S	1.0	1.3	1.5	1.7

（续）

序号	计 算 公 式	内 容 说 明
13	$\tau=\dfrac{H}{\alpha\left(\dfrac{3.0}{\delta}\sim\dfrac{4.2}{\delta}\right)}$ 或 $\tau=\dfrac{H}{\alpha v_{始}}$	H 是铸件在浇注位置高度（cm）；3.0 是用于较矮的小件；4.2 是用于较高的大、中件；δ 是铸件壁厚（cm）；α 是与铸件形状有关系数（≤1.0）；$v_{始}$ 是金属液水平面上升速度（cm/s）。适用于铝、镁合金铸件
14	$\tau=19\sqrt{\dfrac{G}{1000}}$ 或 $\tau=19\sqrt{G(吨)}$	G 是铸件重量（kg）。适用于重量 300~15000kg 铸铁轧辊铸造
15	$\tau=3.5\delta^2+10\delta$	δ 是铸件壁厚（cm）。适用于铸铁件
16	$\tau=S\delta^2$	δ 是铸件壁厚（cm）；S 是与壁厚有关的系数，与铸型有关 铸型种类 / 湿型 / 表干型 / 干型 S / 12.6 / 19.6 / 23 适用于铸铁件
17	$\tau=SG^{\frac{5}{12}}$ 或 $\tau=SG^{0.41}$	G 是铸件重量（kg）；S 是与壁厚有关的系数 δ / 薄壁 / 厚壁 S / 1.0 / 1.35 适用于铸钢件
18	$\tau=bG^{0.38}$	G 是铸件重量（kg）；b 是与浇注速度 v 有关的系数 v / 快速 / 正常 / 慢速 b / 2.1 / 3.47 / 5.2 适用于灰铸铁与可锻铸铁件
19	$\tau=S\left(\dfrac{t_{液}-t_{固}}{1000}\right)^3\tau_{共}$	$t_{液}$ 是金属液温度（在内浇口处测得）（℃）；$t_{固}$ 是浇注合金固相线温度（对共晶灰铸铁为 1152℃）；$\tau_{共}$ 是共晶灰铸铁在 1260℃ 浇注时的浇注时间，可按诺模图确定；S 是与材质有关的系数 材质 / 共晶铸铁 / 亚共晶铸铁（共晶 0.79）/ 其他纯金属与合金 S / 86 / 73 / 58 适用于铸铁及其他金属与合金
20	$\tau=S\delta-3$	δ 是铸件壁厚（mm）；S 是与铸型种类有关的系数 铸型种类 / 湿型 / 干型 S / 2.0 / 2.5 适用于大型复杂薄壁铸铁件
21	$\tau=A\dfrac{G}{G_2}R^2\lg\left(\dfrac{t_{液}}{t_{固}}\right)^K E^{0.2}$	A 是与铸件尺寸精度有关的系数（0.4~1.4）；$\dfrac{G}{G_2}$ 是与浇口种类有关，底注时为 1，从冒口顶注时为无穷大；S 是铸件换算厚度（V/F）（mm）；$t_{液}$ 是金属液温度（在内浇口处测得）（℃）；$t_{固}$ 是浇注合金凝固温度（℃）；E 是流动性长度（螺旋形试样）（mm）；K 是随铸钢含碳量而定的常数，2.0~5.0 适用于铸钢件
22	$\tau=2.8\sqrt{G}$	G 是铸件重量（kg）。适用于重量 <1000kg 的 ZCuAl10Fe3
23	$\tau=(2.08\sim4.45)\sqrt{G}$ $\tau=5.6\sqrt[3]{G}$	适用于灰铸铁湿型小件（<200kg） 适用于灰铸铁干型大件（200~20000kg）

（续）

序号	计 算 公 式	内 容 说 明			
24	$\tau = S\sqrt{G}$ 或 $\tau = \dfrac{1}{1.49}S\sqrt{G(\text{磅})}$	G 是铸件重量（kg）；S 是与重量有关的系数			
		G/kg	$\leqslant 25$	$>25 \sim 2500$	$>2500 \sim 10000$	$>10000 \sim 45000$
		S	$1.1 \sim 1.2$	$1.0 \sim 0.9$	$0.8 \sim 0.7$	$0.6 \sim 0.4$
		适用于灰铸铁或球墨铸铁件			
25	$\tau = (2.5 \sim 3.5)\sqrt[3]{G}$	适用于球墨铸铁小件			
26	$\tau = 0.65\sqrt{G}$	适用于 $2000 \sim 10000\text{kg}$ 中、大型球墨铸铁件。$<12000\text{kg}$ 球墨铸铁件，$\tau < 120\text{s}$			
27	$\tau = S\sqrt[3]{G}$	G 是铸件重量（kg）；S 是与壁厚 δ（mm）有关的系数			
		δ/mm	$\leqslant 6$	$>6 \sim 10$	$>10 \sim 15$	>15
		S	3	3.2	3.6	4.0
		适用于铝合金铸件			
28	$\tau = S\sqrt{G}$	G 是铸件重量（kg）；S 是与重量有关的系数			
		G/kg	$1 \sim 100$	200	300	500	800	1000	2000	4000	5000
		S	2.0	1.9	1.7	1.5	1.3	1.2	1.0	0.8	0.7
		适用于铜合金铸件			
29	$\tau = S\sqrt{G}$	G 是铸件重量（kg）；S 是系数，$1.3 \sim 1.4$。适用于灰铸铁大、中件（$>500\text{kg}$）手工造型，铸件壁厚多在 $20 \sim 50\text{mm}$ 之间			
30	$\tau = S\sqrt{G}$	G 是铸件重量（kg）；S 是系数，可按 G 选取			
		G/kg	$1 \sim 10$	$>10 \sim 300$	$>300 \sim 1500$	$>1500 \sim 4000$	$>4000 \sim 100000$
		S	1.7	1.5	1.4	1.3	1.2
		适用于各类合金的铸件			
31	$\tau = \sqrt{G} + \sqrt[3]{G}$ 中速：$\tau = \sqrt{G} \sim (\sqrt{G} + 2\sqrt[3]{G})$ 快速：$\tau = 0.65\sqrt{G} \sim (\sqrt{G} + \sqrt[3]{G})$ 慢速：$\tau = (\sqrt{G} + \sqrt[3]{G}) \sim (\sqrt{G} + 3\sqrt[3]{G})$	G 是铸件重量（kg） 适用于大多铸件，小件取上限，大件取下限 适用于铸钢件、有色金属件、大、中型球墨铸铁件，薄壁复杂灰铸铁件，大平板件等 适用于灰铸铁和球墨铸铁中、小件，厚壁件及对紊流敏感的合金			

表 5-8　我国推荐使用的计算公式

序号	公式形式	经验系数值				适用范围
1	$\tau = S\sqrt{G}$	铸件壁厚/mm	$2.5 \sim 3.5$	$3.5 \sim 8$	$8 \sim 15$	小于 450kg 的、形状复杂的薄壁小型铸铁件
		S 系数	1.63	1.85	2.2	
		铸件壁厚/mm	$3 \sim 5$	$6 \sim 8$	$9 \sim 15$	$>1000\text{kg}$ 铸件
		S 系数	1.6	1.9	2.2	
2	$\tau = S_1\sqrt[3]{\delta G}$	$S_1 = 2$，快浇时可取 $1.7 \sim 1.9$				10000kg 以下的中、大型铸件
		$S_1 = 1.5 \sim 2$，快浇时可取小值				$100 \sim 1000\text{kg}$ 铸件
3	$\tau = 1.11S\sqrt{G}$ 或 $\tau = S_1\sqrt{G}$	铸件壁厚/mm	$\leqslant 10$	$11 \sim 20$	$21 \sim 40$	>40	大型和重型铸件
		S 系数	1.0	1.3	1.5	1.7	
		铸件壁厚/mm	$\leqslant 10$	$11 \sim 20$	$21 \sim 40$	>40	$>1000\text{kg}$ 铸件
		S 系数	1.1	1.4	1.7	1.9	

表 5-9 普通灰铸铁件、铸钢件的浇注时间

铸件质量/kg		浇注时间 τ/s	
灰铸铁件	铸钢件	灰铸铁件	铸钢件
<250		4~6	
251~500		5~8	
501~1000	501~1000	6~20	12~20
1001~3000	1001~3000	10~30	20~50
>3000	3001~5000	20~60	50~80(40)
	5001~10000		(40~80)
	>10000		(80~150)

注：1. 盛钢桶孔直径 $\phi40~\phi65$mm。

2. 括弧内数据为 2 个桶孔的浇注时间。

（1）快浇

1）优点。金属的温度和流动性降低幅度小，易充满型腔。减小皮下气孔倾向。充型期间对砂型上表面的热作用时间短，可减少夹砂、结疤类缺陷。对灰铸铁、球墨铸铁件，快浇可以充分利用共晶膨胀消除缩孔、缩松缺陷。

2）缺点。对型壁有较大的冲击作用，容易造成涨砂、冲砂、抬箱等缺陷。浇注系统的重量稍大，工艺出品率略低。

3）适用范围。快浇适用于薄壁的复杂铸件、铸型上半部分有薄壁的铸件，具有大平面的铸件，铸件表皮易生成氧化膜的合金铸件；应采用底注式浇注系统，而铸件顶部又有冒口的条件下和各种中大型灰铸铁件、球墨铸铁件。

（2）慢浇

1）优点。金属对型壁的冲刷作用轻；可防止涨砂、抬箱、冲砂等缺陷。有利型内、芯内气体的排除。对体收缩大的合金，当采用顶注法或内浇道通过冒口时，慢浇可减小冒口。浇注系统消耗金属少。

2）缺点。浇注期间金属对型腔上表面烘烤时间长，促成夹砂结疤和黏砂类缺陷。金属液温度和流动性降低幅度大，易出现冷隔、浇不到及铸件表皮皱纹。慢浇还常降低造型流水线的生产率。

3）适用范围。慢浇法适用于有高的砂胎或吊砂的湿型；型内砂芯多、砂芯大而芯头小或砂芯排气条件差的情况下；采用顶注法的体收缩大的合金铸件。

总之，合适的浇注时间与铸件结构、铸型工艺条件、合金种类及选用的浇注系统类型等有关。每种铸件，在已确定的铸造工艺条件下，都对应有适宜的浇注时间范围。由于近年来普遍认识到快浇对铸件的益处，因此浇注时间比过去普遍缩短，特别是灰铸铁和球墨铸铁件更是如此。

（3）液面在型内的上升速度 经验公式或图表所确定的浇注时间没有考虑每个铸件的具体条件和工艺因素，如：

1）浇注时间应小于形成浇不到和冷隔的最大允许浇注时间。

2）浇注时间应小于形成夹砂结疤类缺陷的极限允许时间。

3）浇注时间应大于气体从型内逸出的最小允许时间。

4）浇注时间应大于型内金属液形成严重紊流程度的允许充型时间等。

显然，这些都和型内金属液的上升速度密切相关。

从理论上看，存在着 $V_{型min}$（防止浇不到、冷隔和夹砂类缺陷）和 $V_{型max}$（保证型内排气和防止过度紊流）两个极限值，型内液面上升速度的核算，主要核算铸件最大横截面处的型内金属液的上升速度，合适的浇注时间 τ 和铸件（型腔）总高度 C 之间应满足

$$V_{上升} = C/\tau \tag{5-6}$$

一般型内铸铁液最小上升速度见表 5-10。

表 5-10　一般型内铸铁液最小上升速度

铸件壁厚 δ/mm	$V_{型min}/(mm/s)$	铸件壁厚 δ/mm	$V_{型min}/(mm/s)$
$\delta>40$，水平浇注大平板	$8\sim10$	$4\sim10$	$20\sim30$
$\delta>40$，上箱有大平面	$20\sim30$	$1.5\sim4$	$30\sim100$
$10\sim40$	$10\sim20$		

对钢铁铸件，一般只核算最小上升速度。对易氧化的轻合金铸件，要注意限制最大上升速度，以免高度紊流而造成大量的氧化夹杂物。

（4）流量系数 μ 的确定　浇注系统的流量系数通常是指阻流截面的流量系数。如果阻流不设在内浇道，则内浇道的流量系数比浇注系统（阻流）的流量系数要小。流量系数与浇注系统中各部分的阻力及型腔内流动阻力大小有关，凡与此有关联的因素，如浇注系统的结构、尺寸、浇口比，铸件复杂程度、铸型条件、合金特性、浇注温度等都对该流量系数值有影响。因此，准确地确定流量系数是件困难的工作。常用如下两种方法：

1）对重要的铸件或大量生产的铸件，可用水力模拟实验法，在实验室中测出流量系数。

2）对一般铸件根据经验数据确定，下面介绍这方面的经验。

常用铸件的流量系数 μ 的确定可以依据表 5-11 选择，对球墨铸铁件可依据图 5-15 确定流量系数。

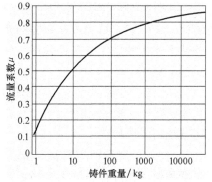

图 5-15　球墨铸铁件流量系数与铸件重量的关系

表 5-11　常用铸件的流量系数 μ 的确定

材料	铸型	铸型阻力大小		
		大	中	小
铸铁件	湿型	0.35	0.42	0.50
	干型	0.41	0.48	0.60
铸钢件	湿型	0.25	0.32	0.42
	干型	0.30	0.38	0.50

使用表 5-9 和表 5-10 的条件应符合：砂型无明出气孔或冒口，透气率一般，浇注温度正常，使用转包浇注。当不符合上述条件时，应对 μ 值进行修正。

第四节　灰铸铁件的浇注系统

1. 水力学近似计算公式（奥赞公式）

计算浇注系统，主要是确定最小断面积（阻流断面），然后按经验比例确定其他组元的断面积。封闭式浇注系统的最小断面是内浇道，在以伯努利方程为基础的水力学公式（5-1）基础上，对于灰铸铁件近似计算为

$$S_内 = \frac{m}{0.31\tau\mu\sqrt{H_p}} \tag{5-7}$$

式中，$S_内$ 是内浇道总断面积（cm^2）；m 是流经阻流的金属总质量（kg）；μ 是充填全部型腔时，浇注系统阻流断面的流量系数；τ 是充填型腔的总时间（s）；H_p 是充填型腔时的平均静压力头（cm）。

这个公式中，$S_内$（对不封闭的浇注系统应是最小的阻流断面积）是要求的量，m 是已知的或者通过计算、估算、称量的方法得到的数值，μ、τ、H_p 均是未知数，其确定方法如下。

（1）流量系数 μ 值的确定　μ 值的理论计算不仅十分烦琐，而且难以准确地计算，故多用实验方法或根据经验确定，通常是从表 5-11 中选取数据，再按表 5-12 修正。

表 5-12　流量系数 μ 的修正数值

每提高浇注温度 50℃（在大于 1280℃ 的情况下）	+0.05 以下
有出气孔和明冒口，可减少型腔内气体的压力，能使 μ 值增大。当 $\frac{\sum S_{出气孔} + \sum S_{明冒口}}{\sum S_内} = 1 \sim 1.5$ 时	+0.05 ~ +0.20
直浇道和横浇道的断面积比内浇道大得多时，可减小阻力损失，并缩短封闭前的时间，使 μ 值增大。当 $S_直:S_内>1.6$、$S_横:S_内>1.3$ 时	+0.05 ~ +0.20
浇注系统中在狭小断面之后其断面有较大的扩大，阻力减小，μ 值增加	+0.05 ~ +0.20
内浇道总断面积相同而数量增多时，阻力增大，μ 值减小 　　两个内浇道 　　四个内浇道	-0.05 -0.10
型砂透气性差且无出气孔和明冒口时，μ 值减小	-0.05 以下
顶注式（相对于中间注入式）能使 μ 值增大	+0.10 ~ +0.20
底注式（相对于中间注入式）能使 μ 值减小	-0.10 ~ -0.20

注：封闭式浇注系统的 μ 值最大为 0.75，如计算结果大于此值，仍取 $\mu = 0.75$。

（2）浇注时间 τ 值的确定　浇注时间的长短表示浇注速度的快慢，每个铸件都有一个最合适的浇注重量速度（指单位时间注入的液态合金重量），即有一个适当的浇注时间。浇注时间对铸件质量有着重要的影响，浇注系统计算的目的之一，就是保证液态合金在合适的时间范围内浇满铸型。影响浇注时间的因素很多，尽管可以通过表 5-7 和表 5-8 选取经验公式确定，但是目前主要还是通过各种经验公式结合图表确定，而无十分完善和确定的计算公式。

对于 10t 以下的中、大型铸铁件，生产中常用下列经验公式确定浇注时间，即

$$\tau = S_1\sqrt[3]{\delta G} \tag{5-8}$$

式中，S_1 是系数，对于铸铁件 $S_1 = 2$，当铁液流动性差（如浇注温度低、铁液中碳的质量分数小于 3.3%）或使用较多冷铁而需快浇时，可取 $S_1 = 1.7 \sim 1.9$；δ 是铸件壁厚（mm），如铸件壁厚不均匀，可取其主要部分壁厚的平均值，对于圆形和正方形截面的铸件，δ 应取其直径或边长的一半，若宽度大于厚度 4 倍的铸件，δ 即为铸件壁厚；G 是铸件重量（kg），指包括浇冒口（不包括从浇包给冒口补浇的铁液）在内的铸件重量。

对于重量小于 450kg 的、形状复杂的薄壁小型铸铁件，其浇注时间可用下列公式，即

$$\tau = S\sqrt{G} \tag{5-9}$$

式中，S 是系数，决定于铸件壁厚，也与合金种类有关，具体见表 5-7 和表 5-8 列出的系数与铸件壁厚的关系；G 是带浇注系统的铸件重量（kg）。

图 5-16 是根据式（5-8）绘制的确定浇注时间的图表，由铸件重量及铸件能直接查出浇注时间。

液态合金在型腔内的液面上升速度对铸件质量有一定的影响。当浇注时间确定之后，对薄壁复杂铸件和大型铸件还需要验算液面上升速度是否合适，如不符表 5-10 中所列的经验数值范围并相差较大时，则应修正浇注时间 τ 值，甚至需要改变铸件的浇注位置。

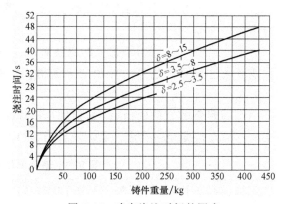

图 5-16 确定浇注时间的图表

（3）平均静压力头 H_p　它的确定见式（5-2）。

（4）直浇道高度的确定　为了保证能充满离直浇道最远、最高的部分，并且得到轮廓清晰完整、上表面无缩凹缺陷（在补缩充分的条件下）的铸件，铸件最高点到浇口杯内液面的高度必须有一最小值 H_M（最小剩余压力头，见表 5-13），即直浇道应有必要的高度。

最小剩余压力头主要决定于铸件的壁厚和液态合金的流程，其数值用下式核算，即

$$H_M = L\tan\alpha \tag{5-10}$$

式中，L 是液态合金的流程（mm），即直浇道中心至铸件最高、最远点的距离；α 是压力角（°）。

α 的经验数值列于表 5-11 中。

（5）浇注系统各组元断面比例　内浇道断面确定后，再按经验比例确定直浇道和横浇道的断面积。

对于封闭式灰铸铁浇注系统，下列比值可作为参考。

$$S_{内} : S_{横} : S_{直} = 1 : 1.5 : 2 \qquad 适用于大型铸件$$

$$S_{内} : S_{横} : S_{直} = 1 : 1.2 : 1.4 \qquad 适用于中、大型铸件$$

$$S_{内} : S_{横} : S_{直} = 1 : 1.1 : 1.15 \qquad 适用于中、小型铸件$$

$$S_{内} : S_{横} : S_{直} = 1 : 1.06 : 1.11 \qquad 适用于薄壁小铸件$$

$$S_内：S_横：S_直＝1：1.25：1.5 \qquad 适用于树脂砂型生产的铸件$$

对于半封闭式灰铸铁浇注系统，下列比值可作为参考。

$$S_内：S_横：S_直＝1：（1.3\sim1.5）：（1.1\sim1.2）\qquad 适用于中、小型铸件$$

$$S_内：S_横：S_直＝1：1.4：1.2 \qquad 适用于重型机械铸件$$

表 5-13　计算最小剩余压力头作用的压力角

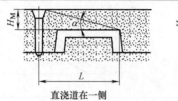　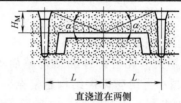

直浇道在一侧　　　　　　　　　　直浇道在两侧

L /mm	铸件壁厚/mm							使 用 范 围
	3~5	5~8	8~15	15~20	20~25	25~35	35~45	
	压力角 α/(°)							
4000		6~7	5~6	5~6	5~6	4~5	4~5	
3500		6~7	5~6	5~6	5~6	4~5	4~5	
3000		6~7	6~7	5~6	5~6	4~5	4~5	
2800		6~7	6~7	6~7	6~7	5~6	4~5	用两个或更多的直浇道浇注铁液
2600		7~8	6~7	6~7	6~7	5~6	4~5	
2400	根据具体情况而定	7~8	6~7	6~7	6~7	5~6	4~5	
2200		8~9	7~8	6~7	6~7	5~6	5~6	
2000		8~9	7~8	6~7	6~7	5~6	5~6	
1800		8~9	7~8	7~8	7~8	6~7	6~7	
1600		8~9	7~8	7~8	7~8	6~7	6~7	
1400		8~9	8~9	7~8	7~8	6~7	6~7	用一个直浇道浇注铁液
1200	10~11	9~10	8~9	7~8	7~8	6~7	6~7	
1000	11~12	9~10	9~10	7~8	7~8	6~7	6~7	
800	12~13	9~10	9~10	8~9	7~8	7~8	6~7	
600	13~14	10~11	9~10	9~10	8~9	7~8	6~7	

注：左图表示从一个直浇道浇注；右图表示从两个直浇道浇注。

对干型可取为

$$S_内：S_横：S_直＝1：（1.1\sim1.5）：（1.2\sim1.25）\qquad 铸件重量为100\sim1000kg$$

$$S_内：S_横：S_直＝1：1.1：1.2 \qquad （铸件重量＞1000kg）$$

生产中最小的内浇道断面积为 $0.4cm^2$（特殊情况下为 $0.3cm^2$），直浇道最小直径一般不小于 $\phi15\sim\phi18mm$。

2. 浇注比速计算公式

此法可用于各种合金、各类铸件的浇注系统计算，主要用在大型和重型铸件上。

浇注比速即单位重量速度，对封闭式浇注系统来说，是指单位时间内通过内浇道单位面积的液态合金重量，此时内浇道总断面积可按下式计算，即

$$S_内＝\frac{G}{\tau KL} \tag{5-11}$$

式中，$S_内$ 是内浇道总断面积（cm^2）；G 是铸件重量（kg）；K 是浇注比速 [$kg/(cm^2 \cdot s)$]；τ 是浇注时间（s）；L 是液态合金流动系数。

浇注比速 K 主要决定于铸件的相对密度 K_V，而

$$K_V = \frac{G}{V}$$

式中，V 是铸件轮廓体积（cm^3）。

显然，K_V 值越大，说明铸件的结构越简单，壁越厚；K_V 之值越小，说明铸件结构越复杂，壁越薄。确定浇注比速 K 的图表如图 5-17 所示。

当浇注壁厚 δ 小于 35mm 的简单平板铸件时，K 与 δ 的关系见表 5-14。

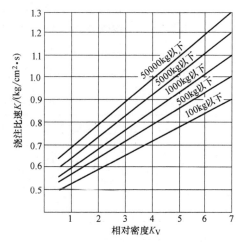

图 5-17　确定浇注比速 K 的图表

表 5-14　K 与 δ 的关系

平板厚度 δ/mm	<10	≥10~15	≥15~25	≥25~30
浇注比速 K	0.6	0.7	0.8	0.9

浇注时间 τ 用下列经验公式确定，即

$$\tau = 1.11S\sqrt{G} \tag{5-12}$$

式中，S 是系数，根据铸件壁厚 δ 确定，见表 5-15。

表 5-15　S 与 δ 的关系

铸件壁厚 δ/mm	≤10	>10~20	>20~40	>40
S	1.0	1.3	1.5	1.7

某厂用此法计算各类合金的大小铸件，包括大于 5000kg、小于 60000kg 的重型铸件。该厂根据多年的实践和实测，认为浇注时间可以比计算结果长些，即浇注系统的断面积可以适当减小，其经验数据列于表 5-16 中。

表 5-16　某厂内浇道总断面积　　　　　　　　　　　　　　　　　（单位：cm^2）

铸件重量	浇注时间 /s	浇注比速/[$kg/(cm^2 \cdot s)$]								
		0.5	0.6	0.7	0.8	0.9	1.0	1.1	1.2	1.3
≥1~3（kg，下同）	2.5	2.4	2.0	1.7	1.5	1.3	—	—	—	—
≥3~5	3.3	3.1	2.5	2.2	1.9	1.7	—	—	—	—
≥5~7	3.8	3.6	3.0	2.6	2.2	2.0	—	—	—	—
≥7~10	4.6	4.3	3.6	3.1	2.7	2.4	—	—	—	—
≥10~13	5.2	4.9	4.1	3.5	3.1	2.7	—	—	—	—
≥13~16	5.8	5.5	4.5	3.9	3.5	3.1	—	—	—	—
≥16~20	6.5	6.1	5.1	4.4	3.8	3.4	—	—	—	—
≥20~25	7.2	6.8	5.7	4.8	4.2	3.8	—	—	—	—
≥25~30	8.0	7.5	6.2	5.3	4.7	4.2	—	—	—	—

（续）

铸件重量	浇注时间 /s	浇注比速/[kg/(cm²·s)]								
		0.5	0.6	0.7	0.8	0.9	1.0	1.1	1.2	1.3
≥30~35	8.5	8.2	6.8	5.9	5.2	4.4	—	—	—	—
≥35~40	9.1	8.7	7.2	6.2	5.4	4.7	—	—	—	—
≥40~45	9.7	9.3	7.5	6.5	5.7	4.9	—	—	—	—
≥45~50	10.3	9.7	8.1	6.9	6.1	5.4	—	—	—	—
≥50~60	11.2	10.7	8.8	7.5	6.6	5.8	—	—	—	—
≥60~70	12.1	11.6	9.6	8.4	7.3	6.3	—	—	—	—
≥70~80	13.0	12.3	10.2	8.9	7.8	6.7	—	—	—	—
≥80~100	14.5	13.8	11.4	10.0	8.7	7.5	6.8	—	—	—
125	16.1	15.6	13.0	11.2	9.8	8.5	7.8	—	—	—
150	17.7	17.3	14.3	12.5	10.8	9.4	8.7	—	—	—
200	20.4	19.8	16.4	14.2	12.4	10.6	10.0	—	—	—
250	23.0	21.6	17.9	15.3	13.6	11.6	10.8	—	—	—
300	25.0	24.0	20.0	17.3	15.1	13.0	12.0	—	—	—
350	26.0	26.9	22.4	19.2	16.8	15.0	13.4	—	—	—
400	27.5	29.1	24.3	20.8	18.2	16.2	14.6	—	—	—
450	29.0	31.1	25.9	22.4	19.4	17.3	15.6	—	—	—
500	30.5	32.8	27.4	23.4	20.5	18.2	16.4	—	—	—
550	31.8	34.6	28.9	24.7	21.6	19.2	17.3	—	—	—
600	33.2	36.2	30.1	25.9	22.6	20.0	18.1	—	—	—
650	34.5	37.7	31.4	26.9	23.6	21.0	18.9	—	—	—
700	36.0	38.9	32.5	27.8	24.4	21.6	19.4	—	—	—
750	37.5	40.0	33.3	28.5	25.0	22.2	20.0	—	—	—
800	39.0	41.0	34.2	29.3	25.6	22.8	20.5	—	—	—
850	40.2	42.3	35.3	30.2	26.5	23.5	21.2	—	—	—
900	41.6	43.2	36.1	30.9	27.0	24.0	21.6	—	—	—
1.0(t,下同)	44.5	45.0	37.5	32.2	28.2	25.0	22.5	20.5		
1.2	47.5	50.5	42.1	36.1	31.5	28.1	25.3	21.1	—	—
1.4	50.7	55.2	46.0	39.4	34.5	30.7	27.6	25.0		
1.6	53.5	59.8	49.8	42.7	37.4	33.2	29.9	27.2		
1.8	56.5	63.8	53.2	45.5	39.8	35.4	31.8	29.0		
2.0	59.5	67.4	56.2	48.2	42.1	37.4	33.6	30.6	—	—
2.2	62.5	70.5	58.6	50.3	44.0	39.1	35.2	32.0		
2.4	65.0	74.0	61.6	52.8	46.2	41.2	37.0	33.6		
2.6	67.5	77.2	64.4	55.2	48.3	42.8	38.6	35.0	—	—
2.8	70.0	80.0	66.8	57.2	50.0	44.4	40.0	36.4	—	—
3.0	73.0	—	68.5	58.7	51.4	45.6	41.2	37.4	34.3	31.6
3.4	75.5	—	75.2	64.4	56.4	50.2	45.1	41.0	37.6	33.7
3.8	78.0	—	81.2	69.6	61.0	54.2	48.7	44.3	40.6	37.4
4.2	80.0	—	87.5	75.0	65.6	58.3	52.5	47.6	43.7	40.4
4.6	82.5	—	93.0	79.6	69.8	62.0	55.8	51.0	46.5	42.8
5.0	86.0	—	97.0	83.4	72.8	64.1	58.2	52.8	48.5	44.7
5.5	89.5	—	103.0	88.0	77.0	68.4	61.5	56.0	51.5	47.4
6.0	94.0	—	106.0	91.2	79.8	71.0	63.9	58.0	53.4	49.0

（续）

铸件重量	浇注时间 /s	浇注比速/[kg/(cm² · s)]								
		0.5	0.6	0.7	0.8	0.9	1.0	1.1	1.2	1.3
6.5	98.0	—	110.0	94.7	82.8	73.5	66.6	60.2	55.3	51.3
7.0	102.0	—	114.0	98.0	85.7	76.0	68.7	62.0	57.0	52.7
7.5	105.0	—	119.0	102.0	89.5	79.5	71.5	65.0	59.5	55.0
8.0	108.0	—	124.0	106.0	93.0	82.5	74.1	67.5	61.8	57.1
8.5	111.0	—	129.0	109.0	95.6	85.0	76.5	69.5	63.8	58.9
9.0	114.0	—	132.0	113.0	98.7	87.8	79.0	71.8	65.8	60.7
9.5	116.0	—	136.0	117.0	102.0	91.0	81.7	74.3	68.2	63.0
10.0	119.0	—	140.0	120.0	105.0	93.4	84.0	76.5	70.0	64.7
11.0	124.0	—	148.0	127.0	111.0	98.6	88.7	80.7	74.0	68.3
12.0	129.0	—	155.0	133.0	116.0	103.0	93.0	84.5	77.5	71.6
13.0	134.0	—	161.0	138.0	121.0	108.0	97.0	88.2	80.7	74.5
14.0	139.0	—	168.0	144.0	126.0	112.0	101.0	91.6	84.0	77.5
15.0	144.0	—	173.0	149.0	130.0	116.0	104.0	94.5	86.9	80.2
16.0	150.0	—	178.0	153.0	134.0	119.0	107.0	97.0	88.9	80.2
17.0	155.0	—	183.3	157.0	137.0	122.0	110.0	99.6	91.5	84.3
18.0	160.0	—	188.0	161.0	141.0	125.0	113.0	102.0	93.8	86.5
19.0	164.0	—	193.0	166.0	145.0	129.0	116.0	105.0	96.5	89.2
20.0	168.0	—	199.0	170.0	149.0	133.0	119.0	108.0	99.2	91.6
22.0	176.0	—	209.0	179.0	157.0	139.0	125.0	114.0	104.0	96.0
24.0	183.0	—	219.0	189.0	164.0	146.0	131.0	119.0	109.0	101.0
26.0	191.0	—	227.0	194.0	170.0	151.0	136.0	124.0	113.0	105.0
28.0	198.0	—	236.0	202.0	177.0	157.0	141.0	129.0	118.0	109.0
30.0	205.0	—	244.0	209.0	183.0	162.0	146.0	133.0	122.0	112.0
34.0	219.0	—	259.0	222.0	194.0	172.0	155.0	141.0	129.0	119.0
38.0	213.0	—	274.0	234.0	205.0	182.0	164.0	149.0	137.0	126.0
42.0	242.0	—	289.0	247.0	216.0	192.0	173.0	158.0	144.0	133.0
46.0	253.0	—	303.0	260.0	227.0	202.0	182.0	166.0	152.0	140.0
50.0	264.0	—	316.0	271.0	237.0	210.0	190.0	172.0	158.0	146.0
55.0	276.0	—	332.0	284.0	249.0	221.0	199.0	181.0	166.0	153.0
60.0	287.0	—	348.0	299.0	262.0	233.0	209.0	190.0	174.0	161.0
65.0	299.0	—	362.0	310.0	271.0	241.0	217.0	198.0	181.0	167.0
70.0	310.0	—	387.0	323.0	283.0	251.0	226.0	205.0	189.0	174.0
75.0	320.0	—	391.0	335.0	293.0	261.0	234.0	213.0	195.0	180.0
80.0	329.0	—	405.0	348.0	304.0	271.0	243.0	221.0	203.0	187.0
90.0	347.0	—	432.0	371.0	324.0	288.0	259.0	235.0	216.0	199.0
100.0	365.0	—	457.0	392.0	343.0	305.0	274.0	249.0	228.0	211.0

3. 图表法确定浇注系统断面尺寸

浇注系统断面尺寸的计算方法比较烦琐，并含有许多经验数据（有些就是经验公式）。为了工作的方便，不少单位根据计算结果，或者按本单位的产品类型、铸件特点和生产条件，在实验和经验积累的基础上，统计并绘制出各种确定浇注系统最小断面尺寸的图表。下面推荐几种生产中使用的图表，供查用时参考。

1）索伯列夫图表 图 5-18 是根据奥赞公式计算绘制，图中铸件重量（即流经内浇道的

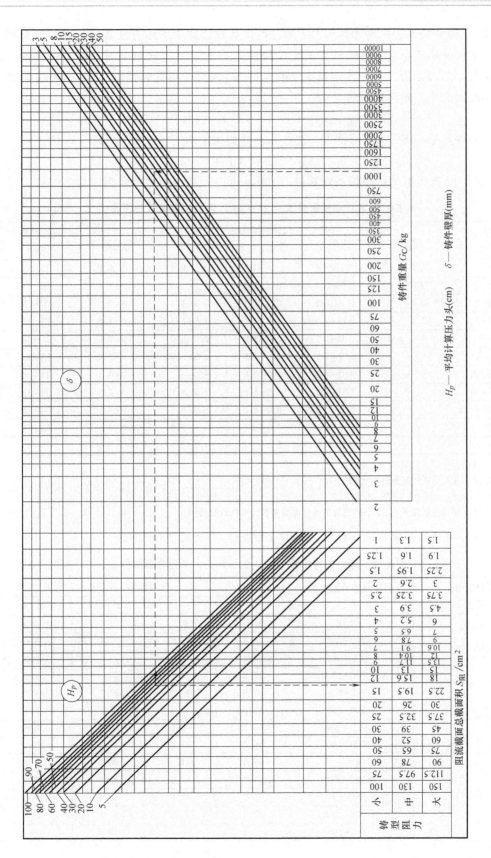

图 5-18 索伯列夫内浇道计算图表

铁液质量）、铸件壁厚、平均计算压力头等，均按奥赞公式中所用方法确定。索伯列夫图表适用于一般机械制造中、大型铸铁件的湿型浇注，用于干型（或表干型）时，可将所得内浇道（或最小阻流断面）的断面积减少15%~20%。某厂使用此表确定100~1000kg铸铁件的浇注系统断面积，断面比采用

$$S_内：S_横：S_直 = 1：(1.3~1.5)：(1.1~1.2)$$

对于铸件重量>1000kg的铸铁件，浇注系统断面比采用

$$S_内：S_横：S_直 = 1：1.4：1.2$$

2）表5-17列出了某厂小型灰铸铁件（100kg以内）内浇道总断面积。

表5-17 某厂小型灰铸铁件（100kg以内）内浇道总断面积 （单位：cm²）

铸件重量 /kg	铸件壁厚/mm					内浇道长度 /mm
	3~5	5~8	8~10	10~15	15~20	
<1	0.5~0.8	0.5~0.8	0.5~0.8	0.5~0.8	0.5~0.8	10~15
≥1~2	0.7~1.0	0.7~1.0	0.7~1.0	0.7~1.0	0.7~1.0	20~25
≥2~3	0.8~1.2	0.8~1.2	0.8~1.2	0.8~1.2	0.8~1.2	20~25
≥3~5	2.0~3.0	2.0~3.0	1.0~1.5	1.0~1.5	1.0~1.5	25~30
≥5~10	3.0~4.5	3.0~4.5	2.0~3.0	2.0~3.0	2.0~3.0	25~30
≥10~15	—	3.0~4.5	2.0~3.0	2.0~3.0	2.0~3.0	25~30
≥15~20	—	4.0~6.0	4.0~6.0	3.0~4.5	3.0~4.5	25~30
≥20~30	—	4.0~6.0	4.0~6.0	3.0~4.5	3.0~4.5	30~35
≥30~40	—	5.0~7.5	4.0~6.0	3.0~4.5	3.0~4.5	30~35
≥40~60	—	5.0~7.5	4.0~6.0	3.0~6.0	3.0~4.5	30~35
≥60~100	—	5.0~9.0	5.0~7.5	4.0~7.5	4.0~6.0	30~35

注：1. 适用于干型和湿型。

2. 简单件取下线，复杂件取上限。

3. $S_内：S_横：S_直 = 1：1.5：1.15$。

4. 对不封闭的浇注系统，$S_内$ 的值为阻流截面的面积，后列诸表均同。

3）表5-18列出了某厂灰铸铁件（200~2000kg）内浇道总断面积。

表5-18 某厂灰铸铁件（200~2000kg）内浇道总断面积 （单位：cm²）

铸件重量 /kg	铁液流动最大水平距离/mm	铸件壁厚/mm			
		5~8	8~15	15~25	25~40
≥200~250	<200	12.0	9.6	9.0	7.5
	≥200~500	12.8	10.5	9.6	8.0
	≥500~1000	14.4	11.2	11.2	9.0
	≥1000~1500	16.2	12.6	11.9	9.6
≥250~300	<200	12.8	11.5	9.0	8.0
	≥200~500	13.6	12.0	9.6	8.5
	≥500~1000	15.3	12.8	11.2	9.6
	≥1000~1500	16.2	13.6	11.9	10.2
≥300~350	<200	13.6	11.2	9.6	8.0
	≥200~500	14.4	12.6	10.8	8.5
	≥500~1000	16.2	12.8	11.2	9.6
	≥1000~1500	17.1	13.6	11.9	10.2
	≥1500~2000	18.0	14.4	12.6	—

（续）

铸件重量 /kg	铁液流动最大水平距离/mm	铸件壁厚/mm			
		5~8	8~15	15~25	25~40
≥350~400	<200	14.4	11.2	9.6	8.5
	≥200~500	15.2	12.6	10.8	9.0
	≥500~1000	16.2	12.8	11.2	10.2
	≥1000~1500	17.1	13.6	11.9	10.8
	≥1500~2000	18.0	14.4	12.6	—
≥400~450	<200	18.0	11.2	9.6	8.5
	≥200~500	18.0	12.6	10.8	9.0
	≥500~1000	18.9	13.6	11.2	10.2
	≥1000~1500	20.0	14.4	11.9	10.8
	≥1500~2000	21.0	16.2	12.6	11.4
≥450~500	<200	18.9	12.6	10.8	9.0
	≥200~500	19.8	13.3	10.8	9.0
	≥500~1000	20.7	14.0	11.4	9.5
	≥1000~1500	21.0	14.4	12.6	10.8
	≥1500~2000	22.0	15.2	13.3	11.4
	>2000	23.0	16.0	13.3	—
≥500~600	<200	19.8	14.4	12.6	10.8
	≥200~500	20.7	15.2	12.6	10.8
	≥500~1000	21.6	16.0	13.3	11.4
	≥1000~1500	23.0	16.2	14.4	12.6
	≥1500~2000	24.0	17.1	16.2	13.3
	>2000	25.0	18.0	16.2	—
≥600~700	<200	22.5	15.2	12.6	10.8
	≥200~500	24.3	16.0	12.6	10.8
	≥500~1000	25.0	16.8	13.3	11.4
	≥1000~1500	26.0	17.1	14.4	12.6
	≥1500~2000	27.0	18.0	16.2	13.3
	>2000	28.0	18.9	16.2	—
≥700~800	<200	23.4	16.0	13.3	11.4
	≥200~500	25.2	16.8	13.3	11.4
	≥500~1000	26.0	17.6	14.0	12.0
	≥1000~1500	27.0	18.9	15.2	13.3
	≥1500~2000	28.0	19.8	16.0	14.0
	>2000	29.0	20.7	16.0	—
≥800~1000	<200	26.0	18.0	14.0	12.0
	≥200~500	27.0	18.9	14.0	12.0
	≥500~1000	29.0	19.8	14.7	12.6
	≥1000~1500	30.0	21.0	16.0	14.0
	≥1500~2000	31.9	22.0	16.8	14.7
	>2000	33.0	23.0	16.8	—

（续）

铸件重量 /kg	铁液流动最大水平距离/mm	铸件壁厚/mm			
		5~8	8~15	15~25	25~40
≥1000~1200	<200	—	—	—	12.0
	≥200~500	—	18.9	14.7	12.0
	≥500~1000	—	19.8	15.4	12.6
	≥1000~1500	—	21.0	16.8	14.0
	≥1500~2000	—	22.0	17.6	14.7
	>2000	—	23.0	18.4	14.7
≥1200~1400	<200	—	—	—	12.6
	≥200~500	—	20.7	15.4	12.6
	≥500~1000	—	21.6	16.1	13.2
	≥1000~1500	—	22.5	17.6	14.7
	≥1500~2000	—	24.0	18.4	15.4
	>2000	—	25.0	19.2	15.4
≥1400~1600	≥200~500	—	22.5	17.5	13.2
	≥500~1000	—	24.3	18.9	13.8
	≥1000~1500	—	26.0	20.8	15.4
	≥1500~2000	—	27.0	21.6	16.1
	>2000	—	28.0	22.4	16.1
≥1600~1800	≥200~500	—	24.3	17.5	14.4
	≥500~1000	—	26.7	18.9	15.0
	≥1000~1500	—	28.0	20.8	16.8
	≥1500~2000	—	29.0	21.6	17.5
	>2000	—	30.0	22.4	17.5
≥1800~2000	≥200~500	—	27.0	18.9	16.8
	≥500~1000	—	28.8	20.8	17.5
	≥1000~1500	—	31.0	22.4	19.2
	≥1500~2000	—	32.0	23.2	20.0
	>2000	—	33.0	24.0	20.0

注：1. 该厂生产磨床，铸件壁厚为 8~30mm，小件为手工造型，中、大件为抛砂机器造型。

2. 此表用于黏土砂干、湿型，水泥自硬砂型。

3. 对于湿型中、大件，$S_内 : S_横 : S_直 = 1 : 1.3 : (1.05~1.20)$。

4. 对于干型中、大件，$S_内 : S_横 : S_直 = 1 : 1.2 : (1.35~1.50)$。

4）表 5-19 列出了某厂灰铸铁件（1600kg 以内）内浇道总断面积。

5）表 5-20 列出了某厂灰铸铁件浇注系统断面积。

6）表 5-21 列出了某厂灰铸铁件浇注时间和浇注系统断面积。此表主要适合于中、大型铸铁件。

7）表 5-22 列出了大型灰铸铁件内浇道总断面积。

4. 浇口杯结构和尺寸

浇口杯中容纳的金属液量应比直浇道的容量大，中、小型浇口杯的尺寸可根据直浇道直径或铸件重量用查表法确定。

普通漏斗形浇口杯尺寸见表 5-23。带滤渣网的漏斗形浇口杯尺寸见表 5-24。闸门式浇口杯尺寸见表 5-25。地形浇口杯尺寸见表 5-26。

表 5-19 某厂灰铸铁件（1600kg 以内）内浇道总断面积 （单位：cm²）

铸件重量 /kg	铸件壁厚/mm				
	<5	≥5~8	≥8~15	≥15~25	≥25~40
<1	0.6	0.6	0.4	0.4	0.4
≥1~3	0.8	0.8	0.6	0.6	0.6
≥3~5	1.6	1.6	1.2	1.2	1.0
≥5~10	2.0	1.8	1.6	1.6	1.2
≥10~15	2.6	2.4	2.0	2.0	1.8
≥15~20	4.0	3.6	3.2	3.0	2.8
≥20~30	4.4	4.0	3.4	3.2	3.0
≥30~40	5.0	4.8	4.4	4.0	3.6
≥40~60	7.2	6.8	6.4	6.0	5.8
≥60~100	—	8.8	8.4	8.0	7.8
≥100~150	—	11.0	10.0	9.4	9.0
≥150~200	—	14.4	13.4	12.6	12.0
≥200~250	—	—	14.0	13.4	13.0
≥250~300	—	—	16.0	15.0	14.0
≥300~400	—	—	18.0	17.0	16.0
≥400~500	—	—	22.0	20.0	18.0
≥500~600	—	—	25.0	23.0	20.0
≥600~700	—	—	28.0	25.0	22.0
≥700~800	—	—	32.0	28.0	23.0
≥800~900	—	—	34.0	30.0	24.0
≥900~1000	—	—	36.0	32.0	25.0
≥1000~1200	—	—	—	36.0	28.0
≥1200~1400	—	—	—	40.0	32.0
≥1400~1600	—	—	—	44.0	36.0

注：$S_内 : S_横 : S_直 = 1 : 1.3 : 1.1$。

表 5-20 某厂灰铸铁件浇注系统断面积

铸件重量 /kg	铸件壁厚 /mm	直浇道直径 /mm	直浇道截面积 /cm²	横浇道断面积 /cm²	内浇道断面积 /cm²	水平阻流片断面积 /cm²
<10	5~8	20	3.1	6.2~7.8	5.0~5.6	1.9
≥10~30	5~10	25	4.9	7.8~8.8	7.8~8.8	2.9
≥30~50	6~10	30	7.1	11.3~12.8	11.3~12.8	4.3
≥50~100	6~12	35	9.6	15.3~17.3	15.3~17.3	5.8
≥100~300	7~14	40	12.6	20.2~22.7	20.2~22.7	7.6
≥300~500	7~16	45	15.9	31.8~39.8	25.4~28.6	9.5
≥500~1000	8~18	50	19.6	39.2~49	31.4~35.6	11.8
≥1000~1500	8~20	55	23.8	48~60	38~43	14.3
≥1500~2000	9~22	60	28.3	57~71	45~51	17
≥2000~2500	9~24	65	33.2	66~83	53~60	19.9
≥2500~3000	10~26	70	38.5	77~96	62~69	23.1
≥3000~4000	10~28	75	44.2	88~101	71~80	26.5
≥4000~5000	11~30	80	50.3	101~126	80~91	30.2
≥5000~6000	11~32	85	56.7	113~142	91~102	34
≥6000~7000	12~34	90	63.6	127~159	102~114	38.2
≥7000~8000	12~36	95	70.9	142~177	113~128	42.5
≥8000~10000	14~40	100	78.5	157~196	126~141	47.1

注：1. $S_内 : S_横 : S_直 = (1.6~1.8) : (2~2.5) : 1$；$S_阻 = 0.6 S_直$。

2. 主要用于湿型机器造型（包括射压造型）。

表 5-21 某厂灰铸铁件浇注时间和浇注系统断面积

铸件重量/kg	浇注时间/s	内浇道断面积/cm²	横浇道断面积/cm²	直浇道断面积/cm²
≤10	4~5	3~3.5	3.5~4.5	3.3~3.85
15	5~6	3.5~4.5	4.5~5	3.85~4.95
20	6.5~7	4.5~5	5.5~6	4.95~6.05
25	7~7.5	5~5.5	6~6.5	5.5~6.05
30	7~8	5.5~6	6~7.2	6.05~6.6
35	8~9	6~7	7.2~8.4	6.6~7.7
40	9~10	6~7.5	8.4~9	7~8
45	9~10	6.5~7.5	8.5~9	8~8.5
60	10~11	7.5~8	9~9.6	8.5~8.8
70	11~12	8~8.5	9.6~10	8.8~9.35
80	12~13	8.5~9	10~10.8	9.35~9.9
100	13~14	9.5~10	10.8~11	10~11
125	14~15	10~11	11~13	11~12
150	16~18	11~12	13~14.4	12~13
200	18~20	12~13	14.4~15.6	13~14
250	20~22	13~14	15.6~16.8	14~15
300	20~23	14~15	16.8~18	15~17
400	20~25	15~17	18~20	16~18.5
450	20~28	16~18	20~22	19~20
500	20~30	18~20	22~24	20~22
600	20~30	20~22	24~26	22~24
700	25~30	22~24	26~28	24~26
800	30~35	24~26	28~31	26~28
900	35~40	26~28	31~33	28~30
1000	40~45	28~30	33~36	30~33
1200	45~50	30~32	36~38	33~35
1400	50~55	32~34	38~40	35~37
1600	55~60	34~36	40~43	37~40
1800	55~60	36~38	43~45	40~42
2000	60~65	38~40	45~48	41~44
2200	65~70	40~42	48~50	44~46
2600	70~75	42~44	50~53	46~48
3000	80~85	44~46	53~55	48~50
3600	85~90	46~48	55~57	50~53
4200	90~100	48~50	57~60	53~55
5000	100~110	50~55	60~66	55~60
6000	110~120	55~60	66~70	60~66
7000	120~130	60~65	70~80	66~70
8000	130~135	65~70	80~85	70~77
9000	135~140	65~70	85~90	77~80
10000	145~150	70~75	90~96	80~88
11000	145~150	75~80	95~100	88~94
12000	150~160	80~85	100~110	94~99
14000	160~170	85~90	110~120	99~105
15000	170~180	90~95	120~130	105~110
17000	180~190	95~100	130~140	110~120
20000	190~200	110~130	140~145	120~130

注：1. 用于转包浇注的干型、表面干燥型、自硬砂型，用在湿型时应略加大。

2. 主要适用于中、大件（>500kg）手工造型。

3. 铸件壁厚多在 20~50mm 之间。

表 5-22　大型灰铸铁件内浇道总断面积　　　　　　（单位：cm²）

铸件重量/kg	铸件壁厚/mm		
	≤15	16~30	31~60
1000	22	19	16
2000	31	27	22
3000	38	33	27
4000	44	38	32
5000	49	42	35
6000	54	47	39
7000	59	50	42
8000	63	54	45
9000	66	57	47
10000	70	60	50
12000	77	66	55
14000	83	71	59
16000	88	76	63
18000	94	81	67
20000	99	85	71
22000	104	89	74
24000	108	93	77
26000	113	97	81
28000	117	100	84
30000	121	104	87
32000	125	107	89
34000	129	111	92
36000	133	114	95
38000	136	117	97
40000	140	120	100

注：1. 此表是某地区经验数据。
　　2. $S_内 : S_横 : S_直 = 1 : 1.4 : 1.2$。

表 5-23　普通漏斗形浇口杯尺寸

	直浇道下端直径/mm	D_1/mm	D_2/mm	h/mm	铁液容量/kg
	<16	56	52	40	0.5
	≥16~18	58	54	42	0.6
	≥18~20	60	56	44	0.7
	≥20~22	62	58	46	0.8
	≥22~24	64	60	48	0.9
	≥24~26	66	62	50	1.0
	≥26~28	68	64	52	1.2
	≥28~30	70	66	54	1.3

5. 其他形式浇注系统

分析液态合金在浇道中流动状况可知，当金属液的流动速度发生变化，如浇道断面积突然改变（扩大或缩小）、流动方向变化或金属液流受到冲击时，将有惯性力产生。与力作用相似，对悬浮于液流中的渣粒，惯性力可造成附加的力，其方向与惯性力的方向相反。故合理地改变浇道结构，既能利用惯性力加强浇道的挡渣效果，又可以起到减小金属液流对砂型和砂芯的冲刷作用。在浇注系统中加设滤渣网和离心集渣包，采用阻流、缓流、压边、雨淋等形式浇注系统，是生产中经常使用的方法。

表 5-24 带滤渣网的漏斗形浇口杯尺寸

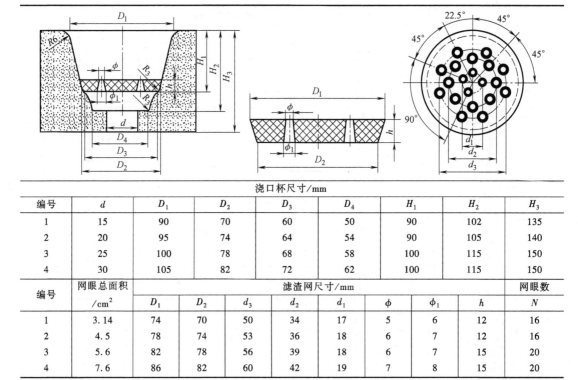

浇口杯尺寸/mm

编号	d	D_1	D_2	D_3	D_4	H_1	H_2	H_3
1	15	90	70	60	50	90	102	135
2	20	95	74	64	54	90	105	140
3	25	100	78	68	58	100	115	150
4	30	105	82	72	62	100	115	150

编号	网眼总面积	滤渣网尺寸/mm								网眼数
	/cm²	D_1	D_2	d_3	d_2	d_1	ϕ	ϕ_1	h	N
1	3.14	74	70	50	34	17	5	6	12	16
2	4.5	78	74	53	36	18	6	7	12	16
3	5.6	82	78	56	39	18	6	7	15	20
4	7.6	86	82	60	42	19	7	8	15	20

注: 取 $S_{网}$: $S_{直}$ = (1.2 ~ 1.3) : 1。

表 5-25 闸门式浇口杯尺寸

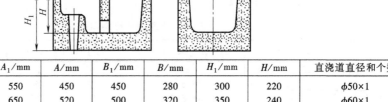

铸件重量/kg	A_1/mm	A/mm	B_1/mm	B/mm	H_1/mm	H/mm	直浇道直径和个数
≥500 ~ 2000	550	450	450	280	300	220	$\phi50×1$
≥2000 ~ 3500	650	520	500	320	350	240	$\phi60×1$
≥3500 ~ 10000	850	700	650	450	450	320	$\phi70 ~ \phi90×1$
≥10000	900	750	750	550	550	400	$\phi70 ~ \phi80×2$

表 5-26 池形浇口杯尺寸

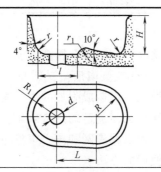

（续）

编号	铸件重量/kg	浇口杯容量/kg	浇口杯尺寸/mm							
			L	R	R_1	r	r_1	H	l	d
1	≥50~100	30	10	70	40	25	13	110	78	27
2	≥100~200	50	140	83	47	31	15	130	96	32
3	≥200~300	80	160	90	56	35	17	150	110	38
4	≥300~600	170	210	125	70	50	22	200	145	45
5	≥600~1000	260	260	150	105	60	25	240	170	53
6	≥1000~2000	368	290	170	110	70	30	250	190	65

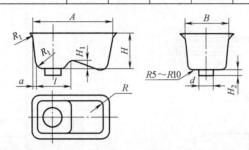

编号	铸件重量/kg	A	B	l	H	H_1	d	a	R_1	R	H_2	铁液消耗量/kg
1	≥50~100	200	120	70	120	10	30	10	20	15	30	17.5
2	≥100~200	250	140	90	140	12	38	15	25	20	35	29
3	≥200~600	320	200	110	200	15	50	20	30	25	45	59
4	≥600~1000	450	250	130	250	20	60	25	40	25	65	125
5	≥1000~2000	600	300	170	300	25	70	25	50	30	75	254
6	≥2000~4000	800	400	200	400	30	85	30	60	35	90	430

注：1. 铁液消耗量是指浇注完毕后，留在浇口杯中的剩余铁液量。

2. d 可以根据所选用的直浇道尺寸做适当调整。

（1）阻流式浇注系统　阻流式（节流式）浇注系统的结构特点是在直浇道下部（或横浇道中）有一个垂直的缝隙（称为阻流片），如图 5-19 所示的阻流片，或于横浇道前端（靠近直浇道处）设置一段水平的狭窄通道（图 5-20）。阻流式浇注系统各组元中，阻流片的截面积最小，靠它控制液流流量及增加流动阻力。由于阻流片的阻流作用，直浇道能很快充满，有利于渣粒留存在浇口杯中。液流通过狭窄的阻流缝隙，向上并减速进入截面积宽大的横浇道，也有利于渣粒上浮和挡渣。

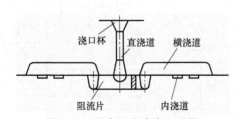

图 5-19　垂直阻流式浇注系统

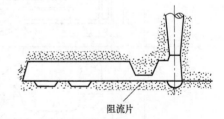

图 5-20　水平阻流式浇注系统

生产实践证明，垂直阻流式浇注系统在大批大量生产中、小型铸铁件（指使用机器造型条件下铸件）对消除和减少渣孔、砂眼、气孔等缺陷的效果较好。

某拖拉机厂使用的垂直阻流片有单片单向和双向阻流片、单片单向和双向 T 形阻流片，单片双向 2T 形阻流片，双片单向 Π 形阻流片等，表5-27列出了垂直阻流片结构和尺寸。

表 5-27　垂直阻流片结构和尺寸

类　型	结　构　图　例	尺　寸				
单片单向阻流片		编号	1	2		
		$S_{阻}/cm^2$	2	2.5		
		a/mm	5	8		
		b/mm	6.2	9		
		H/mm	35	29.4		
单片单向 T 形阻流片		编号	1	2	3	4
		$S_{阻}/cm^2$	2.2	3	3.8	4.6
		a/mm	3.5	4.5	5.5	6.6
		b/mm	5.5	6.5	7.5	8.5
		c/mm	4	5	6	7
		A/mm	24	28	30	32
		H/mm	30	24	38	40
单片单向 T 形阻流片		编号	1	2	3	4
		$S_{阻}/cm^2$	3.6	4.3	5	5.6
		a/mm	6	6	7	8
		b/mm	8	8	9	10
		c/mm	6	6	7	8
		A/mm	24	28	30	30
		H/mm	40	40	45	45
		E/mm	22	22	22	24
		r_1/mm	6	6	7	7
		r_2/mm	5	5	6	6
双片单向 Π 形阻流片		编号	1	2		
		$S_{阻}/cm^2$	7	8.5		
		a/mm	6	6		
		b/mm	8	8		
		c/mm	4	6		
		A/mm	50	51		
		H/mm	40	50		

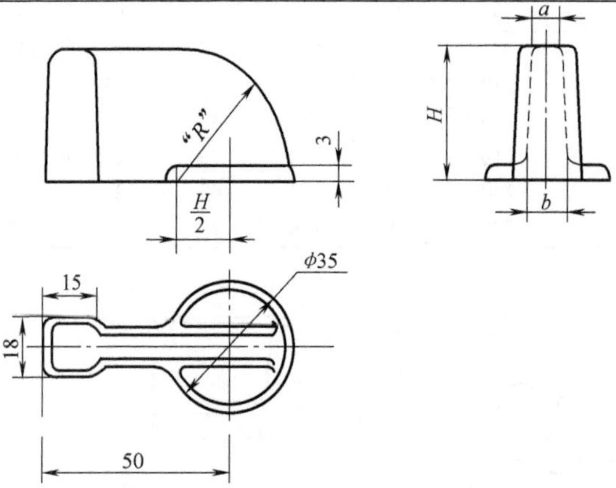

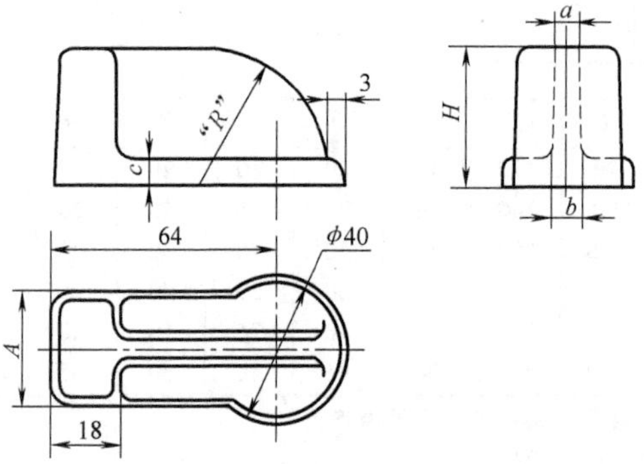

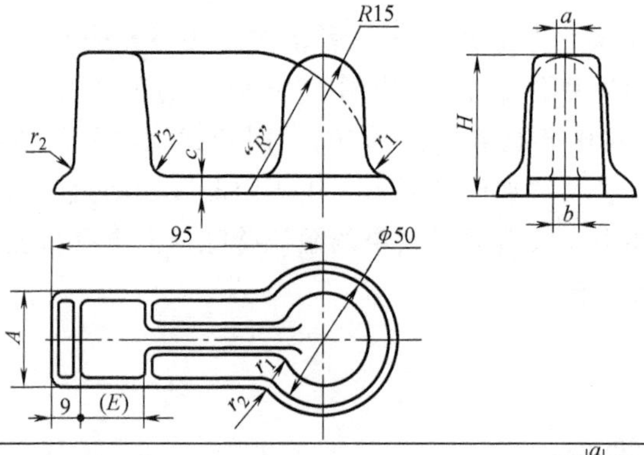

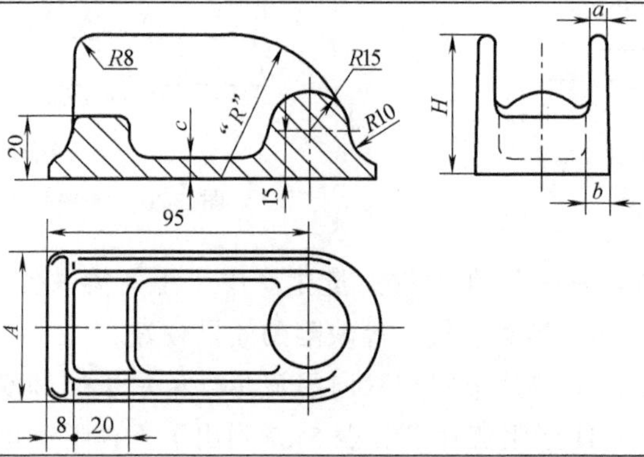

（续）

单片双向阻流片

编号	1	2	3
$S_阻/cm^2$	2	3	4
a/mm	3.5	4.5	6
b/mm	4.4	5.5	7
A/mm	15	15	18
H/mm	25.5	25.5	30

单片双向 T 形阻流片

编号	1	2	3	4	5	6
$S_阻/cm^2$	4.5	5.2	5.7	6.4	7.4	8
a/mm	4	4	4	5	6	6
b/mm	6	6	6	7	8	8
c/mm	4	5	5	5	6	6
h/mm	10	10	10	10	12	12
H/mm	30	35	40	40	45	45
r_1/mm	4	5	5	5	6	6
r_2/mm	5	5	5	5	6	6

单片双向 2T 形阻流片

编号	1	2	3	4	5	6
$S_阻/cm^2$	4.4	5.2	5.7	6.4	7.4	8.0
A/mm	15	16	16	17	18.5	20
B/mm	17	18	18	19	20.5	22
H/mm	30	35	35	35	40	45
a/mm	4	4	4	5	6	6
b/mm	6	6	6	7	8	8
c/mm	4	5	5	5	6	6
r_1/mm	4	5	5	5	6	6
r_2/mm	8.5	9	9	9.5	10.25	11

垂直阻流片结构复杂，起模后阻流槽不便修型（也不允许修整），槽内的松散砂粒不易清除，只能将模样固定在模板上用机器造型。水平阻流片结构简单，便于修型及清除杂物，故同时适用于手工造型，其挡渣效果不如垂直阻流片。

计算阻流式浇注系统先要确定阻流片的断面积 $S_阻$，再按经验比例决定其他组元尺寸。垂直阻流式浇注系统的计算步骤如下。

1）确定重量速度 V_G（kg/s）。确定 V_G 的经验公式为

$$V_G=\mu_G\sqrt{G} \tag{5-13}$$

式中，μ_G 是重量流速系数$\left(\dfrac{\sqrt{kg}}{s}\right)$，其数值见表 5-28；$G$ 是砂型中铁液重量（kg），即

$$G=G_件+G_浇 \tag{5-14}$$

式中，$G_{件}$ 是铸件重量（kg）；$G_{浇}$ 是浇注系统总重量（kg）；$G_{浇}$ 可按铸件重量百分比估计：大件：每型 $1\sim2$ 件，按 $15\%\sim20\%$ 估算；中件：每型 $1\sim8$ 件，按 $30\%\sim35\%$ 估算；小件：每型 $2\sim35$ 件，按 $35\%\sim40\%$ 估算。

表 5-28　重量流速系数　　　（单位：$\dfrac{\sqrt{kg}}{s}$）

砂型中铁液重量 G/kg	μ_G 的分级							
	1 级		2 级		3 级		4 级	
	μ_{G1}	μ_{G2}	μ_{G3}	μ_{G4}	μ_{G5}	μ_{G6}	μ_{G7}	μ_{G8}
$\geqslant 1\sim5$	0.240	0.280	0.320	0.360	0.400	0.440	0.480	0.520
$\geqslant 5\sim10$	0.245	0.285	0.325	0.365	0.405	0.445	0.485	0.525
$\geqslant 10\sim15$	0.250	0.290	0.330	0.370	0.410	0.450	0.490	0.530
$\geqslant 15\sim20$	0.255	0.295	0.335	0.375	0.415	0.455	0.495	0.535
$\geqslant 20\sim25$	0.260	0.300	0.340	0.380	0.420	0.460	0.500	0.540
$\geqslant 25\sim30$	0.265	0.305	0.345	0.385	0.425	0.465	0.505	0.545
$\geqslant 30\sim35$	0.270	0.310	0.350	0.390	0.430	0.470	0.510	0.550
$\geqslant 35\sim40$	0.275	0.315	0.355	0.395	0.435	0.475	0.515	0.555
$\geqslant 40\sim45$	0.280	0.320	0.360	0.400	0.440	0.480	0.520	0.560
$\geqslant 45\sim50$	0.285	0.325	0.365	0.405	0.445	0.485	0.525	0.565
$\geqslant 50\sim55$	0.290	0.330	0.370	0.410	0.450	0.490	0.530	0.570
$\geqslant 55\sim60$	0.295	0.335	0.375	0.415	0.455	0.495	0.535	0.575
$\geqslant 60\sim65$	0.300	0.340	0.380	0.420	0.460	0.500	0.540	0.580
$\geqslant 65\sim70$	0.305	0.345	0.385	0.425	0.465	0.505	0.545	0.585
$\geqslant 70\sim75$	0.310	0.350	0.390	0.430	0.470	0.510	0.550	0.590
$\geqslant 75\sim80$	0.315	0.355	0.395	0.435	0.475	0.515	0.555	0.595
$\geqslant 80\sim85$	0.320	0.360	0.400	0.440	0.480	0.520	0.560	0.600
$\geqslant 85\sim90$	0.325	0.365	0.405	0.445	0.485	0.525	0.565	0.605
$\geqslant 90\sim95$	0.330	0.370	0.410	0.450	0.490	0.530	0.570	0.610
$\geqslant 95\sim100$	0.335	0.375	0.415	0.455	0.495	0.535	0.575	0.615
$\geqslant 100\sim105$	0.340	0.380	0.420	0.460	0.500	0.540	0.580	0.620
$\geqslant 105\sim110$	0.345	0.385	0.425	0.465	0.505	0.545	0.585	0.625
$\geqslant 110\sim115$	0.350	0.390	0.430	0.470	0.510	0.550	0.590	0.630
$\geqslant 115\sim120$	0.355	0.395	0.435	0.475	0.515	0.555	0.595	0.635
$\geqslant 120\sim125$	0.360	0.400	0.440	0.480	0.520	0.560	0.600	0.640
$\geqslant 125\sim130$	0.365	0.405	0.445	0.485	0.525	0.565	0.605	0.645
$\geqslant 130\sim135$	0.370	0.410	0.450	0.490	0.530	0.570	0.610	0.650
$\geqslant 135\sim140$	0.375	0.415	0.455	0.495	0.535	0.575	0.615	0.655
$\geqslant 140\sim145$	0.380	0.420	0.460	0.500	0.540	0.580	0.620	0.660
$\geqslant 145\sim150$	0.385	0.425	0.465	0.505	0.545	0.585	0.625	0.665
$\geqslant 150\sim155$	0.390	0.430	0.470	0.510	0.550	0.590	0.630	0.670
$\geqslant 155\sim160$	0.395	0.435	0.475	0.515	0.555	0.595	0.635	0.675
$\geqslant 160\sim165$	0.400	0.440	0.480	0.520	0.560	0.600	0.640	0.680
$\geqslant 165\sim170$	0.405	0.445	0.485	0.525	0.565	0.605	0.645	0.685
$\geqslant 170\sim175$	0.410	0.450	0.490	0.530	0.570	0.610	0.650	0.690
$\geqslant 175\sim180$	0.415	0.455	0.495	0.535	0.575	0.615	0.655	0.695

（续）

砂型中铁液重量 G/kg	μ_G 的分级							
	1 级		2 级		3 级		4 级	
	μ_{G1}	μ_{G2}	μ_{G3}	μ_{G4}	μ_{G5}	μ_{G6}	μ_{G7}	μ_{G8}
≥180~185	0.420	0.460	0.500	0.540	0.580	0.620	0.660	0.700
≥185~190	0.425	0.465	0.505	0.545	0.585	0.625	0.665	0.705
≥190~195	0.430	0.470	0.510	0.550	0.590	0.630	0.670	0.710
≥195~200	0.435	0.475	0.515	0.555	0.595	0.635	0.675	0.715
≥200~205	0.440	0.480	0.520	0.560	0.600	0.640	0.680	0.720
≥205~210	0.445	0.485	0.525	0.565	0.605	0.645	0.685	0.725
≥210~215	0.450	0.490	0.530	0.570	0.610	0.650	0.690	0.730
≥215~220	0.455	0.495	0.535	0.575	0.615	0.655	0.695	0.735
≥220~225	0.460	0.500	0.540	0.580	0.620	0.660	0.700	0.740
≥225~230	0.465	0.505	0.545	0.585	0.625	0.665	0.705	0.745
≥230~235	0.470	0.510	0.550	0.590	0.630	0.670	0.710	0.750
≥235~240	0.475	0.515	0.555	0.595	0.635	0.675	0.715	0.755
≥240~245	0.480	0.520	0.560	0.600	0.640	0.680	0.720	0.760
≥245~250	0.485	0.525	0.565	0.605	0.645	0.685	0.725	0.765
≥250~255	0.490	0.530	0.570	0.610	0.650	0.690	0.730	0.770
≥255~260	0.495	0.535	0.575	0.615	0.655	0.695	0.735	0.775
≥260~265	0.500	0.540	0.580	0.620	0.660	0.700	0.740	0.780
≥265~270	0.505	0.545	0.585	0.625	0.665	0.705	0.745	0.785
≥270~275	0.510	0.550	0.590	0.630	0.670	0.710	0.750	0.790
≥275~280	0.515	0.555	0.595	0.635	0.675	0.715	0.755	0.795
≥280~285	0.520	0.560	0.600	0.640	0.680	0.720	0.760	0.800
≥285~290	0.525	0.565	0.605	0.645	0.685	0.725	0.765	0.805
≥290~295	0.530	0.570	0.610	0.650	0.690	0.730	0.770	0.810
≥295~300	0.535	0.575	0.615	0.655	0.695	0.735	0.775	0.815
≥300~305	0.540	0.580	0.620	0.660	0.700	0.740	0.780	0.820
≥305~310	0.545	0.585	0.625	0.665	0.705	0.745	0.785	0.825
≥310~315	0.550	0.590	0.630	0.670	0.710	0.750	0.790	0.830
≥315~320	0.555	0.595	0.635	0.675	0.715	0.755	0.795	0.835
≥320~325	0.560	0.600	0.640	0.680	0.720	0.760	0.800	0.840
≥325~330	0.565	0.605	0.645	0.685	0.725	0.765	0.805	0.845
≥330~335	0.570	0.610	0.650	0.690	0.730	0.770	0.810	0.850
≥335~340	0.575	0.615	0.655	0.695	0.735	0.775	0.815	0.855
≥340~345	0.580	0.620	0.660	0.700	0.740	0.780	0.820	0.860
≥345~350	0.585	0.625	0.665	0.705	0.745	0.785	0.825	0.865
≥350~355	0.590	0.630	0.670	0.710	0.750	0.790	0.830	0.870
≥355~360	0.595	0.635	0.675	0.715	0.755	0.795	0.835	0.875
≥360~365	0.600	0.640	0.680	0.720	0.760	0.800	0.840	0.880
≥365~370	0.605	0.645	0.685	0.725	0.765	0.805	0.845	0.885
≥370~375	0.610	0.650	0.690	0.730	0.770	0.810	0.850	0.890
≥375~380	0.615	0.655	0.695	0.735	0.775	0.815	0.855	0.895
≥380~385	0.620	0.660	0.700	0.740	0.780	0.820	0.860	0.900

（续）

砂型中铁液重量 G/kg	μ_G 的分级							
	1级		2级		3级		4级	
	μ_{G1}	μ_{G2}	μ_{G3}	μ_{G4}	μ_{G5}	μ_{G6}	μ_{G7}	μ_{G8}
≥385~390	0.625	0.665	0.705	0.745	0.785	0.825	0.865	0.905
≥390~395	0.630	0.670	0.710	0.750	0.790	0.830	0.870	0.910
≥395~400	0.635	0.675	0.715	0.755	0.795	0.835	0.875	0.915

注：1级指缓浇，多用于小件（$G=5\sim30\text{kg}$）以及有砂垛或易冲砂的铸件；2级指正常浇注，多用于中件（$G=30\sim120\text{kg}$）；3级指快浇，多用于中大件（$G=120\sim250\text{kg}$）或复杂的中件；4级指特快浇注，多用于大件（$G=250\sim400\text{kg}$）以及特别复杂的铸件。

2）计算阻流片断面积 $S_{阻}$（cm^2）。计算 $S_{阻}$ 的经验公式为

$$S_{阻} = V_G/K \tag{5-15}$$

式中，K 是浇注比速（$\text{kg/cm}^2\cdot\text{s}$）。

在砂型内阻力正常的情况下，K 与平均计算压力头 H_p（计算方法同前）之间的关系式为

$$K = 0.022H_p$$

3）确定浇注系统各组元断面积。浇注系统各组元的断面积按以下比例范围确定，即

$$S_{直}:S_{阻}:S_{横}:S_{内} = (0.7\sim1.4):(0.35\sim0.75):(0.9\sim1.4):1$$

最常用的适用于质量要求高的中、小型铸件的比例为

$$S_{直}:S_{阻}:S_{横}:S_{内} = 1.2:0.65:1.2:1$$

4）阻流式浇注系统计算举例。某零件外平衡臂（图5-21）结构复杂，铸件材质 HT200，铸件重量44kg，每型1件，浇注时平放，从分型面中间注入。铸件在浇注位置时的总高度 $c=22.8\text{cm}$，在上砂箱的高度 $p=11.4\text{cm}$，直浇道高度（即上砂箱高度）为25cm。

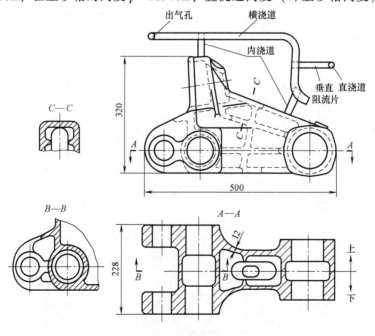

图 5-21　外平衡臂铸件简图

① 已知 $G_{件}=44kg$, $G_{浇}=0.15G_{件}=0.15\times44kg=6.6kg\approx7kg$, 所以 $G=G_{件}+G_{浇}=44kg+7kg=51kg$。

$$H_p=H_0-\frac{c}{8}=25cm-\frac{22.8cm}{8}\approx22cm$$

② 求重量速度 V_G。

$$V_G=\mu_G\sqrt{G}$$

查表 5-28，因铸件形状较复杂，取向 $\mu_{G6}=0.49$，所以 $V_G=0.49\sqrt{51}kg/s=3.5kg/s$。

$$F_{阻}=\frac{V_G}{K}=\frac{V_G}{0.022H_p}=\frac{3.5}{0.022\times22}=7.2cm^2$$

查阻流片标准（表 5-27），选用双片单向 Π 形阻流片 1 号（$F_{阻}=7cm^2$）。

（2）缓流式浇注系统　对于压头很大的浇注系统，使用滤网容易造成冲砂缺陷，这时可考虑应用缓流式浇注系统。这种浇注系统主要靠上下砂型分布的横浇道，改变铁液在浇道中的流动方向及增加流动阻力，使铁液平稳地充型并挡渣。为此，应严格控制浇道截面尺寸，特别是搭接面积。

对于缓流式灰铸铁浇注系统，下列比例可作为参考。

$S_{内}$：$S_{横}$：$S_{直}=1$：1.4：1.2（适用于质量要求高的中、小型铸件）

注：下箱段 $S_{横}$ 略小于上箱段 $S_{横}$，但大于 $S_{内}$，大于 $S_{直}$；上、下横浇道搭接面积不能小于 $S_{横}$。

某造船厂所采用两种缓流式浇注系统的结构与规格见表 5-29～表 5-32。其中单面（单向）缓流式浇注系统用于体积较小的铸件，而双面（双向）缓流式浇注系统则用于体积较大的铸件。

表 5-29　单面（单向）缓流式浇注系统

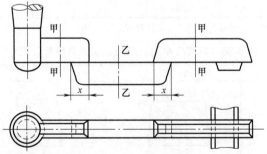

铸件重量 /kg	内浇道				横浇道				直浇道			
	编号	内浇道数	每个断面积 /cm²	总断面积 /cm²	甲—甲处		乙—乙处		搭接尺寸 x /mm	编号	直径 /mm	断面积 /cm²
					编号	断面积 /cm²	编号	断面积 /cm²				
5 以下	2	1	0.8	0.8	1	1.48	1	1.35	11	1	13.5	1.43
	1	2	0.5	1.0								
≥5～10	4	1	1.5	1.5	2	1.92	1	1.76	12.6	2	15.5	1.85
	2	2	0.8	1.6								
	1	3	0.5	1.5								

（续）

铸件重量/kg	内浇道 编号	内浇道数	每个断面积/cm²	总断面积/cm²	横浇道 甲—甲处 编号	断面积/cm²	乙—乙处 编号	断面积/cm²	直浇道 搭接尺寸x/mm	编号	直径/mm	断面积/cm²
≥10~20	5	1	2.25	2.25	3	2.96	3	2.68	15	3	19	2.83
	3	2	1.15	2.3								
	2	3	0.8	2.4								
	1	4	0.5	2.0								
≥20~50	6	1	3.1	3.1	4	3.74	4	3.3	17	4	21	3.46
	4	2	1.5	3.0								
	2	4	0.8	3.2								
≥50~100	5	2	2.25	4.5	5	5.6	5	5.09	22	5	26	5.3
	3	4	1.15	4.6								
	2	6	0.8	4.8								
≥100~200	6	2	3.1	6.2	6	7.56	6	6.86	25	6	30.5	7.31
	4	4	1.5	6.0								
	3	6	1.15	6.9								
≥200~300	7	2	4.55	9.1	7	11.11	7	10.15	31	7	37	10.75
	5	4	2.25	9.0								
	4	6	1.5	9.0								
	3	8	1.15	9.2								
≥300~600	8	2	6.0	12.0	8	15.6	8	14.4	38	8	43	14.5
	6	4	3.1	12.4								
	5	6	2.25	13.5								
	4	8	1.5	12.0								
≥600~1000	9	2	9.2	18.4	9	23.1	9	20.6	46	9	53	22.0
	7	4	4.55	18.2								
	6	6	3.1	18.6								
	5	8	2.25	18.0								
≥1000~2000	8	4	6.0	24.0	10	31.3	10	28	50	10	62	30.2
	7	6	4.55	27.3								
	6	8	3.1	24.8								

注：表中"编号"是指浇道尺寸标准化的序号，具体数值见表 5-30。

表 5-30　单面（单向）缓流式浇注系统断面尺寸

编号	a/mm	b/mm	c/mm	断面积/cm²	a/mm	b/mm	c/mm	断面积/cm²	a/mm	b/mm	c/mm	断面积/cm²	编号	d/mm	断面积/cm²
1	11	9	5	0.5	8	6	7	0.5	6	4	10	0.5	1	13.5	1.43
2	14	12	6	0.8	10	8	9	0.8	8	5	12	0.8	2	15.5	1.85
3	18	15	7	1.15	11	8	12	1.15	10	6	15	1.15	3	19	2.83
4	20	18	8	1.5	14	11	12	1.5	11	7	17	1.5	4	21	3.46
5	24	21	10	2.25	17	13	15	2.25	13	9	21	2.25	5	26	5.3
6	30	26	11	3.1	18	14	19	3.1	14	10	26	3.1	6	30.5	7.31
7	40	36	12	4.55	22	16	24	4.55	17	11	33	4.55	7	37	10.57
8	45	41	14	6	25	21	26	6	20	12	37	6	8	43	14.5
9	56	52	17	9.2	30	24	36	9.2	24	16	46	9.2	9	53	22
													10	62	30.2

（续）

| 横 浇 道 | | | | | | | | | 搭接尺寸 | |

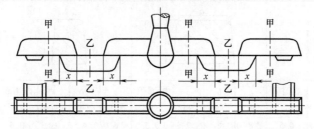

甲—甲　　　　乙—乙

编号	a/mm	b/mm	c/mm	断面积/cm²	a/mm	b/mm	c/mm	断面积/cm²	x	断面积/cm²
1	12	8.5	14.5	1.48	12	8.5	13	1.35	10	1.2
2	14	10.5	16.5	1.92	14	9.5	15	1.76	12	1.68
3	17	12	20.5	2.96	17	12	18.5	2.68	15	2.55
4	19	13.5	23	3.74	19	14	20	3.3	17	3.23
5	23.5	16.5	28	5.6	23.5	18	24.5	5.09	20	5.17
6	27	20	32	7.56	27	22	28	6.86	25	6.75
7	33	24	39	11.11	33	29.5	32.5	10.15	31	10.23
8	38	30	46	15.6	38	32	41	14.4	38	14.44
9	44	33	60	23.1	44	34	53	20.6	46	20.24
10	56	45	62	31.3	56	48	54	28	50	28

表 5-31　双面（双向）缓流式浇注系统

铸件重量 /kg	内浇道				横浇道				直浇道			
	编号	内浇道数量	每个断面积/cm²	总断面积/cm²	甲—甲		乙—乙		搭接尺寸 x/mm	编号	直径/mm	断面积/cm²
					编号	断面积/cm²	编号	断面积/cm²				
≥10~20	3	2	1.15	2.3	1	1.39	1	1.2	10	1	18	2.54
	1	4	0.5	2.0								
≥20~50	4	2	1.5	3.0	2	1.84	2	1.65	12	2	21	3.46
	2	4	0.8	3.2								
≥50~100	5	2	2.25	4.5	3	2.82	3	2.52	15	3	26	5.3
	3	4	1.15	4.6								
	2	6	0.8	4.8								
≥100~200	6	2	3.1	6.2	4	3.94	4	3.5	20	4	30.5	7.3
	4	4	1.5	6.0								
	3	6	1.15	6.9								
≥200~300	7	2	4.55	9.1	5	5.4	5	4.95	22	5	37	10.75
	5	4	2.25	9.0								
	4	6	1.5	9.0								
	3	8	1.15	9.2								
≥300~600	8	2	6.0	12.0	6	7.52	6	6.86	25	6	43	14.5
	6	4	3.1	12.4								
	5	6	2.25	13.5								
	4	8	1.5	12.0								

（续）

铸件重量 /kg	内浇道				横浇道				直浇道			
	编号	内浇道数量	每个断面积 /cm²	总断面积 /cm²	甲—甲处 编号	断面积 /cm²	乙—乙处 编号	断面积 /cm²	搭接尺寸 x /mm	编号	直径 /mm	断面积 /cm²
≥600~1000	8	2	9.2	18.4	7	11.11	7	10.15	30	7	53	22.05
	6	4	4.55	18.2								
	5	6	3.1	18.6								
	4	8	2.25	18.0								
≥1000~2000	8	4	6.0	24.0	8	15.08	8	13.8	36	8	60	28.26
	7	6	4.55	27.3								
	6	8	3.1	24.8								
≥2000~3000	9	4	9.2	36.8	9	22.22	9	20.30	50	9	75	44.16
	8	6	6.0	36.0								
	7	8	4.55	36.4								

表 5-32　双面（双向）内浇道缓流式浇注系统断面尺寸

内 浇 道															直 浇 道		
编号	a /mm	b /mm	c /mm	断面积 /cm²	a /mm	b /mm	c /mm	断面积 /cm²	a /mm	b /mm	c /mm	断面积 /cm²			编号	d /mm	断面积 /cm²
1	11	9	5	0.5	8	6	7	0.5	6	4	10	0.5			1	18	2.54
2	14	12	6	0.8	10	8	9	0.8	8	5	12	0.8			2	21	3.46
3	18	15	7	1.15	11	8	12	1.15	10	6	15	1.15			3	26	5.3
4	20	18	8	1.5	14	11	12	1.5	11	7	17	1.5			4	30.5	7.3
5	24	21	10	2.25	17	13	15	2.25	13	9	21	2.25			5	37	10.75
6	30	26	11	3.1	18	14	19	3.1	14	10	26	3.1			6	43	14.5
7	40	36	12	4.55	22	16	24	4.55	17	11	33	4.55			7	53	22.05
8	45	41	14	6	25	21	26	6	20	12	37	6			8	60	28.26
9	56	52	17	9.2	30	24	36	9.2	24	16	46	9.2			9	75	44.16

横 浇 道									搭接尺寸	
	甲—甲				乙—乙					
编号	a/mm	b/mm	c/mm	断面积/cm²	a/mm	b/mm	c/mm	断面积/cm²	x/mm	断面积/cm²
1	11.5	8.5	13.5	1.39	11.5	8.5	12	1.2	10	1.15
2	13.5	9.5	16	1.84	13.5	9	14.5	1.65	12	1.62
3	17	12	19.5	2.82	17	11	18	2.52	15	2.55
4	19.5	14	23.5	3.94	19.5	14.5	20.5	3.5	20	3.9
5	23	16	28	5.4	23	18	24	4.95	22	5.0
6	27	20	32	7.52	27	22	28	6.86	25	6.75
7	33	24	39	11.11	33	29.5	32.5	10.15	30	9.9
8	37	35	45	15.08	37	32	40	13.8	36	13.3

注：1. 缓流横浇道可以彼此对置于砂型的上下箱内。
　　2. 乙—乙断面宜小于甲—甲断面 10%。
　　3. 为了更好防止夹渣，搭接面积宜小于乙—乙断面 10%~15%。

第五节　球墨铸铁件的浇注系统

铁液经球化孕育处理后，温度下降较多，浇注温度也随之下降，实际流动性反比灰铸铁低，故要求铁液能快速充型，其最小断面常较普通灰铸铁大 30%~100%。

球墨铸铁容易产生夹渣（包括二次氧化夹渣）和皮下气孔等缺陷，所以浇注系统应保证铁液平稳充型（这方面应比普通灰铸铁给予更多注意）又有挡渣能力，为此，可采用开放式（用拔塞浇口杯、闸门浇口杯、滤网、集渣包等措施挡渣）或半封闭式浇注系统。当通过冒口再进入型腔时，也可用封闭式浇注系统，这时浇注系统有挡渣能力，充型平稳且较快。

球墨铸铁件的浇注系统可用水力学公式计算，但流量系数与灰铸铁件不同。一般湿型铸造中、小型球墨铸铁件采用开放式浇注系统时，可取 $\mu = 0.35~0.5$，当液流通过冒口浇注时，系数取上限，浇注系统不通过冒口直接开在铸件上，铸件另有冒口时取下限，此时

$$S_{\text{直}} = \frac{G}{0.31\mu\tau\sqrt{H_p}} = \frac{G}{(0.1~0.15)\tau\sqrt{H_p}} \tag{5-16}$$

对于浇注时间 τ，某柴油机厂用下式计算，即

$$\tau = (2.5~3.5)\sqrt[3]{G} \tag{5-17}$$

浇注系统各组元的断面比例，各厂不全相同，有的差别还较大。下列比例作为参考。

一般球墨铸铁件可采用封闭式，$S_{\text{内}} : S_{\text{横}} : S_{\text{直}} = 1 : (1.2~1.3) : (1.4~1.5)$。

薄壁小型球墨铸铁件可采用半封闭式，$S_{\text{内}} : S_{\text{横}} : S_{\text{直}} = 0.8 : (1.2~1.5) : 1$。

厚壁球墨铸铁件则采用开放式，$S_{\text{内}} : S_{\text{横}} : S_{\text{直}} = (1.5~4) : (2~4) : 1$。

某柴油机厂生产球墨铸铁连杆和凸轮轴，均为开放式浇注系统，分别采用的比例如下。

$$S_{\text{内}} : S_{\text{横}} : S_{\text{直}} = 1 : 4.22 : 2.87 \text{ 和 } 1 : 4.5 : 2.3$$

对齿轮、连杆、曲轴这类球墨铸铁件生产，当铁液通过冒口进入型腔时，内浇道（不是冒口颈）可比灰铸铁小 20%~30%，即浇注时间要适当延长，浇注温度则相应提高（>1265℃），从而造成强烈的顺序凝固，提高冒口的补缩效率。对于盖板、曲轴等类铸件，当内浇道不经过冒口直接开在铸件上，另设冒口补缩时，浇注系统断面积比普通灰铸铁大 3~6 倍，让铁液快速充型，缩短浇注时间，使冒口温度不至过低，仍有较好的补缩效果。对于厚度不大的圆盘、活塞、套筒、凸轮轴等类型铸件，多采用直接开在铸件上的浇注系统，用环形或半球形暗冒口补缩，其浇注系统截面积可用水力学公式计算，但系数用上限，这时冒口部位特别厚，热容量比铸件大，可充分补缩。

球墨铸铁的另一特点是液态和凝固态收缩大（线收缩与灰铸铁相近），易产生缩孔及缩松等缺陷，习惯上都采用顺序凝固的原则安置浇注系统，并用冒口补缩。制动器轮毂（图 5-22）是运用顺序凝固原则设计浇注系统，并用冒口补缩的球墨铸铁件铸造工艺实例，虽然能获得合格铸件，但浇注系统复杂，冒口体积大，耗费的铁液较多，工艺出品率不高。近几年来有些工厂生产球墨铸铁件已采用按同时凝固设计浇注系统的无冒口先进工艺。

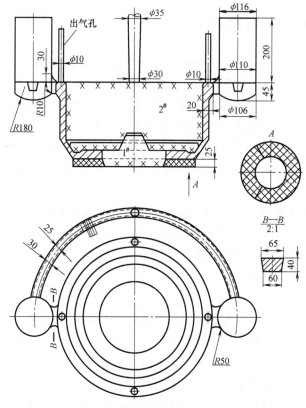

图 5-22　制动器轮毂工艺简图

第六节　带过滤网的铸铁件浇注系统

过滤式浇注系统是指在浇道中设有金属液过滤装置的浇注系统。过滤装置有砂芯过滤网、钢片过滤网、纤维过滤网和陶瓷过滤器四种。

1. 砂芯过滤网

砂芯过滤网常用油砂或黏土砂制成，一般是方形或圆形，厚度为 10～20mm，通常置于直浇道两端或横浇道中，如图 5-23 所示。置于直浇道下端及横浇道中的过滤效果较好，有利于金属液较早充满直浇道，降低金属液在内浇道中的流速。

油砂过滤网一般用于小于 100kg 的铸铁件。黏土砂及耐火材料制成的过滤网因耐高温金属液冲刷，可用于数吨重的铸件。铸铁件砂芯过滤网浇道尺寸见表 5-33。

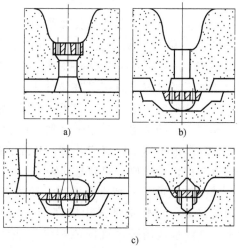

图 5-23　油砂过滤网在浇注系统中的安放

a）置于直浇道上端　b）置于直浇道下端　c）置于横浇道中

表 5-33　铸铁件砂芯过滤网浇道尺寸

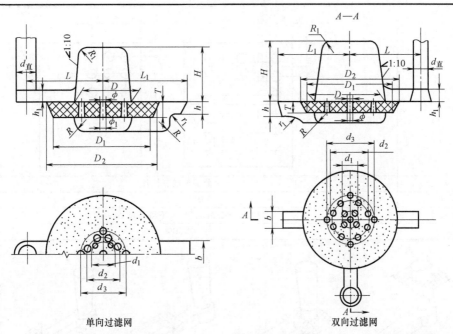

单向过滤网　　　　　　　　　　双向过滤网

铸件重量 /kg	网孔总面积 /cm²	轮廓尺寸/mm				过滤网尺寸/mm								浇注系统尺寸						
		D 或 H	L	R	R₁	D₂	D₁	d₃	d₂	d₁	T	φ	筛孔数 n	d直	单向		双向		r₁	L₁
															b	h、h₁	b	h、h₁		
≥5~10	1.65	62	71	14	10	82	82	—	48	25	15	5	8	17	17	14	14	12	5	70
≥10~20	2.60	70	79	17	10	100	98	36	32	5	15	5	13	20	21	17	15	12	5	85
≥20~50	3.41	72	86	19	12	110	106	—	60	25	15	6	12	23	24	20	17	14	6	100
≥50~100	5.12	96	106	21	14	136	132	80	14	7	20	7	13	27	30	24	20	18	7	110
≥100~200	7.00	96	113	27	14	114	140	80	64	24	20	7	20	32	35	28	24	20	8	120
≥200~300	10.00	114	126	33	14	158	154	94	64	30	20	8	20	38	40	34	29	24	9	140
≥300~600	13.60	122	140	38	16	166	162	100	70	32	25	9	20	45	48	40	35	28	10	150
≥600~1000	20.10	132	155	44	16	176	172	108	75	34	25	11	20	53	62	45	41	34	11	180
≥1000~2000	27.70	140	180	56	16	188	184	118	82	36	30	13	20	65	65	57	57	38	12	190

注：1. $\phi_1 = \phi + 1\text{mm}$。

2. 适用于要求水压试验（压力 5MPa 以上）、质量要求高的铸件。

3. 可参考以下比例值确定其他组元面积：$S_内 : S_{网孔} : S_横 : S_直 = 1 : 1.1 : 1.5 : 1.2$。

2. 钢片过滤网

钢片过滤网用薄钢板冲制而成，孔隙率一般为 30%~40%，网孔直径为 1.5~2.5mm，常用于铝、镁合金铸件的浇注系统。使用前应进行除锈和除油处理。钢片过滤网的规格见表 5-34。

3. 纤维过滤网

纤维过滤网用耐高温玻璃纤维制成，是国内近十年来推广使用的一种新型过滤材料。它的耐高温性能优于砂芯过滤网，使用极为方便，价格也较便宜，在生产中得到广泛应用。

这种过滤网很薄（厚度为 0.35mm 左右），造型时不必考虑预留空间，可按需要剪成任意形状和尺寸，直接铺放在分型面或砂芯配合面上，不影响合箱及配芯操作。纤维过滤网在浇注系统中的安放位置如图 5-24 所示，性能及规格见表 5-35。

表 5-34　钢片过滤网的规格

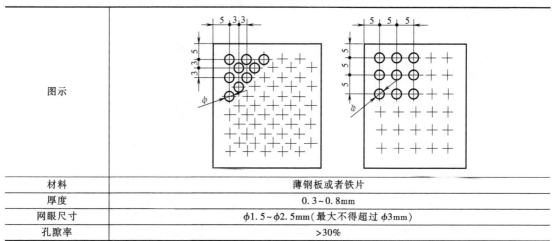

材料	薄钢板或者铁片
厚度	0.3~0.8mm
网眼尺寸	$\phi1.5~\phi2.5mm$（最大不得超过 $\phi3mm$）
孔隙率	>30%

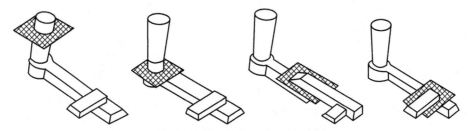

图 5-24　纤维过滤网在浇注系统中的安放位置

表 5-35　纤维过滤网的性能及规格

熔点 /℃	工作温度 /℃	持续工作时间 /min	常温抗拉强度（N/4 根）	发气量 /(cm³/g)	尺寸 /mm×mm	网厚 /mm	网孔 /mm	孔隙率
1750	1450	≤10	>80	<30	150×300	0.35	1.5×1.5	55%

4. 陶瓷过滤器

陶瓷过滤器有网格式和泡沫式两类，在国内外使用较为广泛。陶瓷过滤器滤除夹渣及非金属杂质的能力远强于前述的三种过滤网，其过滤既有物理作用又有化学作用。这种过滤器不仅能滤除杂质，而且能梳整紊乱的金属液流，减少湍流，使金属液流变得平滑整洁，如图 5-25 所示。各种材质的陶瓷过滤器如图 5-26 所示，金属液中的杂质可以被挡在网格前和吸附在网格侧壁上。

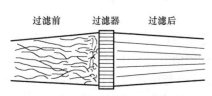

图 5-25　流经陶瓷过滤器前后的金属液流

图 5-26　各种材质的陶瓷过滤器

第六章

冒口、冷铁

第一节　概述

　　常见的铸造缺陷如缩孔、缩松、裂纹等都与铸件的凝固和收缩有关。因此在铸件的热节部位常设置冒口，并按顺序凝固原则使冒口最后凝固；而在铸件的厚薄交接处常常按同时凝固原则设置冷铁来加速冷却。这样，就防止铸件产生缩孔、缩松和裂纹等缺陷。对于容易出现收缩缺陷的铸件，除正确设计浇注系统以外，如何正确设置冒口、冷铁，也是保证铸件质量的重要措施。

一、冒口的作用

　　浇入铸型的液态金属，由于液态凝固时的体积收缩，往往会在铸件的厚实部位中心产生集中性的缩孔，或在铸件不易散热的其他部位产生分散性的缩松，严重降低了铸件的机械强度。试验证明，铸件截面上出现缩孔、缩松后，将急剧降低其塑性。生产实践表明，当存在1%~2%缩松时，钢的塑性可降到零。因此，在某些铸件上设置一定数量的冒口以消除缩孔、缩松是完全必要的。冒口的作用是在铸件凝固期间进行补缩，将冒口中的液体金属不断地补偿铸件凝固时的体积收缩，以消除缩孔和缩松。冒口设置应符合顺序凝固原则，具体应满足以下几点：

　　1）冒口的位置要设置准确。

　　2）冒口应比铸件冷却得晚。

　　3）在整个凝固期间，冒口应有充足的液体金属以补给铸件收缩。

　　4）冒口中的液体金属必须有足够的补缩压力和补缩通道，以使液体金属能够顺利地流到需要补缩的区域。

　　5）冒口应有正确形状，使冒口所消耗的金属最少。冒口除了补缩铸件、防止缩孔和缩松之外，还有一些附带作用。

　　6）明冒口具有出气孔的作用。在浇注过程中金属液逐渐充满型腔，型腔内的气体可以通过冒口逸出。

　　7）用以调节铸件各部分的冷却速度。在设置内浇道位置时应着重考虑这个问题，对形状复杂而壁厚不均匀的铸件仅依赖浇道调节温差是不够的，还需用设置冒口、冷铁以配合。

8）明冒口可作为浇满铸型的标记。

9）有聚集浮渣的作用。由于熔渣及浮砂比重小于液体金属，故有可能上浮到冒口中，从而避免造成铸件渣孔、砂孔缺陷。

二、冒口的种类和形状

由于铸件的合金种类及铸件结构多种多样，各工厂都力求在各种具体条件下得到最经济、最有效的冒口。冒口的分类如图6-1所示。

冒口的形状如图6-2所示。图6-2a、d所示为圆形和腰圆形明冒口；图6-2c所示为球形暗冒口；图6-2b、e、f、h所示为圆形和腰圆形暗冒口；图6-2g所示为压边冒口。

1. 顶冒口

一般设置在铸件最高和最厚部位的上方，利用重力作用能有效地补缩铸件。顶部敞开和大气相通的为明冒口；顶部型砂覆盖的为暗冒口。

（1）明顶冒口 应用普遍，优点是便于检查合箱情况，有利于浇注时型腔内气体的排出，便于补浇热的金属液体和加放保温剂、便于捣冒口、便于观察浇注情况等。但普通的明顶冒口消耗金属多，且杂物易落入型内，要求上砂箱有必要的高度，其形式如图6-2a、d所示。

（2）暗顶冒口 应用也很普遍，其优缺点正好和明顶冒口相反。通常在上砂箱很高时，为减少冒口的金属消耗而采用暗顶冒口形式。暗顶冒口多用于中、小型冒口。由于不能实现补浇金属液，故不适用于大型冒口。普通暗顶冒口的形式如图6-2b、e所示。

（3）球形暗冒口 属于特殊形式的暗冒口，如图6-2c所示，由于它的散热面积最小，故能有效地利用冒口中的液体金属，实现对铸件补缩，故铸件工艺出品率高，但造型时，冒口模样应做成可拆开式的。

（4）压边冒口 可做成明或暗的两种形式，常用于热节不大的小铸铁件。

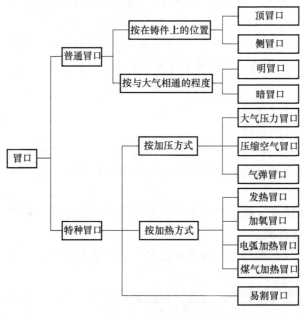

图6-1 冒口的分类

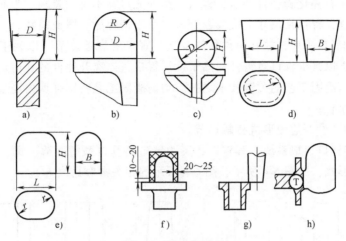

图 6-2 冒口的形状
a）圆形明冒口　b）、f）圆形暗冒口　c）球形暗冒口
d）腰圆形明冒口　e）、h）腰圆形暗冒口　g）压边冒口

2. 侧冒口

当铸件被补缩的热节处于下半铸型或分型面附近时，常常把冒口设置在铸件浇注位置的侧面靠近热节处，故有侧冒口之称。侧冒口也有明侧冒口和暗侧冒口之分，但以暗侧冒口应用最多。暗侧冒口比明侧冒口高度低，比较节约金属，其典型形式如图 6-2h 所示。为了更有效地发挥暗侧冒口的补缩作用，常做成大气压力冒口，即在冒口顶部安放气压砂芯或造型时做出凹砂顶。

3. 特种冒口

除易割冒口外，其余几种特种冒口都可更有效地利用冒口内金属液体补缩铸件，使铸件工艺出品率高。易割冒口如图 6-3 所示。

三、铸铁件冒口设计

灰铸铁和球墨铸铁在凝固过程中都析出石墨并伴随相变膨胀，有一定的自补缩能力，因而缩松、缩孔的倾向性较铸钢件小。铸铁件的补缩应以浇注系统后补缩（浇注系统在完成浇注以后，对铸件的补缩称为后补缩）和石墨化膨胀自补缩为基础，只是由于铸件本身结构、合金成分、冷却条件等原因，不能建立足够的后补缩和自补缩的情况下才应用冒口。一个需要设置冒口补缩的铸件，也必须充分利用后补缩和自补缩。

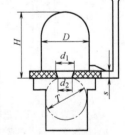

图 6-3 易割冒口

1）铸铁件的收缩值是不确定的，不能根据合金的种类和牌号给出一个确定的收缩值来决定冒口尺寸。铸铁件的收缩值不仅和合金成分、浇注温度有关，还和铸件的大小、结构、壁厚、铸型种类、浇注工艺方案及参数有关。

2）越是薄壁小件越是要强调补缩，补缩措施可以利用浇注系统（对薄小件），也可以利用专设的冒口（对厚大件）。厚大件补缩要求低，可以用小冒口和无冒口工艺。

3）任何铸铁件的补缩工艺设计，都应该以自补缩为基础。一个需要设置冒口补缩的铸件，也要充分利用石墨化膨胀自补缩，冒口只是补充自补不足的差额。为此，铸铁件的冒口不必晚于铸件凝固，冒口在尺寸上或模数上可以小于铸件的壁厚或模数。

4）铸铁件的冒口不应该放在铸件的热节上。冒口要靠近热节，以利于补缩，但冒口不要恰好在热节上，以减少冒口对铸件的热干扰。冒口适当离开铸件的几何热节，是近几年来应用较广泛的均衡凝固工艺的关键技术之一。均衡凝固工艺特别强调内浇道根部、冒口根部和铸件热节不能重合。

5）浇冒口的开设要避免形成接触热节。

6）铸铁件浇冒口自成系统。耳冒口、飞边冒口的冒口颈短、薄、宽，是溢流冒口和无冒口铸造的理想形式，如图6-4所示，图6-4所示的相关参数见表6-1。

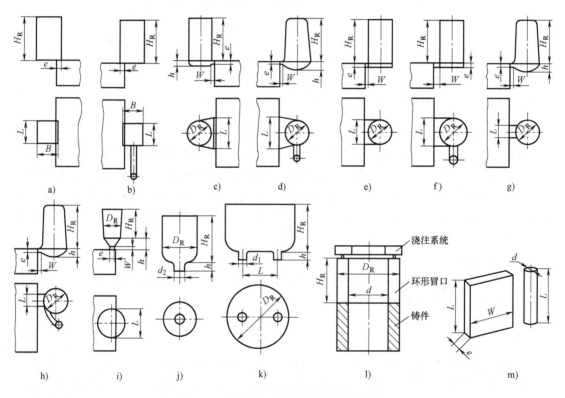

图6-4　铸铁件推荐冒口类型及结构参考

a）压边冒口　b）压边浇冒口　c）飞边冒口　d）热飞边冒口　e）耳冒口　f）热耳冒口　g）侧冒口
h）热侧冒口　i）鸭嘴冒口　j）单缩颈顶冒口　k）双缩颈顶冒口　l）环形冒口　m）出气冒口，冷肋冒口

7）铸件的厚壁热节放在浇注位置的下部，厚薄相差较大时，厚壁处安放冷铁，铸件可不安放冒口。如果大平面属于上箱，可采用溢流冒口来保证大平面的表面质量。

8）采用冷铁平衡壁厚差，消除热节。冷铁的作用除防止铸件厚壁、热节出现缩松外，还可以使铸件的一部分石墨化膨胀提前，有利于膨胀的早期叠加，使均衡点提前，减小冒口尺寸，为此，冷铁不仅对安放冷铁的部位有作用，而且对铸件的整体也有增强自补缩的作用。

冷铁材质以普通灰铸铁为优，应该规定冷铁的使用次数。冷铁重复使用后，由于表面氧化，石墨脱落，形成微观空洞和裂纹，使激冷能力下降，易于铸件熔接黏连，使铸件安放冷铁处产生气孔。

表 6-1 铸铁件分段比例法冒口设计

项目	壁别	$D_R = K\delta_C$ K 大件	中件	小件	$H_R = K_1 D_R$ K_1	h/mm	e/mm	W/mm	$L = K_2 D_R$ K_2
耳冒口	薄壁、稀疏	1.0~2.0	1.0~2.5	—	1.8~2.0	—	8~12	5~10	0.8~1.5
	厚壁、密实	0.6~1.0	1.0~1.5				12~15	10~15	
							15~20	15~25	
热耳冒口	薄壁、稀疏	—	1.0~1.5	1.2~2.0	1.5	—	3~5	3~5	0.8~1.2
	厚壁、密实	—	—	1.0~1.2			5~7	5~10	
							7~10	10~15	
飞边冒口	薄壁、稀疏	1.0~2.0	1.5~2.5	—	1.5~2.0	$\frac{D_R}{2}$~$\frac{D_R}{4}$	5~8	5~10	1.0~2.0
	厚壁、密实	0.6~1.0	1.0~1.5				8~10	10~15	
							10~15	15~25	
热飞边冒口	薄壁、稀疏	—	1.0~1.5	1.5~3.0	1.2~1.5	$\frac{D_R}{2}$~$\frac{D_R}{3}$	2~4	3~5	1.0~1.5
	厚壁、密实	—	—	1.0~1.5			4~7	5~8	
							7~10	8~12	
鸭嘴冒口	薄壁、稀疏	1.0~2.0	—	—	1.5~2.0	15~30	5~8	5~10	0.8~1.0
	厚壁、密实	0.6~1.0	1.0~1.5				8~10	10~15	
							10~15	15~20	
压边冒口	薄壁、稀疏	1.0~1.2	1~2	—	1.5~2.0	$B = (0.8$~$1.0)L$	5~8	—	L 80~120
	厚壁、密实	—					8~12		120~180
									180~250
压边浇冒口	薄壁、稀疏	—	1.0~1.2	1.0~1.5	1.0~1.5	$B = (0.8$~$1.0)L$	3~4	—	50~100
	厚壁、密实	—	1.0~1.2	1.0~1.2			4~6		100~150
							6~8		150
热侧冒口	薄壁、稀疏	—	1.5~2.0	1.0~1.5	1.2~1.5	$\frac{D_R}{2}$~$\frac{D_R}{4}$	15	15~20	10
	厚壁、密实	—	1.0~1.5	1.0~1.5			20	20~25	10
							20	25~30	15
缩颈顶冒口	厚壁、稀疏	1.0~2.0	1.5~2.0	—	1.5~2.0	25 30 35	双缩颈顶冒口颈 $d_1 = 0.5D_R$ 鸭嘴冒口颈 $e = 0.25D_R$ 单缩颈顶冒口颈 $d_2 = 0.55 D_R$		

四、冒口的位置

冒口的位置首先应当根据产生缩孔的位置来选定，即凡要产生缩孔的位置应设置冒口，并设法使远离冒口处先凝固，而后逐渐凝固至冒口处，冒口则最后凝固，使缩孔移至冒口中。冒口位置可根据以下原则来选择：

1）如果铸件的厚实部位是同较薄的部分相连接的，那么每个厚实部位都必须设置冒口。例如：铸钢齿轮坯，其轮缘和轮毂壁往往比较厚，而连接这两者的轮辐壁往往比较薄，所以在轮缘和轮辐壁交接处及轮毂上需要分别设置冒口（图6-5）。

2）冒口应设置在铸件最高而且最厚的部位，同时必须采取措施（如用冷铁），使低的厚实部位加速凝固。这样可以充分利用冒口中金属液的自重或大气压力的作用，向铸件厚实的热节部位补缩。

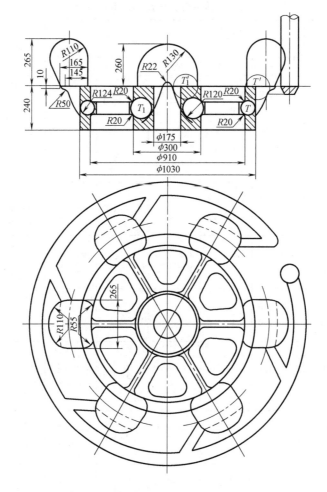

图 6-5　ZG340-640齿轮铸造工艺图

3）在各高度不同的地点设置多个冒口时，则应采用冷铁使各个冒口的补缩区域隔离，即要使连接上下冒口的被补缩铸件部分加速冷却凝固。否则，上一个冒口不但要补缩铸件厚实部分，而且还要补缩下一个冒口。

4）应确定所放冒口的作用范围，并应沿着冒口作用区域的边界面安置外冷铁。图6-6所示环形铸件，在冒口的两侧放了外冷铁，这样增加了末端冷却区，从而相对增大了冒口的有效补缩距离，减少冒口数。

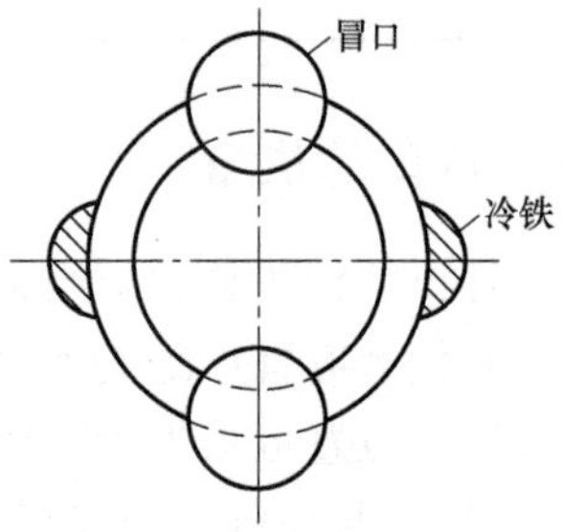

5）冒口不能设置在铸件重要的或受力较大的部位，以防止组织粗大、产生裂纹、降低强度等。例如：球墨铸铁轴类若只在一端设置冒口时，常设置在非主要受力的一端。

6）对铸钢件来讲，应尽可能将冒口放在加工面上，以减少清理冒口的工作量。若冒口设在非加工面上，会影响铸件的表面美观。

7）设置的冒口应尽可能不阻碍铸件收缩，以免铸件产生热裂纹。为此，常在两冒口之

图 6-6　冒口与冷铁相对位置

间的型砂中加入木屑或将铸型局部挖空，以增加其退让性。

8）力求一个冒口能同时补缩一个铸件的几个热节，或者几个铸件的热节。

第二节　铸钢件冒口及相关计算

铸钢件冒口的计算方法到目前为止已有很多种，但基本上还是属于经验性的，有的局限性很大，这是因为生产条件各不相同、影响冒口的补缩因素很多。因此，使用任何一种计算方法，都应以铸件质量和经济指标来校核。下面介绍目前常用的铸钢件冒口计算方法和提高补缩效率的方法。

一、按照补缩液量计算冒口

此法计算冒口时，先假定铸件的凝固速度和冒口的凝固速度相等，即不考虑铸件的形状对凝固的影响，这样当铸件完全凝固时，其凝固层厚度为铸件厚度的一半，冒口的凝固层厚度也为铸件厚度的一半。如图 6-7 所示，设冒口内供补缩用的金属液体积为直径 d_0 的球，当冒口的高度和直径相等时，则 d_0 等于冒口直径和铸件厚度之差，即

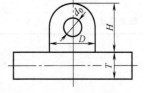

$$d_0 = D - T \text{ 或 } D = d_0 + T$$

式中，d_0 是冒口供补缩用金属液换算成球状缩孔时的直径（mm）；D 是冒口直径（mm）；T 是被补缩部分铸件厚度或热节圆直径（mm）。

图 6-7　补缩液示意图

从上式可知，先要确定被补缩部分体积 $V_{件}$，然后可以计算冒口供补缩用的金属液球的直径 d_0，即

$$d_0 = \sqrt[3]{\frac{6}{\pi} \varepsilon_v V_{件}} \tag{6-1}$$

式中，$V_{件}$ 是铸件被补缩部分的体积（此体积可以是整个铸件的体积，也可以是铸件需补缩处的局部体积）（mm^3）；ε_v 是金属凝固时的体收缩率（%）。

表 6-2 表示了碳的质量分数、浇注温度与体收缩率的关系以及合金钢中各合金元素对体收缩率的影响。表中数据和曲线是在试验室条件下取得的，它能比较全面地反映各种因素对于钢液凝固时体收缩率的影响规律。但若用于生产实际中冒口的计算，则显得表中的体收缩率过大，这是因为生产实践中的浇注时间较长，铸件在浇注过程中伴随着铸件冷却降温和凝固，同时发生液态收缩和凝固收缩。因此，生产中用于指导冒口计算的碳钢的体收缩率比表 6-2 中数值要小。

生产中计算冒口体积可以根据图 6-8 来确定碳钢的体收缩率 ε_v，图中不同形状的点是在不同条件下获得的，随着条件不同，体收缩率实际上在 a、b 两曲线的范围内波动。

上述计算方法是假定冒口高度等于冒口直径时进行的。在生产中，为了使冒口补缩更安全可靠，故实际冒口高度 $H = (1.15 \sim 1.8)D$（D 为冒口直径），在大多数工厂里是采用一套或几套适合于生产需要的标准冒口模样。

这种冒口计算法已成功地用于生产并取得了良好的效果。现举例说明如下。

图 6-9 所示为 ZG230-450 铸钢套筒的铸造工艺简图，铸件重量为 1520kg。

表 6-2　确定钢液体收缩率的表格

普通碳钢的体收缩率	合金钢的体收缩率
$\varepsilon_v = \varepsilon_c$	$\varepsilon_v = \varepsilon_c + \varepsilon_x$

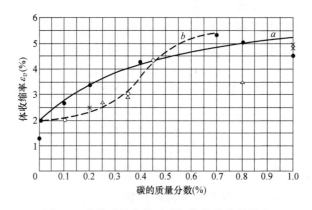

式中，ε_x 是合金元素对体收缩率的影响；X_i 是合金钢中各合金元素的质量分数(%)；K_i 是各种合金元素对体收缩率的影响系数，见下表。

$$\varepsilon_x = \sum K_i X_i$$

各合金元素对体收缩率的影响系数

合金元素	W	Ni	Mn	Cr	Si	Al
影响系数 K_i	-0.53	-0.0354	+0.0585	+0.12	+1.03	+1.70

图 6-8　碳的质量分数对碳钢体收缩率的影响

计算铸件体积 $V_{件} = 195 \times 10^6 \text{mm}^3$。从图 6-8 中取 ZG230-450 的体收缩率 $\varepsilon_v = 2.5\%$。根据该铸件的尺寸选用三个冒口补缩，每个冒口所需补缩的铸件体积 $V = \dfrac{195 \times 10^6 \text{mm}^3}{3} = 65 \times 10^6 \text{mm}^3$，补缩球直径 $d_0 = \sqrt[3]{\dfrac{6}{\pi} \varepsilon_v V} \approx 145 \text{mm}$。用作图法求出铸件热节圆直径 $T = 185 \text{mm}$。冒口直径 $D = T + d_0 = 185 \text{mm} + 145 \text{mm} = 330 \text{mm}$。冒口高度 $H = 1.6D \approx 530 \text{mm}$，每个冒口重量 $= 290 \text{kg}$。

设计的冒口合理与否可用工艺出品率和冒口的补缩距离来进行校核（铸件的工艺出品率可用表 6-5 来核算，铸件冒口的补缩距离可用表 6-4 核算）。

$$铸件的工艺出品率 = \frac{铸件重量}{铸件重量 + 冒口总重量} = \frac{1520}{1520 + 290 \times 3} \approx 64\%$$

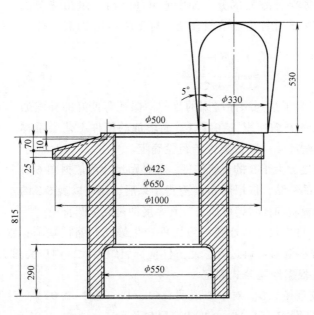

图 6-9　ZG230-450 铸钢套筒的铸造工艺简图

$$冒口的补缩距离 = \frac{\pi D_外 - nL}{n} \frac{T}{T} = \frac{(650\pi - 3 \times 330)T}{3 \times 185} \approx 1.9T$$

式中，$D_外$ 是铸件热节中心处直径（mm）；L 是每个冒口在铸件补缩部分的长度（mm）；n 是冒口个数。

由于各厂生产条件和计算方法上的差异，该件在某厂是用三个 $\phi330\text{mm} \times 530\text{mm}$ 的圆形暗冒口生产，达到了预期的质量要求，工艺出品率较高；而另一个厂采用三个 $\phi330\text{mm} \times 530\text{mm}$ 向上斜 5° 的圆形明冒口，也生产了合格的铸件，但是工艺出品率仅 53%。

用此法计算冒口时，应注意下面两种情况：

1）计算铸件被补缩部分的体积，即计算式（6-1）中的 $V_件$，从理论上说包括冒口的体积，更加合理、更加安全可靠，这样必须先选定工艺出品率后，粗略地算出冒口体积。由于式（6-1）的推导中是假设冒口高度与直径相等的，而实际生产中冒口高度常选用冒口直径的 1.15～1.80 倍，所以冒口本身的补缩可以忽略以简化计算。

2）关于凝固时体收缩率 ε_v 的选择，从理论上说 ε_v 应包括液态金属浇满铸型后的液态收缩和凝固收缩两部分。因此，在选择 ε_v 时必须慎重考虑具体的生产条件，如浇注温度、浇注速度、补浇冒口、铸型材料、铸件壁厚等。

二、按照比例法计算冒口

目前各地都摸索了用比例法计算冒口的方法和经验，以适应本地区、本单位生产的需要，现介绍如下。

1. 热节圆法

以热节圆直径作为冒口计算的基本参数的方法，简称为热节圆法，其计算原理及过程如下。

（1）热节圆直径　一般用作图法求出，根据零件图尺寸加上加工余量及线收缩量作图

（可按比例画出铸件需要补缩的部分，如图 6-10 所示），量出热节圆直径 T。也可用几何公式计算出热节圆直径。对于图 6-10 的截面有

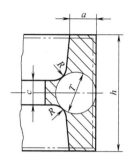

$$T = a + \frac{\left(R + \dfrac{c}{2}\right)^2}{a + 2R} \qquad (6\text{-}2)$$

（2）冒口补贴 为了达到顺序凝固的目的，保证有良好的补缩通道，以充分发挥冒口的补缩作用，在冒口下面增加的铸件工艺余量称为补贴（衬补）。补贴尺寸一般根据生产经验确定。

图 6-10 求热节圆结构示意图

对于宽度与厚度之比大于 5 的板状铸件，其补贴尺寸可依据图 6-11 确定；对于杆状铸件的补贴，依据图 6-11 查得结果后，还应以表 6-3 的数值加以修正。对于板状和杆状铸件而言，其厚度即是热节圆直径。

（3）冒口尺寸 冒口尺寸过小将导致铸件产生缩孔、缩松缺陷；冒口过大，浪费金属，增加铸件成本。有时甚至因冒口过大，使铸件局部组织粗大，内应力过大，造成裂纹，而使铸件报废。冒口尺寸根据经验公式确定。

冒口的宽度（或直径）D，对于普通明冒口，$D = (1.8 \sim 2.0)T$；对于普通暗冒口，$D = (2.2 \sim 2.5)T$。冒口高度 $H = (1.15 \sim 1.8)D$。冒口长度 $L = (1.5 \sim 1.8)D$。

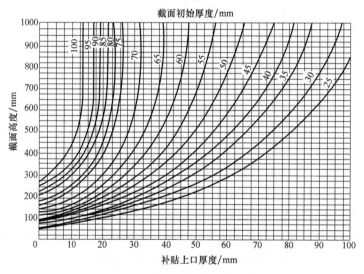

图 6-11 铸件补贴尺寸的确定

表 6-3 杆状铸件补贴尺寸的修正值

杆的横截面厚：宽	补贴尺寸（即按图 6-11）的数值乘以下列系数
1:4	1.0
1:3	1.25
1:2	1.5
1:1.5	1.7
1:1.1	2.0

（4）冒口的补缩距离　它说明冒口补缩范围。选择冒口的补缩距离过大，则在补缩范围以外的区域产生缩松。可以根据冒口的补缩距离来确定冒口个数。过去，用冒口延续度来控制冒口数量或补缩距离，延续度用冒口长度之和与铸件被补缩部分总长度之比的百分数来表示，一般控制在 35%～50% 范围内。但延续度没有考虑铸件厚度（或热节圆大小）对补缩难易的影响。热节小时，由于冷却速度快，补缩困难，补缩距离也小；而热节大时，补缩通道大，容易补缩，补缩距离也大。因此，现在多使用冒口的补缩距离控制冒口个数和分布。冒口的补缩距离通常用热节圆直径的倍数来表示。关于铸钢件冒口的补缩距离可按表 6-4 选用。

（5）铸件工艺出品率的校核　冒口各部分尺寸计算出后，应用经过大量生产实践总结出来的"铸件工艺出品率"（成品率）来校核，衡量冒口设计尺寸是否合理和可行。碳钢和低合金钢铸件的工艺出品率见表 6-5，齿轮类铸钢件的工艺出品率见表 6-6。若计算的工艺出品率太高时，说明所设计冒口偏小（或少），应加大冒口或增加冒口数量；反之，如果计算的工艺出品率太低，则应适当减小所设计的冒口。

表 6-4　铸钢件冒口的补缩距离

简　图	铸件形状	补缩距离	
		钢液通过冒口	钢液不通过冒口
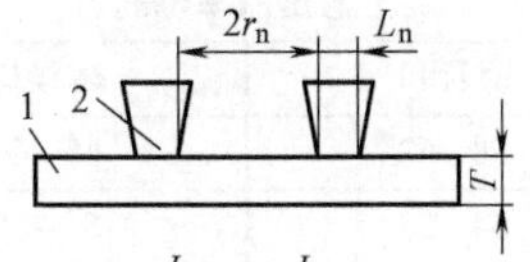	板状铸件，水平补缩方式	$L_n = (4.5 \sim 6.5)T$ $2r_n = (4 \sim 6)T$	$L_n = (4 \sim 4.5)T$ $2r_n = (3.5 \sim 4.5)T$
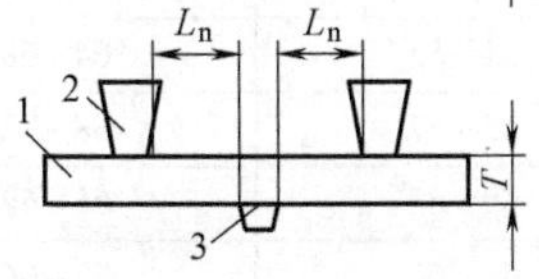		$L_n = (4 \sim 5)T$	$L_n = (3 \sim 4)T$
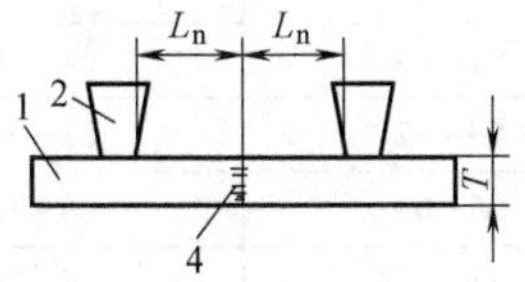		$L_n = (4.5 \sim 6.5)T$	$L_n = (4 \sim 4.5)T$
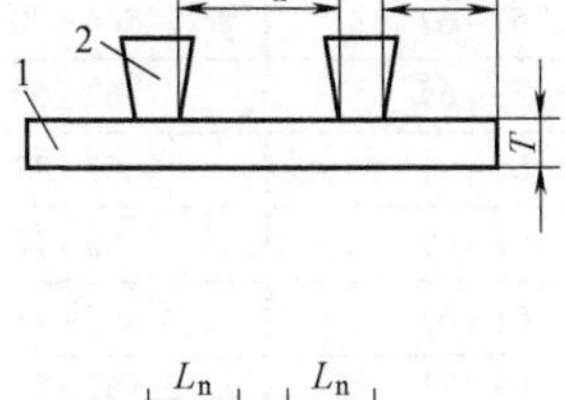	杆状铸件	$L_n = 44\text{mm}$ $2r_n \leqslant 2.8T$	$L_n = 28\text{mm}$ $2r_n \leqslant 2T$
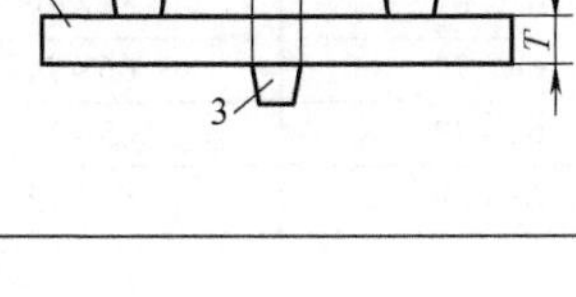		$L_n = 30\sqrt{T}$	—

（续）

简　图	铸件形状	补缩距离	
		钢液通过冒口	钢液不通过冒口
	板状铸件，垂直补缩方式	$\dfrac{H_0}{T}=2\sim7$　$2r_n\leqslant3T$ $\dfrac{H_0}{T}=1\sim2$　$2r_n\leqslant2.5T$ $\dfrac{H_0}{T}=2\sim7,L_n\leqslant5T$ $\dfrac{H_0}{T}=1\sim2,L_n\leqslant4.5T$	$2r_n\leqslant2.5T$ $2r_n\leqslant2T$ $L_n\leqslant4.5T$ $L_n\leqslant4T$

注：1—铸件；2—冒口；3—外冷铁；4—内冷铁；5—工艺补贴。

表 6-5　碳钢及低合金钢铸件的工艺出品率

铸件重量 /kg	铸件主要壁厚 /mm	铸件加工面所占比例（%）	工艺出品率（%）	
			明冒口	暗冒口
≤100	≤20	>50	58~62	65~69
	21~50	>50	54~58	61~65
	>50	>50	51~55	64~68
	≤20	≤50	63~67	68~72
	21~50	≤50	59~63	65~69
	>50	≤50	56~60	62~66
101~500	≤30	>50	63~67	66~70
	31~60	>50	61~65	64~68
	>60	>50	58~62	62~66
	≤30	≤50	65~69	68~72
	31~60	≤50	63~67	66~70
	>60	≤50	61~65	64~68
501~5000	≤50	>50	64~70	66~72
	51~100	>50	61~67	64~70
	>100	>50	59~65	62~68
	≤50	≤50	65~71	67~73
	51~100	≤50	63~69	66~72
	>100	≤50	61~67	65~71
5001~15000	≤50	>50	65~71	67~73
	51~100	>50	63~69	65~71
	>100	>50	61~67	63~69
	≤50	≤50	64~72	66~74
	51~100	≤50	62~70	65~73
	>100	≤50	61~69	64~72

（续）

铸件重量 /kg	铸件主要壁厚 /mm	铸件加工面所占 比例（%）	工艺出品率（%）	
			明冒口	暗冒口
>15000	≤100	>50	64~72	—
	101~300		64~72	—
	>300		64~72	—
	≤100	≤50	66~74	—
	101~300		66~74	—
	>300		66~74	—

表6-6 齿轮类铸钢件的工艺出品率

铸件重量/kg	明冒口（%）	暗冒口（%）
≤500	48~52	51~54
501~2000	51~54	53~56
>2000	53~56	55~59

下面以图6-5为例，说明用热节圆法计算冒口的步骤。

用作图法求出轮缘热节圆 $T=100mm$，轮毂热节圆 $T_1=97mm$（作图时包括加工余量上12mm，下8mm，侧8~12mm，轴孔10mm，收缩量内1%，其他2%）。

轮缘冒口补贴及冒口尺寸按下面比例决定：$T'=1.4T=140mm$；$R=R_{件}+T+4mm=124mm$，$R_2=0.5T=50mm$；$\delta=10mm$；$D=2.2T=220mm$；$H=1.2D\approx265mm$；$L=H=265mm$（图6-5）。

根据铸件结构，在轮缘上设六个暗冒口（当铸件较小时，则不一定每根筋和轮缘交接处都放一个冒口，可以在两筋之间放一个冒口）。计算出每个冒口重80kg。

按图计算出铸件重690kg。

轮毂冒口补贴及冒口尺寸按下面比例确定：$T'_1=1.15T_1\approx112mm$；$R_1=R_{件}+T_1+3mm=120mm$。

因轮毂较小可用一只冒口补缩，冒口直径 $\phi=\phi_{壳}-40mm=260mm$；$H=2.15T'_1+22mm\approx260mm$。轮毂冒口重81kg。

下面校核所设计的冒口是否合理。

$$工艺出品率=\frac{690}{690+6\times80+87}\%\approx55\%$$

在校核工艺出品率时应注意，除了如上面校核总的工艺出品率外，有时需要校核各个补缩部分的工艺出品率，使其符合规定的数值，这时应对轮缘和轮毂的工艺出品率分别进行校核。

$$补缩距离 L_n=\frac{1030\pi-6\times265}{6}mm=274mm=2.74T$$

根据铸件的工艺出品率和补缩距离的校核结果可见（对照表6-4和表6-6），设计的冒口是合理的。

2. 列表法（一）

不少工厂根据比例法计算冒口得到的经验数据加以归纳，汇编成表，以供设计人员参考，见表 6-7。

3．列表法（二）

Π·Φ·华西列夫斯基总结了铸钢件的生产经验，提出了一种计算铸钢件冒口的方法，也属于比例法。把冒口对铸件的补缩分成了两种方式，即水平补缩方式和垂直补缩方式（图 6-12 和图 6-13），并把冒口几何形状的主要参数之间的相互关系经多年的研究和长期实践，加以归纳、修改、简化，把被补缩的铸件和冒口的有关参数，列成两表，即表 6-8 和表 6-9，使用很为方便。

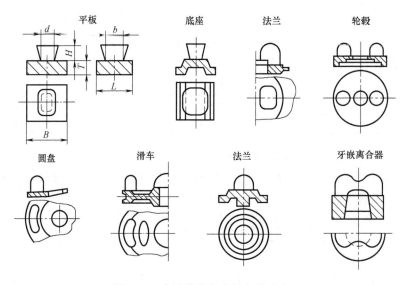

图 6-12　水平补缩方式的各种形式

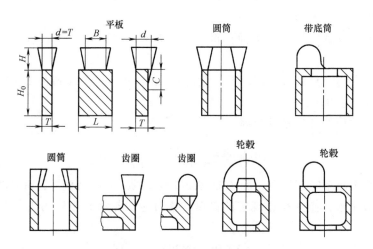

图 6-13　垂直补缩方式的各种形式

把补缩方式分为水平方向和垂直方向，其主要依据是：铸件的结构和形状影响到冒口的收缩，而其中铸件的高度影响最大。例如：当铸件的高度相对于长度和宽度小得多时，可认为冒口对这种铸件主要按水平方向补缩；而当铸件的高度相对于其他方向的尺寸大得多时，则可认为冒口主要按垂直方向补缩。

表6-7 比例法确定的冒口形式与尺寸

序号	截面形状	冒口形式	B_1	H_1	\<2	2~4	4~6	>6	H	适用范围
					D或B 当 $H_件/d_y$ 或 $B_件/d_y$ 为下列值时					
1	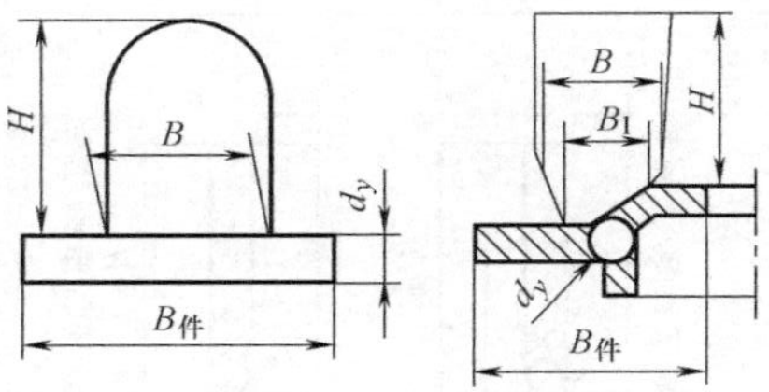	腰圆形暗冒口	—	—	$(1.4\sim1.8)d_y$	$(1.8\sim2.2)d_y$	$(2.2\sim2.4)d_y$	$(2.4\sim2.7)d_y$	$1.5B$	杆状、板状铸件或扁平环形铸件
		腰圆形明冒口	$(1.3\sim1.6)d_y$	—	$(1.3\sim1.7)d_y$	$(1.7\sim2.1)d_y$	$(2.1\sim2.3)d_y$	$(2.3\sim2.6)d_y$	$(1.3\sim1.6)B$	
2	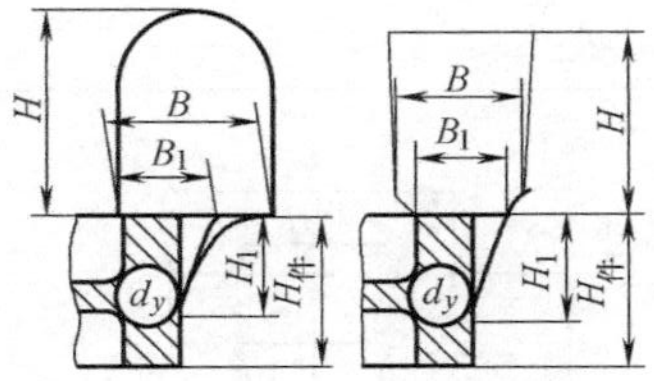	腰圆形暗冒口	$(1.25\sim1.7)d_y$	H_1应确保热节圆部位至冒口的顺序凝固	$(1.6\sim2)d_y$	$(1.9\sim2.4)d_y$	$(2.3\sim2.7)d_y$	—	$1.5B$	齿轮、车轴、联轴器等类铸件
		腰圆形明冒口	$(1.25\sim1.7)d_y$	$(0.3\sim0.5)H_件$	$(1.5\sim1.9)d_y$	$(1.8\sim2.3)d_y$	$(2.2\sim2.5)d_y$	—	$(1.3\sim1.7)B$	
3	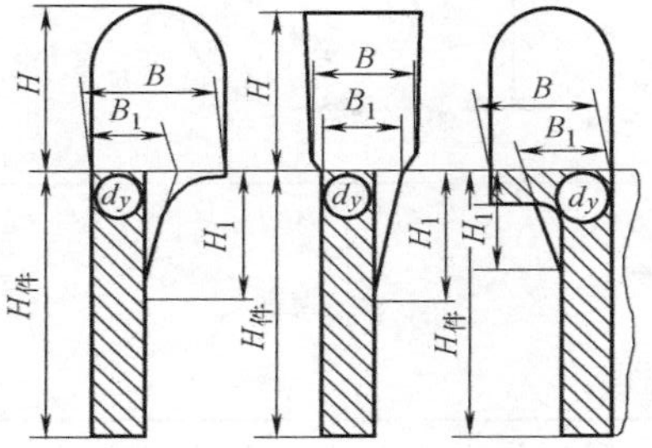	腰圆形暗冒口	—	—	—	$(1.7\sim2.3)d_y$	$(2.1\sim2.5)d_y$	$(2.3\sim2.8)d_y$	$1.5B$	一般筒形或较高的法兰等类铸件
		腰圆形明冒口	$(1.25\sim1.6)d_y$	—	—	$(1.6\sim2.3)d_y$	$(2\sim2.4)d_y$	$(2.2\sim2.7)d_y$	$(1.3\sim1.7)B$	

冒口尺寸参数

（续）

序号	截面形状	冒口形式	冒口尺寸参数							适用范围
			B_1	H_1	D 或 B				H	
					当 $H_件/d_y$ 或 $B_件/d_y$ 为下列值时					
					<2	2~4	4~6	>6		
4	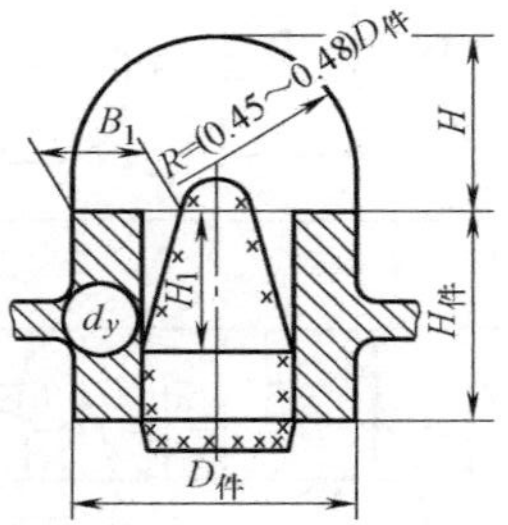	半球形暗冒口	$(1.2\sim1.4)d_y$	H_1 应确保热节圆部位至冒口的顺序凝固	$R=(0.45\sim0.48)D_件$				$(0.6\sim1)H_件$	轴毂类
5	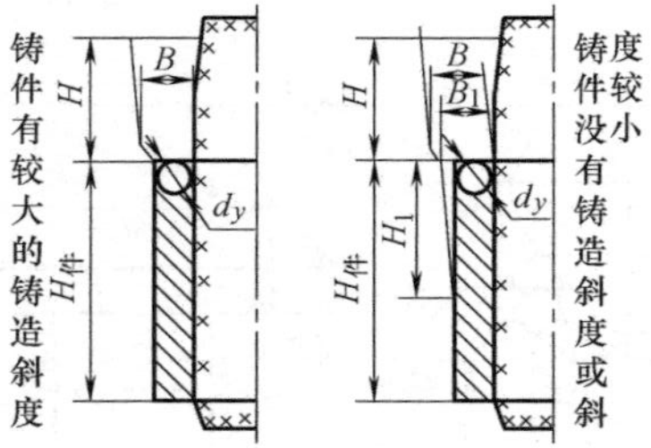	整圈环形明冒口	$(1\sim1.8)d_y$	$(0.5\sim0.8)H_件$	—	—	—	$B1+(0.1\sim0.2)d_y$	$(1.6\sim2.5)B$	高度较大而直径不很大的筒形体压容器、各类缸体等要求较高的铸件
6	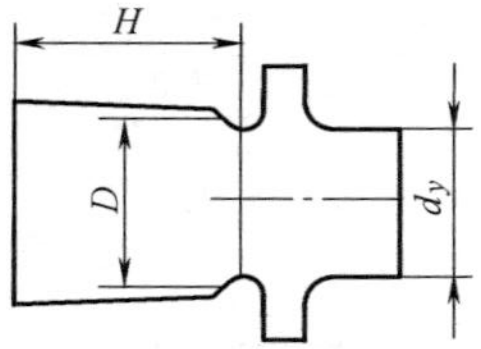	圆柱形暗冒口	—	—	$D=(1.2\sim1.6)d_y$				$1.5D$	铸件局部厚实部分（圆柱体或立方体）
		圆柱形明冒口							$(1.2\sim1.4)D$	

序号	图形	冒口尺寸	适用范围
7	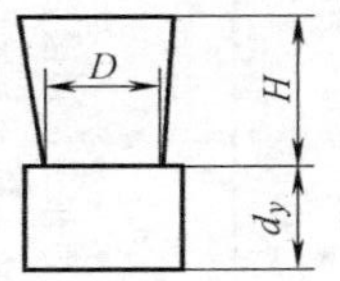 圆柱形明冒口	$D=(0.8\sim1.5)d_y$　$(0.8\sim1.3)D$	重量小于 5t 的厚实铸件（可同时考虑安放内冷铁）
8	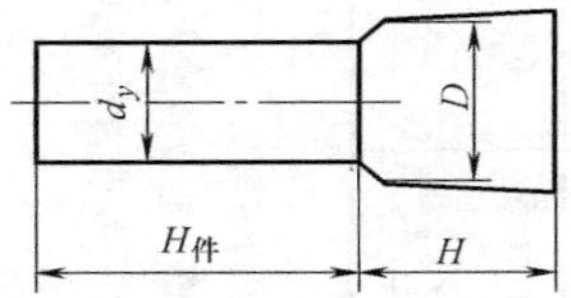 圆柱形明冒口	$(1.1\sim1.3)d_y$　$(1.2\sim1.4)d_y$　$(1.3\sim1.5)d_y$　$(1.4\sim1.6)d_y$　$(1.2\sim1.7)D$	轴类圆柱体铸件
9	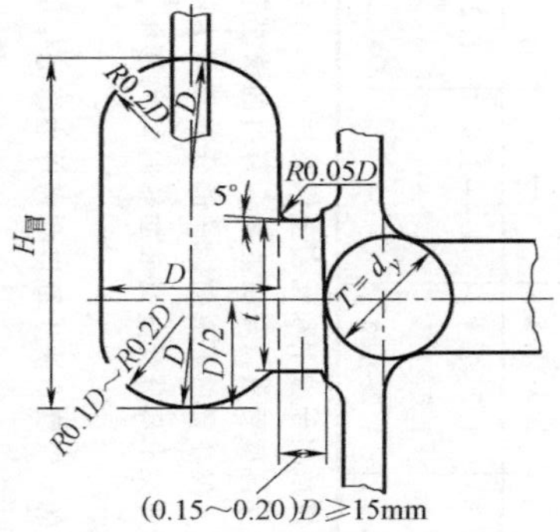 侧冒口	$d_y<t<D,\ t=\dfrac{D+d_y}{2}$　$D=(1.8\sim2.5)d_y$　$t=(1.3\sim1.7)d_y$　$H_{冒}=2D$　有效补缩距离 $L=(4\sim6)d_y$	—

注：1. 腰圆形冒口宽度 B 与长度 L 的比例：$L/B=1.5$。

2. 明冒口斜度为 1:10 或 1:7.5。

表 6-8　水平补缩时铸件和冒口的有关参数（图 6-12）

T /mm	当 $H/d=1\sim1.5$ 时，d/T			冒口形式	要否通过辅助浇道浇入冒口
	1	1.2~1.25	1.5		
≥50~120	2.4~2.6	2.3~2.5	2.2~2.3	暗冒口	—
≥120~200	2.2~2.5	2.1~2.4	2.0~2.3	暗冒口	要
				明冒口	要
≥200~500	2.1~2.3	2.0~2.3	1.9~2.2	明冒口	要

注：1. 本表仅适用于碳钢及低合金钢。

　　2. 当 $L_n:d\le2$（L_n 为冒口与铸件边缘或冷铁之间的距离）或补注冒口时，$d:T$ 用低值或中间值。

　　3. 对球形冒口取 $H:d=1$。

表 6-9　垂直补缩时铸件和冒口的有关参数

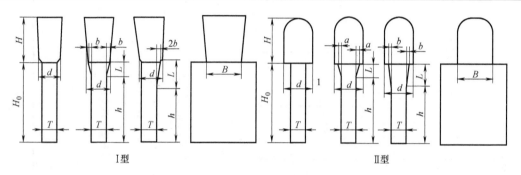

Ⅰ型　　　　　　　　　　　　　　Ⅱ型

T /mm	H_0/T	d/T		H/d		a	$b\ge$	L	$h\ge$
		Ⅰ型	Ⅱ型	Ⅰ型	Ⅱ型			/mm	
60	3	1.3~1.8	1.6~2.1	1.2~1.3	1.1~1.2	4	4	50	H_0-50
	5	1.4~1.9	1.7~2.2	1.2~1.4	1.1~1.3	5	5	50	H_0-50
	8	1.5~2.0	1.8~2.3	1.2~1.5	1.2~1.5	10	10	H_0-6T	$6T$
100	3	1.2~1.6	1.5~2.0	1.2~1.3	1.1~1.2	5	5	60	H_0-60
	5	1.3~1.7	1.6~2.1	1.2~1.4	1.1~1.3	5	5	60	H_0-60
	8	1.4~1.8	1.8~2.3	1.2~1.5	1.2~1.5	15	15	H_0-6T	$6T$
200	3	1.2~1.4	1.4~1.9	1.1~1.3	1.0~1.2	5	5	60	H_0-60
	5	1.3~1.4	1.5~2.0	1.2~1.5	1.1~1.4	5	5	60	H_0-60
	8	1.3~1.5	—	—	—	—	—	—	$6T$
300	3	1.2~1.4	1.4~1.8	1.2~1.4	1.1~1.5	6	6	60	H_0-60
	5	1.2~1.5	—	—	—	—	6	—	H_0-60
	8	1.2~1.5	—	—	—	—	15	—	$6T$

注：1. 本表仅适用于碳钢和低合金钢铸件。

　　2. 当浇完铸型后再将金属液浇入冒口的情况下，采用 $d:T$ 的下限。

　　3. 补贴 L 仅在冒口下方的模样部分（尺寸 B）做出，并且要比造型斜度大。补贴 L 的作用在于：补偿由于砂型转角的突出部分受金属被加热时体积膨胀，而导致冒口下方的铸件本体可能相应破碎。尺寸 b 使造型斜度增大。

　　4. 冒口的延续度取决于冒口和铸件边缘的作用范围（可参考表 6-4）。

表 6-8 所列数据用于水平方向的补缩方式，表 6-9 所列数据用于垂直方向的补缩方式。两表所有数据均只用于碳钢和低合金钢铸件。

（1）应用此法计算冒口的过程

1）根据铸件热节圆的大小和数目，把它看作各自独立的部分安置冒口，从而根据热节点的特点决定冒口属于哪一种补缩方式。

2）用作图法或公式计算出热节圆直径 T。

3）根据表 6-8 或表 6-9 所规定的数值决定冒口的几何形状及各参数的比例关系。

（2）应用此法计算冒口时应注意的内容

1）冒口向铸件进行水平方式或垂直方式补缩可指整个铸件，或指一个铸件的某一部分。对某一铸件而言，可能整个铸件都属于水平补缩或垂直补缩方式，也可能两种补缩方式同时存在。

2）d/T 比值确定后，由于热节圆直径 T 可以用作图法或公式计算法求出，因此即可求出冒口的直径。

3）从表 6-8 和表 6-9 中的 d/T 比值的变化可以看出如下规律。

① d/T 的比值是一个有上限和下限的数值范围，取上限时冒口比较安全可靠，更能使缩孔集中到冒口中去，但增加了金属消耗量和割除冒口的工作量，增加了铸件的成本。

② 当冒口对铸件按垂直方式补缩时，要根据 T 和 H_0/T 两个数值来决定 d/T 的比值后再决定 d 值。

③ d/T 比值随着 H_0/T 比值的增大而增大，也即当热节圆直径 T 一定时，铸件越高，冒口的直径应取得越大，这样更有利于把缩孔集中到冒口中去。

④ 根据 d/T 比值决定冒口根部尺寸时，向上扩大的冒口（表 6-9 中 Ⅰ 型）比向上缩小的冒口（表 6-9 中 Ⅱ 型）更能使缩孔集中到冒口中去。生产上把上大下小的冒口的侧壁做成倾斜 5° 或取 1∶8～1∶10 的斜度。

⑤ 在水平补缩方式里，由于 T 越小，收缩时阻力越大，所以 T 值小时的 d/T 比 T 值大时的 d/T 要大，即增大冒口直径或宽度以增加补缩效果。

⑥ 在垂直补缩方式里，当铸件壁厚相同时，H/d 比值上下限随铸件高度 H_0 增大而越大，即铸件越高，冒口也应越高。

4）H/d 比值确定后，根据 d 即可算出冒口高度 H。

5）冒口的补缩距离可以参考表 6-4。定出补缩距离后可确定冒口的延续度。

6）工艺出品率是验算冒口尺寸是否合理的重要指标。一般而言，要求高的铸件工艺出品率应控制低一些，采用暗冒口的工艺出品率比明冒口的略高。

采用此法计算冒口比较简便，又考虑到了铸件形状的影响因素，通过实践验证是较可靠的。但确定冒口尺寸的比值上下限范围较宽，设计人员要有一定的实践经验才能正确选择比值。本方法对中大件比较合适。

三、按照模数法计算冒口

根据铸件凝固理论，铸件凝固时间决定于它的体积和表面积的比值。这一比值称为凝固模数，简称为模数，可用下式表示。

$$M = \frac{V}{A} \tag{6-3}$$

式中，M 是模数（cm）；V 是体积（cm^3）；A 是表面积（cm^2）。

模数小的铸件，凝固时间短；模数大的铸件，凝固时间长。模数法计算冒口尺寸就是建立在这个基本概念上的。

用模数法计算冒口的步骤如下。

1）计算铸件的模数。计算铸件模数时是以方条形杆件为基础的，把复杂形状铸件看成是杆件及其他变化形式的组合体。图 6-14 所示为方条形杆件模数图表。

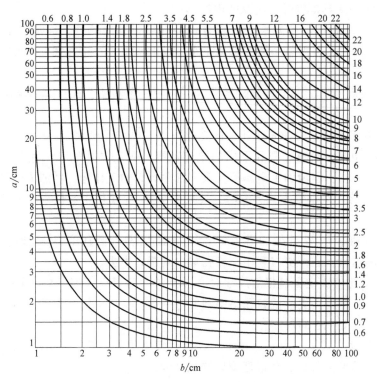

图 6-14　方条形杆件模数图表

表 6-10 列出了简单几何体模数计算公式。

表 6-10　简单几何体模数计算公式

序号	几何体名称	简图	模数计算公式
1	平板或圆板		$a \geqslant 5T$ 的平板或圆板： 板中截出边长为 1cm 的小方块，$V = 1\text{cm}^2 \times T$，$A = 2\text{cm}^2$ $$M = \frac{V}{A} = \frac{T}{2}$$ 因为板是由任意多个小方块组成，故其模数 $M = \dfrac{T}{2}$
2	矩形杆或方形杆		矩形杆或方形杆： 杆中截取长度为 1cm 的小方块，$V = a \times b \times 1\text{cm}$ $A = (a+b) \times 1\text{cm} \times 2$ 长杆为任意多个小块组成，故其模数 $M = \dfrac{V}{A} = \dfrac{ab}{2(a+b)}$ 当 $a = b$ 时，其模数 $M = \dfrac{a^2}{4a} = \dfrac{a}{4}$

（续）

序号	几何体名称	简图	模数计算公式
3	正立方体、圆柱体、球体	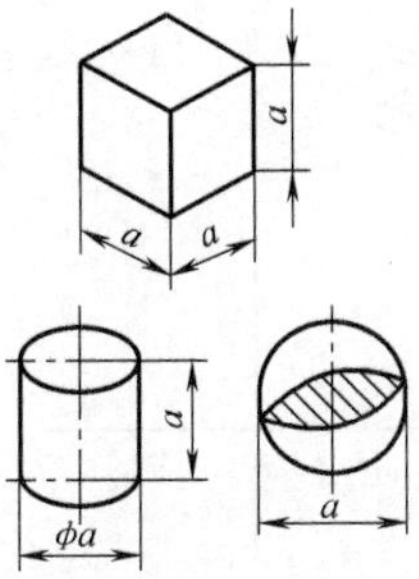	正立方体及其内切圆柱体或内切球体：三者模数相同 　　　　　　正立方体　　圆柱体　　球体 V　　　a^3　　　$\pi a^3/4$　　$\pi a^3/6$ A　　　$6a^2$　　$\pi a^2/2+\pi a^2$　πa^2 M　　　$a/6$　　　$a/6$　　　$a/6$
4	实心圆柱体	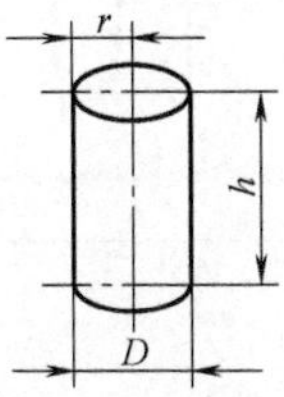	实心圆柱体：$h\leqslant 2.5D$ 时， $$V=\pi r^2 h,\ A=2\pi r^2+2\pi rh,\ M=\dfrac{\pi r^2 h}{2\pi r^2+2\pi rh}=\dfrac{rh}{2(r+h)}$$ $h>2.5D$ 时的长圆柱体，其两端面可略去不记：$M=\dfrac{\pi r^2 h}{2\pi rh}=\dfrac{r}{2}=\dfrac{D}{4}$
5	环形体或空心圆柱体	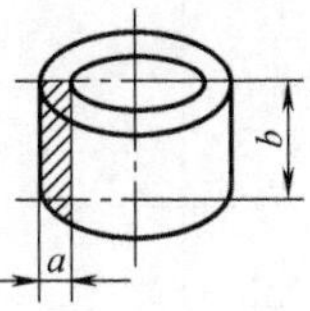	$b<5a$ 的空心环：$M=\dfrac{ab}{2(a+b)}$ $b>5a$ 的空心圆柱体或空心管：$M=\dfrac{a}{2}$
6	梯形截面杆	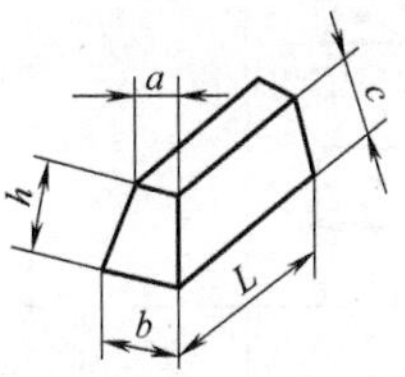	$$M=\dfrac{(a+b)h}{2(a+b+2c)}$$

表 6-11 列出了简单几何组合体模数计算公式。

表 6-11　简单几何组合体模数计算公式

序号	几何体名称	简图	模数计算公式
1	带法兰的环形体	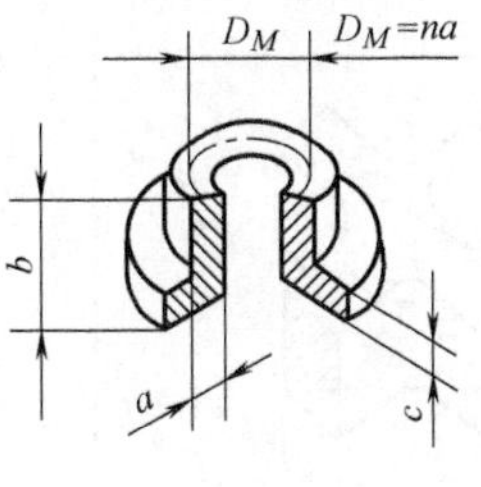	$V=D_M\pi ab=na^2\pi b$ $A=2a^2\pi n+a\pi(n+1)(b-c)+a\pi(n-1)b$ $M=\dfrac{V}{A}=\dfrac{ab}{2(a+b)-\dfrac{c(n+1)}{n}}$

（续）

序号	几何体名称	简图	模数计算公式
2	角形杆状组合体	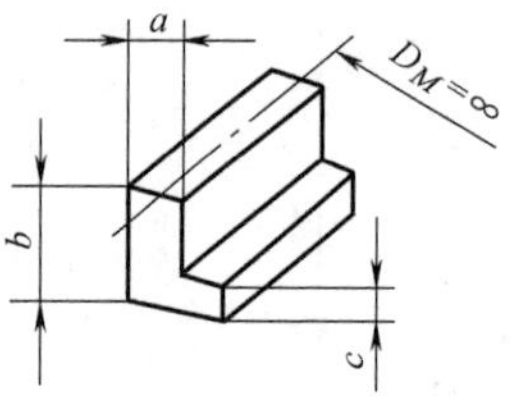	当 $D_M = \infty$ 时,展开即成角形杆状组合体 $\dfrac{n+1}{n} = (\infty+1)/\infty \to 1$ $M = \dfrac{ab}{2(a+b)-c}$
3	圆柱圆盘组合体	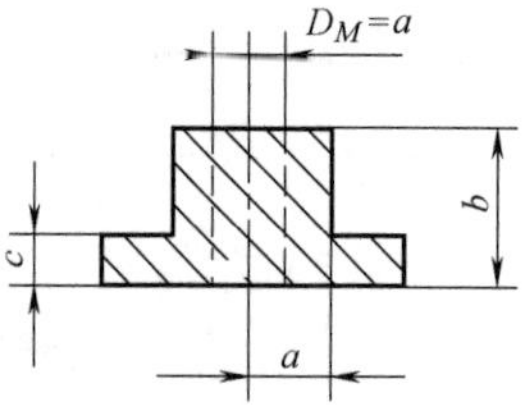	当 $D_M = n \times a = a$ 即 $n=1$, $\dfrac{n+1}{n} = 2$ $M = \dfrac{ab}{2(a+b)-2c} = \dfrac{ab}{2(a+b-c)}$
4	圆柱体与板相交的轮毂	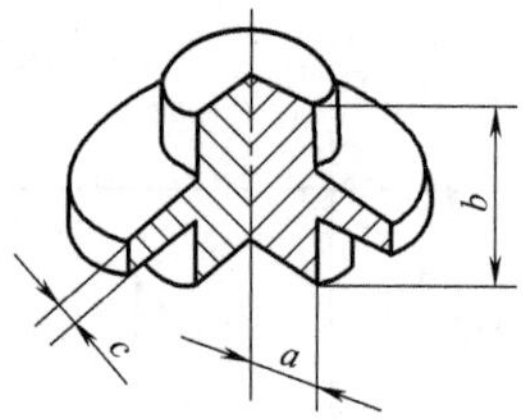	为上式的特殊情况,其模数为 $M = \dfrac{ab}{2(a+b)-c}$
5	两个矩形杆组成的轮体	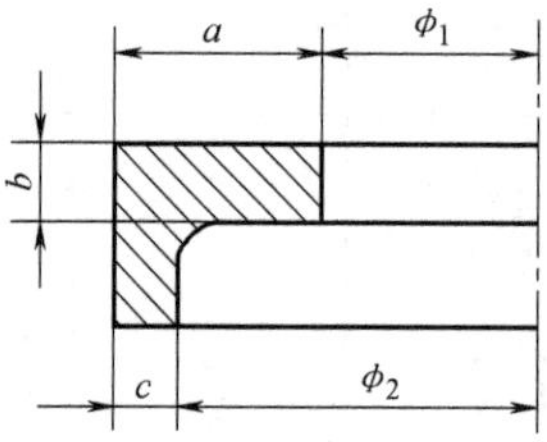	此类件可近似展开成 $a \times b$ 的方形截面杆,模数 $M = \dfrac{ab}{2(a+b)-c}$
6	板件相交	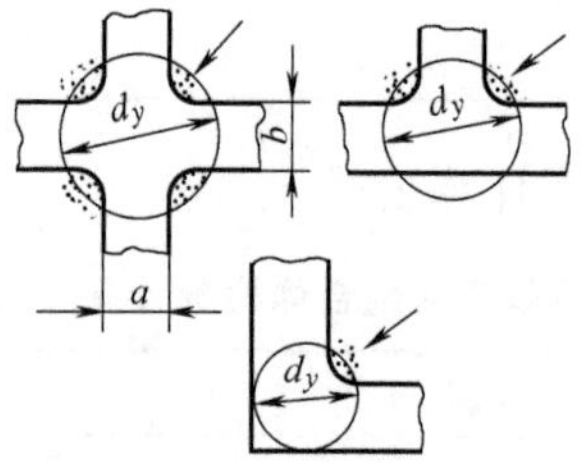 砂尖的影响	当板宽 $b \geqslant \dfrac{d_y}{2}$ 时,十、T 和 L 形相交板的 热节处模数为 $M = \dfrac{d_y}{2}$
7	杆件相交	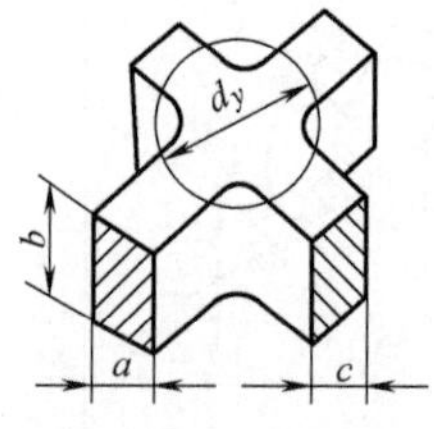	杆件与杆件相交处热节的模数为 $M = \dfrac{d_y b}{2(d_y+b)}$ $d_y = \sqrt{a^2+b^2} + \left(\dfrac{1}{3} \sim \dfrac{1}{4}\right)(a+b)$

（续）

序号	几何体名称	简图	模数计算公式
8	相交杆与板件组合	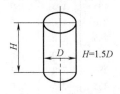	相交杆与板相接处的热节模数为 $$M = \frac{ad_y}{2(a+d_y-b)}$$ b 是假想板的非冷却面 $$d_y = \sqrt{c^2+e^2} + \left(\frac{1}{3} \sim \frac{1}{4}\right)(b+e)$$

2）计算冒口的模数。按照冒口补缩原理，冒口要比铸件（或热节）凝固得慢，才能起到良好的补缩效果，故冒口模数应比铸件模数略大一些，可按表 6-12 选取，一般可取

$$M_m = 1.2 M_j \tag{6-4}$$

式中，M_m 是冒口模数；M_j 是铸件模数。

3）由冒口模数查表 6-13 ~ 表 6-15，分别求出圆柱形、腰圆形明冒口尺寸和圆柱形边暗冒口尺寸及这些冒口最大能补缩铸件的体积。冒口的补缩能力可用表 6-16 来校核。

表 6-12　冒口模数 M_m

种类 ＼ 模数	M_m
顶冒口	$(1 \sim 1.2) M_f$
侧冒口	$M_f : M_{mf} : M_m = 1 : 1.1 : 1.2$
	当浇道直通侧冒口时，$M_f : M_{mf} : M_m = 1 : (1 \sim 1.03) : 1.2$

注：1. 侧冒口颈长度 T 可取如下数值：当散热条件好时，$T = h$（h 是气割余量）；当散热条件差时，$T = 2.4 M_f = 2 M_m$。

2. M_m 是冒口模数；M_f 是冒口颈模数；M_{mf} 是侧冒口颈模数。

表 6-13　按模数法确定圆柱形明冒口尺寸表

$H=1.5D$

M_m /cm	$D=a$ /mm	H /mm	V /dm³	G /kg	最大能补缩的铸件体积 V（重量 G），当收缩值为							
					4%		5%		6%		7%	
					V /dm³	G /kg	V /dm³	G /kg	V /dm³	G /kg	V /dm³	G /kg
1.0	54	81	180	1.22	450	3.52	324	2.54	244	1.90	180	1.41
1.1	59	89	239	1.63	600	4.70	430	3.35	324	2.55	239	1.85
1.2	64	96	315	2.14	790	6.20	570	4.45	425	3.33	351	2.46
1.3	70	105	400	2.72	1.0	7.8	720	5.6	540	4.3	400	3.12
1.4	75	113	500	3.4	1.3	10	900	7.0	680	5.3	500	3.6
1.5	80	120	610	4.1	1.5	11.7	1.1	8.6	830	6.5	610	4.76
1.6	86	130	740	5.0	1.9	14.9	1.3	10	1.0	7.8	740	5.8
1.7	91	137	890	6.1	2.2	17.2	1.6	12.5	1.2	9.3	890	7.0

（续）

M_m /cm	$D=a$ /mm	H /mm	V /dm³	G /kg	最大能补缩的铸件体积 V(重量 G)，当收缩值为							
					4%		5%		6%		7%	
					V /dm³	G /kg	V /dm³	G /kg	V /dm³	G /kg	V /dm³	G /kg
1.8	96	144	1.0	6.8	2.5	19.5	1.8	14	1.4	10.9	1.0	7.8
1.9	102	153	1.2	8.2	3.0	23.5	2.2	17.1	1.6	12.5	1.2	9.35
2.0	107	160	1.5	10	3.8	29.6	2.7	21	2.0	15.6	1.5	12.7
2.2	118	177	1.9	13	4.7	36.7	3.4	26.5	2.6	20.2	1.9	14.8
2.4	128	192	2.5	17	6.3	49	4.5	35.1	3.4	26.5	2.5	19.5
2.6	140	210	3.4	23	8.5	66.5	6.1	47.8	4.6	36	3.4	26.5
2.8	150	225	4.0	27	10	78	7.2	56.2	5.4	42.3	4.0	31.3
3.0	160	240	4.9	34	12	93	8.9	69.5	6.7	52.3	4.9	38.3
3.2	172	258	5.8	40	15	117	11	86.0	7.8	61	5.8	45.3
3.4	182	274	7.2	49	18	141	13	102	9.7	76	7.2	56.2
3.6	192	288	8.5	58	21	164	15	117	12	93	8.5	65.3
3.8	204	306	10	68	25	195	18	141	14	109	10	74
4.0	214	320	12	82	30	235	22	172	16	125	12	93.5
4.25	228	344	14	95	35	273	25	195	19	148	14	109
4.5	240	360	16	109	40	312	29	226	22	172	16	125
4.75	255	384	19	130	48	375	34	265	26	203	19	148
5.0	266	400	22	150	55	430	40	312	30	235	22	172
5.25	280	420	26	180	65	510	47	366	35	274	26	203
5.5	294	440	30	205	75	586	54	422	41	320	30	235
5.75	308	460	35	240	88	686	63	491	17	366	35	273
6.0	320	480	39	270	97	760	70	548	53	414	39	305
6.25	335	500	44	300	110	860	79	618	60	470	44	343
6.5	347	520	50	340	125	960	90	705	68	531	50	390
6.75	361	542	56	380	140	1.1	100	780	76	596	56	436
7.0	375	562	62	420	155	1.2	112	875	84	655	62	485
7.25	388	582	69	470	175	1.4	125	970	94	735	69	540
7.5	400	600	77	520	195	1.5	140	1.1	104	815	77	600
7.75	415	625	84	570	210	1.6	150	1.2	114	890	84	655
8.0	428	642	93	630	235	1.8	170	1.3	126	1.0	93	733
8.25	440	660	103	700	260	2.0	185	1.5	140	1.1	103	800
8.5	455	680	112	760	280	2.2	202	1.6	151	1.2	112	875
8.75	470	705	122	830	305	2.5	220	1.7	165	1.3	122	950
9.0	482	725	133	900	335	2.6	240	1.9	180	1.4	133	1.0
9.25	495	742	143	960	360	2.8	257	2.0	195	1.5	143	1.1
9.5	508	762	156	1.1	390	3.0	280	2.2	212	1.7	156	1.2
9.75	522	785	168	1.2	420	3.3	305	2.4	228	1.8	168	1.3
10	535	800	180	1.3	450	3.5	325	2.5	244	1.9	180	1.4
10.5	561	845	210	1.4	525	4.1	380	2.9	284	2.2	210	1.7
11	590	885	240	1.6	600	4.7	480	3.4	325	2.5	240	1.9
11.5	615	920	276	1.9	675	5.3	500	3.9	375	2.9	276	2.2
12	645	970	315	2.2	790	6.2	565	4.4	425	3.3	315	2.5
12.5	470	1000	352	2.4	880	6.9	635	5.0	480	3.8	352	2.8
13	700	1050	400	2.7	1000	7.8	720	5.6	540	4.2	400	3.1
13.5	725	1090	445	3.1	1120	8.7	800	6.3	600	4.7	445	3.5
14	750	1130	500	3.4	1250	9.7	900	7.1	680	5.3	500	3.9

（续）

M_m /cm	$D=a$ /mm	H /mm	V /dm³	G /kg	最大能补缩的铸件体积 V(重量 G),当收缩值为							
					4%		5%		6%		7%	
					V /dm³	G /kg	V /dm³	G /kg	V /dm³	G /kg	V /dm³	G /kg
14.5	775	1160	554	3.8	1400	11	1000	7.8	750	5.9	554	4.3
15	805	1210	610	4.2	1530	12	1100	8.6	825	6.5	610	4.8
16	860	1290	744	5.1	1870	14.6	1350	10.5	1000	7.8	744	5.8
17	910	1370	890	6.1	2250	17.5	1600	12.5	1200	9.3	890	7.0
18	965	1450	1060	7.2	2650	20.7	1900	14.8	1450	11.3	1060	8.3
19	1020	1530	1250	8.5	3150	24.6	2250	17.5	1700	13.3	1250	9.7
20	1070	1600	1400	9.5	3500	27.4	2510	18.6	1900	14.8	1400	10.9

表 6-14　按模数法确定腰圆形明冒口尺寸表

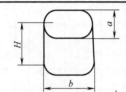

$$b=2a$$
$$H=\frac{a+b}{2}=1.5a$$

M_m /cm	$D=a$ /mm	b /mm	H /mm	V /dm³	G /kg	最大能补缩的铸件体积 V(重量 G),当收缩值为							
						4%		5%		6%		7%	
						V /dm³	G /kg	V /dm³	G /kg	V /dm³	G /kg	V /dm³	G /kg
1.0	43	86	63	212	1.45	530	4.14	380	3.0	285	2.22	212	1.65
1.1	47	94	70	276	1.87	690	5.4	500	3.9	372	2.90	276	2.16
1.2	51	102	76	354	2.4	880	6.9	635	5.0	475	3.70	354	2.75
1.3	53	106	82	396	2.7	990	7.7	710	5.55	535	4.16	396	3.1
1.4	59	118	88	550	3.75	1.4	11	1.0	7.80	740	5.75	550	4.3
1.5	64	128	95	705	4.8	1.9	15	1.3	10.1	950	7.40	705	5.5
1.6	68	136	102	840	5.7	2.1	17	1.5	10.7	1.1	8.60	840	6.55
1.7	72	144	107	1.0	6.8	2.5	20	1.8	11.4	1.4	11	1.0	7.8
1.8	76	152	114	1.2	8.2	3.0	23.5	2.2	17.1	1.6	12.5	1.2	9.4
1.9	80	160	120	1.4	9.5	3.5	27.5	2.5	19.5	1.9	15	1.4	11
2.0	75	170	127	1.7	11.5	4.3	33.5	3.1	24.1	2.3	18	1.7	13
2.2	93	186	139	2.1	14.3	5.3	41	3.8	30	2.8	22	2.1	16.5
2.4	102	204	152	2.8	19	7.0	55	5.1	40	3.8	30	2.8	22
2.6	110	220	165	3.5	23.8	8.8	69	6.3	49	4.7	37	3.5	27.4
2.8	118	236	177	4.4	30	11	86	7.9	62	5.9	46	4.4	34.4
3.0	127	254	190	5.5	36	13	100	9.5	74	7.2	56	5.3	41.4
3.2	135	270	204	6.5	44	16	125	12	94	8.8	69	6.5	51
3.4	143	286	215	7.6	52	19	150	14	110	10	78	7.6	59
3.6	152	304	226	9.3	63	23	180	17	133	12	94	9.3	73
3.8	160	320	240	11	75	28	220	20	156	15	117	11	86
4.0	169	338	252	13	88	33	258	23	180	17	133	13	100
4.25	180	360	268	16	110	40	312	29	226	22	171	16	125
4.50	190	380	285	18	133	45	350	33	266	24	187	18	140
4.75	200	400	300	21	143	53	414	38	296	28	219	21	165
5.0	212	424	316	25	170	63	490	45	352	34	265	25	195

（续）

| M_m /cm | $D=a$ /mm | b /mm | H /mm | V /dm³ | G /kg | 最大能补缩的铸件体积 V（重量 G），当收缩值为 | | | | | | | |
| | | | | | | 4% | | 5% | | 6% | | 7% | |
						V /dm³	G /kg	V /dm³	G /kg	V /dm³	G /kg	V /dm³	G /kg
5.25	222	444	331	29	197	73	570	52	405	39	305	29	226
5.50	232	464	348	33	225	83	650	60	470	45	352	33	256
5.75	242	484	364	38	258	95	740	68	530	51	400	38	296
6.0	253	506	380	43	292	107	830	77	600	58	455	43	336
6.25	264	528	395	49	334	123	960	88	685	66	515	49	382
6.5	274	548	411	55	375	137	1.1	100	780	74	580	55	430
6.75	284	568	426	61	415	152	1.2	110	860	82	640	61	475
7.0	295	590	442	68	452	170	1.3	123	960	92	715	68	530
7.25	306	612	456	76	518	190	1.5	137	1.1	102	800	76	592
7.50	316	632	474	84	570	210	1.6	151	1.2	114	900	84	655
7.75	326	652	490	92	625	230	1.8	165	1.3	125	1.0	92	715
8.0	337	674	505	102	700	255	2.0	185	1.5	137	1.1	102	800
8.25	348	696	522	112	760	280	2.2	200	1.6	150	1.2	112	875
8.5	358	716	536	123	840	310	2.4	220	1.7	165	1.3	123	960
8.75	370	740	555	137	930	342	2.7	250	2.0	183	1.5	137	1.1
9.0	380	760	570	147	1.0	365	2.9	265	2.1	200	1.6	147	1.2
9.25	390	780	585	159	1.1	390	3.0	285	2.2	210	1.7	457	1.3
9.50	400	800	600	170	1.2	425	3.3	305	2.4	228	1.8	170	1.4
9.75	410	820	618	184	1.3	460	3.6	330	2.6	250	2.0	184	1.5
10	420	840	632	197	1.4	490	3.8	355	2.8	265	2.1	197	1.6
10.5	444	888	662	232	1.6	580	4.5	420	3.3	310	2.4	232	1.8
11	464	928	695	267	1.8	670	5.2	480	3.8	360	2.8	267	2.1
11.5	484	1010	725	300	2.0	750	5.9	540	4.2	404	3.2	300	2.4
12	505	1056	769	345	2.3	860	6.7	620	4.8	465	3.6	343	2.7
12.5	528	1100	790	394	2.7	980	7.6	710	5.6	530	4.1	394	3.1
13	550	1140	820	440	3.0	1100	8.6	790	6.2	590	4.6	440	3.4
13.5	570	1160	850	493	3.4	1240	9.7	890	6.9	670	5.2	493	3.9
14	580	1224	885	520	3.5	1300	10	940	7.4	700	5.5	520	4.1
14.5	612	1264	913	610	4.2	1530	12	1100	8.6	820	6.4	610	4.8
15	632	1350	950	670	4.6	1670	13	1200	9.4	900	7.0	670	5.2
16	675	1436	1010	820	5.6	2050	16	1480	11.5	1100	8.6	820	6.4
17	718	1436	1070	985	6.7	2460	19.2	1,800	14.1	1300	10	985	7.7
18	760	1520	1140	1170	8.0	2920	22.8	2100	16.4	1570	12.3	1170	9.1
19	800	1600	1200	1370	9.3	3410	26.5	2450	19	1850	14.5	1370	10.7
20	840	1680	1270	1570	10.7	3920	30.5	2820	22	2100	16.5	1570	12.3

表 6-15　按模数法确定圆柱形边暗冒口尺寸表

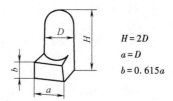

$H = 2D$

$a = D$

$b = 0.615a$

（续）

M_m /cm	$D=a$ /mm	b /mm	H /mm	V /dm³	G /kg	最大能补缩的铸件体积 V（重量 G），当收缩值为							
						4%		5%		6%		7%	
						V /dm³	G /kg	V /dm³	G /kg	V /dm³	G /kg	V /dm³	G /kg
1.0	48	30	96	143	0.97	360	2.81	256	2	193	1.5	143	1.1
1.1	53	33	106	190	1.29	475	3.71	343	2.7	256	2.2	190	1.48
1.2	58	36	116	250	1.7	630	4.92	450	3.52	338	2.65	250	1.96
1.3	63	39	126	315	2.16	790	6.18	565	4.4	425	3.3	315	2.45
1.4	67	42	134	395	2.68	990	7.75	710	5.55	533	4.2	395	3.1
1.5	72	45	144	485	3.3	1.2	9.4	870	6.8	655	5.1	485	3.8
1.6	77	48	154	589	4	1.5	11.7	1.1	8.6	800	6.25	589	4.6
1.7	81	50	162	700	4.75	1.8	14	1.3	10	950	7.4	700	5.48
1.8	86	54	172	740	5.7	2.1	16.4	1.5	11.7	1.1	8.6	840	6.55
1.9	91	57	182	980	6.65	2.5	19.5	1.8	14.1	1.3	10	980	7.65
2.0	96	60	192	1.2	8.15	3.0	23.5	2.2	17.2	1.6	12.5	1.2	9.4
2.2	106	66	212	1.5	10.2	3.8	29.8	2.7	21	2.0	15.6	1.5	11.7
2.4	115	71	230	2.0	13.6	5.0	39	3.6	28.1	2.7	21.0	2.0	15.6
2.6	125	78	250	2.7	18.3	6.8	53	4.9	38.2	3.2	28.0	2.7	21.0
2.8	134	83	268	3.2	21.7	8.0	62.5	5.8	45.2	3.9	33.5	3.2	25
3.0	144	90	288	3.9	26.5	9.8	76.5	7.0	54.8	4.7	41.5	3.9	30.5
3.2	153	95	306	4.7	31.9	12	93	8.5	66.5	5.7	50	4.7	36.8
3.4	163	102	326	5.7	38.8	14	109	10	78	6.7	60	5.7	44.5
3.6	172	106	344	6.7	45.5	17	133	12	93.5	7.9	70	6.7	52.5
3.8	182	113	364	7.9	53.7	20	156	14	109	9.2	86	7.9	61.5
4.0	192	120	384	9.2	62.5	23	180	16	125	11	93.5	9.2	72
4.25	203	126	406	11	74.5	28	218	20	156	12	117	11	86
4.5	215	133	430	13	88.5	33	258	22	172	15	133	13	102
4.75	226	140	152	15	102	38	296	27	210	17	156	15	117
5.0	239	147	478	18	122	45	352	32	250	20	187	18	141
5.25	250	155	500	21	143	53	413	38	296	24	218	21	164
5.5	262	162	524	22	149	55	430	40	312	30	233	22	172
5.75	275	170	550	27	183	68	530	49	382	36	281	27	210
6.0	286	177	572	31	210	78	610	56	436	42	328	31	241
6.25	300	185	600	35	238	88	690	63	492	47	368	35	273
6.5	310	192	620	40	272	100	780	72	561	54	422	40	312
6.75	322	200	644	44	298	110	860	79	618	60	468	44	344
7.0	334	205	668	49	332	125	970	88	688	66	515	49	382
7.25	345	214	690	55	374	138	1.1	100	780	74	578	55	430
7.5	358	222	716	61	415	153	1.2	110	860	83	650	61	477
7.75	370	228	740	67	455	167	1.3	120	935	91	710	67	522
8.0	381	236	762	73	495	183	1.4	131	1.0	98	765	73	470
8.25	394	243	788	81	510	201	1.6	146	1.1	110	860	81	632
8.5	405	250	810	88	600	220	1.7	158	1.2	120	935	88	688
8.75	415	256	830	96	650	240	1.9	173	1.4	130	1.0	96	750
9.0	429	263	858	106	720	265	2.1	190	1.5	145	1.1	106	830
9.25	440	272	880	114	775	285	2.2	205	1.6	154	1.2	114	890
9.5	453	280	900	124	845	310	2.4	224	1.8	167	1.3	124	970
9.75	465	288	930	133	900	333	2.6	240	1.9	180	1.4	133	1.0
10	486	300	972	143	970	358	2.8	256	2.0	193	1.5	143	1.1

（续）

M_m /cm	$D=a$ /mm	b /mm	H /mm	V /dm³	G /kg	最大能补缩的铸件体积 V(重量 G)，当收缩值为							
						4%		5%		6%		7%	
						V /dm³	G /kg	V /dm³	G /kg	V /dm³	G /kg	V /dm³	G /kg
10.5	500	310	1000	156	1.1	390	3.0	280	2.2	210	1.6	156	1.2
11	525	325	1050	190	1.3	475	3.7	342	2.7	258	2.0	190	1.5
11.5	550	340	1100	216	1.5	540	4.2	390	3.3	290	2.2	216	1.7
12	575	355	1150	248	1.7	620	4.8	450	3.5	335	2.6	248	1.9
12.5	600	372	1200	280	1.9	700	5.5	505	4.5	378	2.9	280	2.2
13	620	384	1240	316	2.2	790	6.2	570	4.5	428	3.3	316	2.5
13.5	645	400	1290	352	2.4	880	6.9	635	5.0	475	3.7	352	2.8
14	670	415	1340	390	2.7	980	7.7	700	5.5	525	4.1	390	3.0
14.5	690	428	1380	436	3.0	1040	8.1	785	6.1	590	4.6	436	3.4
15	715	445	1430	482	3.3	1210	9.5	870	6.8	650	5.1	482	3.8

表 6-16　冒口补缩能力的计算

冒口形状	圆柱形和腰圆形	球形
冒口内缩孔总体积	$0.14V_m$	$0.20V_m$
能补缩铸件的最大体积	$\left(\dfrac{14-\varepsilon_v}{\varepsilon_v}\right)V_m$	$\left(\dfrac{20-\varepsilon_v}{\varepsilon_v}\right)V_m$

注：1. V_m 是冒口体积。

　　2. ε_v 是钢液的体收缩率（表 6-2）。

四、提高冒口补缩效率的方法

对于体收缩率较大的合金，如铸钢、可锻铸铁、球墨铸铁等，其冒口重量一般为铸件重量的 50%~100%，因而消耗了大量的金属，所以在保证铸件质量的前提下，从表 6-17 中可以看出，采用各种特殊形式的冒口和工艺措施，可以大大地提高冒口的补缩效率，其中，

$$补缩效率\ \eta=\frac{补缩液量}{冒口重量}\times100\% \tag{6-5}$$

表 6-17　冒口补缩效率

冒口种类或工艺措施	圆柱形和腰圆形冒口	球形冒口	补浇冒口时	浇口通过冒口时	发热冒口	大气压力冒口	压缩空气冒口	气弹冒口
η(%)	12~15	15~20	15~20	30~35	25~30	15~20	35~40	30~35

1. 提高冒口补缩效率的主要途径

1）提高冒口内金属液的补缩压力，如采用大气压力冒口、气弹冒口、压缩空气冒口等。

2）在不增加冒口重量的情况下，为了延长冒口的凝固时间，可以在浇注完毕后，在明冒口的金属液面上撒保温剂、发热剂或在冒口中冲入热的金属液，采用发热冒口或球形冒口等方法。

3）控制铸件的凝固时间，如将冒口与内、外冷铁配合使用。

2. 常用的几种特种冒口及工艺措施

表 6-17 中所列的各种特殊形式的冒口，在生产中有的使用并不广泛。例如：球形冒口，由于冒口模样要做成可拆式的且高度不够，补缩往往不够安全；再如压缩空气或加氧冒口、电弧加热冒口和煤气加热冒口，由于操作比较麻烦，因此也只在少数大型铸件上使用。这里仅对最常用的几种特殊形式的冒口和工艺措施介绍如下。

（1）大气压力冒口 很多工厂把原来用的普通暗冒口做成大气压力冒口，即在冒口部插上一个透气性较好的气压砂芯，如图 6-15 所示。砂芯的一端伸到冒口最热的区域，在向铸件补缩过程中，外面的空气通过气压砂芯进入冒口，因此使冒口内金属液除靠自重压力外，还有大气压力将金属液压入铸件被补缩部分，这样使冒口的补缩效率大大提高。实际生产已证明，大气压力冒口可以补缩比冒口高的铸件（按理论计算，大气压力冒口可以补缩高出冒口约 1.48 m 的钢铸件，但由于各种因素的影响实际上不可能补缩这么高的铸件）。

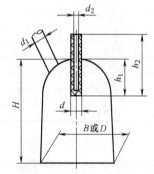

图 6-15 大气压力冒口

根据某厂的经验，大气压力冒口放置的气压砂芯及出气孔尺寸规格推荐见表 6-18 和表 6-19，参看图 6-15。

表 6-18 大气压力冒口气压砂芯和出气孔尺寸 （单位：mm）

暗冒口直径 D 或宽度 B	气压砂芯直径		出气孔直径 d_1
	圆形冒口	腰圆形冒口	
<100	$\phi12$	$\phi15$	$\phi20$
100~130	$\phi15$	$\phi15×2$ 个	$\phi20$
140~190	$\phi20$	$\phi20×2$ 个	$\phi20×2$ 个
200~250	$\phi25$	$\phi25×2$ 个	$\phi25×2$ 个
260~300	$\phi30$	$\phi30×2$ 个	$\phi30×2$ 个
>300	$\phi40$	$\phi40×2$ 个	$\phi30×2$ 个

注：1. 铸件上全是暗冒口且数量较少者，出气孔直径和数量可适当大于表 6-18 中规定的数值。

2. 出气孔大于 $\phi30mm$ 时，应用耐火管排出。

表 6-19 气压砂芯尺寸 （单位：mm）

直径 d	长度 h_2	出气孔直径 d_2
$\phi12$	90	$\phi3$
$\phi15$	120	$\phi3$
$\phi20$	140	$\phi4$
$\phi25$	140~190	$\phi4.5$
$\phi30$	220	$\phi4.5$
$\phi40$	250	$\phi5$

注：气压砂芯落入冒口的高度 h_1 约为冒口高度 H 的 1/3。

关于气压砂芯所用芯砂，一般地说，采用透气性好、具有一定发气量的油砂制作气压砂芯更有利于提高冒口的补缩效率。

（2）发热冒口 发热冒口是利用高温钢液进入冒口后，冒口周围的发热材料发生放热化学反应，所放出大量的热能延缓冒口的凝固时间，从而加强了冒口的补缩作用。发热冒口砂由发热剂、保温剂和黏结剂组成。现将常用的几种配方列于表 6-20 中以供选用。

表 6-20 发热冒口砂配方表（质量分数，%）

配方	1	2	3	4	5
铝屑	6	31.5	30	5	3～20
氧化铁粉	20	63	10	24	10～50
硅粉	32	—	55.6	50	16～50
木屑	5	—	—	14	11～14
硝酸钾	0.5	—	—	—	硝酸钠10～15
陶土	5	5	32.5	—	2.5～6
白泥	10	—	—	—	—
水玻璃	22	8	20	15～18	18～20
外加水	—	适量	20～25	3～5	3～7
硅铁粉	—	—	—	6	4～6
3# 石英粉	10	—	—	—	—

应用发热冒口最简便的办法是在造型时先在冒口模样周围撒上一层厚约 20～25mm 的发热材料，然后进行造型操作。但是一般工厂按冒口规格制作芯盒，然后像制作砂芯一样制造发热冒口套。制造好的发热冒口套需经 160～200℃ 烘干 2～3h 左右。烘干后储存起来，需用时就在合箱前装配在砂型里，或者在造型时舂入砂型内，其形式如图 6-2f 和图 6-16 所示。

在铸钢件应用发热冒口时，为了防止铸件渗碳和便于切割冒口，冒口与铸件连接处用高约 10～30mm 的普通石英砂砂圈。某厂所用配方（质量分数）如下：4# 石英砂 91%，水玻璃 8%，重油 0.5%，苛性钠 0.5%。

由于发热冒口的补缩效率比普通冒口的补缩效率高很多，所以，铸件的工艺出品率可达 75%～80%。

（3）补浇冒口和捣冒口　对于较大的铸钢件，为了提高冒口的补缩效率，常对冒口进行补浇或捣冒口。根据某重型厂的经验，冒口补浇的方法如下：

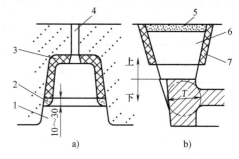

图 6-16　发热冒口
1—铸件　2—砂圈　3—暗冒口发热套　4—出气孔
5—保温剂　6—明冒口　7—明冒口发热套

1）所有设置暗冒口的铸件及直径或宽度小于 250mm 的明冒口，当钢液注满，并在明冒口内撒上发热剂或保温剂后，通过直浇道点注 1～2 次，而不对冒口进行补浇和捣冒口。

2）明冒口直径在 250～600mm，腰圆形明冒口的宽度在 250～500mm 范围时，当浇到冒口 100～250mm 高度后（为冒口高度的 2/5～1/3），直接由冒口上方浇注，直到浇满整个冒口；当明冒口直径或宽度为 250～300mm，且用 15t 钢液包浇注时，也可按方法 1）浇满，再由直浇道点注。

3）铸件上同时设有明冒口和暗冒口，而其冒口顶的水平高度相差不多时可按方法 1）浇注，若水平高度相差较大（400mm 以上），冒口尺寸又符合方法 2）中的范围，则应浇到明冒口的钢液高度高于暗冒口顶 50mm 左右时停浇，此后直接从明冒口上方注满各冒口。

4）直径大于 600mm 的明冒口或宽度大于 500mm 的腰圆形明冒口，造型时，在冒口高度 350～600mm 范围内，设置专用浇道。当冒口被浇到 200～300mm 高度时，在冒口内撒上发热剂或保温剂后，通过专用浇道缓缓补注冒口。

5）对于直径大于 800mm 的明冒口和相应重量的腰圆形明冒口，如条件许可，原则上都应考虑冒口补浇。补浇的步骤是：开始浇注时钢液只浇至冒口高度的 2/3，停留一个较长的时间后，通过冒口的专用浇道向冒口补注钢液到冒口的规定高度。对于直径大于 1200mm 的明冒口，原则上应进行两次补浇，即第一次补浇后再停留一段时间，然后由冒口上方直接补注钢液；对于直径大于 1400mm 的明冒口，最好能进行三次补浇冒口，方法同两次补浇。第二次和第三次补浇钢液量分别是铸件总重量的 4% 和 3%。各次补浇的停留时间可根据图 6-17 查得。

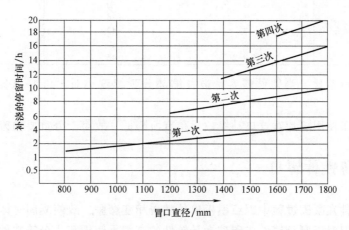

图 6-17　各次补浇的停留时间

6）直径大于 600mm 或宽度大于 500mm 的腰圆形冒口，浇后须由专人捣冒口，直到冒口结皮为止。捣冒口能防止冒口表面过早结皮，是提高冒口补缩效果、减小冒口尺寸、节约钢液的好办法。对补浇钢液的冒口，在补浇前后均需专人捣冒口，捣冒口的时间根据冒口的大小在工艺上规定。

五、易割冒口

为了易于清除冒口，节约切割冒口的劳动量，特别对某些不能采用气割清除冒口的高合金钢铸件（如高锰钢等高合金钢铸件）都采用易割冒口，如图 6-3 所示，其特点是冒口根部有一个隔片。

隔片材料过去多用油砂，近年来则采用耐火材料烧制而成。某厂的隔片成分见表 6-21。

表 6-21　某厂的隔片成分

白泥	水泥	膨润土	耐火砖粉	外加水
15%	50%	10%	15%	10%

注：可外加 12% 水进行混合。

易割冒口的尺寸可根据下述经验公式计算（各符号位置如图 6-18 所示）

冒口直径：$D=(2\sim2.5)T$（补缩长度 $>8T$）；$D=(1.5\sim1.8)T$（补缩长度 $<8T$）。

冒口高度：$H=(1.5\sim1.7)D$（顶冒口）；$H=(2\sim2.2)D$（侧

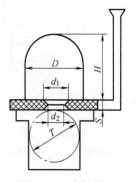

图 6-18　易割冒口

冒口总高度)。

隔片孔径：d_1、$d_2 = (0.35 \sim 0.75) T$（应保证 d_1、$d_2 > 2S$）。

隔片厚度：$S = (0.05 \sim 0.075) D$。

某厂所用隔片尺寸规格见表 6-22。

表 6-22　某厂所用隔片尺寸规格　　　　　　　　　　　　　　（单位：mm）

冒口直径 D	隔片厚度 S	补缩孔直径	
		大端 d_1	小端 d_2
80	6	30	25
100	7	34	30
120	7	40	34
150	8	40	34
180	10~12	46	40

冒口与铸件重量比，当铸件厚实，被补缩部分延续度小时，可取 30% ~ 50%，一般取 15% ~ 30%。

易割冒口由于使用隔片对冒口补缩效果稍有所降低，故对十分重要的铸件不宜采用。

第三节　灰铸铁件冒口

普通灰铸铁件在凝固过程中因石墨析出伴随着相变膨胀，致使凝固时体收缩率不大，故一般不设冒口。但对于厚壁铸件或碳硅含量较低的高牌号铸铁和合金铸铁件，则仍需设置冒口，只是其尺寸比铸钢和球墨铸铁所用的冒口尺寸小。

灰铸铁件冒口尺寸至今还没有完善的计算方法，主要靠经验数据来确定。表 6-23 ~ 表 6-27 为某些工厂的实用数据和确定冒口尺寸的方法，供设计时参考。

表 6-23　某厂灰铸铁件顶明冒口标准（一）

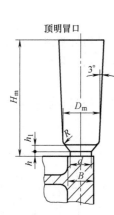

顶明冒口

$d = (0.85 \sim 1) B$

$D_m = (1.36 \sim 2) B$

$H_m = (2.5 \sim 4.5) D_m$

在特殊情况下，H_m 可根据要求而定

d/mm	D_m/mm	h/mm	h_1/mm	R/mm	H_m/mm	重量/kg
30	60	10	14	10	250	7
35	70	10	14	10	250	9
40	75	12	15	12	300	13
45	85	12	15	12	300	16
50	95	15	18	15	350	24
60	110	15	18	15	350	32
70	130	15	18	15	400	50
80	150	20	25	20	450	74
90	160	20	25	20	450	84
100	180	20	25	20	500	118
110	190	25	30	25	550	144
120	210	25	30	25	550	170
130	230	25	30	25	550	204
140	250	30	40	30	600	260
150	260	30	40	30	650	305
160	270	30	40	30	700	365
180	290	35	45	35	750	450
200	320	35	45	35	800	580
220	360	35	45	35	900	830
250	400	40	50	40	1000	1100

表 6-24　某厂灰铸铁件侧明冒口标准

T /mm	C /mm	G /mm	T /mm	C /mm	C₁ /mm	D_m /mm	l /mm	R /mm	M /mm	e /mm	r /mm	H_1 /mm	H_m /mm	重量 /kg
35	22	18	25	40	30	60	20	28	10	3	3	45	200	7
50	26	22	30	50	40	80	25	38	15	3	3	60	250	15
60	36	32	35	60	50	100	30	48	20	3	3	75	300	27
70	48	38	45	70	60	120	35	57	25	4	4	90	350	47
80	52	48	55	80	70	140	40	67	30	4	4	105	400	71
90	61	57	65	90	80	160	45	77	35	4	4	120	450	95
105	70	64	75	100	90	180	50	86	40	5	5	135	500	146
125	80	70	85	120	100	200	55	96	45	5	5	155	550	197
145	85	75	95	130	120	220	60	106	50	5	5	180	600	270
165	90	80	110	140	130	240	65	115	55	6	6	200	650	346
180	100	90	120	150	140	260	70	125	60	6	6	220	700	445
200	105	95	130	160	150	280	75	135	65	6	8	240	750	560
220	110	100	140	170	160	300	80	145	70	6	8	260	800	680

K—K(参考尺寸)

侧明冒口

修出 M×45°

修出 e×45°

$T = (0.8 \sim 1.0)B \quad D_m \geqslant 1.5B$

$H_m \geqslant 2.5D_m \quad C = 1/3D_m$

在特殊情况下，

H_m 可根据要求而定

表 6-25　某厂灰铸铁件顶明冒口标准（二）　　　（单位：mm）

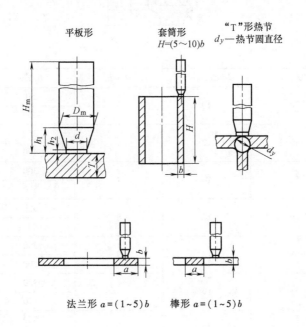

平板形

套筒形
$H=(5\sim10)b$

"T"形热节
d_y—热节圆直径

法兰形 $a=(1\sim5)b$　　棒形 $a=(1\sim5)b$

（续）

D_m	d	h_1	h_2	可补缩铸件最大厚度或热节圆直径		
				平板形 T	套筒形 b T 形 d_y	法兰形 b 棒形 b
40	26	34	7	28	31	34
50	32	40	7	35	38	42
60	39	46	7	42	46	50
70	45	56	10	49	54	59
80	52	63	10	56	61	67
90	58	70	10	63	69	76
100	65	75	10	70	77	84

注：1. 表中所列可补缩铸件最大厚度或热节圆直径是对干型而言，湿型应适当减小。

2. 本表是用模数法求得，其条件如下。

$M_m = 0.64 M_j$，M_m 是冒口模数，M_j 是铸件模数。

$H_m / D_m = 4$，$D_m = 4.5 M_m$。

对于平板，$M_j = 0.5T$，故 $T = 0.7 D_m$ 或 $D_m = 1.44T$。

对于套筒形（取 $H = 10b$），$M_j = 0.455b$，故 $b = 0.77 D_m$ 或 $D_m = 1.31b$。

对于法兰形（取 $a = 0.5b$），$M_j = 0.417b$，故 $b = 0.84 D_m$ 或 $D_m = 1.2b$。

表 6-26　某厂灰铸铁件顶明冒口标准（三）

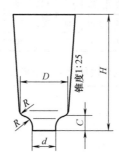

d/mm	D/mm	C/mm	R/mm	H/mm	重量/kg
20	38	10	5	250	3.2
				400	6.5
25	45	12	6	250	4.3
				400	8.5
30	53	14	7	300	7
				500	15
35	60	16	8	300	9
				500	18
40	68	18	9	300	10.5
				500	22
45	75	19	10	300	13
				500	25.5
50	83	20	11	350	18
				500	30

（续）

d/mm	D/mm	C/mm	R/mm	H/mm	重量/kg
55	90	21	12	350	21
				500	34
60	97	22	13	350	24
				500	38
65	105	23	14	350	28
				500	44
70	115	24	15	350	32
				500	51
75	125	26	16	350	38
				500	58
80	135	28	18	350	44
				500	68
90	150	30	20	500	80
100	165	32	22	500	95
110	180	34	24	500	112

注：$d=(0.8\sim1.0)T$，T是热节圆直径。

表 6-27　某厂灰铸铁件侧暗冒口尺寸

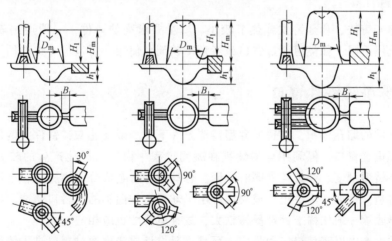

序号	铸型种类	铸件重量/kg	冒口截面积与铸件被补缩部分截面积之比	D_m/mm	h_1/mm	H_1不小于/mm	H_m/D_m	B不小于/mm	冒口颈截面/mm 圆形直径	冒口颈截面/mm 梯形 上底/下底×高	内浇道尺寸/mm 上底/下底×高	单个内浇道面积/cm²
1	湿型	<15	1.0	50 70 90	35 45 50	80	1.5	15	20 25 30	$\dfrac{20}{15}\times18$	$\dfrac{16}{14}\times7$ $\dfrac{18}{14}\times8$	1 1.25
2	湿型	15~60	0.9	70 90 110	45 50 60	80	1.3	15	25 30 40	$\dfrac{24}{18}\times24$	$\dfrac{19}{15}\times9$ $\dfrac{22}{18}\times10$	1.5 2

（续）

序号	铸型种类	铸件重量/kg	冒口截面积与铸件被补缩部分截面积之比	D_m/mm	h_1/mm	H_1不小于/mm	H_m/D_m	B不小于/mm	冒口颈截面/mm 圆形直径	梯形 上底/下底×高	内浇道尺寸/mm 上底/下底×高	单个内浇道面积/cm²
3	干型	60	0.7	90 110 130	50 60 70	80	1.1	20	30 40 50	$\frac{28}{22}\times28$	$\frac{12}{8}\times20$ $\frac{15}{9}\times25$	2 2
4	干型	300	0.6	110 130 150	60 70 80		1.0	25	40 45 50	$\frac{37}{28}\times40$	$\frac{16}{10}\times30$ $\frac{18}{12}\times35$	4 5
5	干型	>1500	0.5	130 150 200	70 80 90		0.9	30	45 50 60	$\frac{40}{30}\times42$	$\frac{16}{10}\times30$ $\frac{18}{12}\times35$	4 5

注：1. 每一序号中冒口直径有三个数值，选择时，主要是根据冒口截面积与铸件被补缩部分截面积的比值是否符合表列的比值来决定。

2. 冒口颈总截面积应比内浇道总截面积大（至少为 1.8 倍）。内浇道以切线引入暗冒口为宜。

3. 为了防止暗冒口对浇道（内、横、直浇道）进行补缩，内浇道应尽量扁薄，在浇注后不久即可凝固。

4. 直浇道、横浇道尺寸可按下列比例决定：一般铸件为 $F_内:F_横:F_直=1:1.15:1.25$；重要铸件为 $F_内:F_横:F_直=1:(1.5\sim2):2$。

对于高牌号铸铁、合金铸铁或热节较小、质量要求高的铸件，一般选用表中数值的上限，反之则选用下限，如浇道通过冒口或者带冷铁配合使用，冒口尺寸也选用下限。

第四节 球墨铸铁件冒口

球墨铸铁件的缩孔体积，在普通砂型铸造条件下，一般要比灰铸铁件大两倍以上，与碳钢相近，故都设置冒口。但利用球墨铸铁在凝固过程中由于石墨化产生的较大的收缩前膨胀，采取提高铸型刚度、保证铸件同时凝固、合理选择合金成分等措施后，有可能实现小冒口或无冒口铸造。例如：不少工厂成功地应用了球墨铸铁曲轴的无冒口铸造。实践证明，镁球墨铸铁的体收缩一般比稀土镁球墨铸铁大，故冒口尺寸也应相应增大。

球墨铸铁生产中以暗冒口应用最广，而且一般设计成浇道通过冒口进入铸件的浇冒口系统，以利补缩。

球墨铸铁件常用的冒口形式见表 6-28。球墨铸铁件冒口的水平补缩距离见表 6-29。

对一些轴类铸件，可不考虑表 6-29 中所述的补缩距离，而采取某些措施后只用一个冒口。对采用多冒口补缩的铸件，要注意充分发挥各冒口的补缩作用。

球墨铸铁件的冒口尺寸可按如下方法计算。

1）热节圆法。根据热节处的热节圆直径确定冒口各部分的尺寸，见表 6-28。

2）经验公式。有些零件根据生产资料总结出经验公式。对球墨铸铁高压法兰处的冒口，可用以下经验公式计算。

冒口直径 $D_m=KT$

冒口高度 $H_m = (1 \sim 1.2)D_m$

暗冒口颈 $A = 1.5T$ （表6-28暗冒口图）

式中，T 是铸件法兰厚度；K 是经验系数，由图6-19确定。

表 6-28 球墨铸铁件常用的冒口形式

明冒口	暗冒口	半球状暗冒口	环形冒口
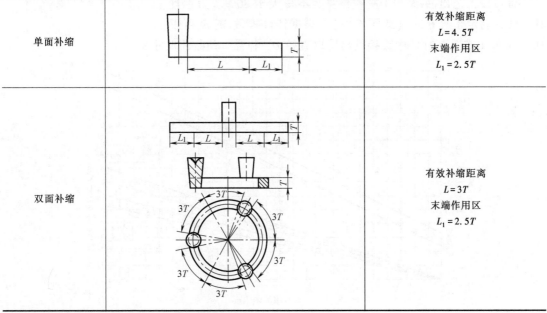			
$D_m = (1.2 \sim 3.6)d_y$ $H_m = (1.2 \sim 2.5)D_m$ $B = (0.4 \sim 0.7)D_m$ $h = (0.3 \sim 0.35)D_m$	$D_m = (1.2 \sim 3.5)d_y$ $H_m = (1.2 \sim 1.5)D_m$ $A = (0.8 \sim 0.9)d_y$ $S_1 = (0.8 \sim 1.2)d_y$ $L = (0.3 \sim 0.35)D_m$ $h = (0.4 \sim 0.5)D_m$ $R = (0.5 \sim 0.7)D_m$ $S = \dfrac{3}{4}D_m$	$H_m = (1.5 \sim 4)b$ $D_m = 2H_m$ $\alpha = 30° \sim 40°$ $\phi = 25 \sim 35mm$ $R = (0.25 \sim 0.4)H_m$	$H_m = (0.5 \sim 1)H$ $b_m = (1.5 \sim 2.5)b_j$ α 取值如下 $H_m = 0.5H \quad \alpha = 30°$ $H_m = 0.8H \quad \alpha = 40°$ $H_m = H \quad \alpha = 60°$

注：1. 一般壁厚的铸件可取 $D_m = d_y + 50mm$。
　　2. 圆柱体、立方体等补缩条件好，$D_m = (1.2 \sim 1.5)d_y$。

表 6-29 球墨铸铁件冒口的水平补缩距离

单面补缩		有效补缩距离 $L = 4.5T$ 末端作用区 $L_1 = 2.5T$
双面补缩		有效补缩距离 $L = 3T$ 末端作用区 $L_1 = 2.5T$

注：用于壁厚>50mm 的铸件时，L 值比规定值要增大。

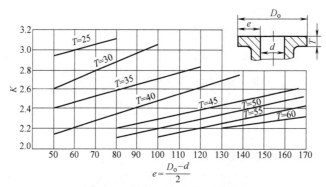

图 6-19 确定经验系数 K 的图表

3）模数法。下面介绍某厂用模数法计算球墨铸铁件冒口的方法。

冒口直径的计算公式为

$$D_m = 4.6M_j + B \tag{6-6}$$

式中，D_m 是冒口直径（cm）；M_j 是铸件模数（cm）；B 是经验常数，当采用侧冒口且铁液经过冒口浇入型腔时取 2.5～3.5，上限适用于快浇，下限适用于慢浇。

冒口颈模数为铸件模数的 0.7～0.8 倍，过大或过小都可能使铸件在冒口颈处产生缩松。

冒口颈的截面最好为梯形，也可以为圆形或正方形。

冒口颈的长度为冒口直径的 0.25～0.3 倍，过长则补缩困难；过短则将使颈部砂层过热，导致产生缩松。

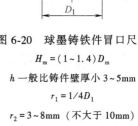

球墨铸铁件冒口尺寸，如图 6-20 所示。冒口窝有时可以不做出。冒口高度也可按照铸件高度来确定，最好能超过铸件高度。

冒口按工艺出品率 70% 左右核算，不得大于 80%。为了计算方便，制定了表 6-30（或图 6-21）。根据铸件模数 M_j 就可以从表 6-30（或图 6-21）中直接查出冒口直径 D_m 和冒口颈截面尺寸 a。

图 6-20 球墨铸铁件冒口尺寸

$H_m = (1～1.4)D_m$

h 一般比铸件壁厚小 3～5mm

$r_1 = 1/4D_1$

$r_2 = 3～8mm$（不大于 10mm）

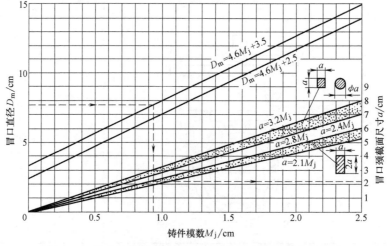

图 6-21 按铸件模数确定冒口直径和冒口颈截面尺寸的图

表 6-30 球墨铸铁件冒口尺寸 （单位：cm）

铸件模数 M_j	冒口直径 D_m		冒口颈截面尺寸 a	
	慢浇时	快浇时	正方式或圆形	$2a \times a$ 矩形
0.50	4.8	5.8	1.4~1.6	1.1~1.2
0.55	5.0	6.0	1.5~1.8	1.2~1.3
0.60	5.3	6.3	1.7~1.9	1.3~1.4
0.65	5.5	6.5	1.8~2.1	1.4~1.6
0.70	5.7	6.7	2.0~2.2	1.5~1.7
0.75	6.0	7.0	2.1~2.4	1.6~1.8
0.80	6.2	7.2	2.2~2.5	1.7~1.9
0.85	6.4	7.4	2.4~2.7	1.8~2.1
0.90	6.6	7.6	2.5~2.9	1.9~2.2
0.95	6.9	7.9	2.7~3.0	2.0~2.3
1.00	7.1	8.1	2.8~3.2	2.1~2.4
1.05	7.3	8.3	2.9~3.4	2.2~2.5
1.10	7.6	8.6	3.1~3.5	2.3~2.6
1.15	7.8	8.8	3.2~3.7	2.4~2.8
1.20	8.0	9.0	3.4~3.8	2.5~2.9
1.25	8.3	9.3	3.5~4.0	2.6~3.0
1.30	8.5	9.5	3.6~4.2	2.7~3.1
1.35	8.7	9.7	3.8~4.3	2.8~3.2
1.40	8.9	9.9	3.9~4.5	2.9~3.4
1.45	9.2	10.2	4.1~4.6	3.0~3.5
1.50	9.4	10.4	4.2~4.8	3.2~3.6
1.55	9.6	10.6	4.3~5.0	3.3~3.7
1.60	9.9	10.9	4.5~5.1	3.4~3.8
1.65	10.2	11.2	4.6~5.3	3.5~4.0
1.70	10.3	11.3	4.8~5.4	3.6~4.1
1.75	10.6	11.6	4.9~5.6	3.7~4.2
1.80	10.8	11.8	5.0~5.8	3.8~4.3
1.85	11.0	12.0	5.2~5.9	3.9~4.4
1.90	11.2	12.2	5.3~6.1	4.0~4.6
1.95	11.5	12.5	5.5~6.2	4.1~4.7
2.00	11.7	12.7	5.6~6.4	4.2~4.8
2.05	11.9	12.9	5.7~6.6	4.3~4.9
2.10	12.2	13.2	5.9~6.7	4.4~5.0
2.15	12.4	13.4	6.0~6.9	4.5~5.2
2.20	12.6	13.6	6.1~7.0	4.6~5.3
2.25	12.8	13.8	6.3~7.2	4.7~5.4
2.30	13.1	14.1	6.4~7.4	4.8~5.5
2.35	13.3	14.3	6.6~7.5	4.9~5.6
2.40	13.5	14.5	6.7~7.7	5.0~5.8
2.45	13.8	14.8	6.8~7.8	5.1~5.9
2.50	14.0	15.0	7.0~8.0	5.3~6.0

第五节 冷铁

冷铁的作用归纳如下：

1）采用冷铁可以减小冒口尺寸，提高铸件的工艺出品率。

2）在铸件难以设置冒口的部位，尤其在铸件局部肥厚的凸出部位，放置冷铁可以防止缩孔、缩松。

3）在局部部位使用冷铁可以控制铸件的顺序凝固，增加冒口的补缩距离，如齿轮轮缘上两个冒口之间放置适当的外冷铁，可以造成更加有利的顺序凝固。

4）使用冷铁可以消除局部热应力，防止裂纹，如在铸件壁与筋的交接处设置冷铁可以达到防止裂纹的效果。

在实际生产中，冷铁分为内冷铁和外冷铁两种。内冷铁是留在铸件中的，有时在机械加工时除去；外冷铁则设置在铸件外壁，一般在落砂时就脱离铸件。

一、外冷铁

使用外冷铁应注意如下几点：

1）外冷铁紧贴铸件表面的地方应光洁，除去锈污等各种污物，有时还要刷涂料。

2）设在铸钢件外侧的外冷铁应带有一定的斜度（如45°），以免型砂和冷铁分界处冷却速度差别过大而造成裂纹的危险性。图6-22a所示的形式是不适当的，应做成图6-22b、c所示的形式。对铸铁、有色合金铸件，图6-22所示的形式均可使用；

3）外冷铁边缘与砂型相接处不宜有尖角砂（图6-23所示 a 处），应设法做成图6-23所示 b 处的形式。因为砂的尖角在浇注时易于冲毁和剥离，造成砂眼等缺陷。

a)　　　　　b)　　　　　c)

图 6-22 外冷铁形式

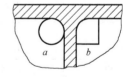

图 6-23 圆角处冷铁形式

4）选择外冷铁的厚度是极为重要的。太薄的外冷铁只在凝固初期发生微弱的激冷作用，甚至与铸件熔合在一起。外冷铁过厚则导致铸件易裂。冷铁各部分尺寸可参照表6-31和表6-32选择。外冷铁壁厚一般为铸件壁厚的 0.5~0.7 倍或为搭子厚度的 0.8 倍左右。有时对圆钢冷铁，可取直径接近铸件的壁厚。

表 6-31 外冷铁各部分尺寸 （单位：mm）

冷铁形状	直径或厚度	长 度	间 距
圆柱形	$d<25$	100~150	12~20
	$d=25~45$	100~200	20~30
板形	$B<10$	100~150	6~10
	$B=10~25$	150~200	10~20
	$B=55~75$	200~300	20~30

表 6-32　几种常用外冷铁的安放位置和尺寸

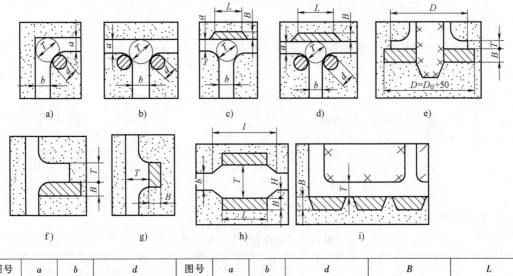

图号	a	b	d	图号	a	b	d	B	L
a)	<25	<25	$(0.5\sim0.8)T$	c)	<20	>20		$(0.5\sim0.6)a$	$(2.5\sim3)b$
	>25	>25	$(0.5\sim0.8)T$		<20	<20	—	$(0.5\sim0.6)a$	$(2\sim2.5)b$
	<25	>25	$(0.4\sim0.6)T$		>20	>20		$(0.6\sim0.8)a$	$(2.5\sim3)b$
					>20	<20		$(0.6\sim0.8)a$	$(2\sim2.5)b$
b)	<20	>25	$(0.5\sim0.6)T$	d)	<20	>20	$(0.4\sim0.5)T$	$(0.3\sim0.4)a$	$(2.5\sim3)b$
	<20	<25	$(0.3\sim0.4)T$		<20	<20	$(0.3\sim0.4)T$	$(0.4\sim0.5)a$	$(2\sim2.5)b$
	>20	>25	$(0.5\sim0.6)T$		>20	>20	$(0.4\sim0.5)T$	$(0.5\sim0.6)a$	$(2.5\sim3)b$
	>20	<25	$(0.3\sim0.4)T$		>20	<20	$(0.3\sim0.4)T$	$(0.5\sim0.6)a$	$(2\sim2.5)b$

图号	T	B	图号	T	B	L	备注
e)	<20	$(0.4\sim0.5)T$	h)	$40\sim70$	$(0.3\sim0.4)T$	$(2.5\sim3.0)T$	B 应大于 H，否则应加大系数 $T>90$mm 时，用内冷铁配合
	$20\sim40$	$(0.5\sim0.6)T$		$71\sim90$	$(0.4\sim0.5)T$	$(2.0\sim2.5)T$	
	>40	$(0.6\sim0.8)T$		>90	$(0.5\sim0.6)T$	$(1.0\sim2.0)T$	
f) g)	<20	$(0.5\sim0.6)T$					
	$20\sim40$	$(0.6\sim0.8)T$	i)			$B=(0.5\sim0.7)T$	
	>40	$(0.8\sim1.0)T$					

注：1. 板形外冷铁不易过厚，铸铁件用的不超过 70mm，铸钢件用的不超过 80～100mm。

2. 当铸件内角半径 $R<15$mm 时，可用圆柱形外冷铁；当 $R>15$mm 时要用成形外冷铁，以免在冷铁边缘造型时形成尖角、浮砂。

3. 厚大的板形外冷铁的四周应做成 45°斜度（图 c、d），以免因冷铁与砂型交界处冷却速度差别太大而产生裂纹。

4. 对于凸台上用的冷铁（图 f、h），当 $T>80$mm，冷铁厚度取小值，以免产生裂纹；当 $l<150$mm 时，L 可等于 l，当 $l>150$mm 时，L 按表中数字计算。

5）铸铁与有色合金铸件使用的外冷铁尺寸见表 6-33。黄铜和无锡青铜件可用一般铸铁外冷铁，锡青铜件则用石墨外冷铁。外冷铁一般都需要去锈，上涂料。涂料可分别采用松香酒精、炭灰水、机油、亚麻油、桐油砂（涂桐油后撒石英砂）等。

有时可采用导热性良好的造型材料代替形状复杂的外冷铁，如锆砂、镁砂、铁屑、铁丸、碳素砂、碳化硅（金刚砂）等。生产中还采用一种暗冷铁（隔砂冷铁）用以减缓冷却速度，防止裂纹，其形式和尺寸见表 6-34。

表 6-33　铸铁与有色合金铸件使用的外冷铁尺寸　　　　　　（单位：mm）

序号	适用场合			外冷铁厚度 B
1	一般灰铸铁上的外冷铁			$B = (0.25 \sim 0.35)T$
2	质量要求较高的灰铸铁件上的外冷铁			$B = 0.5T$
3	球墨铸铁件上的外冷铁			$B = (0.3 \sim 0.8)T$
4	可锻铸铁件上的外冷铁			$B = 1.0T$
5	铝、镁合金铸件上的外冷铁	铸件平均壁厚/δ	≤10	$T < 2\delta$　　$B = 8 \sim 12$
				$T > 2\delta$　　$B = 1.0T$
				$T > 3\delta$　　须与冒口配合使用
			>10	$T < 2.5\delta$　$B = (0.8 \sim 1.0)T$
				$T > 2.5\delta$　须与冒口配合使用
6	铜合金铸件上的外冷铁	冷铁材料	铸铁	$B = (1.0 \sim 2.0)T$
			铜	$B = (0.6 \sim 1.0)T$

注：T 是铸件热节圆直径。

表 6-34　暗冷铁的形式和尺寸　　　　　　（单位：mm）

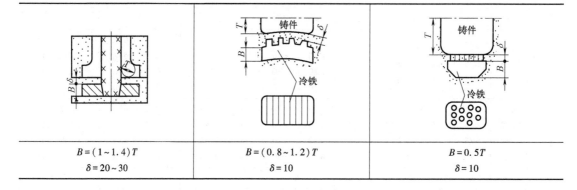

$B = (1 \sim 1.4)T$	$B = (0.8 \sim 1.2)T$	$B = 0.5T$
$\delta = 20 \sim 30$	$\delta = 10$	$\delta = 10$

二、内冷铁

　　内冷铁在浇注后熔合于铸件中，因此，内冷铁材料应与铸件材料相同或相近。

　　内冷铁的激冷作用比外冷铁大得多，故用量要适当。如果内冷铁的重量小于实际所需的重量，其作用就较差，不能有效地消除缩孔、缩松。如果重量过大，则不能很好地熔合，影响铸件的力学性能，严重时引起铸件裂纹。内冷铁的重量可用如下经验公式进行估算。

$$G_{冷} = 0.28(G_2 - G_1) \tag{6-7}$$

式中，$G_{冷}$ 是内冷铁重量（kg）；G_2 是铸件厚处重量（kg）；G_1 是铸件薄处重量（kg）；0.28 是换算系数。

　　表 6-35 列出了几种常用的内冷铁形式和尺寸。

　　使用内冷铁应注意如下几点：

　　1）使用前，内冷铁要经喷砂或喷丸处理，以除去表面铁锈和油污，必要时可镀锡或锌以防止氧化。

　　2）当砂型放好内冷铁后，一般应在 3~4h 内浇注，防止内冷铁上聚集水分而使铸件产生气孔。对于放有大量内冷铁的铸型，浇注前，用煤气加热铸型去除内冷铁表面水分。内冷铁在铸型中要固定牢固。

表6-35 几种常用的内冷铁形式和尺寸

丁字或十字接头　　螺旋冷铁　　格子冷铁

丁字或十字接头

D	d	内冷铁数
30	7~10	
40	10~13	
50	13~16	1
60	16~20	
	18~23	
	20~26	
70		
80	10~17	3
90	13~17	
100		

螺旋冷铁

D	D_1	d	t	φ	n
20	10	1~1.5	6~9	3	
30	10	2~2.5	6~15	4	1
40	20	2~2.5	6~15	4	
50	25	3~4	15~22	6	
60	25	3~4	15~22	6	
70	40	3~4	15~22	6	
80~90	40	5~6	30~38	8	2
100	50	5~6	30~38	10	
110	50	5~6	30~38	12	
120~130	60	5~6	30~38	12	
140~150	60	5~6	30~38	12	

格子冷铁

D	d	t_1	t_2	t_3	要求不高时 S_1、S_2	要求不高时 S_3	要求较高时 S_1、S_2	要求较高时 S_3
150	10	50	50	50	30~40	40	40~50	60
150	12				36~48		48~60	
200	12	60	70	80	36~48	50	48~60	60
300	16	70	80	90	48~64	75	64~80	80
400	16	80	110	150	48~64	80	64~80	80
500	16	100	150	200	48~64	100	64~80	100
500	20				60~80		80~100	
600	16	120	180	240	48~64	120	64~80	120
600	20				60~80		80~100	
800	16	120	190	270	48~64	160	64~80	160
800	20				60~80		80~100	
1000	20	130	200	300	60~80	200	80~100	200
1000	25				75~100		100~125	
1001~2000	25	150	250	350	75~100	$\frac{15}{100}D$	100~125	$\frac{15}{100}D$

待加工的孔

D	d
20	8~10
30	12~15
40	16~20
50	21~25
60	26~30
80	35~40

注:表中 D 是放螺旋冷铁处的热节圆直径,图未标;n 是直径为 φ 的铁棒根数

注:冷铁重量占铸件热节部分重量的百分数可控制在如下范围:砧座类铸件6%~7%;机架类铸件4%~5%;垫圈和压铁等要求不高的铸件8%~10%

3）对壁厚较薄的铸件一般不放内冷铁,对承受高温、高压和质量要求很高的铸件,也不宜放内冷铁。

4）在放内冷铁铸件的正上方,应开设出气孔,如上方是暗冒口,冒口上的出气孔也应增大一些。

5）采用栅状内冷铁时,单根冷铁不宜超过 φ30mm。

6）需要加工的铸件,内冷铁在加工后不得暴露,以免影响铸件的力学性能。

三、铸铁件用冷铁

1. 外冷铁

1）铸铁件用外冷铁可以用钢、铸铁、石墨、铜、镁砂、碳素砂等材料。根据需激冷部位形状,可以制造成形冷铁。

2）外冷铁的适用范围及经验数据见表6-36。

表 6-36　外冷铁的适用范围及经验数据

序号	适 用 范 围	外冷铁厚度 B
1	机床导轨面	$(0.25 \sim 0.3)T$
2	一般铸件	$(0.3 \sim 0.35)T$
3	高质量铸件(普通外冷铁)	$0.5T$
4	高质量铸件(点接触型外冷铁)	$0.5T$
5	高质量铸件(隔砂外冷铁,隔砂层厚 10mm)	$(0.8 \sim 1.2)T$
6	球墨铸铁件、可锻铸铁件	$(0.3 \sim 0.8)T$
7		$1.0T$

注：T 是铸件被激冷处的厚度。

外冷铁尺寸、排列间隙参数值见表 6-37。

表 6-37　外冷铁尺寸、排列间隙参数值

外冷铁形状	外冷铁直径或厚度	外冷铁长度	外冷铁排列间隙
圆柱形	<25	$100 \sim 150$	$12 \sim 20$
	$25 \sim 45$	$100 \sim 200$	$20 \sim 30$
板形	<10	$100 \sim 150$	$6 \sim 10$
	$10 \sim 25$	$150 \sim 200$	$10 \sim 20$
	$25 \sim 70$	$200 \sim 300$	$20 \sim 30$

注：1. 非隔砂的外冷铁表面要求光滑平整、无孔洞、无裂纹、无锈。
　　2. 一般板形外冷铁的四周做成 45° 斜角，以免冷铁与砂型交界处冷却速度差别太大而产生热应力。
　　3. 外冷铁必须与冒口配合使用。

2. 内冷铁

1）铸铁件用内冷铁常用低碳钢制成，要求无锈，最好镀锡或镀锌，用前存放在烘箱中。

2）内冷铁使用经验参数见表 6-38。

表 6-38　内冷铁使用经验参数

铸件类型	内冷铁重量/铸件重量(%)	内冷铁直径/mm
大型铸件(如砧座,锤头等)熔接内冷铁较有利,铸件上某些不重要部位,不宜多加内冷铁的铸件	$8\% \sim 10\%$	$19 \sim 30$
	$6\% \sim 7\%$	$15 \sim 19$
	$2\% \sim 5\%$	$5 \sim 15$

注：内冷铁直径可以 $(1/4 \sim 1/10)T$（热节圆直径）核验，当 $T>90$mm 时，内冷铁以 $3 \sim 5$ 根圆钢组成，其总直径 $\approx 1/4T$。

第七章

铸型合箱与铸件清理

第一节 抬箱力和压铁

合箱是铸型制造的最后一道工序操作,也是铸造生产中最重要的工序之一。它关系到铸件的质量和下一道工序操作,如落砂、清理以及机械加工等。所以在铸造生产中,即使铸型和砂芯的质量很好,但合箱不符合要求,也会导致铸件产生各种严重缺陷,甚至报废。

合箱时需要对铸型、砂芯质量进行检验,并用检验样板检查砂芯在铸型中的位置及铸件的壁厚,清理砂芯的芯头出气孔,安装芯撑和冷铁,最后铸型精整。

合箱后浇注液体金属,充满整个型腔,上半部分铸型将受到液体金属的上压力,这个力将上砂型抬起,金属液从分型面缝隙中流出,产生"跑火"或抬箱(涨箱)现象。因此铸型合箱后、浇注前必须在铸型上面放置压铁,或采用特制的夹紧装置(如箱卡、螺栓等)。

为了确定压铁的重量或夹紧装置的强度,应事先计算出液体金属充满铸型时的上抬力(抬箱力)大小。它包括金属液直接作用于上型的压力和金属液对砂芯的浮力,后者是通过砂芯头或芯撑传递给上型的。

因此,作用于上型的总抬箱力为

$$P_{总} = P_{型} + P_{芯}$$

式中,$P_{总}$ 是金属液作用于上型的总抬箱力;$P_{型}$ 是金属液直接作用于上型的压力;$P_{芯}$ 是砂芯所受的浮力并传递给上型。

一、金属液直接作用于上型的压力

如图 7-1 所示,取 a—a 面,这时在 a—a 面上单位面积压力(压强)为

$$P = h\gamma_{液}$$

式中,P 是在 a—a 面上的压强(kPa);$\gamma_{液}$ 是液体金属的密度(kg/dm³);h 是 a—a 面至浇口杯液面的高度(dm)。

所以 a—a 面上单位面积所受到的压力 P 等于 a—a 面以上液柱 h 与液体金属密度的乘积。根据液体压力传递原理,这个大小不变的单位压力传递到各个方向,所

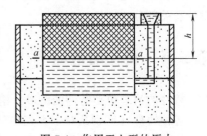

图 7-1 作用于上型的压力

以作用于上型 $a—a$ 面处的压力应为

$$P_{型} = F_{型} h\gamma_{液}$$

式中，$F_{型}$ 是上型型腔顶面的水平投影面积（dm^2）。

从上式看出，作用于上型的压力等于型腔顶面上金属液总重，如图 7-1 所示阴影部分的液重。

二、砂芯所受的浮力计算

由物理学原理，任何物体在液体中受到的浮力等于排出同体积液体的重量（阿基米德原理）。如图 7-2 所示，铸型浇注后，砂芯被液体金属包围，受到浮力作用，此浮力通过砂芯头或芯撑传递给上型，其大小等于砂芯排开液体金属所需的力，即

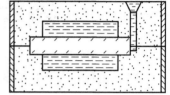

$$P_{芯} = V_{芯} \gamma_{液}$$

式中，$V_{芯}$ 是被金属液所包围的那部分砂芯体积（dm^3）。

图 7-2　砂芯所受的浮力

砂芯受到浮力作用，如果刚度不够，就会使砂芯变形，影响铸件的内腔尺寸，因此砂芯必须有足够的刚度，或用芯撑增加砂芯的辅助支点防止变形，使砂芯头固定更为牢固；另一方面这个浮力将通过芯头作用到铸型上，产生抬箱力，如果芯头尺寸太小，铸型抗压强度太低，也会使芯头或铸型压坏，这些在进行铸型工艺设计时也须加以考虑。

三、实际抬箱力计算

上述分析向上的总抬箱力是由金属液的上压力和浮力合成的，但上型本身重量以及砂芯重量是抵消抬箱力的，应从总抬箱力中减去，所以实际作用于上型的抬箱力为

$$P_{抬} = P_{型} + P_{芯} - (G_{型} + G_{芯})$$
$$P_{抬} = F_{型} h\gamma_{液} + V_{芯} \gamma_{液} - (G_{型} + G_{芯})$$

式中，$P_{抬}$ 是实际作用于上型的抬箱力（N）；$G_{型}$ 是上型重量（N）；$G_{芯}$ 是砂芯重量（N）。

这里仅考虑了充满金属液时的静压力，实际还有浇注动压力的作用以及由于浇注系统、分型面上产生的飞边等，增加金属液静压力作用面积，使抬箱力增加。动压力作用与许多因素有关，如铸型有无通气孔、冒口以及浇包距浇口杯高度和浇注速度大小等。为了安全起见，考虑动压力及其他因素的作用，可以在计算出的抬箱力的基础上再增加 30%～50% 来选择压铁重量，即

$$P_{压} = (1.3 \sim 1.5) P_{抬}$$

或者选用适当直径的螺栓或卡子将砂箱紧固。有关砂箱紧固装置设计参看第十二章砂箱设计有关部分。

第二节　铸件的清理

铸件的清理包括铸件的落砂、清砂、浇冒口割除、表面清理、缺陷修补等工作。

各种铸件（特别是对于大型单件生产）由于形状复杂程度不同，大小不同，要实现清理机械化比较困难，因此铸件的清理一直是铸造生产中最薄弱的环节之一。

各种清理方法及适用范围见表 7-1。

表 7-1 各种清理方法及适用范围

清理工序	清理方法	适 用 范 围
落砂和清理	机械落砂除芯	中、小型铸钢、铸铁件的落砂、除芯
	水爆清理	多用于大、中、小型合金钢铸件，较少用于铸铁、有色合金铸件清砂
	水力清理	多用于较大铸件的表面清理
	喷抛丸联合清理	多用于大、中型铸钢、铸铁件清理
切割	氧乙炔气割	大、中、小型铸钢、球墨铸铁件的切割
	电弧气刨	大、中、小型合金钢铸件，大、中、小型铸铁件飞边的切割
	机械切割	中、小型铸铁，有色合金铸件浇冒口、飞边的切割
表面清理	滚筒清理	小型铸钢、铸铁件的清理
	喷丸清理	大、中、小铸钢、铸铁件的清理
	抛丸清理	大、中、小铸钢、铸铁件的清理
	喷抛丸联合清理	大、中型铸钢、铸铁件的清理
	振动性清理	有色合金铸件的清理
	电化学清理	液压铸铁件清理
	液体抛光	精密铸件的抛光
表面铲磨	风铲	大、中、小型铸件的铲修
	砂轮机	大、中、小型铸件的磨光
	电弧气刨	大、中、小型铸钢、铸铁件的补刨
矫正	液压机	大、中型铸钢、可锻铸铁件的矫正
	摩擦压力机	中、小型可锻铸铁件的矫正
	热矫	大、中型铸钢件的矫正
缺陷焊补	交直流电焊	大、中、小型铸件的焊补
	电渣焊	大、中型铸钢件的焊补
	二氧化碳保护焊	大型铸钢件的焊补
	环氧树脂贴补法	大、中、小型铸件的表面贴补
	氧乙炔焊补	大、中、小型薄壁铸铁件的焊补
	真空补漏	要求耐高压的有色合金、铸钢、铸铁件补漏

一、铸件的落砂

铸件的落砂分手工、机械两种。手工落砂生产率低，砂箱寿命短，粉尘多，温度高，劳动条件差。凡有条件的工厂应尽量采用机械落砂。

对于大重型铸件进行工艺设计时需计算从铸型中取出铸件时所需的起吊力，以便核算起重机起吊能力；以及设计铸件吊运所用的吊把及吊孔；并对各种铸件正确选择落砂温度和冷却时间。

1. 起吊力

当铸件从砂型中取出时，要计算铸件所受的起吊力（提升重力），必须考虑如下几方面因素。

铸件本身带浇冒口的重量，与铸件一起取出的砂芯重量，铸件与砂型间的黏着力或黏结力以及浇注系统或冒口上面所带型砂层的重量。

起吊力 G 可用如下公式表示，即

$$G = G_1 + G_2 + G_3 + G_4$$

式中，G_1 是带浇冒口的铸件重量（N）；G_2 是与铸件同时取出的砂芯重量（N），砂芯密度取 $1.6×10^3 kg/m^3$；G_3 是铸件与砂型间的黏结力（N）；G_4 是浇注系统或冒口上所带型砂层的重量（N）。

决定铸件与砂型间黏结力时要考虑如下几种情况：

1）一般铸件。有造型斜度的黏结强度取 0.03MPa；铸件有 1：10 的斜度或更大的斜度，如一些高炉铸件等其黏结强度取为 0.02MPa。

2）大平面铸件。要考虑铸件下表面与砂型黏结力，这种黏结强度取 0.005MPa。

3）铸件侧表面有凸台或沟槽并用砂芯做出时，一般要求此砂芯同时与铸件取出，故侧表面黏结强度增大为 0.005MPa。

在计算时，取浇冒口系统上面型砂层厚度为 300mm，其长度为横浇道长度，型砂密度 $1.6×10^3 kg/m^3$。

2. 铸件的吊把及吊孔

设计大重型铸件工艺时，要考虑铸件的吊运问题。如铸件结构便于吊运，强度足够可不设计吊把及吊孔；否则需另设计吊把或吊孔。吊把尺寸和吊孔处铸件的局部强度要根据起吊力或经验值确定和验算。

（1）铸钢件的吊运　铸钢件从砂型中取出进行水爆清理，一般都起吊冒口，因此总重超过 2000kg、冒口直径大于 350~400mm 的铸钢件，每个冒口上均需铸出吊把，并将吊把放在小于或等于冒口 1/2 的高度处。冒口吊把的具体尺寸见表 7-2。

表 7-2　冒口吊把的具体尺寸

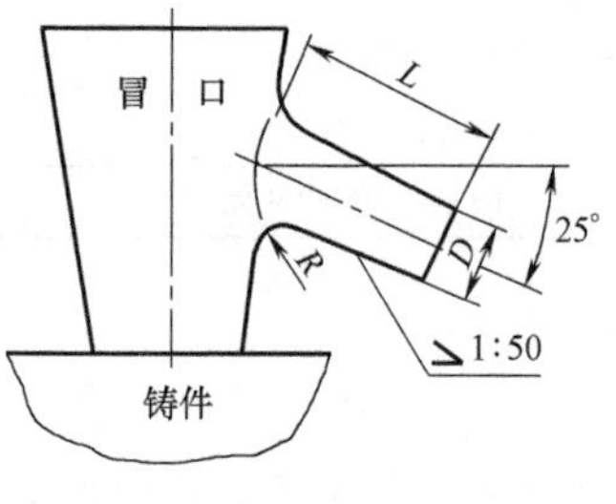

	吊把号	D/mm	L/mm	R/mm	每个吊把起重量/10^3kg
	1	70	120	25	≤5
	2	90	120	25	6~10
	3	110	150	25	11~20
	4	130	150	25	21~30
	5	170	200	30	31~50
	6	230	200	35	51~100
	7	280	200	35	101~150

对于结构形状不易起吊的铸钢件，需在铸钢件上铸出 2~4 个吊把，Ⅰ型吊把和Ⅱ型吊把的具体尺寸见表 7-3 和表 7-4。铸钢件吊把型腔中使用内冷铁者，其起重量取最大允许值的 75%~80%。

（2）铸铁件的吊运　铸铁件整铸吊钩见表 7-5。

3. 铸件落砂温度和冷却时间的选择

铸件在浇注后凝固并冷却到一定温度后才能落砂。

在铸件温度过高的情况下落砂，则会因铸件在空气中冷却速度加快，使铸件中产生较大的温度差，易引起裂纹和变形等缺陷。

表 7-3 Ⅰ型吊把的具体尺寸

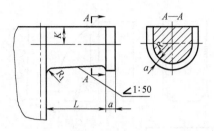

吊把号	R/mm	K/mm	L/mm	a/mm	R_1/mm	每个吊把起重量/$\times 10^3\,\text{kg}$
1	35	35	140	30	25	≤5
2	45	45	140	30	25	6~10
3	55	55	140	30	25	11~20
4	65	65	140	40	25	21~30
5	85	85	240	50	45	31~50
6	115	115	240	50	45	51~100
7	140	140	240	50	50	101~150

表 7-4 Ⅱ型吊把的具体尺寸

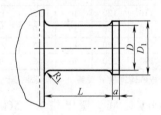

D/mm	D_1/mm	L/mm	a/mm	R_1/mm	每个吊把起重量/$\times 10^3\,\text{kg}$
70	110	140	20	25	≤5
90	130	140	20	25	6~10
110	150	140	20	25	11~20
130	190	140	20	30	21~30
170	230	240	30	35	31~50
230	290	240	30	40	51~100
280	340	240	30	50	101~150

在铸件温度过低的情况下落砂也无必要，因为铸件冷却到一定温度之后，加快冷却速度对产生上述缺陷的影响很小或没有影响，相反将影响到型砂和工艺装备的周转，使得铸件生产周期延长，影响了生产率，在机械化生产和采用地坑造型生产大型铸件方面尤其凸出。因此，在机械化生产和浇注大铸件时更需要明确铸件的落砂温度。

根据实际生产经验，一般铸件的落砂温度取决于铸件的复杂程度、重量、大小、合金种类等。

表 7-5 铸铁件整铸吊钩

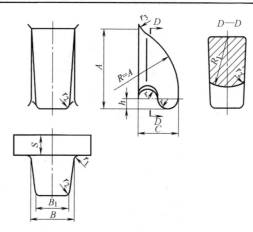

每个吊钩允许起重量/kg	A /mm	B /mm	B_1 /mm	C /mm	R_1 /mm	r /mm	r_1 /mm	r_2 /mm	r_3 /mm	h /mm	$D—D$ 的面积 F /cm^2
400	80	25	20	40	30	12	8	3	5	5	12
600	100	30	25	50	40	15	10	5	5	5	16
1000	120	40	30	60	50	18	12	5	8	8	24
1500	140	50	40	70	60	20	15	8	10	8	39
2500	160	60	50	80	80	22	18	10	15	10	60
4500	190	80	60	90	100	25	20	15	20	10	95
6500	220	100	80	110	120	30	25	15	25	15	145
9000	250	120	100	130	150	35	30	20	30	15	198
14000	300	160	140	160	180	45	35	25	35	20	300
22000	380	200	180	190	220	50	45	30	40	25	480

注：在选用吊钩时要考虑到铸件壁厚 S 与吊钩宽度 B 关系，一般要求 $B \leqslant 2S$。

一般铸件落砂温度在 $400 \sim 500℃$ 之间。壁厚均匀、500kg 以下的铸铁件落砂温度可取 $600℃$，复杂的大铸件落砂温度可在 $200 \sim 300℃$。当铸件在地坑中浇注，由于散热条件差，在地坑中停留的时间比在砂箱中要延长 $20\% \sim 30\%$。

在落砂温度确定之后，一般多采用计时的方法控制开箱落砂温度。

中、小型铸铁件在铸型中冷却时间可参考表 7-6 和表 7-7。重大型铸铁件在铸型中冷却时间见表 7-8。

表 7-6 地面浇注中、小型铸铁件在铸型中冷却时间

铸件重量/kg	<5	5～10	10～30	30～50	50～100	100～250	250～500	500～1000
铸件壁厚/mm	<8	<12	<18	<25	<30	<40	<50	<60
冷却时间/min	20～30	25～40	30～60	50～100	80～160	120～300	240～600	480～720

表 7-7 流水线上浇注中、小型铸铁件在铸型中冷却时间

铸件重量/kg	<5	5～10	10～30	30～50	50～100	100～250	250～500	500～1000
冷却时间/min	8～12	10～15	12～30	20～50	30～70	50～100	70～150	—

注：1. 流水线上浇注时，铸件重量应是每箱中铸件的总重量。

2. 流水线上浇注时，铸型通常采用通风强制冷却，且开箱温度较高（约800℃左右），因此铸件在铸型中冷却时间比地面浇注时间要短。

表 7-8　重大型铸铁件在铸型中冷却时间　　　　　　（单位：h）

造型方法	铸件重量/×10³kg							
	1~5	5~10	10~15	15~20	20~30	30~50	50~70	70~100
砂箱造型	10~36	36~54	54~72	72~90	90~126	126~198	198~270	270~378
地坑造型	12~48	48~72	72~96	96~120	120~168	168~264	264~360	360~504

铸钢件的冷却时间也是取决于铸钢件的复杂程度、重量、壁厚和钢的种类等因素。表 7-9 是根据 60 种且多数为重型及中型的各种结构和各种形状，壁厚为 20~150mm 铸钢件计算结果制作出来的，此表供计算非自由收缩的铸钢件在铸型中冷却时间时参考。

表 7-9　铸钢件在铸型中冷却时间　　　　　　（单位：h）

壁厚/mm	铸件重量/×10³kg													
	<3	3~14	18	22	26	30	34	38	42	46	50	54	58	60
75~150	45~75	75~80	110	120	130	140	150	160	168	173	176	178	179	180
30~75	30~50	50~62	68	74	80	86	90	94	96	98	100	102	104	106
<30	≤36	—	—	—	—	—	—	—	—	—	—	—	—	—

注：合金钢铸件相应增加 16~24h。

二、铸件的清理

铸件的清理方法很多，如水爆清理和振动，最常用的是水爆清理。它是利用铸件本身的余热来清理铸件的一种新工艺。水爆清理的基本过程是将浇注后的铸件（连同砂型和砂芯）冷却到一定温度，放入水池中，使水迅速渗入砂型、砂芯中，造成急剧汽化和增压而发生爆炸，待铸件上砂型、砂芯炸除后，立即吊出水池，空冷或采用适当的保温措施。水爆清理已成为消除粉尘危害和减轻繁重体力劳动比较有效的途径。目前已成功用于铸钢件生产。有的单位也用于铸铁及有色合金铸件生产。

1. 水爆清理工艺

影响水爆效果的因素很多，但其中主要的是砂芯及铸件表面砂层的温度、砂芯的结构及强度以及水的渗透速度与深度，其次是水温、下水位置、下水深度和下水速度以及造型材料的种类、铸件结构等。

（1）水爆温度　铸件的水爆温度（表 7-10）是指水爆时铸件所具有的温度，即铸件下水温度。它是水爆清理工艺中关键因素，直接关系到水爆清理铸件的质量。

表 7-10　铸件的水爆温度

铸件		水爆温度/℃
铸钢件	形状简单、重量轻、含碳量低和使用水玻璃砂造型的铸件	500~650
	形状复杂、重量重、含碳量较高和使用干型地坑造型的铸件	400~500
铸铁件	形状简单、砂芯小且无收缩阻碍的铸件	250~450
	形状复杂、砂芯大、材质较脆的铸件	150~350
铜合金铸件		250~500
铝合金铸件		250~350

铸件水爆不是铸件本身温度引起的，而是由于砂芯和表面砂层具有一定温度而引起的，

在生产中一般控制铸件的水爆温度，既可防止裂纹又可间接掌握砂芯和表面砂层的温度范围，还便于观察测量。

一般铸件的水爆温度，根据生产实践经验，并考虑铸件结构、材质、重量、造型材料等因素确定。

在生产实践中也有采用控制铸件开箱时间来控制水爆温度的。不少工厂积累了水爆温度相应所需的开箱时间数据，见表7-11～表7-13。

表 7-11　中小型铸钢件开箱时间

铸件重量/kg	开箱时间/h	备　注
<50	1～2	
50～100	2～3	
100～200	3～4	开箱时间适用于低碳钢及韧性较好的合金钢铸造的一般铸件
200～300	4～5	对于易裂铸件，开箱时间应当增加(一般增加20%～50%)
300～500	5～7	水玻璃砂造型的铸件，为了便于水爆，开箱时间应适当地缩短
500～800	7～9	
800～1500	9～14	

表 7-12　碳钢铸件开箱时间　　　　（单位：h）

铸件重量/kg	壁厚/mm			
	≤35	36～80	81～150	≥150
100	1～1.3	2～3	—	—
200	1.3～1.5	3～3.3	—	—
300	1.5～2.1	3.3～4	—	—
400	2.1～2.3	4～4.4	—	—
500	2.3～3	4.4～5.2	6～7	—
600	3～3.3	5.2～6	7～8	—
700	3.3～4	6～6.4	8～9	—
800	4～4.3	6.4～7.2	9～10	—
900	4.3～5	7.2～8.1	10～11.2	—
1000	5～5.3	8.1～9	11.2～12.4	—
1500	5.3～6.2	9～11	12.4～14	—
2000	6.2～7	11～13	14～15.3	—
2500	7～8.3	13～15	15.3～17	—
3000	8.3～10	15～17	17～19	—
4000	10～14	17～19.3	19～22	—
5000	14～18	19.3～22	22～25	42～48
6000	—	22～24.3	25～28	50～56
7000	—	24.3～27	28～31	53～59
8000	—	27～30	31～34	56～62
9000	—	30～34	34～38	59～65
10000	—	34～38	38～43	63～69
12000	—	38～42	43～47	67～73
15000	—	42～46	47～51	72～78
18000	—	46～50	51～55	76～82

（续）

铸件重量/kg	壁厚/mm			
	≤35	36~80	81~150	≥150
21000	—	50~54	55~60	80~86
24000	—	54~58	60~65	84~90
27000	—	58~62	65~70	90~96
30000	—	62~66	70~75	94~100

注：表中大于3000kg的铸件，是按干型地坑确定开箱时间，如是砂箱造型，则开箱时间应减少10%，水玻璃砂造型则减少20%。

表7-13 合金钢铸件开箱时间 （单位：h）

铸件重量/kg	壁厚/mm			
	≤35	36~80	81~150	≥150
<50	0.5~1.5	1.5~2.5	3.5~5.5	—
50~100	2.5~3.5	3~4.5	3.5~5.5	—
100~200	3.5~6.5	4.5~7	5.5~8.5	—
200~300	6.5~9	7~9	8.5~11.5	—
300~400	9~11	9~12	11.5~14.5	12~15
400~500	11~14	12~15	14.5~17.5	15~19
500~600	14~17	15~18	17.5~20.5	19~24
600~700	17~20	18~21	20.5~23.5	24~29
700~900	20~23	18~24	23.5~28.5	29~34
900~1400	23~29	24~30	31.5~34.5	34~39
1400~1900	29~35	30~36	34.5~37.5	39~43
1900~2500	35~41	36~42	37.5~43.5	43~47
2500~3000	41~46	42~47	43.5~45.0	47~50
3000~4000	46~54	47~55	50~56	50~57
4000~5000	54~62	55~63	56~64	57~65

注：1. 表中凡用水玻璃砂型，开箱时间可缩短20%~25%，地坑造型可缩短10%~15%。
  2. 铸件重量以一箱中铸件总重量计，铸件壁厚可按平均壁厚计算。

（2）水温 水温过低，热铸件受到激冷，容易产生裂纹；水温过高，阻止水继续渗入。水中含泥量越高，渗水就越慢，使渗水速度减小，影响水爆效果，因此连续工作一定时间后，要及时换入清水，保持水的纯净。

一般水温控制在8~45℃范围内，对于难爆易裂件应严格控制水温。铸件水爆清理水温见表7-14。

表7-14 铸件水爆清理水温

铸件材质	铸件下水深度/mm	水温/℃
铸钢	>500	50
铸铁	400~600	<40

（3）下水方向及深度 铸件的下水方向必须有利于构成封闭条件，使下水后产生水汽并能保持住，并迅速达到水爆所需压力。例如：某厂生产的炉底形状似锅，若盆口向上，由于铸件一面下水，气体就一面跑掉，不能建立起所需压力，扣着入水，水爆效果就很好。管子类的铸件应横着下水，板类铸件砂子多的一面先下水等。在确定下水方向时，还要考虑到

渗水面积大小和水爆出砂是否顺利，一般选择大芯头先下水。

对于下水深度以入水较深为好，可提高水渗入砂芯的压力。入水速度越快越好，一般为 $18 \sim 21 \mathrm{m/min}$。

铸件在水爆池中停留时间一般不宜过长，多控制在 $15 \sim 40 \mathrm{s}$ 的范围内，对于易裂件要适当地加快入水速度，并且减少在水中停留时间。

2. 水爆清理对铸造工艺的要求

1）对于易裂铸件结构的设计，要尽量避免尖角，必要时增加收缩筋。

2）尽量采用合脂砂、湿模砂制芯，最好加入一些木屑、焦炭粒等，以降低干强度。

3）砂芯的结构设计要有利于水爆，一般多控制砂芯的吃砂量，壁厚的吃砂量为 $60 \sim 100 \mathrm{mm}$，壁薄的吃砂量为 $40 \sim 60 \mathrm{mm}$；在砂芯内部放松散物，如炉渣、干砂；砂芯的通气道要畅通，芯头要留好排气孔，气眼要连通并将一头堵死，有利于达到水爆所需压力。

4）一般多采用振动落砂开箱，可减少铸件表面浮砂，扩大砂芯裂纹，便于使水渗入，能有效引爆。

第八章

铸造工艺设计案例

第一节 铸造工艺图

一、铸造工艺图的基本概念

铸造工艺图是铸造行业所特有的一种图样。它规定了铸件的形状和尺寸，也规定了铸件的基本生产方法和工艺过程。单件、小批的生产情况下，用蓝图绘制的铸造工艺图需要绘制1~5份，以便用于模具制造、造型、检验和技术存档。对成批、大量生产的工厂，为便于长期保存和利于复制交流，常用墨线绘制在描图纸上，可晒制成单一颜色线条的铸造工艺图。铸造工艺符号及表示方法见表2-6。

铸造工艺图是生产过程的指导性文件。它为设计和制造铸造工艺装备提供了基本依据。

二、铸造工艺图表达的内容

铸造工艺图表达的内容有：浇注位置，分型面，分模面，活块，木模的类型和分型负数，加工余量，起模斜度，不铸孔和沟槽，砂芯个数和形状，芯头形式、尺寸和间隙，分盒面，芯盒的填砂（射砂）方向，砂芯负数，砂型的出气孔，砂芯出气方向、起吊方向，下芯顺序，芯撑的位置、数目和规格，工艺补正量，反变形量，非加工壁厚的负余量，浇口和冒口的形状和尺寸，冷铁形状和个数，收缩筋（割筋）和拉筋形状、尺寸和数量，和铸件同时铸造的试样，铸造收缩率，砂箱规格，造型和制芯设备型号，铸件在砂箱内的布置，并列出几种不同名铸件同时铸出，几个砂芯共用一个芯盒以及其他方面的简要技术说明等。

以上这些内容，分别用图形、符号及技术要求来表达。但上述这些内容并非在每一张铸造工艺图上都要表达，而是与铸件的生产批量、产品性质、造型和制芯方法、铸件材质和结构尺寸、废品倾向等具体情况有关。通常上面加有着重号的那些内容是要表达的，而其余内容则依具体情况而有所取舍。

三、铸造工艺图的绘制程序和注意事项

1. 一般程序

1）根据产品图及技术要求、产品生产批量及需用日期，结合工厂实际条件选择铸造

方法。

2）分析铸件的结构工艺性，判断缺陷倾向，提出结构的改进意见和确定铸件的凝固原则。

3）标出浇注位置和分型面。

4）绘出各视图上的加工余量及不铸孔、沟槽等工艺符号。

5）标出特殊的起模斜度。

6）绘出砂芯形状、砂芯分块线（包括分芯负数）、芯头间隙、压环和防压环、集砂槽及有关尺寸，标出砂芯负数。

7）绘出分盒面、填砂（射砂）方向、砂芯出气方向、起吊方向等符号。

8）绘出浇注系统、冒口的形状和尺寸，同铸试样的形状、位置和尺寸。

9）绘出冷铁和铸筋的形状、位置、尺寸和数量，固定组合方法及冷铁留缝大小等。

10）绘出模样的分型负数，分模面及活块形状、位置，非加工壁厚的负余量，工艺补正量的加设位置和尺寸等。

11）绘出大型铸件的吊柄，某些零件上所加的机械加工用夹头或加工基准台等。

此外，有的铸造工艺图尚需说明：选用缩尺，一箱布置几个铸件或与某名称铸件同时铸出，选用设备型号及砂箱尺寸等。

2. 注意事项

1）每项工艺符号只在某一视图或剖视图上表示清楚即可，不必在每个视图上表示所有工艺符号，以免符号遍布图样、互相重叠。

2）加工余量的尺寸，如果顶面、孔内和底、侧面数值相同，则图面上不标注尺寸，可填写在图样背面的木模工艺卡中，也可写在技术要求中。

3）相同尺寸的铸造圆角、等角度起模斜度，图样上可不标注，只写在技术要求中。

4）如果砂芯边界线和零件线或加工余量线、冷铁线等重合时，则省去砂芯边界线。

5）在剖视图上，砂芯线和加工余量线相互关系处理上，不同工厂有不同做法：一种认为砂芯是"透明体"，因而被砂芯遮住的加工余量线部分也绘出，结果使加工余量红线贯穿整个砂芯剖面；另一种认为砂芯是"非透明体"，因而，被砂芯遮住的加工余量线不绘出。推荐后一种做法，这种图面线条较少、清晰、便于观察。

6）单件小批生产，甚至在某些成批生产的工厂中，铸造工艺图是在产品图上绘制的，直接用于指导生产。这时一般都是手工造型或抛砂造型，使用木模或菱苦土模。铸造工艺图在投入木模制造之前一次完成。

在大批大量生产中，铸件先要经过试制阶段，绘制铸造工艺图，并按图制造试制用的木模、芯盒等。根据试制情况，对铸造方案、加工余量、收缩率等所有工艺因素进行变更和调整。最后依试制修改后的铸造工艺图进行金属模具的设计。由于在试制阶段不可能完全考虑到铸件的每一个尺寸、形状及模具加工等因素，因此，设计出模具之后，要对原有铸造工艺图依模具图样加以修改，使之前后统一。由此可见，大量生产的铸造工艺图，往往不是直接指导生产的依据，它实际上被模具图所取代，但它在试制阶段起主导作用。

7）所标注的各种工艺尺寸或数据，不要盖住产品图上的数据，应方便工人操作，符合工厂的实际条件。例如：标注起模斜度，对于手工木模，则应尽量标注尺寸（mm）或比例（1：50）；对于金属模则应标注角度，而且所注角度应和工厂常用铣刀角度相对应。

第二节　铸造工艺图案例

一、拖拉机前轮轮毂

1. 造型、制芯方法

图 8-1 所示为拖拉机前轮轮毂零件图。图 8-2 所示为拖拉机前轮轮毂零件铸造工艺图。

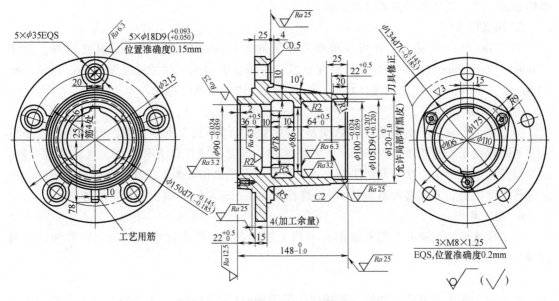

图 8-1　拖拉机前轮轮毂零件图

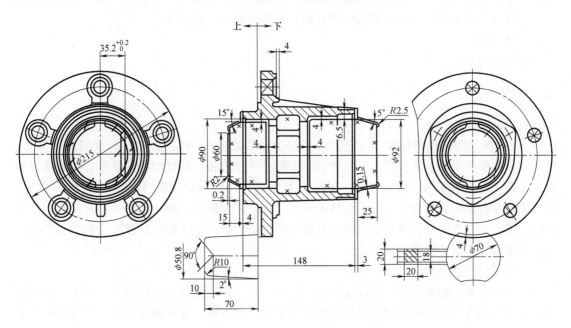

图 8-2　拖拉机前轮轮毂零件铸造工艺图

前轮轮毂铸件重 13.6kg，每台拖拉机两件。拖拉机行驶中，前轮轮毂做旋转运动，内孔装有轴承。由于前轮也起支撑拖拉机的作用，因此，装于前轮中央部位的轮毂为受力零件。前轮轮毂材质为 HT300。铸件主要壁厚为 15mm，和轮圈相连接的法兰盘为 19mm，在法兰和轮毂本体相交的地区形成热节区。同时，法兰上有 5 个 ϕ35mm、厚度（连法兰）达 33mm 的凸台，并为最厚实区。安装轴承外圈的表面（即 ϕ90mm 和 ϕ100mm 面）是加工要求最高的表面。在微震造型机上造型，造型机的砂箱尺寸为 800mm×600mm。对于前轮轮毂铸件，上砂箱高度为 170mm，下砂箱高度为 230mm。直浇口的位置和尺寸均已确定，在此基础上每箱放置 5 件。用树脂砂热芯盒法制芯。

2. 浇注位置

为了保证铸件质量，必须将最重要的加工面在浇注时保持向下或呈直立状态。由于 ϕ100mm 和 ϕ90mm 加工面有表面粗糙度要求，内部安装轴承，尺寸精度要求高，因此，把 ϕ100mm 和 ϕ90mm 圆柱面呈直立状态，厚实的法兰边向上进行浇注。

3. 分型面

分型面选择在法兰的边缘上，这使得铸件的绝大部分置于下砂箱内，便于保证铸件精度，下芯后便于检查壁厚是否均匀，且砂芯稳固。同时使浇注位置和造型、合箱位置一致。如果分型面选在沿中心线切开的平面，虽然造型和下芯也很方便，但和浇注位置不一致，为了保证浇注位置，必须将砂型翻转 90°，这种操作在半自动造型线上是不可取的。

4. 浇注系统

为了保证铸件无缩孔及缩松缺陷，采用了压边浇口，压边宽度 4mm。这种措施适于局部厚实的灰铸铁件。

5. 砂芯设计

为适应大量生产要求，加快下芯速度，下芯头使用了集砂槽，以防止散落的砂粒将砂芯垫起，上芯头使用压环，保证砂芯排气通畅，而不致因芯头钻入铁液将砂芯出气孔堵塞。

铸件内腔有筋条，为保证筋条位置准确，下芯头做成定位形式。

6. 收缩率

收缩率取 1%。

二、阀体

1. 凝固原则

图 8-3 所示为铸钢阀体铸造工艺图，材质为 ZG230-450，铸件重 22kg。根据技术要求，外表和内腔所有型砂、氧化皮、飞边应清除干净，凡影响强度和气密性的缺陷，如缩孔、缩松、裂纹、夹杂物等均不允许存在。铸件经水压试验，以 60kPa 压力持续试验 2min 以上，未发现渗漏现象则认为合格。铸钢的体收缩大，容易产生缩孔、缩松，铸件本身又在高压下使用，要求高的气密性，确定使用顺序凝固原则进行铸造，为此要加设冒口。根据工厂条件采用水玻璃砂造型，热芯盒法制芯。

2. 铸造工艺方案

第一种方案是垂直浇注。即使 ϕ180mm 法兰向上，采用顶冒口进行补缩，这样，由于冒口位置比阀体高，对补缩有利。分型面通过 3 个法兰中心线，这样最容易起模。这种平造立浇方案要求串联浇注，操作复杂，因而未选用此方案。

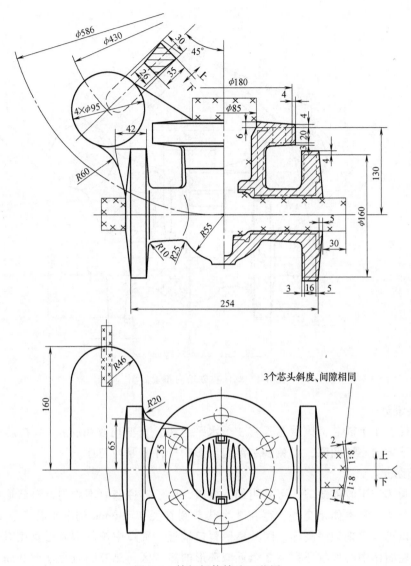

图 8-3 铸钢阀体铸造工艺图

第二种方案是水平浇注（图 8-3）。分型面仍选择通过 3 个法兰中心线的平面。这样，采用侧暗冒口进行补缩，由于侧暗冒口补缩效果较顶冒口较差，故采用大气压力冒口以增强冒口的补缩效果。这种平造、平浇的方案为一箱多铸创造了条件，采用 800mm×800mm 的砂箱，每箱放置 4 件，相应放置 4 个大小相同的大气压力侧暗冒口，每个冒口同时补缩两相邻铸件，冒口的补缩颈与两个厚法兰边相连。阀体在砂箱内布置简图如图 8-4 所示。由于这种方案操作简便，故确定采用这种方案。

3. 主要工艺参数

绝大多数加工面的加工余量均取 3~4mm（相当于二级精度碳素铸钢件加工余量），考虑到起模斜度，加工余量最厚处增至 7mm。收缩率经过实际生产验证，一般尺寸均按 2%。两侧法兰之间距离，由于收缩受阻碍，实际收缩率较小，约为 1%。为了保证两侧法兰厚度和加工尺寸，按 1% 收缩率计算模样尺寸。

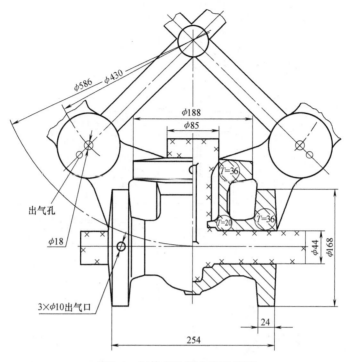

图 8-4　阀体在砂箱内布置简图

4. 芯头设计

每个铸件有 1 个砂芯，该砂芯具有 3 个水平芯头，长度均取 30mm。只在芯头端部留芯头间隙，上下方向不留间隙，以免砂芯浮起，影响铸件壁厚均匀性。

5. 缺陷防止

为防止阀体产生收缩缺陷，可采用如下措施。由于铸件壁厚不均匀，自然形成 5 个热节区，即在 3 个法兰和本体相交处，存在 3 个热节圆直径 $T=36$mm 的环形热节，这 3 个热节区使用侧冒口可以实现顺序凝固。因其离侧冒口较近，冒口中炽热钢液可直接对热节进行补给。此外，在阀体中心部位还存在 2 个近似环形的热节区，热节圆直径 $T=20$mm。由于这 2 个热节区被薄壁部分同冒口隔开，因此，侧冒口无法直接对其进行补缩。为了防止该两处产生缩孔、缩松，可以用不同的方法予以解决。例如：另外增加顶冒口，这样，虽然可以获得紧实铸件，但是，增加了造型和切割冒口的工作量，而且严重损害了铸件外观。所以，后来采用在铸件上增设补缩筋的方法，即在铸件薄壁部分增加工艺筋，用以在侧冒口和内部热节区之间造成补缩通道，这样不仅减少了冒口数目，节约钢液，而且使铸件外观得到改善。

第一种补缩筋方式如图 8-5 所示。这种补缩筋设在侧法兰和内部热节之间。由于在清理时要割去这两条筋，故仍然有较大切割工作量，而且影响外观。

第二种补缩筋方式如图 8-6 所示。铸件外形变化不大，只是增加了 4mm×30mm 的两条扁筋。

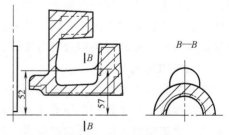

图 8-5　第一种补缩筋方式

内部虽然增加了 10mm 厚度的月牙形补贴两条，但对使用毫无影响，且有利于提高铸件的强度及刚度，因此，清理时无须割去。这样，既保证了外观，又节约了钢液，也减少了切割工作量。因此决定用此法进行生产。

在工厂最早的铸造工艺方案中，阀体内部的两条导向筋两侧（图 8-3）用了圆形外冷铁，目的是消除这两处小的热节区的影响。后来，砂芯由树脂砂改为热芯盒树脂砂，使导向筋的加工余量减小，热节也随之减小，因而取消了外冷铁。

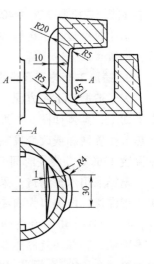

图 8-6　第二种补缩筋方式

6. 冒口计算

已知每个铸件重 22kg，每箱 4 件，每箱放置 4 个冒口。因此仍然相当于一个冒口补缩一个铸件。冒口计算是依据下述原理进行的：设 ZG230-450 的体收缩率为 3%，钢的密度为 $7.8\mathrm{g/mm^3}$，主、侧法兰根部热节圆直径 $T = 36\mathrm{mm}$。那么可以计算出该件从浇注到凝固以后所需要补缩的钢液体积，把此体积视为球形，求出其直径 d_0。把 d_0 加上热节圆直径 T，则可作为冒口的最小直径。冒口补缩球直径 d_0 为

$$d_0 = \sqrt[3]{\frac{6}{\pi} \times 0.03 \times \frac{22 \times 10^3}{7.8}}\,\mathrm{cm} = \sqrt[3]{162}\,\mathrm{cm} = 5.5\mathrm{cm} = 55\mathrm{mm}$$

冒口直径 D 的计算：$D = d_0 + T = 55\mathrm{mm} + 36\mathrm{mm} = 91\mathrm{mm}$，采用 95mm。

冒口高度按经验关系求得：$H = 1.7D = 161\mathrm{mm}$，取 160mm。

冒口全部放在上砂箱内，使用 $\phi 18$ 的大气压力砂芯，插入冒口深度为 50mm。补贴厚度按经验关系取为 $1.2T$（$1.2 \times 36\mathrm{mm} = 42\mathrm{mm}$）。补贴高度按冒口高度的 0.4 倍选取（$0.4H = 0.4 \times 160\mathrm{mm} = 64\mathrm{mm}$），取 65mm。

为了使阀体内部阀座处的 2 个热节区（$T = 20\mathrm{mm}$）能得到补缩，按第二种补缩筋方式增加两条补缩筋，其大小是根据热节圆滚圆法确定。因内腔过小，阀座处装配不便，所以，补缩筋未全部加在内部，向阀体外部借出 4mm（图 8-6）。

经过生产验证，每箱金属总重 143kg，浇冒口重量为 55kg（143kg - 88kg = 55kg）。铸件工艺出品率 = 88/143×100% = 62%。

据资料介绍，某石油机械厂生产类似的铸钢阀体，水玻璃砂型，油砂芯，铸造工艺方案（分型面，浇注位置和补缩筋的加设）相同，由于使用了发热顶冒口，铸件工艺出品率达 72%。由此可见，采用先进的工艺措施，可以使技术经济指标更先进。

三、3MW 球墨铸铁底座

1. 凝固原则

3MW 球墨铸铁底座零件图如图 8-7 所示（见书后插页）。该底座从结构上看，属于比较均匀壁厚的框架类铸件。它主要起固定、支撑、连接的作用，要求有足够的强度、刚度和良好的外观，生产性质属于一定批量生产，材质为 QT400-18L，外形尺寸为 3458.7mm×2780.2mm×2011mm，主体壁厚 45mm，铸件重 9187.3kg（±2%）。根据 GB/T 1348—2009 规定，QT400-18L 应满足如下

力学性能：抗拉强度 $R_m \geqslant 400$MPa，屈服极限 $R_{p0.2} \geqslant 240$MPa，伸长率 $A \geqslant 18\%$。

采用机械造型，树脂砂型和砂芯。由于铸件壁厚比较均匀，采用同时凝固原则进行铸造，设置冒口、冷铁等。

2. 铸造工艺方案及造型合箱

为了造型、下芯方便，采用水平分型、水平浇注的方案，即分型面选在上、中、下三个水平面上，具体如图8-8和图8-9所示（见书后插页）。根据铸件结构，按照同时凝固原则，在热节位置增加或改变发热冒口或冷铁位置，再经过模拟分析，防止缩松产生，凝固模拟浇注温度1360℃，浇注时间86s，结果无缺陷。

模样采用木模制造。采用 $\phi100$mm 和 $2 \times \phi80$mm 分直浇道。内浇道采用14根 $\phi70$mm 的陶瓷管浇道，内浇口为扁浇口，横浇道和内浇道之间设置陶瓷过滤片。4个专用成形缩颈冒口，4个 ADS 540 E30 发热冒口，顶部热节设置70mm 厚石墨冷铁，底部热节设置70mm 厚石墨冷铁，底部法兰侧热节放置 $\phi150$mm$\times100$mm 铸铁冷铁，整圈铺满，在右侧芯头中间位置放置一个 $\phi60$mm 坭芯（同砂芯）出气。其他具体内容见表8-1。

造型采用树脂砂，树脂用量为砂量的 $0.8\% \sim 1.2\%$，固化剂用量为树脂用量的 $30\% \sim 70\%$，新砂 $5\% \sim 10\%$，旧砂 $90\% \sim 95\%$，抗弯强度为 $1.8 \sim 2.4$MPa。造型后，标注标识号，在型砂表面涂刷两遍锆英粉涂料，涂料波美度为 $50° \sim 75°$。在浇注系统中放入过滤片，合箱后按照铸造图样要求进行合箱检查。型芯采用热风烘干机烘干，烘干温度 $120 \sim 180$℃，烘干时间大于等于7h。

3. 铁液熔炼、处理及浇注

铁液熔炼，原料为生铁：废钢：回炉料 = $20\% \sim 40\%$：$30\% \sim 70\%$：$10\% \sim 30\%$，熔化铁液采用20t电炉。最终化学成分（质量分数）为：C 为 $3.7\% \sim 4.0\%$；Si 为 $2.0\% \sim 2.5\%$；$Mn \leqslant 0.21\%$；$P \leqslant 0.035\%$；$S \leqslant 0.025\%$。出铁温度为 $1470 \sim 1490$℃，采用冲入法球化处理，球化剂加入量小于等于 1.2%，一次孕育剂加入量 0.3%，随流孕育剂加入量 0.15%。球化孕育处理后扒渣，目视检查夹渣扒干净后，方可浇注。实际浇注温度 $1340 \sim 1360$℃，浇注时间要求控制在130s内。浇注时在浇包嘴上放置挡渣措施，防止渣进入铸型。球化处理结束到浇注完成时间应控制在20min 以内，防止球化衰退和异形石墨产生。

4. 清理及检验

由于本零件尺寸较大，零件重量较重，开箱落砂后要求保温大于72h，以消除铸造应力。按照要求，本零件的内外表面要进行抛丸处理，清理铸件表面的黏砂和氧化皮，清理后内外表面没有黏砂。

交付产品前要进行产品理化检验，测试化学成分、金相组织、拉伸力学性能、硬度、冲击韧度指标等，并且要求产品交付1年内要合理保存相关试验结果和套料试块。硬度 $125 \sim 175$HBW，-20℃冲击吸收能量大于7J；至少90%的石墨球必须符合 ISO 945-1 中Ⅴ、Ⅵ类的要求，异形石墨（开花状石墨和块状石墨）形态小于3%，至少95%的石墨球尺寸符合 ISO 945-1 中给出的4、5、6、7、8级的要求；中心区珠光体小于等于15%、渗碳体小于等于1%；边缘区珠光体小于等于10%、渗碳体小于等于1%。

按照要求对测试区域进行 "校对→检验→磁粉及超声波探伤→观察→评估缺陷→记录缺陷→填写报告"，表面质量要求符合 3MW 球墨铸铁底座 VT 工艺规定，圆角符合图样、加工、涂装要求，尺寸的精度、公差符合 3MW 球墨铸铁底座毛坯图样要求。

表 8-1 3MW 球墨铸铁底座铸造工艺作业指导书

		产品名称	3MW 球墨铸铁底座	第×页 共×页
编号	6-1	图号	×××-×××-×××	修订日期：××××-××-××
版本号	C/0		铸造工艺作业指导书	
作业程序	图 示 说 明		作 业 要 点	
1. 模具、砂箱、工装准备			1）模具上场前检查模具是否完好，芯盒及话块是否齐全，如有问题及时提出整改 2）检查砂箱、芯盒、翻身板的吊耳应无变形、无裂纹，吊轴侧面防箱挡块无脱落，箱带之间无脱焊样现象检查箱带间有无砂块嵌卡牢，如果有需清掉		
2. 修改流水号			在 2# 芯盒内指定位置更换标识号话块，流水号格式为： SWP-ALM-140××-P1(0××拆活) 40# 字按两排摆放		
3. 冒口、过滤片准备			1）冒口准备。造型前根据工艺要求准备发热冒口，冒口型号 ADS 540 E30，每个铸件需要 7 个 2）过滤片准备。每个铸件需 150mm×150mm×22mm 陶瓷过滤片 28 片，过滤片使用前必须用气管清理，之后方可使用		
4. 抛 1# 堆芯	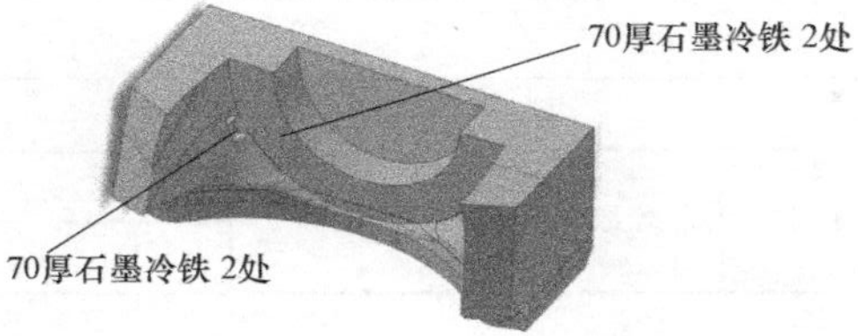 70厚石墨冷铁 2处 70厚石墨冷铁 2处		1）按照图示要求放好冷铁 2）放砂时注意冷铁位置，防止冷铁偏移 3）放砂超过分型面 100mm，微震 15s，最后将分型面刮平		

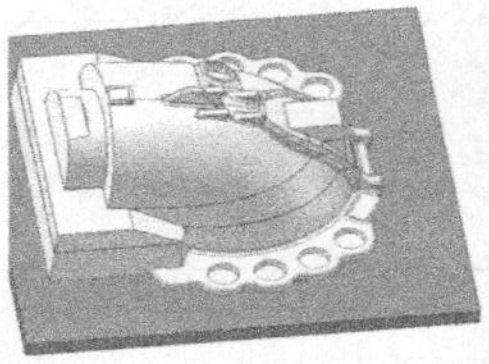

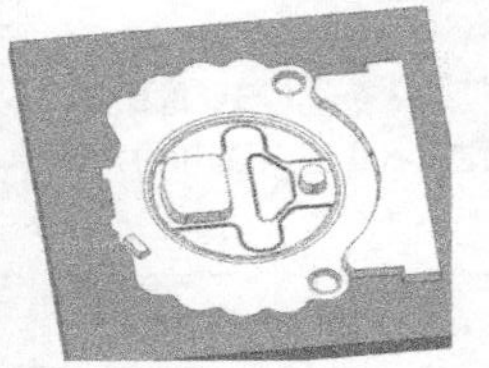

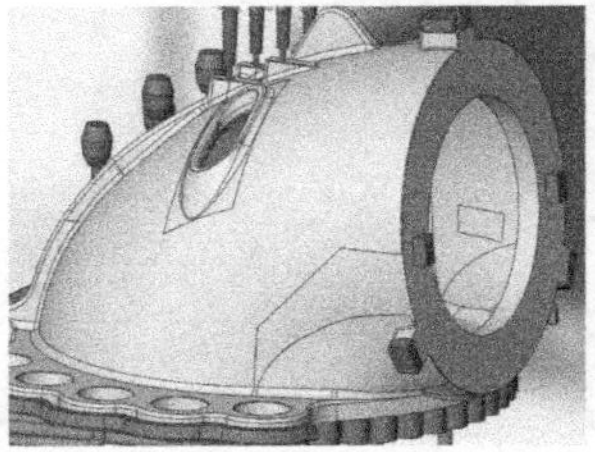

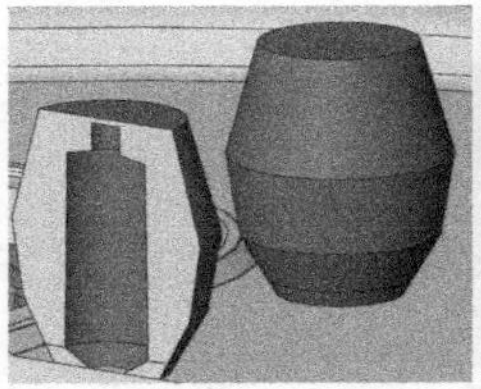

（续）

编号	6-1	铸造工艺作业指导书	产品名称	3MW 球墨铸铁底座	第×页 共×页
版本号	C/0		图号	×××-×××	修订日期:×××-××-××
作业程序		图 示 说 明		作 业 要 点	
5. 抛 2# 堆芯		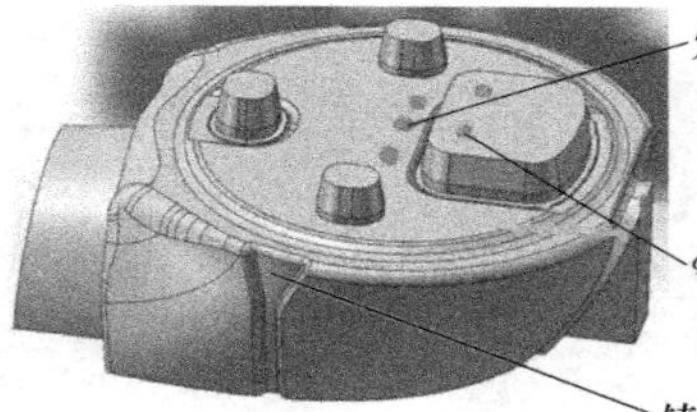 发热冒口3个 Φ7浇道2处 铸铁冷铁3处		1）按照图示要求放好冷铁、发热冒口、浇道 2）在左侧芯头中间位置放置一个 φ60mm 堆芯出气 3）放砂时任意冷铁位置，防止冷铁偏移 4）放砂超过分型面 100mm，微震 15s，最后将分型面刮平	
6. 抛 3# 堆芯				1）在两个芯头上放置 3 个吊拳，便于翻身后起吊 2）在右侧芯头中间位置放置一个 φ60mm 堆芯出气 3）放砂超过分型面 100mm，微震 15s，最后将分型面刮平 4）待砂堆硬化以后，将翻身板盖到芯盖上，将芯盒翻身，最后平稳吊起芯盒	
7. 抛盖箱中箱		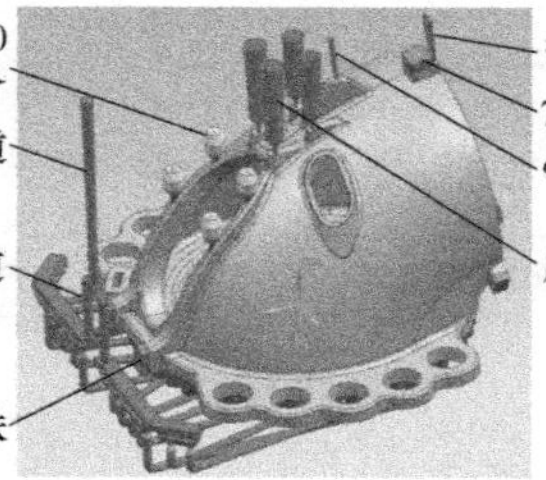 ADS 540 E30 发热冒口4个 Φ100直浇道 2×φ80分直浇道 70厚石墨冷铁 100×10出气片 70厚石墨冷铁 φ30出气棒 成形缩颈冒口 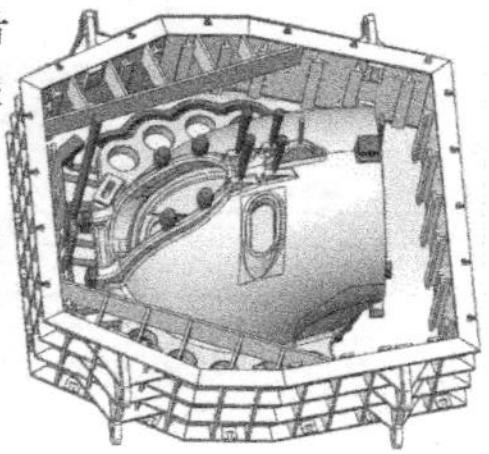		1）平稳吊起盖箱中箱，将砂箱按模板定位方向放置在模板上 2）按图示放置陶瓷管 2×φ80mm 分直浇道 3）按图示放置 70mm 厚石墨冷铁 4）放砂时先从远离浇道一侧，按圆周均匀放砂 5）放砂超过箱带 150mm，再微震 20s，最后将箱带刮平 6）在中圈刮砂面均布放置 3 个铁定位，铁定位要垂直，不能歪	

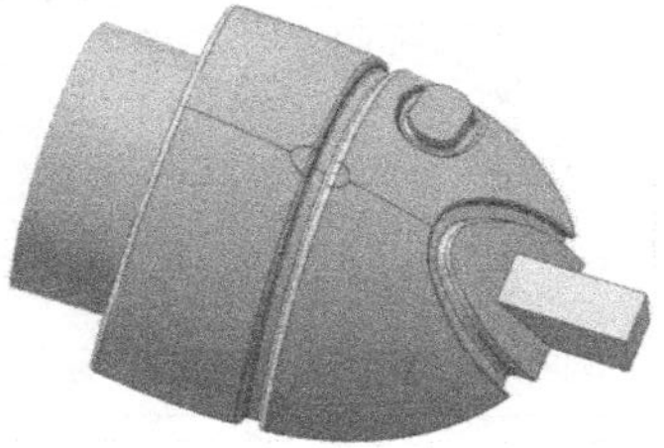

8. 抛盖箱	 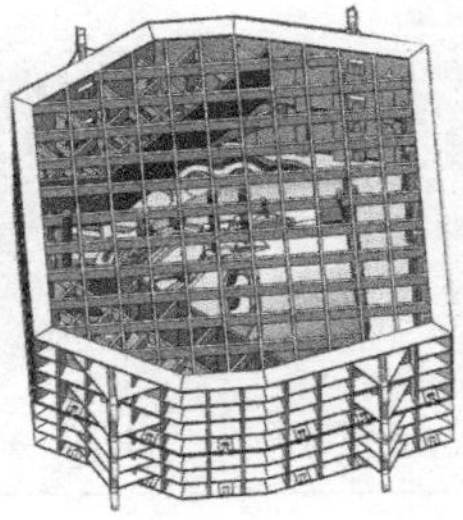 ADS 540 E30 发热冒口4个 100×10出气片 70厚石墨冷铁 φ30出气片 φ100直浇道 成形缩颈口 2×φ80分直浇道 70厚石墨冷铁	1) 中圈砂泥硬化后，将中圈刮砂面吹干净，再在中圈刮砂面上撒上一层薄薄的干砂 2) 平稳吊起盖箱，将盖箱砂箱按定位方向放到中圈砂箱上 3) 按图示放置 φ100mm 直浇道，4 个发热冒口及出气片等 4) 按图示放置 70mm 厚石墨冷铁 5) 放砂时先从远离浇道位置放砂，注意冒口和冷铁位置，防止跑动 6) 放砂超过箱带 150mm，再微震 20s，最后将箱带刮平
9. 抛底箱	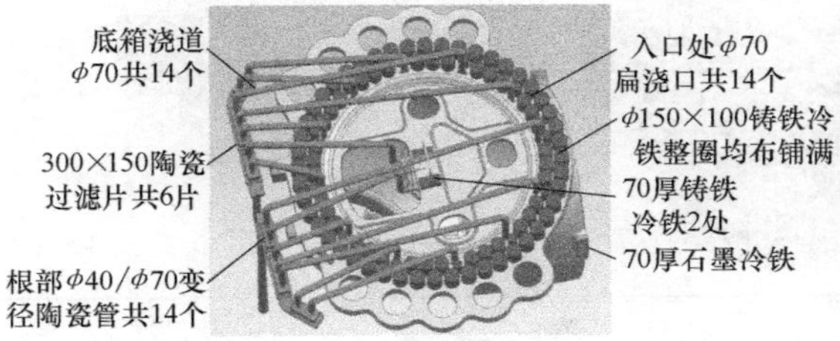 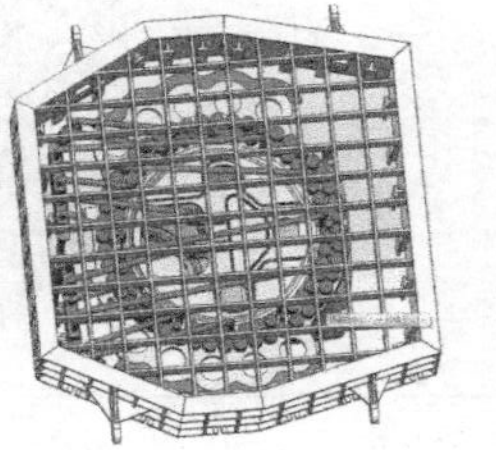 底箱浇道 φ70共14个 入口处φ70扁浇口共14个 300×150陶瓷过滤片夹6片 φ150×100转铁冷铁整圈均布铺满 70厚铸铁冷铁 根部φ40/φ70变径陶瓷管共14个 70厚石墨冷铁	1) 平稳吊起底箱，将砂箱按模板定位方向放置在模板上 2) 按图示放置陶瓷管 14×φ70mm 分内浇道 3) 按图示放置冷铁 4) 放砂时先从远离浇道一侧，按圆周均匀放砂，注意冷铁位置，防止跑动 5) 放砂超过箱带 150mm，再微震 20s，最后将箱带刮平
10. 刷涂料		1) 上涂料前把铸型及泥芯的损坏处修补好，浮砂吹净。将砂型、泥芯的飞边修去进行打磨，浇道部分磨出小圆角 2) 先刷一遍圣泉 600 涂料，点火烘干，打磨流涂、黏部位，再刷第二遍涂料。保证无流挂、无未刷涂料及涂料堆积现象 3) 外模在刷涂料时将直浇口两头用报纸塞好，以免涂料沿着耐火管壁流进浇道 4) 标识号处刷涂料。流水号点焊烘烤。两遍刷涂料后用风枪将字迹吹清晰，然后点确认，如模糊不清需用细铁丝将字刻画清楚

编号	6-1	铸造工艺作业指导书	产品名称	3MW 球墨铸铁底座		第×页 共×页
版本号	C/0		图号	×××-×××		修订日期:××××-××-××
作业程序		图 示 说 明	作 业 要 点			

作业程序	图 示 说 明	作 业 要 点
11. 预合 2#、3# 堰芯	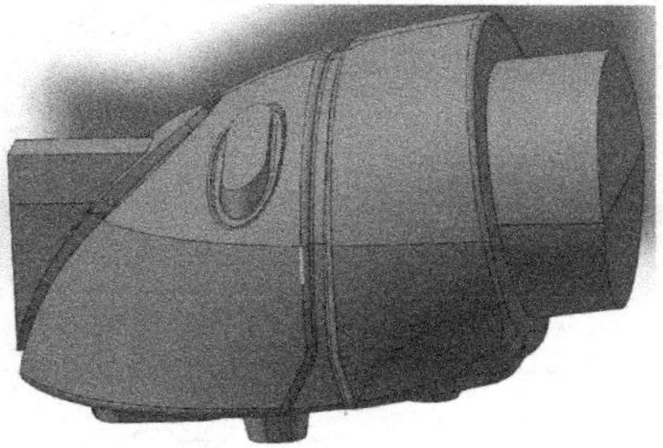	1) 将 3# 堰芯吊起慢慢下落与 2# 堰芯对齐,局部将对不齐的地方磨对齐,另外画好硬线。重点关注圆弧面的对齐情况 2) 3# 与 2# 堰芯预合,将 2# 与 3# 堰芯内出气接通
12. 下 1# 堰芯	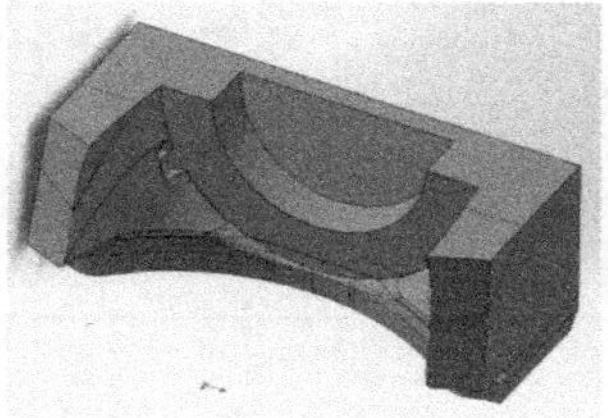 	1) 将 1# 堰芯平稳吊起后缓慢下落,注意不能将芯头压坏,堰芯不能将碎砂堰落入型腔 并注意不能将碎砂堰落入型腔 2) 落好后检查堰芯与外模之间对齐情况,落好芯后将吊攀处用砂堰补好 3) 下完堰芯后对型腔及堰芯进行一次清理,防止碎砂堰及杂物进入型腔
13. 下 2# 堰芯	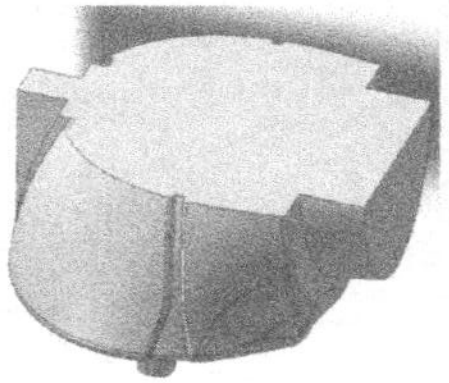 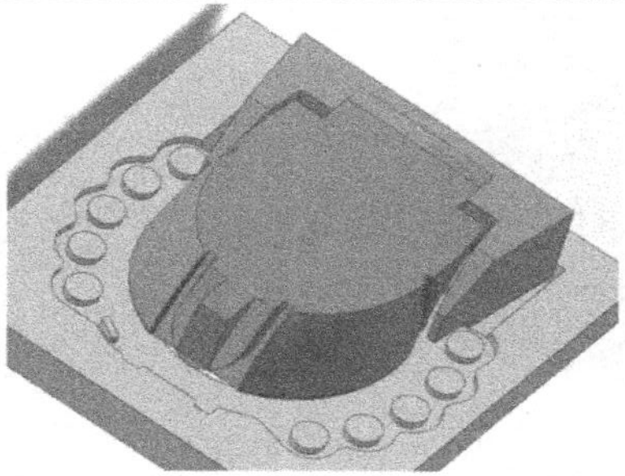	1) 将 2# 堰芯平稳吊起后缓慢下落,注意不能将芯头压坏,堰芯落下后检查分型面处对齐情况,并注意不能将碎砂堰落入型腔 2) 落好后检查堰芯与外模之间对齐情况,两侧壁厚是否均匀不等,如不行要调整。落好芯后将吊攀处用砂堰补好 3) 1# 堰芯与 2# 堰芯对齐,不允许存在错边现象,芯头处及堰芯接触处放置封有堰条 4) 下完堰芯后对型腔及堰芯进行一次清理,防止碎砂堰及杂物进入型腔

14. 下 3#堆芯	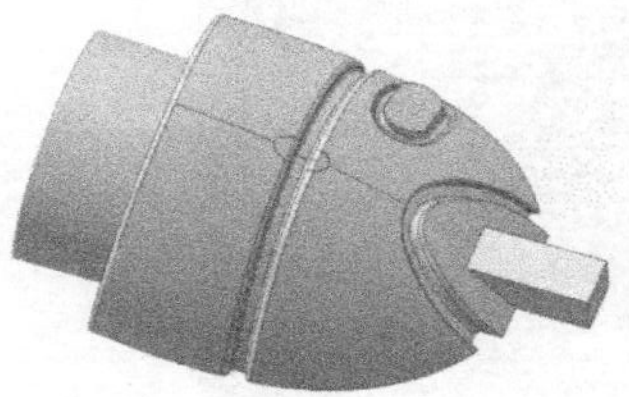 	1）将 3#堆芯平稳吊起后缓慢下落，根据之前做的记号将 2#堆芯与 3#堆芯对齐，堆芯落下后检查分型面处对齐情况并注意不能将碎砂堆落入型腔 2）3#堆芯与 2#堆芯之间要对齐，不允许存在错边现象，在刮砂面内放置一圈封箱堆条 3）下完堆芯后对型腔及堆芯进行一次清理，防止碎砂堆及杂物进入型腔 4）保证 2#、3#堆芯之间的出气通道通畅
15. 放置过滤片		将气管清理过的过滤片正确放在横浇道中，间隙不可过大
16. 合中圈砂箱	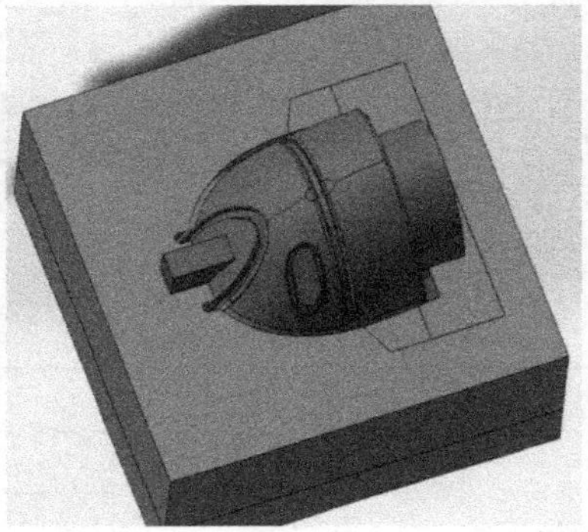	1）吊起中圈砂箱一定要吊平，吊起后用电筒检查通气孔和直浇口内是否有砂堆 2）中圈砂箱要预合，用封箱条压盖椭圆孔法兰堆芯头与砂箱外模之间间隙 3）在铸造型、1#芯头、过滤片、浇道 1 周，用 8mm 封箱条绕 1 圈，外侧再涂上 1 周胶水 4）正式合箱时，平稳吊起中圈砂箱，对准底箱外模落下个铁定位，缓慢地将盖箱外模落下 5）合好箱后用电筒检查分型面处分型面中圈砂箱是否正常

编号	6-1	铸造工艺作业指导书	产品名称	3MW 球墨铸铁底座	第×页 共×页
版本号	C/0		图号	××××-×××	修订日期:××××-××-××

作业程序	图 示 说 明	作 业 要 点
17. 合盖箱	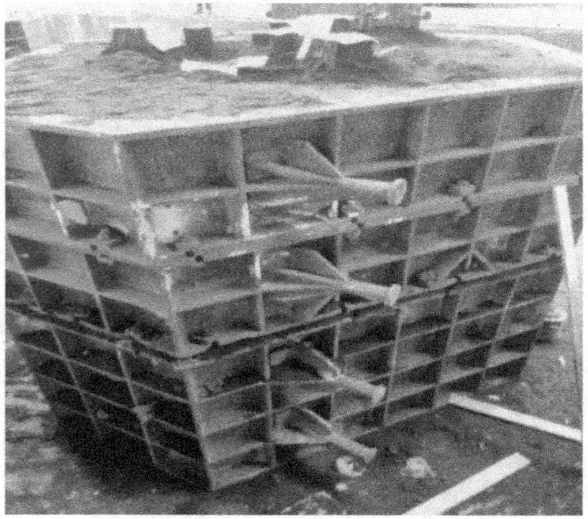	1) 吊起砂箱一定要吊平,吊起后用电筒检查通气孔和直浇口内是否有砂坨 2) 盖箱要预合,用封条箱压盖箱底箱与箱外模之间间隙,盖底箱吊起后,在盖箱大坨芯头上放铁片,高度要与封箱条高度相等 3) 正式合箱前,在3#坨芯中间,在3#坨芯周围用8mm封箱条围绕1圈,保证3#芯与外模之间的坨芯出气上下畅通且又不走铁水 4) 在铸型,3#坨芯圆弧芯头用8mm封箱条围绕1圈,外侧再涂上1周胶水 5) 正式合箱时,平稳吊起盖箱,对准底箱外模的3个定位,缓慢地将盖箱落下 6) 盖好箱后用电筒检查分型面处间隙,检查盖箱是否正常 7) 最后将盖箱3个填砂孔填好砂坨,并春实
18. 放压铁	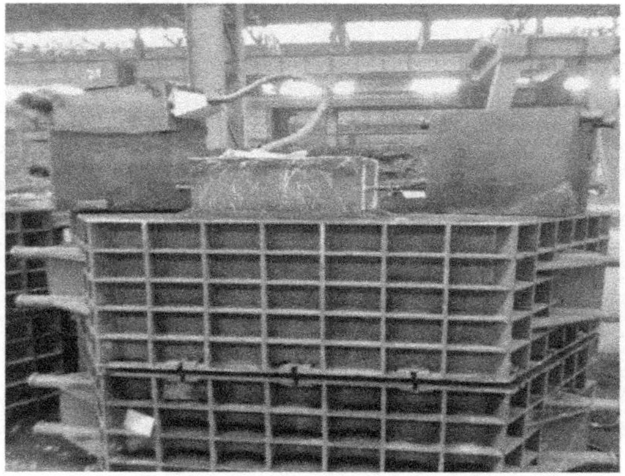	1) 盖箱上要放压铁4块,压铁总重量为40t,并将热风机放好。放好压铁后插好螺钉,要求按对角顺序固箱钉 2) 紧固螺钉后,砂箱分型面要塞砂坨,并春紧,钉后面要封紧实 3) 打开热风机,进风温度120~180℃,时间大于等于7h,并在砂箱上注明热风开始时间;异常和处理:发现异常及时向班长,组长报告并通知相关单位人员

5. 铸造生产过程

铸造生产过程具体为：工艺分析及制订→工艺及缺陷模拟→模样制作→原材料检验→造型合箱→熔炼浇注→开箱清理→抛丸清理→力学性能检测→金相组织分析→其他要求检验→成品入库。

第三节 铸件图（毛坯图）

一、铸件图的用途

为什么要绘制铸件图？同一张零件图，不同的铸造工艺铸出的同一名称铸件，虽然粗略看上去好像一样，但是在形状和尺寸上仍存在差异。这是由于不同的铸造工艺，分型面及所使用的起模斜度大小、方向等都有差异。因而，在大批、大量生产中，所有铸件的冷加工生产线上的工装，都必须依照铸件的真实形状去设计，而不能按零件图去设计。铸件图和铸造工艺密切相关，这就需要铸造工作者给出确定的铸件图。铸件图的用途可以概括为以下两个方面：

1）是铸件验收的依据。

2）是冷加工车间进行铸件加工和工装设计的重要依据。对铸造车间而言，工艺装备的各种图样，必须保证和铸件图相符合，所以它也是铸造工装设计的依据。

由此可见，通常只是在大批、大量生产的工厂才绘制铸件图。而单件、小批生产的车间，直接依靠铸造工艺图进行生产准备、施工及验收，冷加工车间也是直接依照零件图进行加工，因此，没有必要绘制铸件图。

二、铸件图的画法及尺寸标注

1）按照铸造工艺图及零件图绘制铸件图，铸件图应经过冷、热加工车间及设计科室共同会签（但也有工厂为了防止铸件图会签后给后面工序的模具设计带来困难和约束，先依照铸造工艺图设计金属模具图，然后依模具图绘制铸件图，铸件图在会签时如果有所改动，再修改模具图）。

2）铸件图应表达下列内容：铸件毛面上的加工定位点（面）、夹紧点（面），加工余量，起模斜度，分型面，内浇口和冒口残余，铸件全部形状和尺寸，未注明的圆角、壁厚，涂料种类，铸件允许的缺陷说明等项。

3）加工定位点（面）和夹紧点（面）的标注符号为●和↓。

4）在一般视图上，用细的双点画线表示加工面，用粗实线表示铸件轮廓形状，在双点画线和粗实线之间标注加工余量尺寸。在剖视图上加工余量范围内，即在双点画线和外廓粗实线之间，在原有剖面线上，再附加一层剖面线，其方向与原剖面线相垂直，这样组成正方形网格线的部分即表示加工余量和不铸孔及沟槽等将被切削去除的部分。

5）只标出特殊的铸造圆角尺寸，相同的铸造圆角在技术条件中说明。

6）只标出特殊的起模斜度，相同角度的起模斜度在技术条件中说明。

7）尺寸标注方法。生产中有两种尺寸标注法。第一种方法是以零件尺寸为基础，即标注零件尺寸，加工余量（起模斜度的尺寸界限）等则在零件尺寸线上向外标注。第二种方法是以铸件尺寸为基础，即标注铸件尺寸，加工余量等则由铸件外廓尺寸线上向内标注。这种方法在个别大量生产的工厂中应用，而大多数工厂应用前种方法。无论哪种方法，不铸孔和沟槽等均不标注尺寸。

8）用细实线画出分型面在铸件上的痕迹，并注明"上"和"下"字样，以说明浇注位置。

9）浇冒口残余的表示方法为，用细双点画线画出内浇道、冒口根的位置和形状，再用引出线引出加以文字说明，如"内浇道残余不应大于×"等。

10）铸件上特殊部位允许缺陷的限制，应在图形上相应部位示清，并加以文字说明。

图 8-10 所示为某前轮轮毂铸件图。

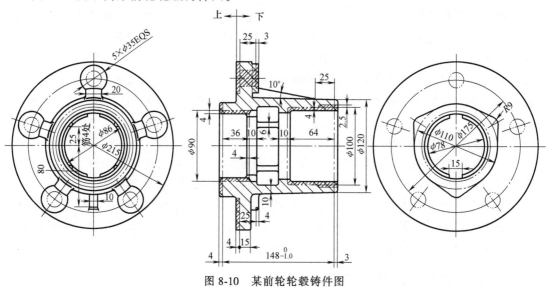

图 8-10 某前轮轮毂铸件图

第四节 铸造工艺卡

工艺卡是铸造工艺设计的重要文件之一，也是生产管理的重要文件。工艺卡一般以表格形式说明所用金属牌号及各种非金属材料（如型砂、芯砂）的要求，造型、制芯操作注意事项，浇注规范，使用砂箱，各种原材料消耗及工时定额等。根据工艺操作需要，附以合箱简图或工艺简图。

由于各工厂生产批量不同、生产条件不同，所使用的工艺卡形式有很大差异。对于单件、小批生产的工厂，指导木模制造及造型、制芯、浇注操作的工艺卡，大都采用图章的形式盖印在铸造工艺图的背面，工艺卡和铸造工艺图同时应用，铸造工艺图是直接指导操作的文件，因此，这类工艺卡都只填写简明数据。对于大批、大量生产的工厂，模具制造都要依照专用的工装图样。铸造工艺图只在试制和模具设计时起作用。而对造型、制芯、浇注操作直接起指导作用的文件只有工艺卡，因此，这种工艺卡中除有上述要求的表格数据以外，一般附有合箱简图或工艺简图，以便造型、下芯合箱时应用。

小批量可参照表 8-2 中的格式设计或填写，只填简明数据。大批量可参考表 8-3 中的格式设计或填写。

表 8-2 铸造工艺卡格式和内容

更改记录		砂型铸造工艺卡						产品型号		工艺简图或要点	
								零件号			
								零件名称			
								材料			
								每台件数			

工艺参数	直浇道	ΣS_{max} /cm^2	横浇道	ΣS_{max} /cm^2	内浇道	ΣS_{max} /cm^2	过滤网	ΣS_{max} /cm^2	补缩冒口颈/mm		出气冒口颈/mm	
	数量		数量		数量		数量		数量		数量	
	$\Sigma S_{内}:\Sigma S_{横}:\Sigma S_{直}=$								浇口杯标号			

造型	造型方式	造型种类	型砂名称	型砂编号	每型型砂重量	铸型重量	通气方式	扣箱方式	紧固方式

制芯	砂型编号	芯砂编号	数量	制芯方式	通气方式	芯骨材料	芯骨数量	砂芯重量	芯骨回收率

工装	名称	编号	材料	规格	定位方式	检修周期	涂料	编号	名称	涂料次数	
										烘干前	烘干后
	上箱										
	中箱										
	下箱					烘干	类别	烘炉	烘干规范		
	模样						砂型	形式			
	模底板							编号			
	芯盒						砂芯	形式			
	压铁							编号			

浇注	浇包容量	型内铸件数	铸件最小壁厚	重量/kg			温度/℃		时间		芯撑	材料	数量	拟制	校对
				单件重量	浇冒口重量	铁液总重量	出炉	浇注	浇注/s	型内冷却/min					
											冷铁	规格	数量	审核	会签

表 8-4 为前轮轮毂铸造工艺卡。表 8-5 为 3MW 球墨铸铁轮毂铸造工艺卡（见书后插页）。表 8-6 为 3MW 球墨铸铁底座铸造工艺卡。

表 8-3　某灰铸铁杠杆铸造工艺卡格式和内容

铸造工艺卡		产品型号	xxxxx-xx		铸件型号	xxxxx-xx		每台件数	4	起模斜度	外形	40′	内腔	1°15′
		产品名称	杠杆		铸件名称	杠杆		每箱件数	4		合箱方式	上下	本模	4
铸件材料	HT200	单件毛重/kg	0.884	浇冒口重量/kg	0.265	浇注总重量/kg	1.149	工艺出品率(%)	77	模样类别	木模			

工艺简图

技术要求
1. 砂型铸造，应避免夹砂、气孔、毛刺等缺陷。
2. 铸件收缩量1.2%。
3. 起模斜度：外表面0°40′，内表面1°15′。

浇冒口	名称	面积/cm²	材料	数量
	直浇道	7.1	木模	1
	横浇道	3.6	木模	2
	内浇道	1.5	木模	4
	补缩冒口			
	出气冒口			

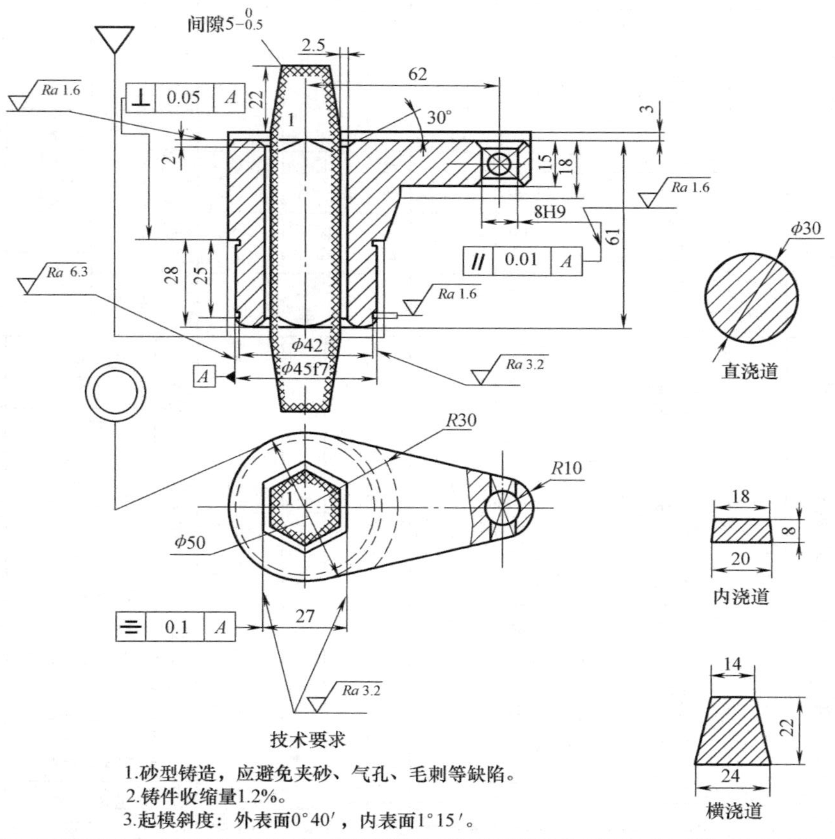

工序内容

工序	工艺参数			
模样	缩尺(%)　外模 1　芯盒 2	加工余量/mm　单边 3.0；双边 2.5	起模斜度　外形 40′　内腔 1°15′	铸型重量/kg
造型	方法　机器造型	铸型种类　湿型	型砂名称　石英	通气方式　合箱方式 上下　冷铁 数目/规格　芯撑 材料/数目
浇注	浇注温度/℃　1400	浇注时间/s　1.97	冒口浇高/s　铸件最小壁厚 6.94	型砂编号
制芯	方法　型芯标号　数量	制芯方式　芯骨 材料/数量		

编制　校对　审核　会签　批准
签字　日期　更改文件名　标记　处数

表 8-4　前轮轮毂铸造工艺卡

产品型号	xx-xxxxxx
零件号	2
铸造工艺卡	
零件名称	前轮轮毂
厂名	
每台件数	

合箱简图
A—A

材料	净重	13.6kg				材料及规格					标准编号	HT300		硬度	

造型方法

造型材料	名称	面砂	型号	小线单一砂			填充砂				涂料及覆料	名称			定位销 规格及名称	

| 砂型类别 | | | 使用设备 | 微震造型机 | | 砂箱内部尺寸/mm | 长 800 | 宽 600 | 高 170 | 砂箱重量 /kg | | 图号 | | 冷藏 | |

| 重量 | 800 | | 230 | | 编号 | | 图号 | |

材料及规格

模样	编号	数量	个	面积 cm²	轮廓尺寸		拖板上模样数量		活动部分数量	

| 直浇口 | 编号 | 2121-T116-1 | 尺寸 | | 内浇口：压边浇口： | 长度 40mm；宽度 4mm | 冒口 | |

| 横浇口 | 数量 1 个 | 面积 9.8cm² | 2121-T116-2 | | 数量 5 个 | 面积 80cm² | | 数量 个 | 面积 cm² |

| 下芯次序 | | 芯撑 | 总数量 | 所属图号 | 上箱 下箱 | 砂型总重 | 压铁重 340kg | 紧固方法 | kg |

| 浇注方法 | 附属图号 | 浇注温度 >1250℃ | 浇注时间 s | 冷却时间 >26min |

| 材料名称 | 规格 | 能耗 | 用水耗量 kg 定额 | 备注 |

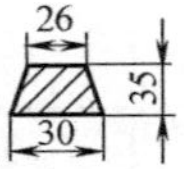

更改符号	
更改者	
更改日期	
批准	
拟定	
审核	
会签	
批准	
实施日期	

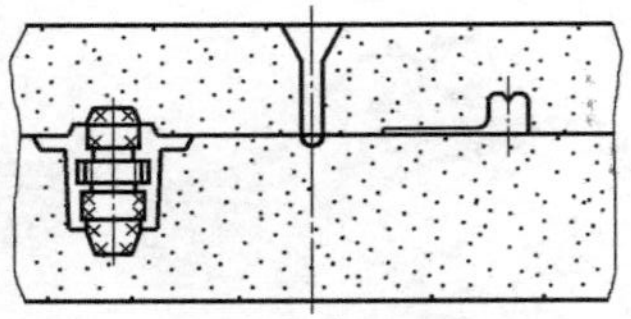

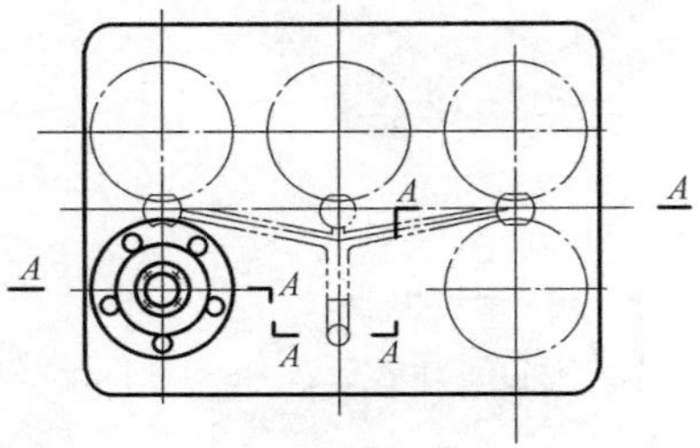

特殊要求

表8-6　3MW 球墨铸铁底座铸造工艺卡

铸造工艺卡		

简　图

客户名称	××××	产品型号	3MW	产品图号	××××××××	产品名称	底座

铸件参数	铸件轮廓尺寸/mm	3458×2780×2011	主体壁厚/mm	45	最小壁厚/mm	33	最大壁厚/mm	116	最大端面尺寸/mm	

浇冒系统	直浇道	φ100mm/2× φ80mm	横浇道	120mm/130mm×70mm	内浇道	14×φ70mm	浇口比(∑直:∑横:∑内)		浇口杯	大号
	补缩冒口	4×成形补缩冒口								
	出气冒口	100mm×10mm出气片、φ40mm出气棒			型内件数	1	过滤网	陶瓷过滤片	压箱方式	

造型	造型方法	模板造型								
配模	砂箱尺寸/mm	3880×4060×800/1400/960								
	模板尺寸/mm	4280×4460	试块类型/数量	附铸试块3块	芯盒数量	4	砂芯数量	4	砂铁比	6.7:1

熔炼浇注	材质	铸件单重/kg	浇注重量/kg	浇注温度/℃	浇注时间/s	保温时间/h	工艺出品率(%)
	QT400-18L	918.3	15000	1355±5	90±30	≥72	87.20
标记	修订内容		修订人		修订日期		
编制		审核		批准			

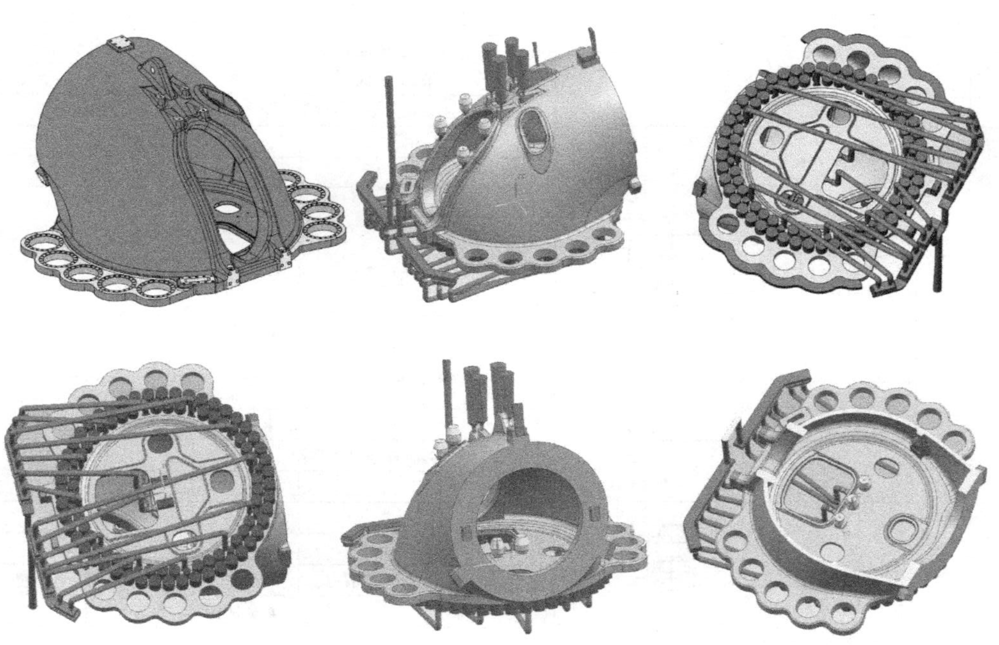

其他特殊说明:
1) 盖箱放40t压铁
2) 热风温度120~180℃,热风时间≥7h

第九章

模样设计

模样是造型工艺过程必需的工艺装备，用来形成铸型的型腔，因此直接关系着铸件的形状和尺寸精确度。为了使模样在造型操作时不损坏、不变形，以及获得表面光洁、尺寸精确的铸件，模样必须具有足够的强度和刚度，有一定的表面粗糙度和加工精度。除此之外，还应当使用方便、制造简单、成本低。

由于铸件结构、技术要求和生产批量的不同，模样的种类很多。在进行模样设计之前，必须了解各种模样的特点及应用范围。首先确定造型方法，并选择模样的种类。

在成批大量生产中，多采用金属模样，本章主要讨论一般金属模样的设计，并对塑料模样做简要介绍。

第一节　金属模样

在进行金属模样设计时，首先要了解模样的设计要求，同时还应掌握所需的资料与依据以及设计的内容与步骤等问题。

金属模样设计的主要依据是：产品的零件图；经生产验证后的铸造工艺图与有关的技术资料（如铸造工艺卡片等）；车间的具体生产情况等。

金属模样的设计内容与设计步骤一般为：金属模样材料的选择；金属模样尺寸的确定；金属模样结构的设计；制定对金属模样的技术要求等。

一、金属模样材料的选择

金属模样所用材料有铝合金、铸铁、铜合金等。铝合金比较轻，不生锈，加工性能好，加工后表面光滑，并有一定的耐磨性，因此它是使用最为广泛的金属模样材料。铸铁强度高，耐磨性较好，加工性能尚好，而且成本低，但铸铁重量较重，易生锈。铜合金强度高，耐磨，不生锈，加工性能也好，但比较重；而且铜合金较贵，又是其他工业的重要材料，应尽量少用或用别的材料代替。

金属模样材料及其性能见表 9-1。

二、金属模样尺寸的确定

金属模样的尺寸直接影响到铸件的尺寸，因此正确地确定金属模样的尺寸极为重要。

表 9-1　金属模样材料及其性能

材料种类		规格牌号	密度 /(g/cm³)	收缩率(%)		应用情况
				自由收缩	实际取用	
铝合金		ZAlCu5Mn	2.81	1.35~1.45	1.0~1.25	各种模样及整铸模底板
		ZAlSi12	2.65	0.9~1.0		
		ZL103	2.70	1.3~1.35		
		ZAlSi9Mg	2.65	0.9~1.1		
铜合金	黄铜	ZCuZn40Mn2	8.5	1.53	1.5	各种筋条、活块、镶片
	青铜	ZCuSn5Pb5Zn5	8.8	1.6		
		ZQSn6-6-3	8.20	1.6		
灰铸铁		HT150	6.8~7.2	0.8~1.0	0.8~1.0	尺寸较大的整铸模底板及模样
		HT200、HT300	7.2~7.35	0.8~1.0		
球墨铸铁		QT500-7	7.3	0.8~1.0	1.0	
铸钢及钢材		ZG270-500、45	7.8	1.6~2.0	1.4~2.0	出气冒口、通气针、芯头、模样等

　　金属模样的尺寸除了要考虑产品零件的尺寸外，还要考虑零件的铸造工艺尺寸以及零件材料的铸造收缩率。

　　零件尺寸由产品零件图上查得，零件的铸造工艺尺寸包括各种工艺参数、芯头尺寸、浇冒口系统等可由铸造工艺图上查得。

　　由于机械加工用的是普通尺（标准尺），因此凡是形成铸件的模样尺寸，一律要根据铸件尺寸依铸造收缩率进行放大。金属模样尺寸可由下式求得，即

$$金属模样尺寸 = 铸件尺寸 \times (1 + K) \qquad (9-1)$$

式中，K 是铸件线收缩率（又称为缩尺，可根据铸件材质及铸造条件选择）。

　　铸件尺寸 = 零件尺寸 + 加工余量 + 起模斜度和其他工艺余量（工艺补正量、分型负数、反变形量、非加工壁的负余量等）。本章重点介绍金属模样的设计，由于金属模样多应用于成批、大量生产中，故其铸造工艺设计中很少使用其他工艺余量。所计算出的模样尺寸应准确到小数点后一位，小数点后第二位数字（0.01mm）四舍五入。

　　上式中金属模样尺寸是指形成铸件尺寸的有关尺寸，模样本身结构尺寸不包括在内。芯头模样和浇冒口模样等，因其尺寸不形成铸件尺寸，不计算收缩率。

三、金属模样结构的设计

　　金属模样的结构在满足工艺要求和保证铸件质量的前提下，尽可能要制造简便。

　　金属模样一般多采用机械加工方法制成，但对于形状复杂的金属模样也可采用陶瓷型精密铸造法直接铸出。常用的金属模样有装配式及整铸式两种。

　　装配式金属模样如图 9-1 所示。当外形尺寸较小（小于 50mm×50mm，高度小于 30mm）做成实体模样，一般多做成空心模样。

　　整铸式金属模样如图 9-2 所示，是将模样和模底板做成整体，用于轮廓尺寸不大的模样和模底板。这种模样制造困难，精度要求较高。

1. 壁厚

　　在保证使用寿命和足够强度的前提下，设计金属模样壁厚时要尽量从减轻重量、节约材

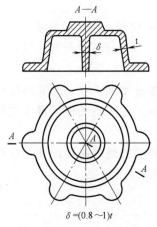

$\delta = (0.8 \sim 1)t$

图 9-1 装配式金属模样

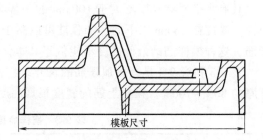

模板尺寸

图 9-2 整铸式金属模样

料、降低成本来考虑。模样壁厚根据模样的平均轮廓尺寸（即模样的最大外围尺寸长和宽的平均值）及所选用的金属材料而定。

图 9-3 与表 9-2 是用来确定金属模样壁厚的经验图与表。

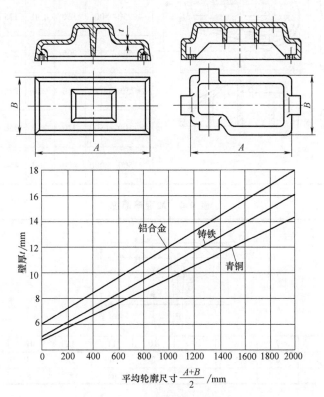

图 9-3 金属模样壁厚

表 9-2 铸铝合金模样壁厚 （单位：mm）

平均轮廓尺寸$(A+B)/2$	<500	500~1000	>1000
壁厚	8	10	12

2. 加强筋

为了使平均轮廓尺寸大的空心模样具有高的强度和刚度，金属模样要设计加强筋，加强筋的数量与布置形式取决于模样尺寸和形状。加强筋本身的结构一般分成三种形式：设在分型面上的筋；稍高于分型面上的筋；拱形结构的筋。

具有大平面和高度不大于100mm的平板模样，加强筋应设在分型面上；小的和中等的模样，高度在75mm以下的，加强筋可以高于模样分型面5~10mm；对于高的模样可做成拱形筋，这种模样筋的最低高度不应低于其本体厚度尺寸的5倍。

表9-3和表9-4是有关加强筋的尺寸。在生产实践中，一般将加强筋的厚度设计为模样壁厚的80%~100%。模样上筋的斜度根据高度 H 而定，一般按照表9-5选取。

表9-3　模样加强筋的布置和尺寸　　　　　　　（单位：mm）

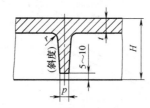

平均轮廓尺寸 $(A+B)/2$	第Ⅰ类 a	第Ⅱ类					
		$A/B=1.25$		$A/B=1.5$		$A/B=2$	
		a	b	a	b	a	b
≥250~500	160	140	175	130	195	105	210
≥500~750	200	180	225	160	240	135	270
≥750~1100	250	220	275	200	300	170	340
≥1100~1500	320	280	350	260	390	215	430
≥1500~2000	400	360	450	320	480	270	540

表9-4　加强筋厚度　　　　　　　（单位：mm）

模样厚度	t	7	8	9	10	11	12	13	14	15	16
加强筋厚度	p	6	6	7	8	8	10	10	10	12	12
铸造圆角半径	r	5	5	5	6	6	6	8	8	8	10

表9-5　模样上筋的斜度和高度关系

模样高度 H/mm	筋的斜度
<100	1°30′
100~200	1°
>200	30′

模样的内腔设计要尽量有利于模样毛坯的铸造，力求壁厚均匀，内腔铸造斜度和圆角适当大些。表9-6列出了模样非工作面的圆角半径。

表9-6 模样非工作面的圆角半径 （单位：mm）

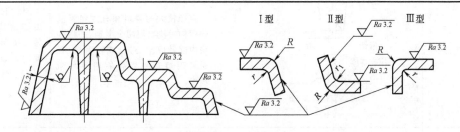

$r=R-t$，但不低于表中数值

t	6~9	10~12	13~15	16~20
r	3	5	7	10

应当指出，模样的结构与所采用的造型机关系极大。一般震实式造型机模样所承受的压力不大，很少考虑变形或压坏的可能性，而主要是防止模样松动问题。但对压实造型机来讲，模样的强度和刚度就要充分注意。

3. 活动部分（活块）

模样上妨碍从铸型里起模的部分应做成活动的，故又称为活块。模样上活块有两类：第一类为模样本身造型时难取出的部分做成活块；第二类为模样上的浇冒口和出气口。从铸型中取出的方式有三种：

1）起模时活块留在型腔中，起模后再从型腔中取出活块。

2）在起模之前，将活块先退入模样或模底板里（局部漏模）。

3）在起模之前，从铸型顶部拿走活块（直浇口、冒口、出气口等活块）。

各种活块的结构形式及设计要点见表9-7。有起模后留在型腔中的活块，还要考虑到能否从型腔中取出和如何取出的问题，比如型腔较深较窄，手伸进去会破坏砂型或不方便，这时就要在活块上设计相应的结构，如采用提针法取出就要在活块上设计提针孔（图9-4）；或者在活块上设计把手，直接用把手提出来（图9-5）。

表9-7 各种活块的结构形式及设计要点

活块名称	图 例	结构设计要点	应用情况
燕尾连接活块		1）燕尾与槽的滑脱面斜率的确定 活块长度<50mm 取 1/10 活块长度>50mm 取 1/12 2）燕尾与槽的配合采用 H9/f9（间隙配合）	用于侧面活块（如凸缘，搭子等）

（续）

活块名称	图 例	结构设计要点	应用情况
滑销连接活块	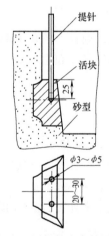	直径较大的冒口和有方向要求的模样活块要用两个滑销，并将活块内部做成空心，以减轻重量；有时采用销套来提高使用寿命和精度	用于起模前取出的活块，而且具有反向起模斜度的活块，如直浇口、冒口、凸台等
榫连接活块	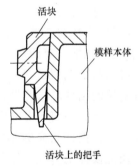	定位部分可在活块上，也可做在模样上	起模前取出的活块，如冒口等

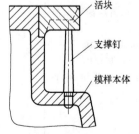

图 9-4　用提针取出的活块

图 9-5　带把手的活块

　　为了使活块放置到模样上平稳，要采取必要的措施。例如：活块伸出部分较大，而活块的支撑重心又难以设计到模样本体上时，可以另设支撑钉，防止活块松动，如图 9-6 所示。又如在活块部分设置紧钉，可防止起模后活块松动或掉落，如图 9-7 所示。

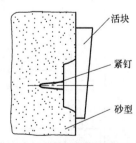

图 9-6　防止活块松动的支撑钉

图 9-7　防止活块松动的紧钉

在机器造型中，很少使用漏模活块，而用砂芯代替。因为这种活块的取出，需要在模底板中安装一套局部漏模机构，使造型过程复杂化，降低生产率。

4. 金属模样的装配

为把模样牢固安装在模底板上，模样设计要考虑模样与模底板的定位与紧固问题。

根据模样尺寸的大小、结构特点及加工制造条件的不同，模样装配形式也不同，常用的有平放式和嵌入式，两种装配形式的特点及应用范围见表9-8。采用嵌入式装配形式除表9-8中所列各种形式以外，有时还有一种形式，即当模样轮廓尺寸较小时，可将模样同时布置在8~10mm厚的平板上，加工后一起嵌到模底板上去；以及当模样由几个小块组成时，可将12个以上模样的全部小块布置在平板上，待平板及小块全部加工好以后，再嵌入到模样主体上去，这样可使加工和固定方便。

表9-8 金属模样装配形式的特点及应用范围

模样在模底板上的装配形式		应用范围	图 例
平放式	利用外凸耳	多数没有低于分型面以下凹坑的模样，但有外凸缘、外凸耳可利用的情况	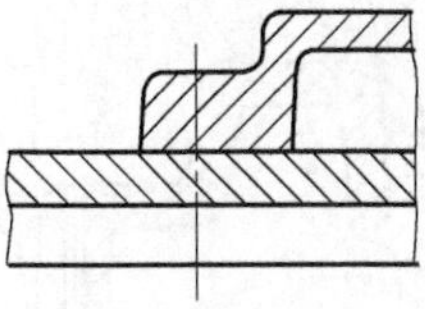
	设计内凸耳	多数没有低于分型面以下凹坑的模样，但没有现成的装配凸缘、凸耳可利用时	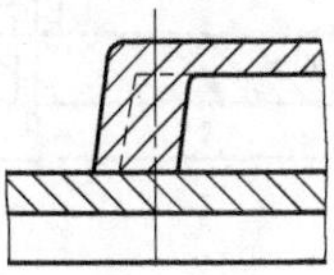
嵌入式	浅嵌入	分型面处有圆角，凸缘较薄或要求定位稳定的模样	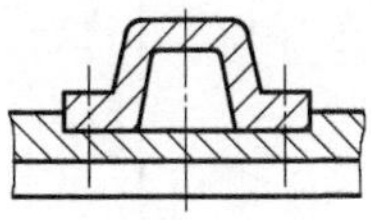
	上深嵌入	模样分型面以下有深坑，但有现成的凸耳可利用时	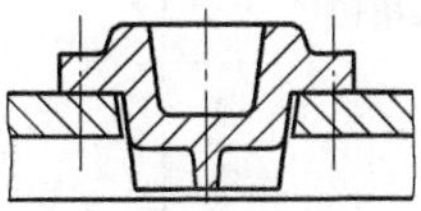
	下深嵌入	模样分型面以下有深坑，又没有外凸耳可利用时	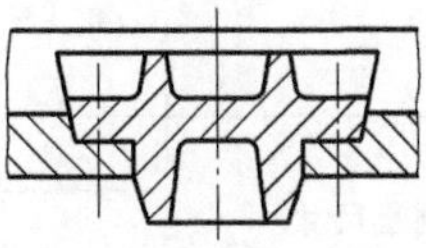
	其他	模样壁厚特薄，加工和固定有困难	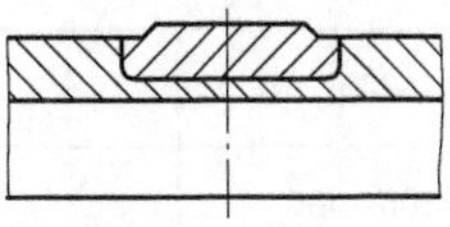

金属模样的装配，一般多利用模样现成的凸缘或凸耳，在没有现成的凸缘、凸耳或不够用时须在模样内侧专门设计凸耳，并设置定位销孔和紧固螺钉孔。

一般工厂是将经生产验证合格后的模样与模底板一起配钻、配铰，最后打入定位销。关于模样与模底板装配尺寸、定位销和紧固螺钉尺寸可参见第十章有关部分。

四、对金属模样的技术要求

金属模样用于成批大量生产时，对其表面粗糙度和尺寸偏差应严格控制。因为模样的尺寸精度、表面粗糙度是影响铸件质量的一个重要因素。

根据模样的使用要求、制造条件和模样尺寸的大小，提出适当的精度和表面粗糙度要求，既保证模样的使用质量又不使加工成本太高。

金属模样的表面粗糙度值、尺寸公差、模样分型面与模底板间隙见表 9-9~表 9-13。

表 9-9　金属模样的表面粗糙度值

图　例	模样部位		表面粗糙度值 Ra/μm	备　注
	模样工作表面		3.2~6.3	机械加工后，经砂光或抛光
	模样分型面	机器造型	6.3~12.5	模样与模底板接触面要求较高，如保证平面度
		手工造型	12.5	
	模样定位销孔		1.6~6.3	
	活块配合面		6.3~12.5	

表 9-10　金属模样、芯盒尺寸公差　　　　　　　　　（单位：mm）

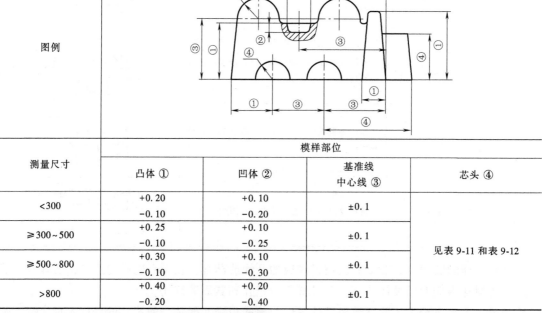

测量尺寸	模样部位			
	凸体 ①	凹体 ②	基准线中心线 ③	芯头 ④
<300	+0.20 -0.10	+0.10 -0.20	±0.1	见表 9-11 和表 9-12
≥300~500	+0.25 -0.10	+0.10 -0.25	±0.1	
≥500~800	+0.30 -0.10	+0.10 -0.30	±0.1	
>800	+0.40 -0.20	+0.20 -0.40	±0.1	

注：1. 凸体上极限偏差、凹体下极限偏差为新模制造用。

　　2. 凸体下极限偏差、凹体上极限偏差为新模检验用。

表 9-11　表 9-10 中模样、芯盒的水平芯头间隙和尺寸公差　　　（单位：mm）

铸孔名义尺寸	间　隙	公　差	配合尺寸举例	
			模样尺寸	芯盒尺寸
≥10~25	0.1	0.1	$20.1^{+0.1}_{0}$	$20^{0}_{-0.1}$
≥25~50	0.2	0.15	$40.2^{+0.15}_{0}$	$40^{0}_{-0.15}$
≥50~100	0.3	0.15	$80.3^{+0.15}_{0}$	$80^{0}_{-0.15}$
≥100~150	0.4	0.2	$120.4^{+0.2}_{0}$	$120^{0}_{-0.2}$
≥150	0.5	0.2	$160.5^{+0.2}_{0}$	$160^{0}_{-0.2}$

表 9-12　表 9-10 中模样、芯盒的垂直芯头间隙和尺寸公差　　　（单位：mm）

铸孔名义尺寸	间　隙	公　差	配合尺寸举例	
			模样尺寸	芯盒尺寸
≥10~25	0.2	0.1	$20.1^{+0.1}_{0}$	$20^{0}_{-0.1}$
≥25~50	0.3	0.15	$40.2^{+0.15}_{0}$	$40^{0}_{-0.15}$
≥50~100	0.4	0.15	$80.3^{+0.15}_{0}$	$80^{0}_{-0.15}$
≥100~150	0.5	0.2	$120.4^{+0.2}_{0}$	$120^{0}_{-0.2}$
≥150	0.6	0.2	$160.5^{+0.2}_{0}$	$160^{0}_{-0.2}$

表 9-13　模样分型面与模底板间隙　　　（单位：mm）

模样分型面最大轮廓尺寸	<300	300~500	>500
间隙	0.1	0.15	0.2

第二节　塑料模样

　　塑料模样从结构上分为薄壳结构及实体结构两种，一般小模样制成实体结构，大模样制成薄壳结构。

　　塑料模样一般都是在金属或木质基体上包敷一层 10~15mm 厚的塑料层，塑料层分为表面层、填充层等。基体相当于骨架，起加固作用，并可用作紧固定位销孔。

　　对于模样上夹角、凸缘、搭子、小活块等受力较大的部位和易磨损处或截面较小的部分可用金属制作，嵌在塑料模样中。

　　塑料模样的制作，分为三个过程：制作母模，根据母模制作凹模，用凹模制作塑料模（凸模）。

　　1. 母模（原始模样）的准备

　　母模可以是木模、石膏模，要求母模尺寸精确，表面光洁，以便得到尺寸精确和表面光洁的凹模和塑料模样。

　　在制作新的母模时，因考虑到凹模涂脱模剂和砂光处理塑料模样表面需要去掉一薄层塑料，母模上所有尺寸应放大 0.1~0.3mm。母模用砂纸打光，用清洗剂除去表面油污。

2. 凹模的制造

凹模所用的材料有金属、塑料、石膏和水玻璃砂等，常用的是石膏凹模和塑料凹模。

（1）石膏凹模　石膏凹模的优点是操作简单、周期短、成本低，但需烘干脱水，要有烘干设备。

石膏凹模的表面质量和尺寸精度不如塑料凹模，而且一个凹模只用一次，一般用于大件、单件塑料模样生产。

石膏凹模的制作：先将母模放在平台上，涂上脱模剂，套上箱框，放上取模棒等，当凹模需要制成分开模的形式时要放上定位销，然后浇注配好的石膏浆于箱框中，待凝固后（15~20min）起模，修整烘干待用。

石膏浆的配制：以石膏：水＝10：（1~8）的重量比例配方，均匀地将石膏粉加入水中，边搅拌边加，加完后静置30s即迅速浇注，要在初凝前浇注完毕（1~2min内）。脱模后经修整，石膏凹模在60~80℃炉上经6~8h干燥脱水，喷硝基清漆1~2次供使用。表面喷镀用的凹模应保证完全干燥，一般在100~120℃烘干12h，保温10h炉冷，也可自然干燥1~3周。

（2）塑料凹模　塑料凹模与石膏凹模相比，其尺寸精确，表面质量高，耐用性好，多用于成批生产。

塑料凹模的成型方法很多，有浇注法、层敷法、挤压法、捣实法等。常用的是层敷法。先将母模置于平板上（最好是玻璃板），放上木框、起模棒等，均匀涂上脱模剂，然后涂刷表面层塑料，厚度在0.5~2mm，棱角处不要过厚，在室温下放置2~3h，待硬化后进行下道工序。

用短玻璃纤维填料填塞棱角沟槽处，使其在层敷时不产生空穴，以加固该部分强度。然后在表面层刷一层塑料浆，铺一层玻璃布，其交接处必须合好，连续铺4~6层。大型塑料凹模，可放入木板（块）来加强凹模强度，之后填充加固层（填料）至分型面高度。

上述各工序完成后，在室温下放置1~4天即可脱模，修补、整光后待用。塑料凹模制作示意图如图9-8所示。

3. 塑料模制作

由塑料凹模来制作塑料模时，先在凹模上涂脱模剂，然后均匀涂刷0.5~1.0mm厚的表面层塑料，经室温硬化2h后，再用短玻璃纤维填料塞填棱角沟槽处，以便于层敷玻璃布。刷一层塑料浆后再铺一层玻璃布，以相同的方法铺10~12层。对于薄壳结构，

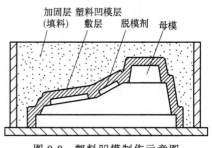

图9-8　塑料凹模制作示意图

中空较大的模样，贴敷几层玻璃布后放入骨架或加强筋，并继续层敷玻璃布，将骨架或加强筋包在层敷层中，黏成一体。如采用实体结构，则层贴玻璃布后往凹模内填充填料至分型面高度。

模样塑造完毕后，在室温下放置24h或经50~80℃加热硬化3~4h后即可脱模。

采用石膏凹模，先在石膏凹模上涂刷一层漆，刷脱模剂按上法塑造，硬化后打碎石膏凹模取出塑料模。塑料模样制作示意图如图9-9所示。

除了塑料模样以外，还有塑料模底板、芯盒等，它们的配料及制作工艺都相似，故不一一介绍。

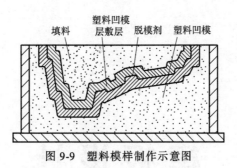

图 9-9 塑料模样制作示意图

第十章

模板设计

模板是由模底板和模样、浇冒口系统及定位销等装配而成，如图 10-1 所示。模板的作用主要是在铸型中形成铸件外轮廓及芯头等部分的型腔和分型面。

采用模板造型不仅可以简化工序，而且铸件尺寸精确。所以，不仅在成批大量生产中使用，而且在小批生产的手工造型中，为了提高铸件质量，也使用模板造型。

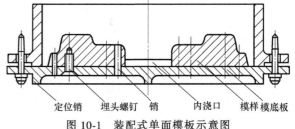

定位销　埋头螺钉　销　　内浇口　模样模底板

图 10-1　装配式单面模板示意图

设计模板主要依据是：已经确定的铸造工艺图；选用的造型机；一箱中铸件的数目以及模板本身加工制造的可能性。在模板设计中，模底板是决定模板性质的主要方面之一。因此，本章重点介绍通用造型机上模底板设计的一般程序和方法，并以金属模底板为讨论对象。

在成批生产过程，为了简化模底板的结构，便于安放加热器以及迅速更换模板，可在造型机工作台上安放一个模板框，模板固定在模板框内。最初设计时也要把模板框设计出来。

第一节　模板的分类

在铸造生产中使用的模板类型很多。按模板的结构分类见表 10-1。

表 10-1　按模板的结构分类

类别		特　点	材质	应用	图例
双面模板	平面	模底板两面都有模样和浇冒口系统，一块模板可造出上、下铸型。模底板面有平面形和曲面形两种。曲面形可增加模板刚度，防止错箱，但制造较为麻烦	木材、塑料或铝合金	多用于小件,成批大量生产的脱箱造型	图 10-21
	曲面				
单面模板	普通单面模板	模底板只有一面装有模样，上、下铸型由两块模板分别造出。一般模底板直接紧固在造型机工作台上。根据起模方向可分为： 1）顶杆式——造型机上的顶杆直接顶起砂箱 2）顶框式——顶杆通过顶框间接顶起砂箱	铸铝合金或铸铁	各种生产类型的大、中、小件均可应用	图 10-22 图 10-23 图 10-24
	顶箱式				

（续）

类别			特　点	材质	应用	图例
单面模板	普通单面模板	漏模式	在模底板与砂箱之间加一漏板,漏板的内边形状与模样一致,起模时模板向下,漏板托住砂箱不动,或模板不动,漏板托住砂箱向上	铸铝合金、铸铁	主要用于模样较高,起模斜度较小,起模困难和精度要求较高的铸件	图10-26
		翻转式	砂型紧实后,砂箱和模板一起翻转,使模板在上,砂型在下。砂箱在原地翻转的称为转台式。因为翻转,模底板上都没有卡紧砂箱的结构	铸铁、铸铝合金	成批大量生产的中大型铸件,特别是用于造下砂箱	
	快换模板	普通式	设有模板框,模板紧固在模板框内,可迅速更换模板,节约时间	木材、铸铝合金	应用于小批、成批、大量生产的中小件	图10-27
		组合式	同一模板框内,可放多种模板,可任意更换其中一块模板,充分利用砂箱面积,实现多品种生产,生产组织合理	铸铝合金 HT200、QT500-7	便于组织多品种铸件流水线生产	图10-28 图10-29 图10-30
	高压造型模板		高压造型机用的模板,强度、刚度和模样表面粗糙度要求高,模板底部有加热装置	HT200、QT500-7	成批大量生产的中小型铸件	
	射压造型模板		适用于射压造型机用的模板。强度、刚度及耐磨性要求较高。装有排气和电加热装置	HT200、QT500-7	成批大量生产的中小型铸件	

第二节　模底板本体结构设计

模底板用来连接与支撑模样、浇冒口系统、定位销等。普通单面模底板的结构如图10-2所示。

模底板本体结构设计主要包括下列内容：选择模底板材料；确定模底板平面尺寸、高度、销孔中心距、壁厚和加强筋；模底板与砂箱的定位装置；模底板的搬运结构；模底板在造型机工作台上的安装结构等。

一、模底板材料

模底板材料是根据模底板尺寸大小、使用的场合、铸件的生产批量以及本厂本车间的加工能力等来决定的。

对模底板材料的要求是：有足够的强度,有良好的耐磨性,抗振耐压,铸造和加工性能好。常用的材料有：铸铝合金 ZAlSi7Mg、ZAlSi2；灰铸铁 HT200、HT250；球墨铸铁：QT500-7；铸钢 ZG310-570、ZG200-400 等。

成批大量生产中的小件脱箱造型模底板常用铸铝。中大件单面模底板常用灰铸铁。铸钢模底板主要用于高压造型。

木质模底板主要在单件小批生产中应用。

二、模底板平面尺寸的确定

模底板的平面尺寸根据所选用的造型机和已定的砂箱内尺寸确定。

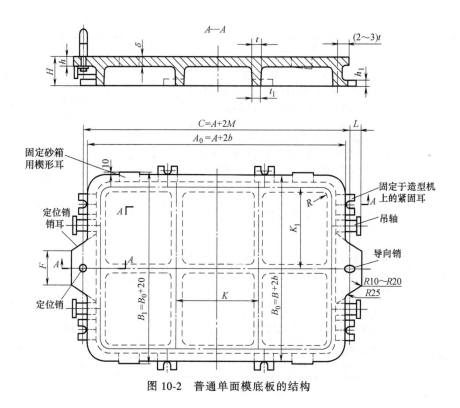

图 10-2　普通单面模底板的结构

一般模底板平面尺寸 A_0 和 B_0 分别等于砂箱内廓尺寸 A 和 B 各加上分型面上砂箱两边缘的宽度 b，如图 10-3a 所示。

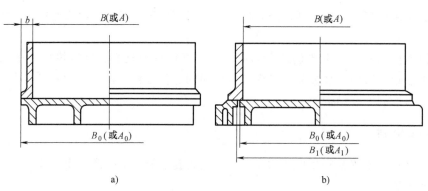

图 10-3　模底板和砂箱尺寸的关系

$A_0 = A + 2b$　$B_0 = B + 2b$　$A_0 = A_1 - (4 \sim 5)$ mm　$B_0 = B_1 - (4 \sim 5)$ mm

顶框式造型机的模底板以顶框内尺寸 A_1 和 B_1 为准，平面尺寸一般比顶框内尺寸小 4 ~ 5mm，如图 10-3b 所示。例如：某造型机顶框内尺寸为 850mm×560mm，则其配合的模底板尺寸为

$$[850 - (4 \sim 5)] \text{mm} \times [560 - (4 \sim 5)] \text{mm}$$

双面模底板，为减轻手工翻转铸型的劳动强度，其板面适用的砂箱平均内廓尺寸为

$$\frac{A + B}{2} \leqslant 300\text{mm} \quad \frac{H_{上砂箱} + H_{下砂箱}}{2} \leqslant 85\text{mm}$$

以上、下铸型总重不超过 25kg 为准。$H_{上砂箱}$、$H_{下砂箱}$分别为上砂箱和下砂箱的高度。

三、模底板高度

模底板的高度必须根据使用情况和选用的造型机来确定，通常可做如下考虑：

1）普通平面式模底板高度 H，铸铁的一般控制在 80～150mm，铸铝的一般控制在 30～90mm。

2）有凹面的模板（即有吊砂的模板）高度，应根据凹进去的深度决定。

3）当模样较高，要求定位销较高时，为保证定位销的稳定性，模底板的定位销销耳须做成上下两层，此时模底板的高度应考虑加高，如图 10-4 所示。

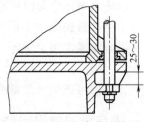

图 10-4 双层定位销销耳

4）模底板下面因起模需要，安装有振动器及抽出机构时，模底板高度应根据需要进行设计，如图 10-5 所示。

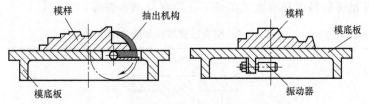

图 10-5 模底板下面安装振动器及抽出机构

5）顶杆式造型机用的模底板，其高度需如下考虑：模样高度应小于顶杆的最大起模行程、整个模板的高度保证起模后，砂箱分型面高出模样最高处 5～10mm，如图 10-6 所示。

6）顶框式造型机用的模底板，若顶框是另加的，则其高度 H 要规格化，种类不能太多以便顶框具有互换性从而减少顶框数目。例如：我国某厂顶框高度规定有 100mm、120mm、250mm 三种，则模底板高度也相应为 100mm、120mm、150mm 三种。

7）翻台式造型机模底板的高度应满足下式（图 10-7）。

$$H_{板} \leqslant H - (H_{箱} + H_{模} + H_{砂} + H_{托}) - (5 \sim 10) \, \text{mm}$$

式中，H 是翻台至托辊高度（mm）；$H_{箱}$ 是砂箱高度（mm）；$H_{模}$ 是模样高度（mm）；$H_{砂}$

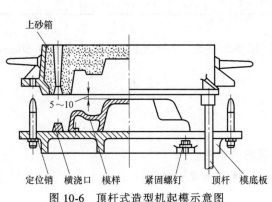

图 10-6 顶杆式造型机起模示意图

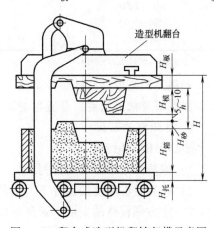

图 10-7 翻台式造型机翻转起模示意图

是砂台高度（mm）；$H_托$ 是砂箱托板高度（mm）；5~10mm 是为防止起模后砂型与模样相互摩擦而预留的间隙尺寸。

四、模底板销孔中心距

模底板销孔中心距应根据所配用砂箱销套的中心距来确定。一般制造时都用同一个钻模钻出。当砂箱销套中心距未定时，可由砂箱内廓尺寸 A 和箱耳尺寸中的 M 来决定，模底板销孔中心距通常用 C 表示（图 10-2），则

$$C = A + 2M$$

式中，M 值可查第十二章表 12-13 和表 12-14。

五、模底板的壁厚和加强筋

1. 壁厚 δ 和加强筋厚度 t、t_1

根据模底板平均轮廓尺寸和模底板所选用的材料，参考表 10-2 确定壁厚和加强筋厚度。在保证模底板有足够的强度和刚度的条件下，应尽量减少壁厚。

表 10-2　模底板壁厚和加强筋厚度　　　　　　（单位：mm）

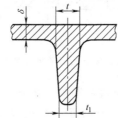

模底板平均轮廓尺寸 $\frac{A_0+B_0}{2}$	铸铝			铸铁			铸钢		
	δ	t	t_1	δ	t	t_1	δ	t	t_1
≤500	10~12	12~14	8	—	—	—	8	10	8
501~750	12~14	14~16	10	14	16	12	10	12	10
751~1000	14~16	16~18	12	16	18	14	12~14	14	12
1001~1500	16~20	18~22	14	18	20	16	14~16	16	14
1501~2000	—	—	—	22	24	20	18	20	16
2001~2500	—	—	—	25	28	22	22	24	20
2501~3000	—	—	—	28	30	24	25	27	23
>3000	—	—	—	30	32	26	28	30	26

注：有些厂矿采用 $t_1 = 0.8t$。

加强筋的高度根据模底板高度、材料和使用要求决定，一般情况下取小于等于 50mm，大型模底板要求大刚度，可适当增加高度。

2. 加强筋的布置

要尽可能地做到：

1）保持加强筋有规则排列。

2）在有足够刚度的条件下，尽量减少加强筋的数量。

3）应方便模样的安装，避免在模样装配时，螺钉碰着加强筋。

加强筋的布置如图 10-2 所示。

3. 加强筋的间距

加强筋的间距可参考图 10-2 及表 10-3 决定。

表 10-3 加强筋的间距 （单位：mm）

模底板平均轮廓尺寸 $\dfrac{A_0+B_0}{2}$		500 以下	501~750	751~1000	1001~1500	1501~2000	2001~2500	2501~3000	>3000
K	铸铁	300	300	300	350	400	450	450	500
	铸钢	300	300	400	400	450	500	500	500
K_1	铸铁	—	250	300	300	350	400	400	400
	铸钢	—	250	300	300	400	400	450	450

注：K、K_1 的意义如图 10-2 所示。

六、模底板和砂箱的定位

模底板和砂箱之间常用销与销套定位，其定位方式、特点及应用见表 10-4。

表 10-4 模底板和砂箱的定位方式、特点及应用

定位方式	型号	图 例	特点及应用
直接定位	Ⅰ	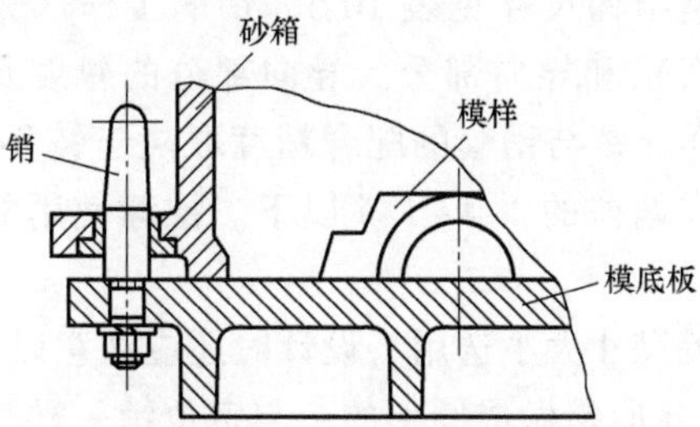	模底板的销与砂箱的销套直接起定位作用，定位结构简单，误差小，主要应用于普通单面模底板
	Ⅱ	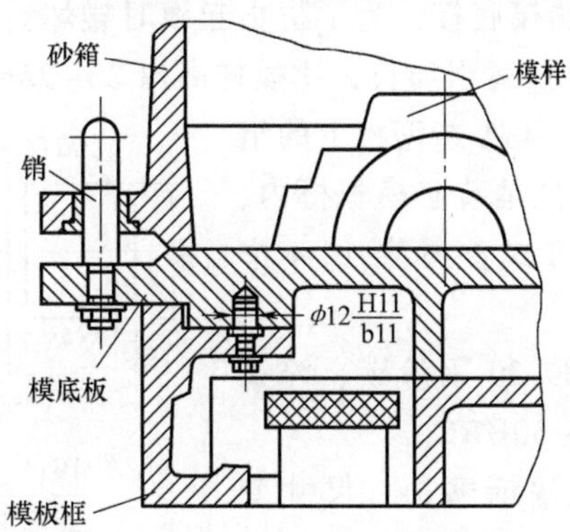	模底板置于模板框内，并与框定位（定位要求不高）。模底板与砂箱另用销和销套定位，比Ⅰ型复杂，用于需加热的快换模底板
间接定位	Ⅲ	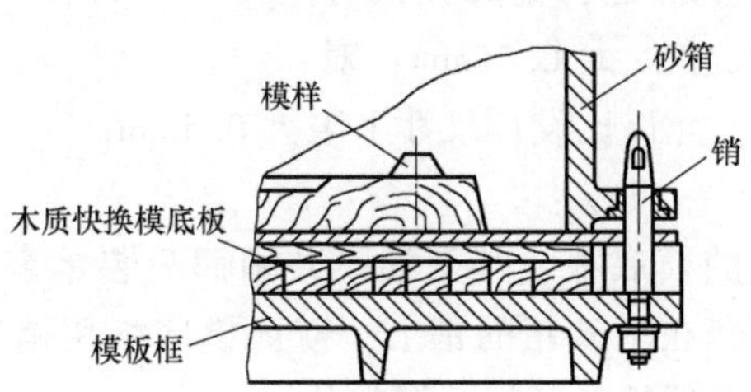	模底板与砂箱不直接定位，都依模板框上的销定位。模底板与砂箱之间形成间接定位，定位误差较大，用于普通快换模底板

（续）

定位方式	型号	图　例	特点及应用
间接定位	IV	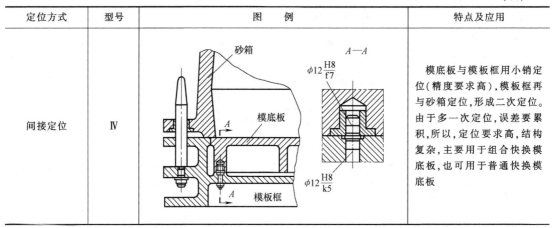	模底板与模板框用小销定位（精度要求高），模板框再与砂箱定位，形成二次定位。由于多一次定位，误差要累积，所以，定位要求高，结构复杂，主要用于组合快换模底板，也可用于普通快换模底板

在造型过程中，为使砂箱不被卡死常将两个销分别做成圆形的和带有平行平面的，前者称为定位销，后者称为导向销。相应的砂箱销套一个为圆孔形，另一个为椭圆形。安装时，导向销的两个平行平面与模底板两个销孔中心线连线平行。

1. 定位销及导向销的形式和尺寸

模底板用定位销及导向销结构尺寸见表 10-5。销的工作部分分为定位部分（即定位销的圆柱面，导向销的平行平面）和导向部分。导向部分的斜度及高度应保证有导向作用和保证在放砂箱时不致碰坏模样。销与销套的配合精度取决于铸件的尺寸精度和铸件的批量。合理的定位偏差可在铸件允许偏差的 1/4～1/5 以下。推荐使用的定位销与销套配合精度见表 10-6。

模底板上的销，按模底板尺寸大小选用。设计时还应注意以下几点：

1）在成批生产中，可将导向销做成圆形的，与定位销一样。

2）手工或用起重机起模的模底板，为了防止起模时碰坏铸型和在模板上放置砂箱时撞击模样，销的导向部分长度 l_3 要适当加长，比模样高出 20～25mm。

3）图 10-8 所示为用于 ZB148A 造型机上的组合快换模底板上的定位销，定位销装于模板框内，模底板上装有销套，其定位方式参看表 10-4 中的 IV。

4）定位销材料，一般可取 20 钢渗碳、淬火 45～55HRC 或 45 钢、淬火 42～50HRC。

5）销在使用过程中外径逐渐磨损，尺寸变小。对于销中心线小于 1000mm 的，销外径尺寸可比设计尺寸下限（最小尺寸）大 0.25mm；对于销中心距大于 1000mm 的，允许比设计尺寸下限大 0.5mm。

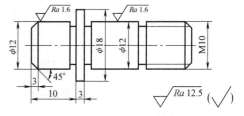

图 10-8　用于 ZB148A 造型机上的组合快换模底板上的定位销

2. 销套

脱箱造型用的双面模板的模底板，其两端不装销而只装销套，销装在下砂箱上。造型时，将模板和上砂箱的销套套在下砂箱的销上。双面模底板用销套如图 10-9 所示。销套的固定螺钉孔常做成椭圆形，以便销套磨损后调整位置。

表 10-5 模底板用定位销及导向销结构尺寸

（单位：mm）

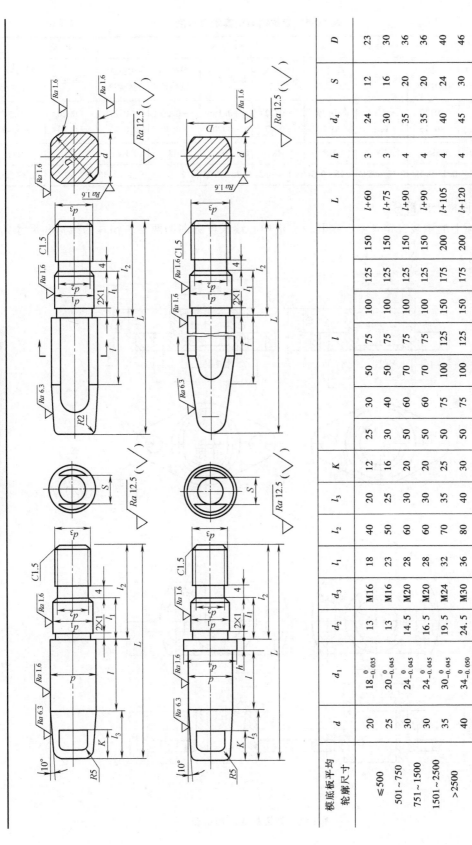

模底板平均轮廓尺寸	d	d_1	d_2	d_3	l_1	l_2	l_3	K					l					L	h	d_4	S	D
≤500	20	$18^{\ 0}_{-0.035}$	13	M16	18	40	20	12	25	30	50	75	100	125	150	$l+60$	3	24	12	23
501~750	25	$20^{\ 0}_{-0.045}$	13	M16	23	50	25	16	30	40	50	75	100	125	150	$l+75$	3	30	16	30
751~1500	30	$24^{\ 0}_{-0.045}$	14.5	M20	28	60	30	20	50	60	70	75	100	125	150	$l+90$	4	35	20	36
1501~2500	30	$24^{\ 0}_{-0.045}$	16.5	M20	28	60	30	20	50	60	70	75	100	125	150	$l+90$	4	35	20	36
	35	$30^{\ 0}_{-0.045}$	19.5	M24	32	70	35	25	50	75	100	125	150	175	200	$l+105$	4	40	24	40
>2500	40	$34^{\ 0}_{-0.050}$	24.5	M30	36	80	40	30	50	75	100	125	150	175	200	$l+120$	4	45	30	46

注：1. 尺寸 d 公差按表 10-6 选取。
2. d 和 d_1 的同心度公差为 0.02mm。
3. 工作部分长度 l 可根据生产需要选取，但其尾数应为 0 或 5。

表 10-6　定位销与销套配合精度　　　　　　　　　　（单位：mm）

项目	$d=20、25$			$d=30、35$			$d=40、45$		
	大批大量生产	成批生产	单件小批生产	大批大量生产	成批生产	单件小批生产	大批大量生产	成批生产	单件小批生产
销公差	-0.10 -0.15	-0.12 -0.17	-0.15 -0.20	-0.12 -0.17	-0.15 -0.20	-0.20 -0.30	-0.17 -0.25	-0.20 -0.30	-0.30 -0.45
销套公差	H8	H8	H8	H8	H8	H8	H8	H8	H11
配合间隙	0.1～0.195	0.12～0.215	0.15～0.34	0.12～0.22	0.15～0.25	0.2～0.47	0.17～0.30	0.2～0.35	0.3～0.62

3. 模底板上的销耳

模底板上的销装在销耳上，销耳设在沿中心线长度方向的两端。销耳的结构和尺寸见表 10-7。

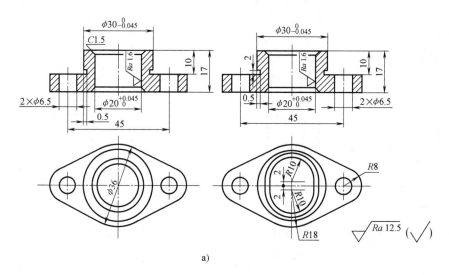

a)

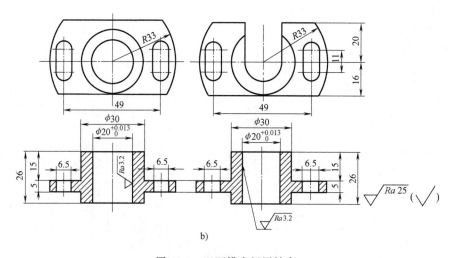

b)

图 10-9　双面模底板用销套

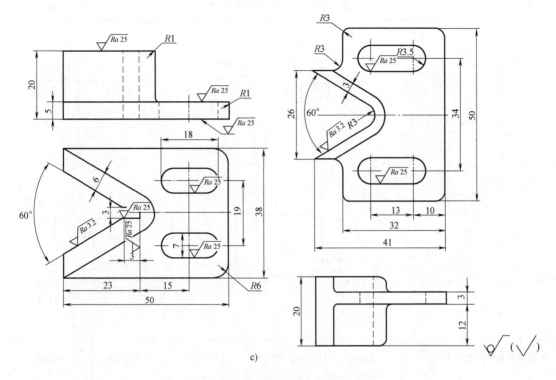

图 10-9 双面模底板用销套（续）

七、模底板的搬运结构

中大型模底板常设置吊轴（也有用起重孔的）以便于模板的安装和搬运。有时吊轴也作为铸型起模时翻转砂箱之用，这时可考虑同时设置手把，作为人工协助翻箱时的把手。

对于模底板平面尺寸小于 500mm 的小型模底板，可不设吊轴，只设手把。脱箱造型用模底板常用销耳作为把手，不再另设手把。

1. 吊轴

吊轴可以和模底板一起铸造出来，称为整铸式，如图 10-10 所示，也可以用钢材加工，在铸造模底板时铸接起来，称为铸接式，其结构尺寸见表 10-8。一般铸铁模底板常用这种结构。

吊轴材料可选用 Q235、20、45。表 10-8 中的 l_1 和 L 的长度应考虑模底板的结构酌情变化；如表 10-8 中图 b，应考虑模底板边沿伸出的宽度 B。

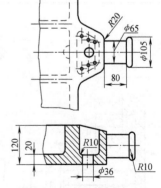

图 10-10 整铸式吊轴结构

吊轴的位置可设在长度方向中心线上，与销耳连接在一起，位于销耳的外面。也可以设在销耳的两侧，对称分布。吊轴数量可取 2 个或 4 个。

2. 手把

手把也有整铸式和铸接式两种。铸接手把结构尺寸如图 10-11 所示。

表 10-7　销耳的结构和尺寸　　　　　　　　　　　（单位：mm）

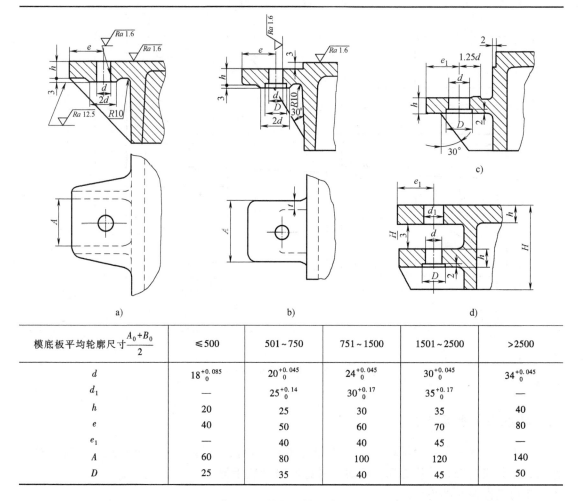

模底板平均轮廓尺寸 $\dfrac{A_0+B_0}{2}$	≤500	501~750	751~1500	1501~2500	>2500
d	$18^{+0.085}_{0}$	$20^{+0.045}_{0}$	$24^{+0.045}_{0}$	$30^{+0.045}_{0}$	$34^{+0.045}_{0}$
d_1	—	$25^{+0.14}_{0}$	$30^{+0.17}_{0}$	$35^{+0.17}_{0}$	—
h	20	25	30	35	40
e	40	50	60	70	80
e_1	—	40	40	45	—
A	60	80	100	120	140
D	25	35	40	45	50

表 10-8　铸接吊轴结构尺寸　　　　　　　　　　　（单位：mm）

图　　例		模底板平均轮廓尺寸 $\dfrac{A_0+B_0}{2}$	≤900	>900
a)	b)	d	30	45
		D	50	65
		d_1	60	100
		L	90	120
		l_1	30	45
		l	45	60

　　除此之外也可用装配式，即用 Q235 圆钢加工，然后用螺栓、螺母装配在模底板上；也可在模底板上做出螺纹孔，直接将手把拧紧在模底板上。一块模底板上可设 2~4 个手把。

八、模底板在造型机上的安装

模底板常用螺栓固定在造型机工作台上，这时模底板上应设置紧固耳。紧固耳的位置要和造型机工作台台面上的 T 形槽相对应，不可任意设置。有的新购入的造型机工作台上没有这种槽，则可在需要位置加工槽，用双头螺柱或六角头螺栓固定。

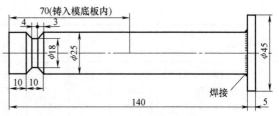

图 10-11　铸接手把结构尺寸

铸铁和铸钢模底板紧固耳的结构尺寸见表 10-9 和表 10-10。

表 10-9　铸铁模底板紧固耳的结构尺寸　　　　　　（单位：mm）

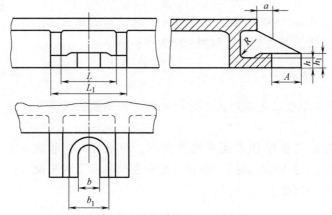

平均轮廓尺寸 $\frac{A_0+B_0}{2}$	h	h_1	a	A	L	L_1	b	b_1	R	紧固耳数
≤500	20		8	30	50	70	15	25	10	4
501~750	22		8	30	50	70	15	25	10	4
751~1000	24	$h+5$	12	35	60	80	18	35	10	6~8
1001~1500	26		12	35	70	90	22	40	12	8
1501~2500	28		14	40	80	110	25	40	12	8
2501~3000	30		16	50	90	120	28	50	15	8~10

表 10-10　铸钢模底板紧固耳的结构尺寸　　　　　　（单位：mm）

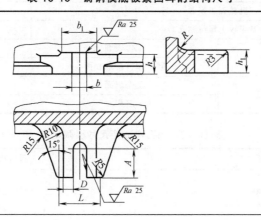

（续）

平均轮廓尺寸$\frac{A_0+B_0}{2}$	h	h_1	A	L	b	b_1	D	R	紧固耳数
≤750	22	25	35	50	15	35	10	10	4
751~1000	25	30	45	70	18	42	12	10	4
1001~1500	30	35	45	85	22	50	14	12	8
1501~2000	35	40	50	110	25	57	16	14	8
2001~3000	40	45	60	120	28	64	18	16	8
3001~4000	45	50	60	130	32	72	20	18	10
4001~5000	50	60	70	140	36	86	25	20	10

一般模底板紧固耳数量可取 4 个，大型模底板可以增加，并沿长度和宽度四周布置。

尺寸小于等于 750mm 的模底板，允许只在两端设紧固耳，其形状可做成梯形的，并去掉两边筋条，如图 10-12 所示。

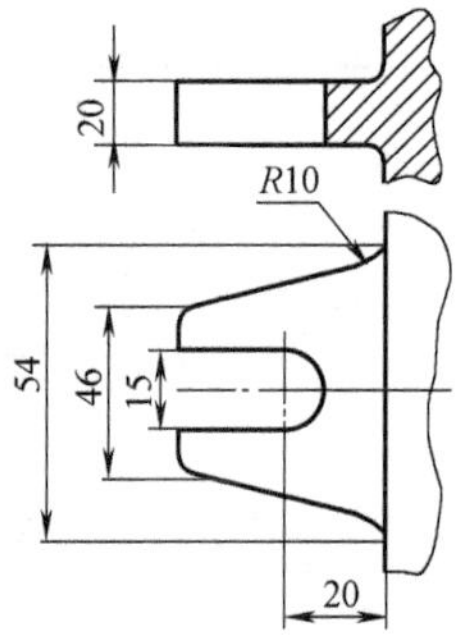

图 10-12　梯形紧固耳

九、模底板的技术要求

1）所有铸铁和铸铝模底板需经人工时效处理，铸钢模底板需经退火处理。

2）模底板机械加工精度和表面粗糙度要求，见表 10-11 和表 10-12。销孔中心距尺寸极限偏差见表 10-13。模样在模底板上的装配公差一般可取销孔中心距公差的一半。

表 10-11　模底板机械加工精度　　　　　　　　　　（单位：mm）

项　　目			尺寸极限偏差
工作表面平面度	模底板长度	<1500	±0.5
		1500~3000	±1.0
		>3000	±2.0
同工作台接触平面的平面度公差，每长 1000mm			±0.3
两定位销同模底板工作台面的垂直度公差，每高 200mm			±(0.1~0.2)

表 10-12　模底板机械加工表面粗糙度

机械加工表面		表面粗糙度 $Ra/\mu m$
模底板上定位销孔		3.2~6.3
中小型模底板	工作表面	3.2~12.5
	同工作台接触表面	3.2~12.5
抛砂机造型用大型模底板	工作表面	12.5
	底面	25

表 10-13　销孔中心距尺寸极限偏差　　　　　　　　（单位：mm）

中心距	尺寸极限偏差
≤850	±0.2
850~1800	±0.3
>1800	±0.5

3）模底板上的铸造缺陷允许焊补，但工作表面应尽量避免焊补。

4）双面模底板与砂箱接触的四边，允许磨损量为 0.4mm；单面模底板与砂箱接触的四边，允许磨损量为 0.8mm，超过此值，可铣削平整后加镶耐磨铁片进行修复。

第三节 模板装配

一、模样在模底板上的装配

模样在模底板上的装配主要考虑三方面的问题：模样在模底板上的放置形式、定位和紧固方法。

1. 模样在模底板上的放置形式

模样在模底板上的放置形式有平放式和嵌入式两种，见表 10-14。

表 10-14 模样在模底板上的放置形式

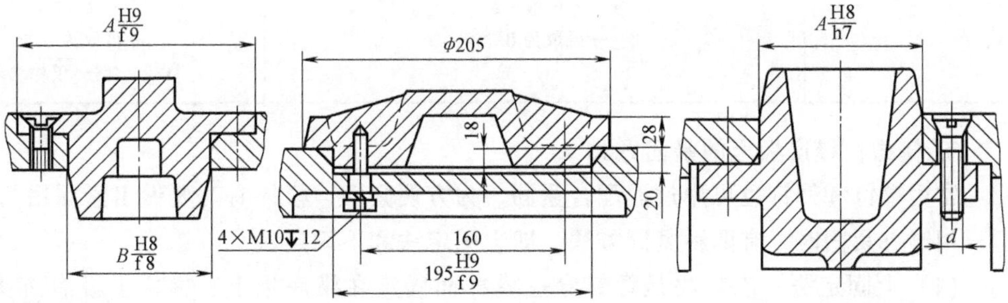

平放式是将模样平放在模底板上，模底板不必挖槽，此形式较方便，应用较多。

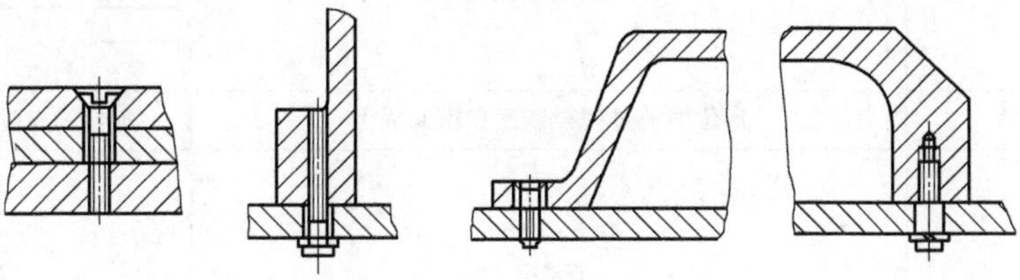

嵌入式是将模样下部嵌进模底板中，主要用于具有下凹模样的装配，或用于特殊要求的模样。

2. 模样在模底板上的定位

模样在模底板上常采用定位销来定位，其目的一是在制造过程中靠销把分开的两半个模样装配成对，二是使用定位销来固定模样在模底板上的位置。

定位销在模样上的位置，一般选择在模样高度较低的地方，并尽量使其距离远一些。定位销可以采用圆柱销（GB/T 119.1—2000《圆柱销　不淬硬钢和奥氏体不锈钢》），也可采用圆锥销（GB/T 117—2000）。当模样与模底板的连接需要经常拆装时，应用圆柱销，这时模样和圆柱销间、模底板和圆柱销间，两者的配合应当是一方为过盈配合，另一方为间隙配合。当模样和模底板的连接不经常拆装时，则均采用过盈配合。销材料可由 15 钢或 35 钢制成。销数目和尺寸大小取决于模样尺寸，一般情况下，对平放式的模样，每块模样上定位销的数目最少是 2 个，而最多不超过 4 个；对嵌入式的模样，定位销数目根据嵌入情况，可适当减少或不用。模样在模底板上的定位形式见表 10-15。

表 10-15　模样在模底板上的定位形式

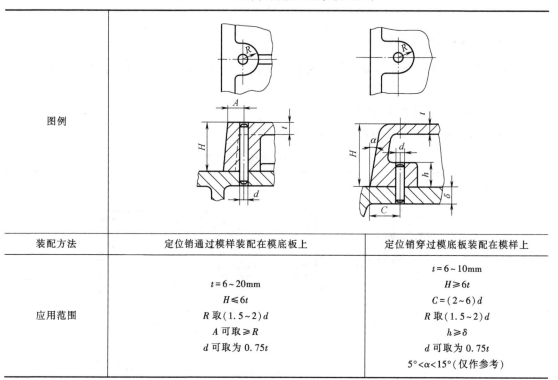

图例		
装配方法	定位销通过模样装配在模底板上	定位销穿过模底板装配在模样上
应用范围	$t = 6 \sim 20mm$ $H \leqslant 6t$ R 取 $(1.5 \sim 2) d$ A 可取 $\geqslant R$ d 可取为 $0.75t$	$t = 6 \sim 10mm$ $H \geqslant 6t$ $C = (2 \sim 6) d$ R 取 $(1.5 \sim 2) d$ $h \geqslant \delta$ d 可取为 $0.75t$ $5° < \alpha < 15°$（仅作参考）

3. 模样在模底板上的紧固方式

常用螺钉和铆钉也可用过盈配合紧固。为方便紧固，模样有时要做出紧固用的凸耳。

用螺钉紧固时，有两种紧固方法，即上固定法和下固定法。

（1）上固定法　该方法是螺钉穿过模样而固定在模底板上，模样上设有沉头座通孔。螺钉、螺钉的沉头座通孔尺寸，可按 GB/T 152.2—2014《紧固件　沉头螺钉用沉孔》规定的中等装配选用，但沉头座的深度至少应超过螺钉头顶面 3 ~ 5mm。以便安装后用金属或塑料填平。上固定法的优点是螺钉孔可以均匀分布，而不必顾及螺钉是否和模底板下面的筋条相碰。模底板钻孔时可以利用模样当钻模进行配钻，安装操作简便。它的缺点是模样工作表面被损坏，安装后必须填平修补。

（2）下固定法　该方法是螺钉通过模底板，从底面把模样固定在模底板上，这时模样上有螺纹孔，而模底板上钻通孔。下固定法的优点是模样的工作表面不受损害；缺点是螺钉孔的位置受到模底板筋条的约束，即螺钉孔的中心到筋条的距离，应符合扳手空间的要求，其次是操作麻烦，一般先要在模底板上画线，标出每个螺钉孔中心，钻孔，然后将模样依画线放在模底板上，从模底板下面配钻模样的螺纹孔。当模样材料为铝合金时，一般攻螺纹深度不小于两倍螺纹直径，因此下固定法多用于模样较高的情况下。

螺钉布置在模样上靠近边沿的地方均匀分布，使模样与模底板紧贴。螺钉规格参考表10-16 选取。

单面模板模样在模底板上的紧固见表10-17；双面模板模样在模底板上的紧固见表 10-18。

表 10-16 按模样外围尺寸选取螺钉规格 （单位：mm）

模样外围尺寸$(\frac{长+宽}{2})$	<50	51~100	101~200	201~400	>400
螺钉直径 d 螺钉间距 S	M4 30	M6 50	M8 100	M10 150	M12 200

表 10-17 单面模板模样在模底板上的紧固 （单位：mm）

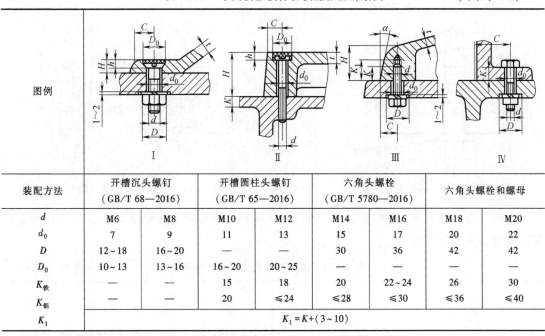

装配方法	开槽沉头螺钉 （GB/T 68—2016）		开槽圆柱头螺钉 （GB/T 65—2016）		六角头螺栓 （GB/T 5780—2016）		六角头螺栓和螺母	
d	M6	M8	M10	M12	M14	M16	M18	M20
d_0	7	9	11	13	15	17	20	22
D	12~18	16~20	—	—	30	36	42	42
D_0	10~13	13~16	16~20	20~25	—	—	—	—
$K_铁$	—	—	15	18	20	22~24	26	30
$K_铝$	—	—	20	≤24	≤28	≤30	≤36	≤40
K_1	$K_1=K+(3\sim10)$							

注：表中数值只供参考，未列出的尺寸设计时自行决定。

表 10-18 双面模板模样在模底板上的紧固

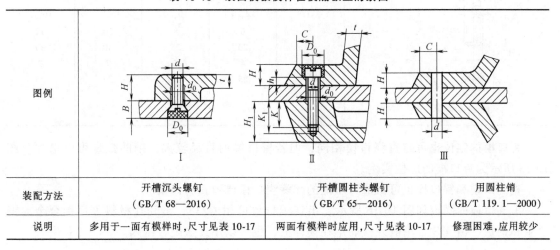

装配方法	开槽沉头螺钉 （GB/T 68—2016）	开槽圆柱头螺钉 （GB/T 65—2016）	用圆柱销 （GB/T 119.1—2000）
说明	多用于一面有模样时，尺寸见表10-17	两面有模样时应用，尺寸见表10-17	修理困难，应用较少

二、浇冒口模和芯头模在模底板上的装配

1. 浇冒口和出气口模在模底板上的装配

直浇口、冒口和出气口模等，若必须在起模前单独从铸型顶部取出时，这类模样和模底板之间常用销定位而不紧固。图 10-13 所示为直浇口模的定位实例。若直浇口直径较大，为了延长直浇口模的寿命，可装上销套，销套可在外缘做出螺纹，拧在直浇口模上，如图 10-14 所示。

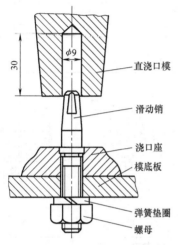

图 10-13 直浇口模的定位实例

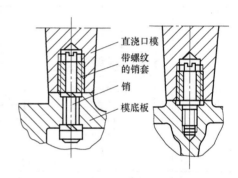

图 10-14 带销套的直浇口模的安装

定位销和销套可用 Q345 钢制造，经过淬火的销套硬度要求比销高一些。直浇口模定位销尺寸规格见表 10-19。

表 10-19 直浇口模定位销尺寸规格　　　　　　　　（单位：mm）

d	$6_{-0.085}^{-0.035}$	$8_{-0.085}^{-0.035}$	$10_{-0.105}^{-0.045}$	$12_{-0.105}^{-0.045}$
D	$12_{-0.1}^{0}$	$16_{-0.1}^{0}$	$16_{-0.1}^{0}$	$16_{-0.1}^{0}$
l	6	8	10	12
l_1	20	25	30	35
B	4	5	7	9
L	25	25	25	25

冒口模的定位也可与直浇口模相同，但若冒口模的直径较大，销的数量可以增加。图 10-15 所示为冒口模的定位实例。

直浇口模和冒口模也可做成可压缩的弹簧浇口模或弹簧冒口模。

出气口模的固定如图 10-16 所示。出气销材料可用 Q235，出气片材料可用铝合金、铜合金和钢板。出气片常用嵌入式固定在模样上，也可以用过盈配合压入。

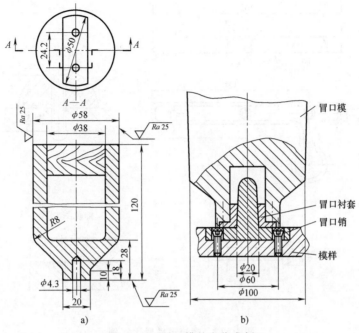

图 10-15 冒口模的定位实例

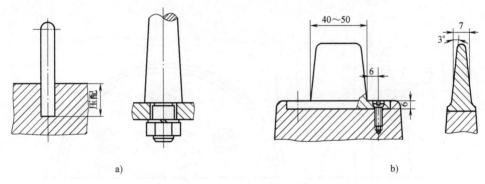

图 10-16 出气口模的固定
a）出气销 b）出气片

2. 横浇道模在模底板上的装配

横浇道模一般高度不大，常用螺钉和铆钉直接紧固在模底板上。图 10-17 所示为横浇道模紧固实例。有的工厂做成带螺纹的铆钉，旋入螺纹后再将上端铆紧。这种铆钉常用铝或铜做成。

3. 分开制造的芯头模的装配

为了加工制造模样的方便，芯头模常单独制造，然后与模样本体装配。装配时要注意定位和紧固方法。对水平芯头模往往两面靠紧，即一面靠模样，一面紧靠模底板。这时可用销和螺钉定位和紧固。水平芯头模装配实例如图 10-18 所示。

垂直芯头模，尺寸较小时可以利用螺纹直接拧入模样本体，尺寸较大时可以用嵌入法，然后用螺钉紧固，如图 10-19 所示。

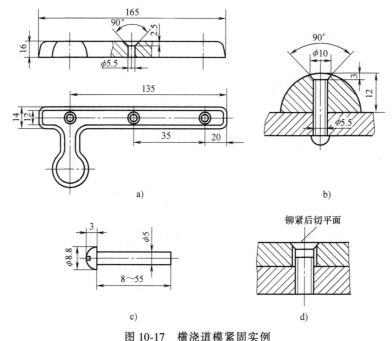

图 10-17　横浇道模紧固实例

a）横浇道模　b）铆钉紧固的直浇道口窝模　c）铆钉　d）带螺纹的铆钉紧固

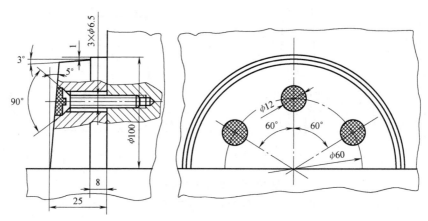

图 10-18　水平芯头模装配实例

注：材料为铸铝合金，用埋头螺钉与模样本体紧固。

三、单面模板上下模样的对位

单面模板上下两半个模样必须准确对位，才能保证铸件不致产生错箱缺陷。

单面模板分别造出的上、下铸型是以模板上的定位销和导向销为基准的，因此上下模样在上下模板上的定位也必须以模板上定位销和导向销为基准。一般取定位销的中心线以及定位销和导向销中心线的连线为定位的垂直基准线和水平基准线。因此，模样在模板上的定位尺寸都应以这两个基准来进行标注，如图 10-20a 所示。有的工厂取两销中心连线中点作垂直线为辅助垂直基准线。因此，在模板装配图中标注尺寸往往都是以这两条基准线为准向两

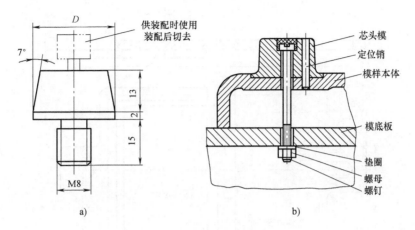

图 10-19 垂直芯头模装配实例

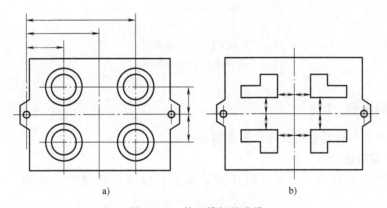

图 10-20 单面模板基准线

侧标注，以保证上下模样的对位准确，如图 10-20b 所示，但这样多一次定位误差。

第四节 各类模底板案例

一、双面模底板

双面模底板按其工作面的形状分为平面形和曲面形两种，如图 10-21 所示，其尺寸规格见表 10-20。曲面形可以增加模底板的刚度，同时可防止砂型错边，防止浇注时"跑火"。但曲面部分占据一定的面积，减少了模底板的有效面积。

表 10-20 双面模底板尺寸规格 （单位：mm）

砂箱内廓尺寸	A	B	C	砂箱内廓尺寸	A	B	C
300×250	340	290	390	400×250	440	290	490
300×300	340	340	390	400×300	440	340	490
350×250	390	290	440	450×250	490	290	540
350×300	390	340	440				

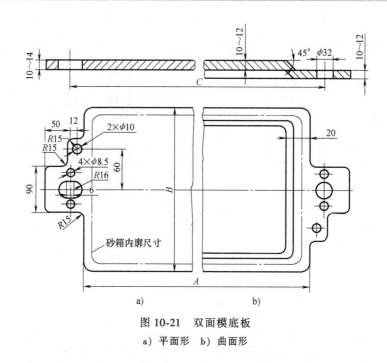

图 10-21 双面模底板

a）平面形 b）曲面形

二、顶箱式模底板

顶箱式模底板可分为顶杆式和顶框式两种。

1. 顶杆式模底板

这种模底板形状较简单，设计时注意留出造型机顶杆通过的孔和槽。图 10-22 和图

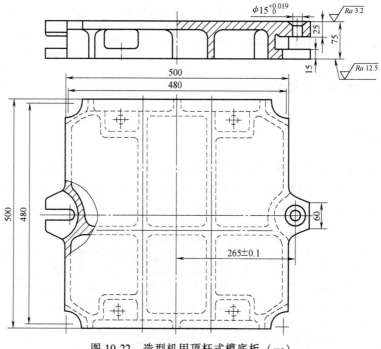

图 10-22 造型机用顶杆式模底板（一）

10-23 所示为两种造型机用顶杆式模底板。

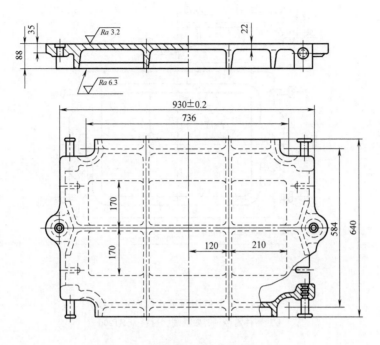

图 10-23 造型机用顶杆式模底板（二）

2. 顶框式模底板

图 10-24 所示为造型机用顶框式模底板。

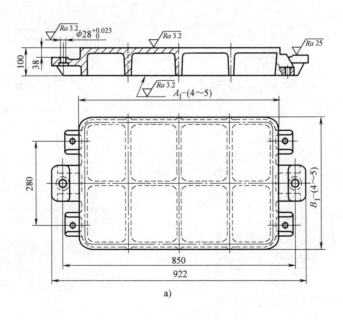

图 10-24 造型机用顶框式模底板

a）按普通尺寸铸造

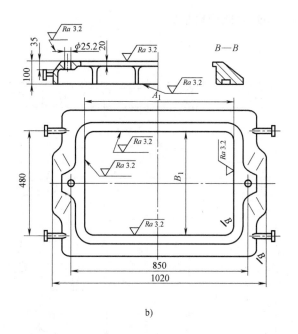

b)

图 10-24 造型机用顶框式模底板（续）

b）铸件需经过时效处理，材料为 HT200

顶框与模底板的配合关系有 4 种，如图 10-25 所示。图 10-25a、d 所示为靠顶框的内框边缘与模板定位。图 10-25b、c 所示为两种顶框上有孔，与砂箱一起套在定位销和导向销上。从保证铸件尺寸精度看，图 10-25a、b 较好，图 10-25c、d 多一次定位误差。

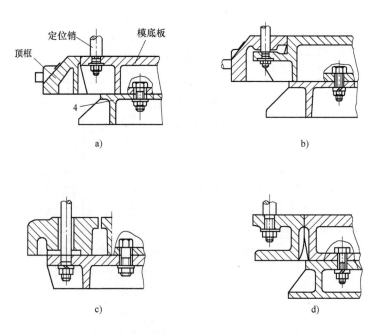

图 10-25 顶框与模底板的配合关系

a）定位销在模底板上   b）定位销通过顶框   c）定位销装在模底板上   d）定位销装在顶框上

三、漏模式模底板

图 10-26 所示为漏模式模底板。

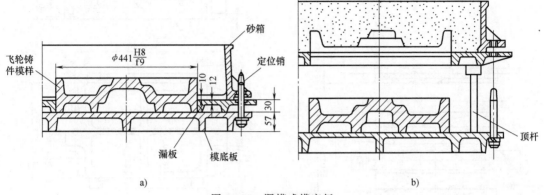

图 10-26 漏模式模底板

a）填砂前 b）漏模后

当漏板与模底板取为一平面时，其高度应一致，装配后平面度不得大于 0.2mm。

当漏板高出模底板时，模样必须垫高，垫高部分可与模样整铸，也可单独制造装配。垫高部分称为垫模板。模板上模样与漏板四周的配合面的间隙，一般可取为 H8/f9 或 H8/d9。每个工厂使用的漏模式模底板间隙取值不同，一般根据铸件大小取，相对较小件取为 0.2 ~ 0.5mm，较大件取为 0.5 ~ 1mm。

四、快换模底板和模板框

1. 普通快换模底板和模板框

如图 10-27 所示。当生产批量不太大时模底板可用木材制造，当生产批量较大时应用金属制造。

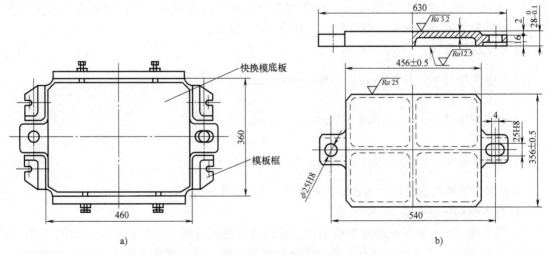

图 10-27 造型机用普通快换模底板和模板框

a）装配图 b）金属快换模底板

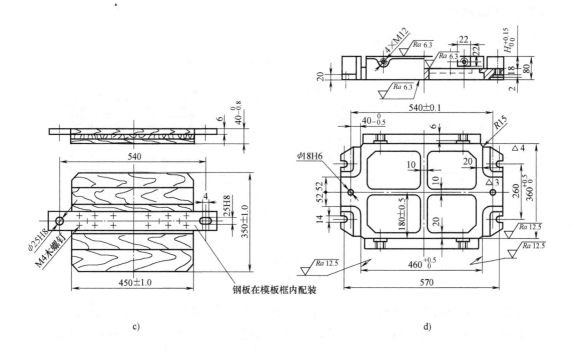

图 10-27 造型机用普通快换模底板和模板框（续）

c）木质快换模底板 d）模板框

2. 组合快换模底板和模板框

随着铸造生产机械化和自动化的发展，组合快换模板的采用也日益广泛。组合就是在一个模板框内有几块不同尺寸的模底板。组成后的尺寸和模板框内尺寸相符合。我国目前使用的是由四块不同尺寸的模底板组成，即所谓四分法组合快换模板。假如模板框的内尺寸为 $A \times B$，则模底板由下列的 4 种型号组成，如图 10-28 所示。

1 号模底板尺寸：$A \times B$；750mm×550mm。

2 号模底板尺寸：$A \times \left(\dfrac{B}{2} - 10 \right)$；750mm×265mm。

3 号模底板尺寸：$\left(\dfrac{A}{2} - 10 \times B \right)$；365mm×550mm。

4 号模底板尺寸：$\left(\dfrac{A}{2} - 10 \right)\left(\dfrac{B}{2} - 10 \right)$；365mm×265mm。

4 种型号的模底板可以有 6 种形式的组合，如图 10-29 所示。

组合快换模板框如图 10-30 所示。

各型号模底板与模板框靠定位销定位。定位销装在模板框上，共有 8 个，分别以 $BCDE$ 及 $B'C'D'E'$ 表示。模底板上装有定位销套分别与其相配。同时在模板框上还有 8 个螺纹孔，分别以 $LMNK$ 及 $L'M'N'K'$ 表示。模底板用螺钉紧固在模板框内。

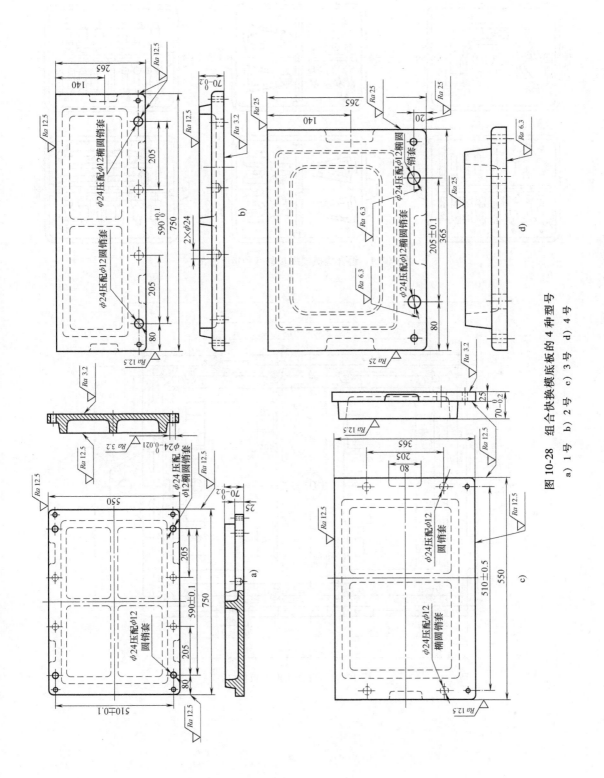

图 10-28 组合快换模底板的 4 种型号
a) 1号 b) 2号 c) 3号 d) 4号

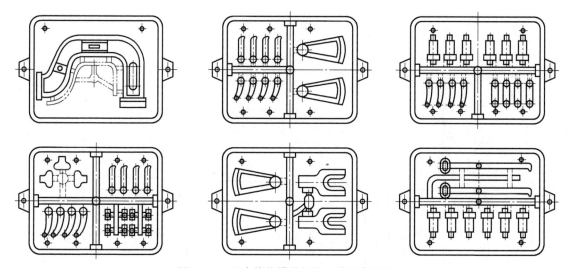

图 10-29   组合快换模底板的 6 种组合形式

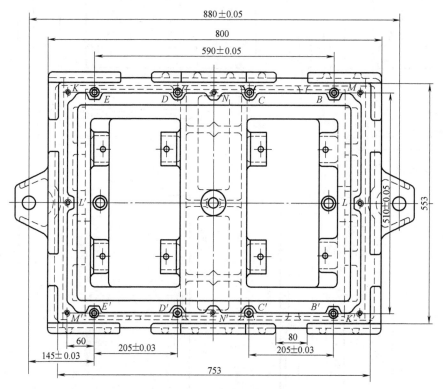

图 10-30   组合快换模板框

第十一章

芯 盒 设 计

芯盒是制芯工艺过程中所必需的工艺装备，其质量的好坏直接影响到砂芯质量及制芯生产率。成批和大量生产中，为了提高砂芯精度和芯盒的耐用性，多采用金属芯盒。本章主要讨论一般金属芯盒设计。

第一节　芯盒的种类及特点

由于铸件的结构和技术要求不同，生产批量及车间具体条件也不同，芯盒的种类很多。在进行芯盒设计前，必须了解各种芯盒的特点及其应用范围，首先确定使用何种芯盒及采用何种制芯方法。通常芯盒可按材质及结构特点进行分类。

一、芯盒按材质特点分类

不同材质芯盒的特点及应用范围见表 11-1。

表 11-1　不同材质芯盒的特点及应用范围

材　　质		特点及应用范围
金属芯盒	一般金属芯盒	精度高，使用寿命长，制造较复杂，适用于成批和大量生产中手工或机器制芯
	射芯盒	用在一般射芯机上制造中、小砂芯，多为铝合金制成(有时木质芯盒、塑料芯盒也可在射芯机上制芯)
	热芯盒	用在射芯机上制造中、小砂芯，因在制芯过程中，芯盒需要加热，并要求具有较大的热容量，多为铸铁制成
木质芯盒		制造周期短，易于加工，成本低，但使用寿命短，适用于单件小批或大件生产
菱苦土芯盒		在大型芯盒中，可用菱苦土、卤水和锯末粉等混合料代替部分木质结构，其加工性能好，表面光洁，使用性能也好，可节约大量木材，但较沉重，适用于单件、小批生产的大型制芯
塑料芯盒		以环氧树脂为主要材料制成，制造周期短，精度也较高

除表 11-1 中所列的各种芯盒外，为了适应不同的生产条件，也可用不同材质混合结构的芯盒，如金-木结构芯盒在成批生产中是常见的。

随着芯盒材质的不同，芯盒设计内容及设计特点也不同。例如：木质芯盒一般不用设计，只需选择合理的结构形式；金-木结构芯盒，也只要画出金属镶块零件图及它与盒体连接方式的图样；而塑料芯盒中的塑料零件可不画零件图，由于其制造的特点，需画出砂芯供制造塑料芯盒时使用（图 11-1 所示为塑料芯盒结构的实例）。

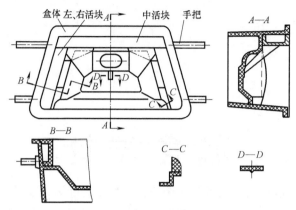

图 11-1　塑料芯盒结构的实例

二、金属芯盒结构形式

1. 金属芯盒按不同分盒面分类

分盒面即是芯盒的分开面。金属芯盒按不同的分盒面分类见表 11-2。

表 11-2　金属芯盒按不同的分盒面分类

类　别		示　意　图	特　点	芯盒结构实例
单面芯盒	敞开式		结构简单,精确度高(活块部分除外),操作方便,用于制造简单砂芯	图 11-2、图 11-3
	脱落式		用于周围或大部分都需要活块的砂芯,精确度较差。适用于较复杂的砂芯	图 11-4、图 11-5
垂直对开芯盒			两半芯盒要有定位、夹紧装置,由端面为芯盒内充填芯砂,砂芯直立在烘干板上烘烤	图 11-6
水平对开芯盒			芯盒四周封闭,两半芯盒各自充填芯砂,一般砂芯平卧在隐形烘干板上烘烤。两半芯盒定位装置应装在同侧,并需用填砂板	图 11-7、图 11-8

（续）

类　别	示　意　图	特　点	芯盒结构实例
水平对开芯盒		开盒时,上、下芯盒在水平位置对开,砂芯可平卧在成形烘干板上进行烘干	图 11-9、图 11-10
曲折分盒面的芯盒		为适应砂芯形状可采用曲折分盒面,曲折分盒面加工较困难,其余特点与水平对开式相同	图 11-11

2. 金属芯盒结构实例

图 11-2～图 11-11 所示为 10 种结构实例,可供金属芯盒结构设计时作为类比参考。

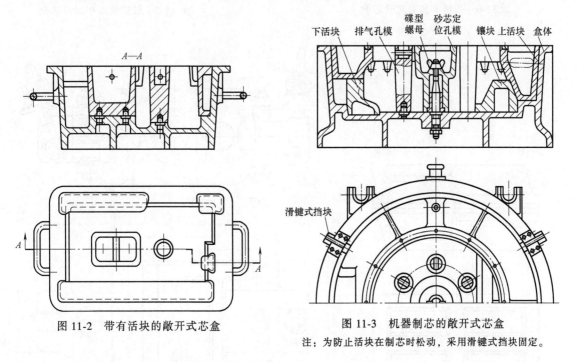

图 11-2　带有活块的敞开式芯盒

图 11-3　机器制芯的敞开式芯盒
注：为防止活块在制芯时松动,采用滑键式挡块固定。

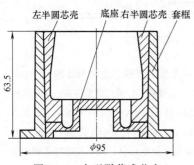

图 11-4　小型脱落式芯盒

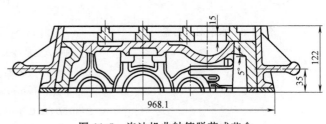

图 11-5　汽油机曲轴箱脱落式芯盒

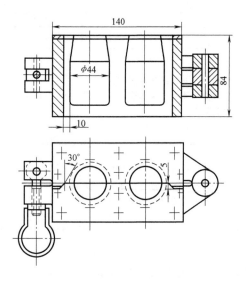

图 11-6　铰链式垂直对开芯盒

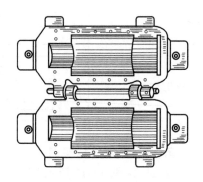

图 11-7　铰链式水平对开芯盒

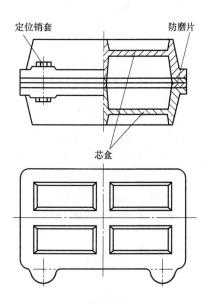

图 11-8　水平对开芯盒

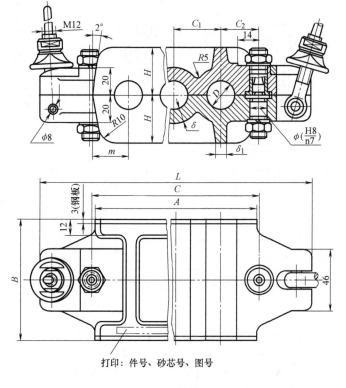

图 11-9　水平对开芯盒的圆棒芯盒经典结构

注：B 是砂芯长度；δ 是芯盒壁厚；δ_1 是加强筋厚度；D 是砂芯直径；$C_1 = 1.1D + 8$；$C_2 = 0.5D + 18$；$C = (n-1)C_1 + 2C_2$；n 是芯盒内砂芯个数；$m = 0.5D + 15$；$A = (n-1)C_1 + 2m$；$L = C + 80$ 但不大于 300；$H = 0.5D + 15$ 但不小于 35（以上单位为 mm）。此典型结构适用于 $D \leqslant 75\mathrm{mm}$、$B \geqslant 200\mathrm{mm}$ 的两头带芯头的圆柱砂芯。

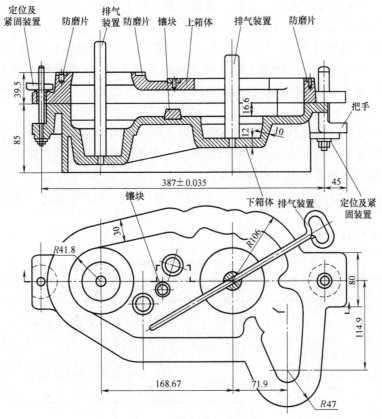

图 11-10　传动箱体两开式芯盒

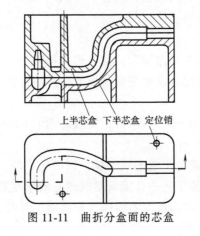

图 11-11　曲折分盒面的芯盒

第二节　金属芯盒设计

　　金属芯盒设计必须首先明确设计的要求，所需具体资料以及设计所包含的具体内容和设计步骤等问题。

　　对金属芯盒设计的要求是：应力求做到使用方便、结构坚固、操作轻巧；能满足对砂芯的精度要求；同时应当易于制造、维护、修理和成本低廉等。

设计金属芯盒所需具体资料是：经过会签的产品零件图；经过生产验证的铸造工艺图；编制工艺时制定的其他有关资料（如制芯工艺卡片）；工厂的具体情况（如所用芯砂的种类、制芯设备、烘干设备、机械加工能力以及操作习惯等）。这些资料为芯盒设计提供了：砂芯的形状和尺寸；对砂芯的要求；制芯方法和制芯工艺过程；芯盒在加工时的可能性和经济性等。

一般金属芯盒设计所包括的具体内容及设计步骤大致为：芯盒材料的确定；分盒面的确定；芯盒内腔尺寸的计算；芯盒主体结构设计；芯盒外围结构设计；芯盒中其他元件和附件的设计以及制定对金属芯盒的技术要求等。

一、芯盒主体结构材料的选择

制造盒体的材料见表 11-3。

表 11-3　制造盒体的材料

合金牌号	自由线收缩率(%)	标准	特点	应用范围
ZL101	0.9～1.2	GB/T 1173—2013	不生锈，表面粗糙度值小，易切削，重量轻	用于制造中、小型芯盒
ZL102	0.8～1.1			
ZL104	0.9～1.1			
ZL201	1.25～1.3			
HT200	0.8～1.0	GB/T 9439—2010	强度、硬度高，材料易得，耐磨性好	适用于制造大型芯盒
HT300	0.8～1.0			

活块和镶块一般与盒体材料相同，即常用铝合金。一些小活块也可用青铜或低碳钢制成。有些小的镶块，为了有足够的强度、刚度，可采用低碳钢制造。

二、分盒面的确定

一个砂芯往往可能存在几个分盒面。分盒面选择得恰当与否，直接影响到砂芯质量、制芯生产率及芯盒的结构等。确定分盒面主要是根据砂芯的形状和尺寸，并可从以下几个方面进行比较：

1）应有较大的敞开面，使填砂、舂紧、安放芯骨、制出通气孔道、出盒等操作都较方便。

2）砂芯烘干时，应尽量避免用成形烘干板，以简化工装。

3）应使芯盒结构简单，便于制造并能满足对砂芯的精度要求。

在多数情况下，都是以砂芯的最大断面作为分盒面。有时为了适应砂芯的形状，需要采用曲折分盒面，甚至多个分盒面。

芯盒设计在确定了分盒面后，即可参考不同类别的芯盒结构实例（图 11-2～图 11-11）进行具体的结构设计。

三、芯盒内腔尺寸（砂芯尺寸）的计算

芯盒内腔尺寸就是砂芯尺寸，一般指的是与铸件内腔尺寸有联系的尺寸，一般芯头长度等尺寸未包括在内。可依据铸造工艺图计算芯盒内腔尺寸，其计算公式如下

芯盒内腔尺寸 = (零件尺寸±工艺尺寸) ×
(1+零件材料的铸造收缩率)

式中，工艺尺寸包括加工余量、工艺补正量等。"+"号适用于因工艺尺寸使砂芯尺寸增大时；"–"号适用于因工艺尺寸使砂芯尺寸减小时。

举例：有一法兰盘零件，材料为 HT250，该零件铸造工艺图如图 11-12 所示，其芯盒内腔尺寸计算如下：

零件材料为灰铸铁，铸造收缩率可按 1% 计算。

砂芯直径 $D = (58-2×4) × (1+1\%)$ mm = 50.5mm。

砂芯长度 $L = (92+5+3) × (1+1\%)$ mm = 101mm。

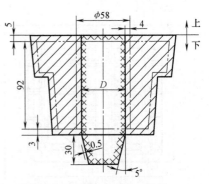

图 11-12 法兰盘铸造工艺图

四、芯盒主体结构设计

芯盒主体结构包括壁厚、加强筋、芯盒边缘、芯盒内的活块和镶块等。对这些结构的基本要求是：要有足够的强度、刚度和一定的表面粗糙度及尺寸精度等。

1. 芯盒的壁厚

通常依据芯盒平均轮廓尺寸 $(A+B)/2$ 及芯盒材料来决定壁厚，见表 11-4。

表 11-4 芯盒的壁厚　　　　　　　　　　　（单位：mm）

	芯盒平均轮廓尺寸 $\dfrac{A+B}{2}$	芯盒壁厚	
		铸铝	铸铁
	<300	6~8	6
	≥300~500	8~10	7~8
	≥500~800	10~12	10
	≥800~1250	12~14	12

确定了壁厚后，芯盒的外壁即可随形处理，并应尽量避免有过大热节处。

为了使操作方便（特别是手工制芯时），在满足强度、刚度的条件下，芯盒的壁厚宜薄为好，如某农机铸造厂手工制芯的铝质芯盒壁厚，基本上符合表 11-4 中的下限。

2. 加强筋

为了增加芯盒的强度与刚度，在芯盒外壁上应设置加强筋，其设计要点如下：

1）加强筋的布置。通常可随芯盒周边形状布置，中间适当加筋，可呈封闭状也可呈半封闭状，以保证芯盒放置平稳。

2）加强筋的数量，可参考表 11-5 选取。

3）对于内腔较浅的芯盒，加强筋的高度不能过低，应使整个芯盒有足够的高度，便于安置把手，方便操作。

3. 芯盒边缘及防磨片

为了增加芯盒边缘的强度和刚度，芯盒边缘要加宽加厚一些，其结构形式和尺寸见表 11-6。为了增加铝质芯盒刮砂面的耐磨性，应在刮砂面上设置防磨片，其材料常用 30 钢或其他低碳钢。

表 11-5　加强筋的数量

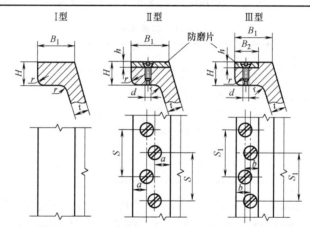

芯盒平均轮廓尺寸 $\dfrac{A+B}{2}$/mm	$A/B=1\sim1.5$	$A/B=1.5\sim2$	$A/B\geq2$		筋高 h 最小值/mm
	A、B 方向加强筋数量/条	A、B 方向加强筋数量/条	A 方向加强筋数量/条	B 方向加强筋数量/条	
≥100~300	2~3	1~2	1~2	1	5
≥300~500	3~4	2~3	2~3	1~2	5
≥500~800	4~5	3~4	3~4	2~3	10
≥800~1250	5~7	4~5	4~5	3~4	15

注：1. 筋的斜度可在 $0.5°\sim1.5°$ 之间。

　　2. 加强筋厚度 p 可为芯盒壁厚 t 的 $0.8\sim1.0$ 倍。

表 11-6　芯盒边缘结构形式和尺寸　　　　　　（单位：mm）

芯盒壁厚 t	B_1	B_2	H	S	S_1	a	b	h	r	螺钉规格 d（GB/T 68—2016）
7	20	12	12	100	100	10	6	3	3	M5×10
8	22	12	12	100	100	11	6	3	3	M5×10
9	25	15	15	100	100	12.5	7.5	3	3	M5×10
10~11	30	20	15	70	100	8	10	3	5	M6×12
12~13	35	20	20	60	100	8	10	3	8	M6×14
14	40	25	25	60	100	10	12.5	3	8	M6×14

注：1. Ⅰ型适用于铸铁芯盒。

　　2. Ⅱ型和Ⅲ型适用于铝质芯盒。Ⅲ型的防磨片当手工制芯时，应靠芯盒内缘，当机器制芯时，应靠芯盒外缘（表图）。

　　3. 为了防止防磨片松动，大多数是在沉头螺钉边缘加工锪孔，有时也可用沉头螺钉紧固后，再配钻孔用圆柱销定位。

4. 芯盒中的活块

（1）活块的种类与用途　芯盒中的活块是为了使砂芯有可能（或方便）出盒而设置的。

从芯盒中取出活块的方式有：砂芯出盒前，在砂芯上端取出或在砂芯侧面取出；在砂芯出盒后，自砂芯上取下。活块按取出方式分类见表11-7。

表 11-7 活块按取出方式分类

取出方式	在砂芯出盒前，从砂芯上端取出的活块		
活块的种类与用途	垂直于分盒面，伸入砂芯内部的浇口棒、冒口棒、排气棒等活块	在分盒面处形成砂芯头等的环形活块	在分盒面处制出砂芯凹坑的活块
图例	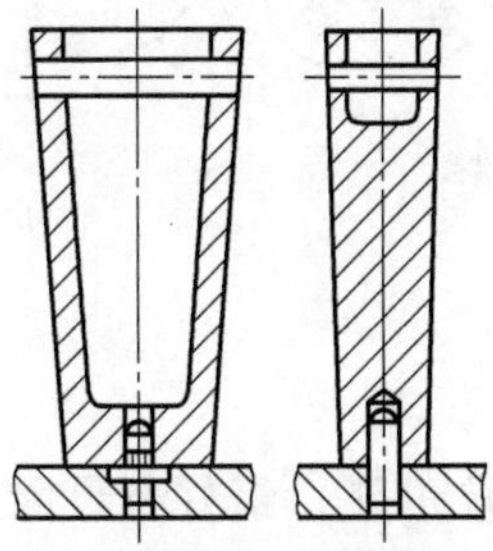	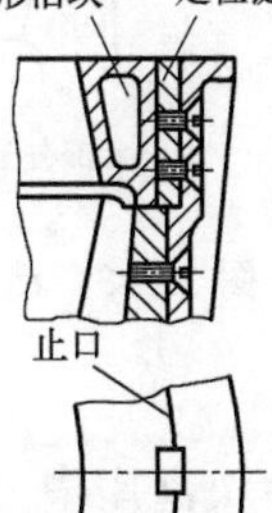	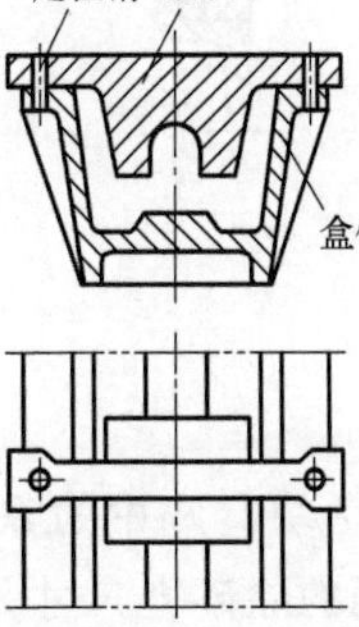
说明	活块与芯盒用滑销连接	活块与芯盒用止口定位，当活块放入芯盒中有方向要求时，还可用定位键等进行方向定位	这类活块结构形式很多，图示为其中的一种
		此类活块可用开镊子孔、手捏槽或其他方法从砂芯上取出	
取出方式	在砂芯出盒前，从砂芯侧面取出活块		在砂芯出盒后，自砂芯上取下活块	
活块的种类与用途	形成砂芯侧面较浅凹坑的活块	水平方向穿入砂芯的通气针	活座式活块，用于形成砂芯上容易损坏的砂条	形成砂芯侧面凹坑和凸砂堆的活块
图例	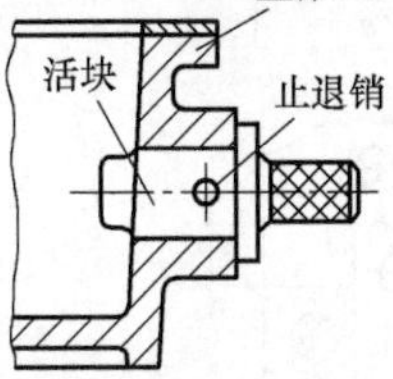	图11-20	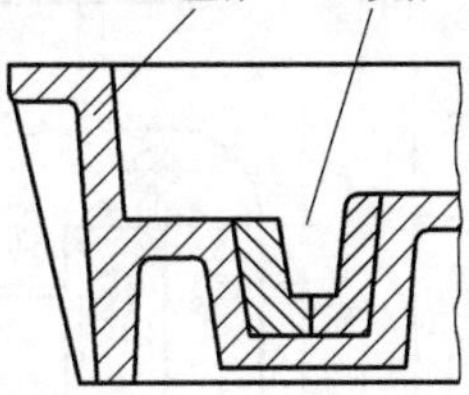	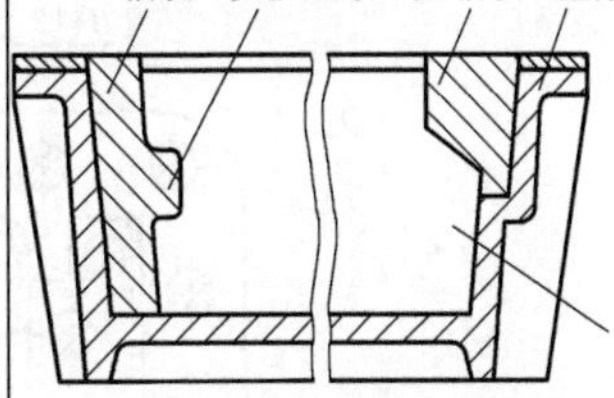
说明	若活块放入有定位要求时，则需用定位销、定位键等方向定位装置。若紧砂会使活块退出时，则需用止退销、止退螺钉等装置		这类活块是常见的一种，以下主要叙述这类活块的结构设计	
			这类活块，若是实体结构时，也可用手捏槽，以方便取下活块	

（2）活块结构设计内容

1）活块结构形式。活块常用斜面定位与盒体连接（图11-2）。

图11-13 所示为活块结构形式。图11-14 所示为活块结构设计举例。

2）活块重心位置。在设计活块时，应注意活块重心位置，使活块在制芯过程中始终处在稳定的位置上，即应能保证活块的重心落在芯盒的窝座面内，又能保证出盒后不致自行

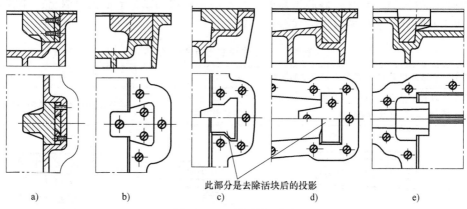

a)　　　　b)　　　　c)　　　　d)　　　　e)

此部分是去除活块后的投影

图 11-13　活块结构形式

倒落。

3）活块窝座中的除砂孔。在活块窝座中（特别是在转角处）最好开设除砂孔。某农机铸造厂用的除砂孔尺寸是：长度 $L=25\,\mathrm{mm}$；宽度 $B=5\,\mathrm{mm}$；圆角 $R=2.5\,\mathrm{mm}$，如图 11-14 所示的 Ⅲ 型。

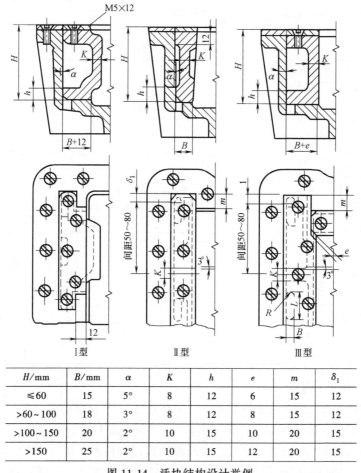

Ⅰ型　　　　　Ⅱ型　　　　　Ⅲ型

H/mm	B/mm	α	K	h	e	m	δ_1
≤60	15	5°	8	12	6	15	12
>60~100	18	3°	8	12	8	15	12
>100~150	20	2°	10	15	10	20	15
>150	25	2°	10	15	12	20	15

图 11-14　活块结构设计举例

4）活块与窝座的配合及尺寸标注。活块与窝座的配合尺寸一般标注在分盒面上，使之便于画线、加工，其配合尺寸一般不标注公差。先加工窝座，然后用涂色法，钳工修正活块，使配合松紧程度合适，即在芯盒翻转180°时，活块能因本身重量而自由落下，但又不能太松，以免影响砂芯精度。

5. 芯盒中的镶块

在制造芯盒时，常将其中某些部分单独进行加工，然后再与盒体装配，这些单独加工的部分称为镶块。

采用镶块是为了尽量用机床加工代替钳工操作，所以芯盒中的圆柱体、圆锥体部分和妨碍芯盒进行机床加工的某些局部结构可以做成镶块。对于芯盒中某些精度要求较高的曲面部分，为了使加工时能达到精度要求，也常用镶块结构。镶块在盒体间的定位与紧固同模样在模底板上的装配相似。

五、芯盒外围结构设计

芯盒外围结构包括芯盒的定位、夹紧装置，手柄，吊轴以及芯盒在制芯机上的固定结构等。这些结构如处理不当，仍会影响砂芯质量与制芯生产率。

1. 芯盒的定位装置

凡是对开分盒面的芯盒必须有定位装置，才能保证砂芯的正确外形与尺寸。成形烘干板、通气板等工艺装备与芯盒之间也要用定位装置。

（1）定位销定位 因它的精度高，元件易标准化，是使用较多的定位装置。它的结构种类与应用如下：

1）可拆式定位销（表11-8和表11-9）。这种定位销因结构简单、可靠，应用最为广泛（其中长销的导向部位较长，仅用于砂芯较高而又不易出盒的芯盒中）。

表 11-8　可拆式定位销的导套尺寸　　　　　　　　（单位：mm）

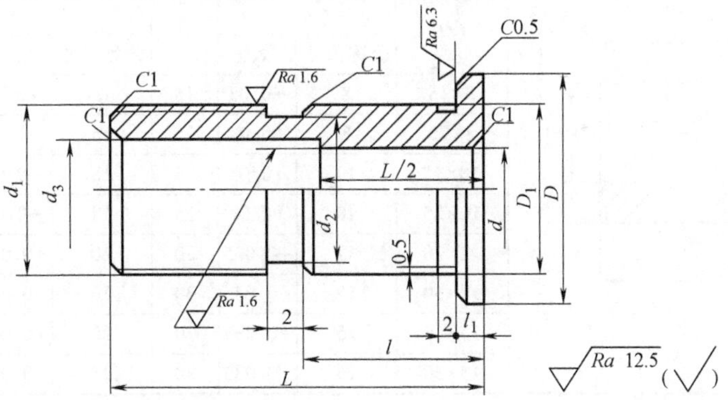

d	D_1	d_1	d_2	d_3	D	L	l	l_1
$8^{+0.08}_{0}$	$14^{+0.025}_{+0.007}$	M14×1.5	11.8	9	18	32	16	$3^{0}_{-0.2}$
$10^{+0.08}_{0}$	$16^{+0.025}_{+0.007}$	M16×1.5	13.8	11	20	32	16	$4^{0}_{-0.2}$
$12^{+0.08}_{0}$	$20^{+0.029}_{+0.008}$	M20×1.5	17.8	13	24	32	16	$4^{0}_{-0.2}$

注：材料45，淬火40~45HRC，d 与 D_1 同心度公差+0.01mm。

表 11-9　可拆式定位销的销尺寸

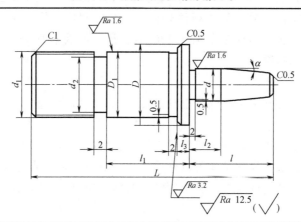

d/mm	D_1/mm	d_1/mm	d_2/mm	D/mm	L/mm		l/mm		α		l_1/mm	l_2/mm	l_3/mm
					短销	长销	短销	长销	短销	长销			
$8^{-0.035}_{-0.085}$	$14^{+0.025}_{+0.007}$	M14×1.5	11.8	18	48	62	15	30	5°	3°	16	6	$3^{0}_{-0.2}$
$10^{-0.035}_{-0.085}$	$16^{+0.025}_{+0.007}$	M16×1.5	13.8	20	52	68	20	35	5°	3°	16	8	$4^{0}_{-0.2}$
$12^{-0.045}_{-0.105}$	$20^{+0.029}_{+0.008}$	M20×1.5	17.8	24	58	72	25	40	5°	3°	16	10	$4^{0}_{-0.2}$

注：1. 材料 45，淬火 40~45HRC，两端允许有中心孔。

　　2. d 与 D_1 的同心度公差+0.01mm。

　　3. d 与同尺寸销套配合。

2）过盈配合定位销（表 11-10 和表 11-11）。这种定位装置结构简单、紧凑，使用也较广泛。有的工厂因产品要求及批量不同，还可在这种结构基础上进一步简化，即用标准圆柱销压配在盒体上，另一半芯盒钻出相应的孔即可。

表 11-10　过盈配合定位销的导套尺寸　　　　　　　　　（单位：mm）

导套规格 $d×H$	导套尺寸							
	d		H	D		d_1	D_1	h
	公称尺寸	公差		公称尺寸	公差			
8×15	8	+0.03	15	15	+0.03	14.6	20	3
8×25	8	+0.03	25	15	+0.03	14.6	20	3
10×15	10	+0.03	15	18	+0.03	17.6	24	3
10×25	10	+0.03	25	18	+0.03	17.6	24	3
12×20	12	+0.035	20	20	+0.045	19.6	27	4
12×30	12	+0.035	30	20	+0.045	19.6	27	4
15×20	15	+0.035	20	25	+0.045	24.6	32	4
15×30	15	+0.035	30	25	+0.045	24.6	32	4

注：材料 45，热处理硬度 40~45HRC。

（2）止口定位　在分盒面上加工出止口，依靠止口将两半芯盒定位。此种定位方式加工简单，定位精度低，适用于立放在平板上紧砂的小芯盒。

2. 芯盒的夹紧装置

在两半芯盒合拢后才舂砂的情况下，要用夹紧装置夹紧（有时烘干板也要在芯盒上夹紧后再翻转）。夹紧装置应做到夹紧效果好、经久耐用、操作方便、结构紧凑。

表 11-11　过盈配合定位销的销尺寸

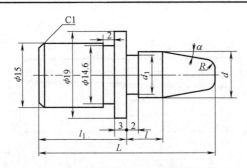

定位销规格	定位销尺寸						
$d \times L$/mm×mm	d/mm		L/mm	l/mm	l_1/mm	d_1/mm	α
	公称尺寸	公差					
8×40	7.9	+0.030	40	8	20	7.6	5°
8×50	7.9	+0.030	50	12	20	7.6	3°
10×40	9.8	+0.030	40	8	20	9.5	5°
10×50	9.8	+0.030	50	12	20	9.5	3°
12×45	11.8	+0.0305	45	10	25	11.4	5°
12×60	11.8	+0.0305	60	15	25	11.4	3°
15×45	14.8	+0.0305	45	10	25	14.4	5°
15×60	14.8	+0.0305	60	15	25	14.4	3°

注：材料 45，热处理硬度 40~45HRC，R 是为了避免锐角损伤，R 值为 2~3mm。

随着芯盒大小、形状、生产批量等具体情况不同，夹紧装置的形式是多种多样的。图 11-15 所示为芯盒的几种夹紧装置。

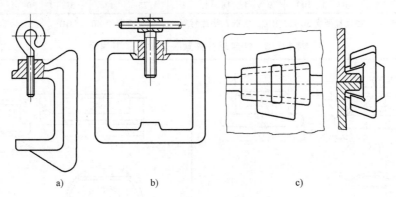

图 11-15　芯盒的几种夹紧装置

a）弓形夹　b）框形夹　c）楔形卡（蚂蟥卡）

下面再详细介绍几种常用于芯盒中的夹紧装置。

（1）快速螺杆夹紧装置　快速螺杆夹紧装置如图 11-16 所示。其中下螺母是调整松紧程度的，上螺母用于拧紧下螺母。此装置结构简单、紧凑，夹紧效果较好，磨损后便于调节，操作方便，常用于小芯盒上，是工厂中使用较多的一种，其元件与尺寸见表 11-12 和表 11-13。

表 11-12　快速螺杆夹紧装置的螺杆及垫片

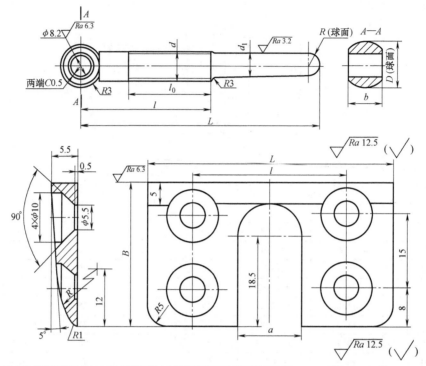

螺杆尺寸								垫片尺寸				
d	l_0	l	L	d_1	D	b	R	a	L	B	l	R
M10×1.25	30	55	90	8	16	10	4	11	35	30	23	23
								11	42	30	26	23
M12×1.5	35	65	100	9.5	18	12	4.75	13	52	30	32	23

注：螺杆材料 45，热处理硬度 30~35HRC，发蓝；垫片材料 45，热处理硬度 40~45HRC。

表 11-13　快速螺杆夹紧装置的上、下螺母　　　　　（单位：mm）

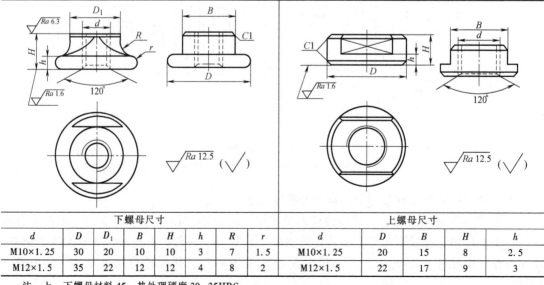

下螺母尺寸								上螺母尺寸			
d	D	D_1	B	H	h	R	r	d	D	B	H	h
M10×1.25	30	20	10	10	3	7	1.5	M10×1.25	20	15	8	2.5
M12×1.5	35	22	12	12	4	8	2	M12×1.5	22	17	9	3

注：上、下螺母材料 45，热处理硬度 30~35HRC。

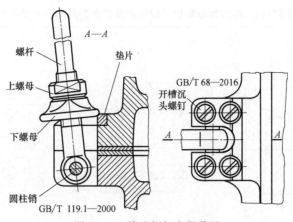

图 11-16 快速螺杆夹紧装置

（2）铰链卡板夹紧装置（表 11-14） 此种结构与前种结构比较，其结合部位较长，锁紧力大，故可用于较大尺寸的芯盒中，磨损后可更换垫片 3。

表 11-14 铰链卡板夹紧装置的结构和主要尺寸 （单位：mm）

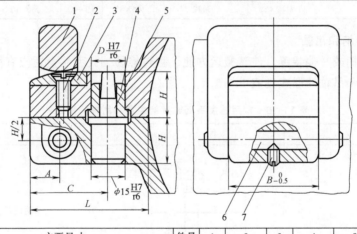

主要尺寸								件号	1	2	3	4	5	6	7
芯盒外形 轮廓尺寸	L	B	C	A	H	\multicolumn{2}{D}		名称	夹子	螺钉	垫片	导套	定位销	销	螺钉
						定位 导套	导向 导套	数量	1	2	1	1	1	1	1
≤200	55	40	36	12.5	20	15	18	40	M6×16	40	8×15	8×40	8×60	M6×10
											8×25	8×50		
201~300	65	60	42	15	25	18	20	60	M6×20	60	10×15	10×40	10×84	M8×10
											10×25	10×50		
301~400	80	80	50	18	30	20	25	80	M8×25	80	12×20	12×45	13×108	M10×15
											12×30	12×60		
401~630	90	100	58	20	35	25	30	100	M8×25	100	15×20	15×45	16×130	M12×15
											15×30	15×60		

（3）蝶形螺母和活节螺栓夹紧装置（表 11-15） 这种装置简单可靠，操作较方便，适用于小芯盒。

表 11-15　蝶形螺母和活节螺栓夹紧装置的结构和主要尺寸　　　　（单位：mm）

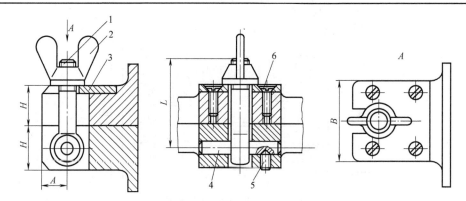

基本尺寸			件号	1	2	3	4	5	6
H	A	B	名称	活节螺栓	开放式蝶形螺母	凸耳垫片	圆柱销	锥形紧定螺钉	开槽沉头螺钉
			数量	1	1	1	1	1	4
15		35	规格尺寸	M8×35	M8	35×30	8×35	M5×10	M5×12
20	20	40		M10×45	M10	40×30	10×40	M6×12	M6×18
25		45		M12×55	M12	45×35	10×40	M6×12	M6×18

3. 芯盒的手柄和吊轴

芯盒应有手柄或其他装置，使其搬运方便、翻转容易。大型芯盒还应有吊轴。常用芯盒手柄或其他装置和吊轴的形式见表 11-16。

表 11-16　常用芯盒手柄或其他装置和吊轴的形式

形　式	图　例	特点与应用
利用芯盒凸耳		结构简单，用于小芯盒
整铸式手柄		结构简单，用于要翻转的小芯盒
铸接式手柄	$\phi18\sim\phi25$	结构牢固，翻转及搬运方便，用于手工制芯的中型芯盒

（续）

形　式	图　例	特点与应用
装入可卸手柄	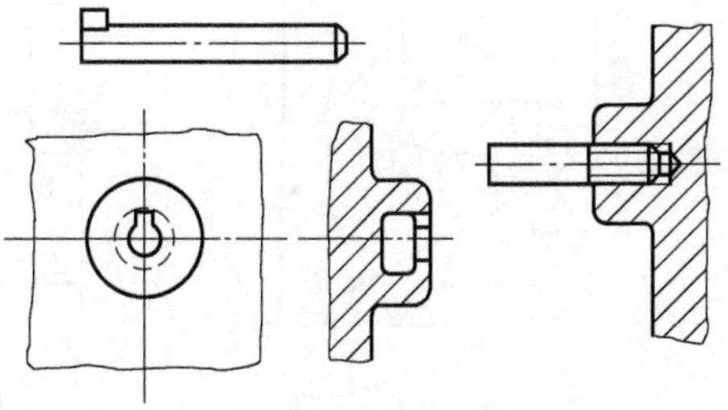	手柄拆卸方便,用于手工或机械制芯的芯盒
铸接式或整铸式吊轴	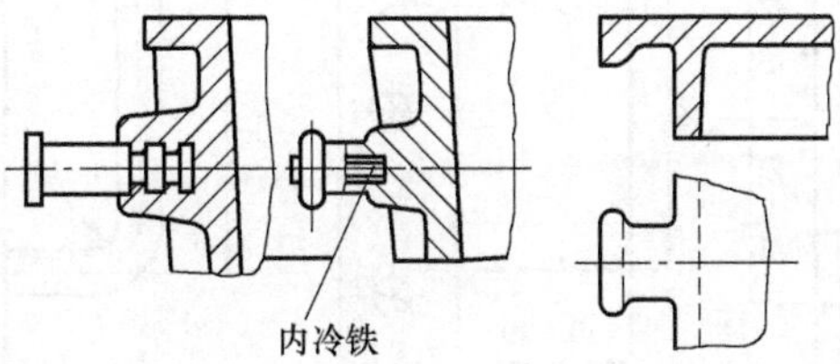 　内冷铁	结构牢固,铸接式吊轴耐磨性好,用于起重机搬运的大、中型芯盒
利用芯盒的筋和孔	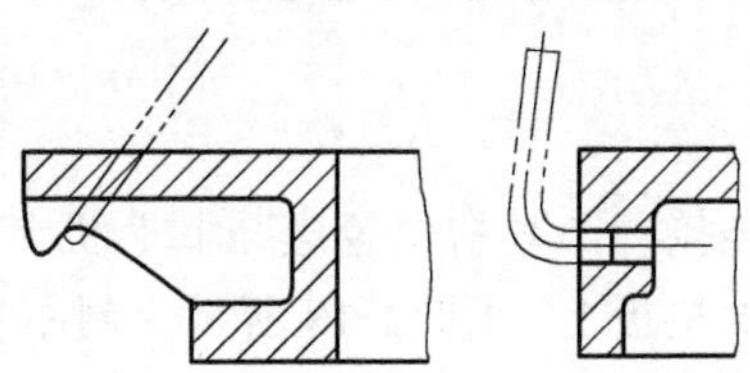	结构简单,用于起重机搬运的机械翻转的芯盒
埋入吊把	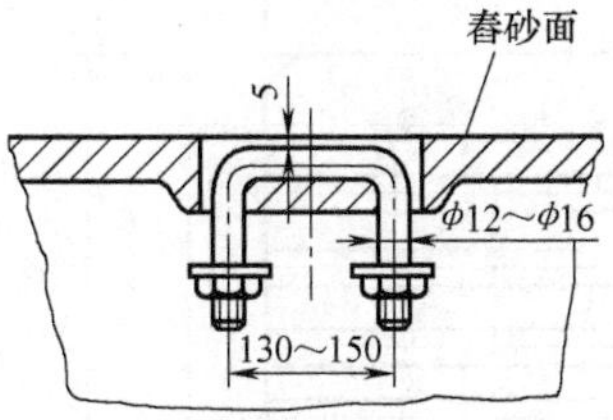	吊把不凸出顶面,不影响舂砂面,用于芯盒中的大活块
加装吊耳	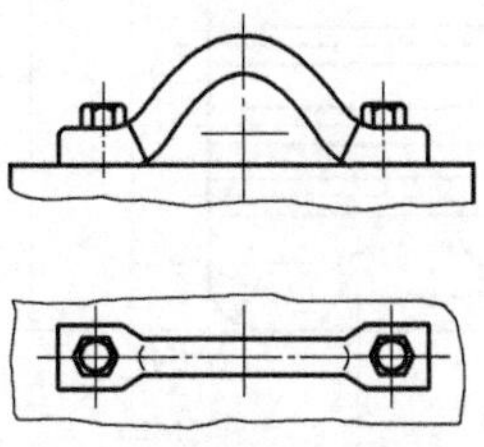	不影响大芯盒的加工,用于机械翻转的大中型芯盒

　　手工制芯用芯盒手柄具体尺寸如图 11-17 所示, 其中 t 为芯盒壁厚, H 是砂箱的高度。手柄和吊轴应设置在芯盒的长轴线方向上, 并应考虑搬运、翻转时的平衡。

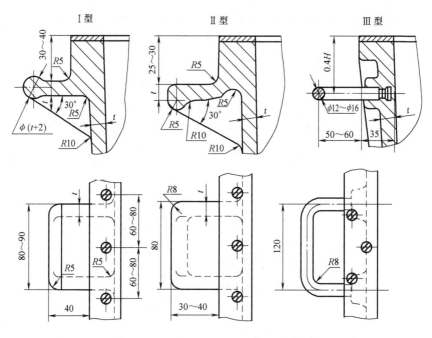

图 11-17　手工制芯用芯盒手柄具体尺寸

4. 芯盒在制芯机上的固定

芯盒与制芯机台面多用凸耳连接。凸耳的位置应与制芯机台面上 T 形槽的位置相适应。芯盒也可固定在制芯机台面的附加垫板上。图 11-18 所示为制芯机附加垫板实例（注意：对翻台式制芯机使用附加垫板后，应校核实际起模行程是否足够）。

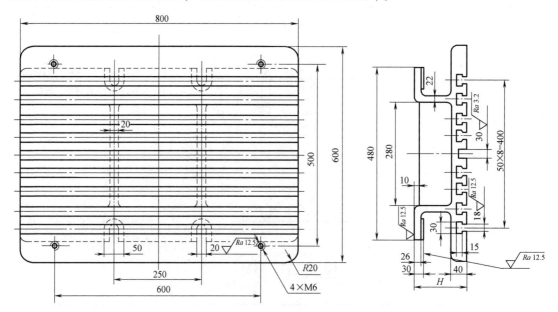

图 11-18　制芯机附加垫板实例

注：材料：ZL102；热处理：人工时效；$H = 120 \sim 150$mm。

六、芯盒中其他元件与附件的设计

1. 排气用具

芯盒设计时，应根据工艺要求确定排气用具，以保证砂芯质量和提高制芯生产率。常用的排气用具有通气板和通气针两种：

（1）通气板 它是做出砂芯中通气道（沟）的芯盒附件，靠定位销同芯盒定位。图 11-19 所示为带有通气棒的通气板，用于较厚砂芯上。

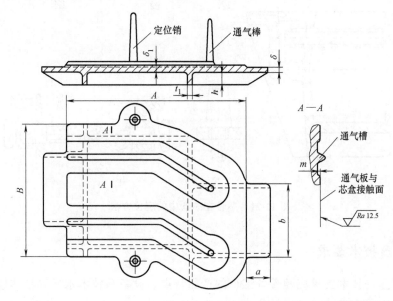

通气板平均尺寸 $\frac{A+B}{2}$	δ/mm	t_1/mm	h/mm	筋间距	手柄 $a \times b$/mm×mm
≤200	6	6	12	<70	30×90
>200～450	7	7	15	≥70～140	30×90
>450～700	9	8	20	≥140～210	40×100
>700	11	9	25	≥210～350	40×100

图 11-19 带有通气棒的通气板

注：m = 填砂板厚度 +1mm，$\delta_1 = \delta + m$；通气棒用低碳钢制造。

（2）通气针 图 11-20 所示为通气针在芯盒中安装方式。

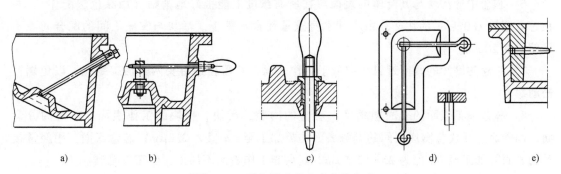

a)　　　　b)　　　　c)　　　　d)　　　　e)

图 11-20 通气针在芯盒中安装方式

2. 芯骨——芯盒中的定位元件

一般芯盒中芯骨的放置位置不需严格定位，只要能满足吃砂量的要求即可。若要求芯骨在芯盒中有确定的位置时，可参考图 11-21，选用芯骨定位元件。

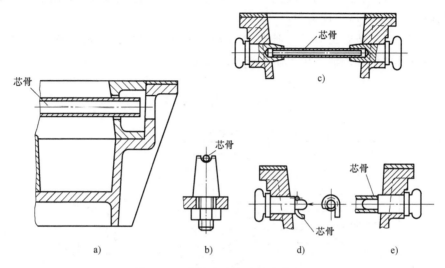

图 11-21　芯骨在芯盒中的定位方法

七、金属芯盒技术要求

对金属芯盒的技术要求应随着各工厂的产品特点、设备和技术水平等具体情况不同而有所差异，以下资料可供参考：

1）芯盒制造公差可参照第九章中表 9-10 制定。

2）分开式芯盒中，分盒面之间的间隙允许值，芯盒在 300mm 以内为 0.1mm；在 300mm 以上为 0.2mm；曲折分盒面为 0.3mm。

3）在分盒面上，芯盒内廓的错位允许极限偏差为 ±0.1mm。

4）不用成形烘干板的芯盒，定位销的位置极限偏差为 ±0.25mm。

5）用成形烘干板的芯盒，第一套芯盒的定位销孔，孔距极限偏差为 ±0.05mm。在复制时，其内形及定位销孔的位置必须依据钻模及修正导具进行修正与加工。

6）芯盒中的活块与其窝座的表面应在所有深度上能很好地紧贴（用涂色法配作），并在芯盒翻转 180° 后，活块必须由于其本身重量而自动落下。活块与窝座之间的配合间隙不得超过 0.20mm。

7）芯盒防磨片的紧固螺钉头应低于工作表面，并需在螺钉头两边加工锪孔，以免螺钉松动。

8）芯盒加工表面的表面粗糙度：芯盒的内腔、活块、镶块的工作表面，芯盒的分盒面、刮砂面、活块与窝座之间的接触表面均需加工至 Ra 值为 3.2μm；芯盒底面、手经常接触的表面需加工至 Ra 值为 25~12.5μm。其余非工作表面不加工，但需去毛刺。

金属芯盒尺寸极限偏差见表 11-17，芯盒表面粗糙度见表 11-18。

表 11-17 金属芯盒尺寸极限偏差 （单位：mm）

芯盒尺寸	芯盒尺寸极限偏差	芯盒尺寸	芯盒尺寸极限偏差
<200 ≥200~500 ≥500~800 ≥800~1200	0.15 0.20 0.30 0.40	≥1200~1800 ≥1800~2500 ≥2500~3000	0.50 0.80 1.00

注：此表数据主要是指芯盒工作面的极限偏差值，一般的情况下取"−"值。只有对装配砂芯，其装配部分：外芯内尺寸用"+"值，而内芯外尺寸用"−"值。

表 11-18 芯盒表面粗糙度

芯 盒 部 位	示 意 图	表面粗糙度 Ra 值/μm
内壁工作面	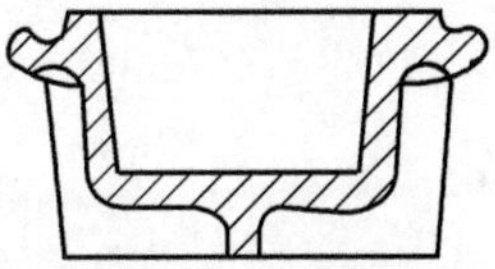	3.2
两半芯盒间配合面		3.2~12.5
芯盒与活块配合面		3.2~12.5
芯盒底面		25

第十二章

12

砂 箱 设 计

第一节　通用砂箱设计与确定

一、砂箱本体设计

1. 砂箱尺寸

砂箱的尺寸一般用砂箱内框的长度 A（圆形砂箱用直径 D）、宽度 B 和高度 H 来表示，即用 $A×B×H$ 表示。

砂箱内框轮廓尺寸的确定，首先是根据铸造工艺图或模样、浇冒口、冷铁的尺寸和布置，并在四周留有适当的吃砂量（表 12-1），大致地计算出来的。例如：标准砂箱则将尺寸取为表 12-2（见书后插页）中最接近的数值；大批大量生产的专用砂箱可不受表 12-2 中尺寸的限制，但尽可能使最后一位数字为 0 或 5。砂箱其他非加工尺寸的最后一位数取整数。

表 12-1　最小吃砂量　　　　　　（单位：mm）

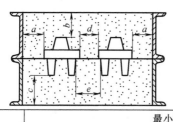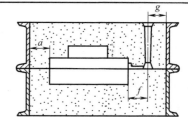

铸件重量/kg	最小吃砂量						平均轮廓尺寸 $\frac{A+B}{2}$
	a	b	c	d 或 e	f	g	
<5	20	30	40	30	30	20	≤400
5～10	20	40	50	40	30	20	
11～25	30	50	60	50	30	30	401～700
26～50	40	60	70	60	40	40	
51～100	50	70	90	70	40	50	701～1000
101～250	60	90	100	100	50	60	
251～500	70	100	120	—	60	70	1001～2000
501～1000	80	125	150	—	70	80	

（续）

铸件重量/kg	最小吃砂量						平均轮廓尺寸$\frac{A+B}{2}$
	a	b	c	d 或 e	f	g	
1001~2000	90	150	180	—	80	90	2001~3000
2001~3000	100	175	210	—	100	100	
3001~4000	125	200	250	—	125	125	3001~4000
4001~5000	150	225	280	—	150	150	
5001~10000	175	250	310	—	175	175	>4000
>10000	200	300	350	—	200	200	

注：1. 芯头处的尺寸 a 可以减小到 0~60mm。
  2. 尺寸 b、c 的确定还必须考虑箱带高度，以保证砂箱有足够的刚度和寿命。
  3. 箱带高度及吃砂量见表 12-9 和表 12-8。

  此外，铸工车间生产铸件的种类和批量是多种多样的，不可能每种铸件都设计一种砂箱，故在决定砂箱尺寸时还受具体生产条件、设备条件的限制。例如，在机器造型时，砂箱尺寸要与所选用的造型机相适应，要更好地发挥造型机的效率，在很大程度上与砂箱的标准化程度有关。在大量生产的铸工车间中可以发现，为了减少砂箱更换时造成造型机停产，在每条流水线上只用一种砂箱，有时多条流水线上用同一种砂箱。在手工造型的铸工车间，将砂箱尺寸标准化、通用化、系列化，最大限度地减少砂箱种类，减轻准备和管理工作的困难，对提高生产率、降低铸件成本也有很大意义。

  表 12-2 列出了推荐通用砂箱规格尺寸系列，供参考。

  设计砂箱时，常采用平均轮廓尺寸数值作为选择砂箱各构成部分的基准数据。平均轮廓尺寸的计算如下。

$$矩形砂箱的平均轮廓尺寸 = \frac{A+B}{2}$$

式中，A 是砂箱内框长度（mm）；B 是砂箱内框宽度（mm）。

$$圆形砂箱的平均轮廓尺寸 = D$$

式中，D 是圆形砂箱内框直径（mm）。

2. 砂箱材料

  砂箱可用木材、铝合金、铸铁、球墨铸铁、铸钢、钢板制成。砂箱及附件材料见表12-3。

表 12-3 砂箱及附件材料

名 称	适用材料牌号		热处理要求
	手工及机器造型用砂箱	脱箱造型用砂箱	
砂箱	HT150、HT200、QT500-7、QT450-10、ZG200-400、ZG230-450、ZG270-500、ZG310-570	ZL104、ZL203	应进行人工时效或退火处理
定位销	45、20	ZCuSn5Pb5Zn5	20 或 20Cr 需渗碳
定位销套 导向销套	45、20 20Cr	同左	淬火 50~55HRC 45 淬火 40~45HRC
紧固销、螺钉	Q235、45	同左	
手柄及吊轴	Q235、45	同左	锻后退火处理

3. 箱壁结构

（1）箱壁的断面形状和尺寸　箱壁的断面形状和尺寸是影响砂箱强度和刚度的决定性因素，要依据砂箱的工作条件、内框尺寸、高度和砂箱用的材料来确定。

铸铁车间采用的铸铁砂箱箱壁断面尺寸见表 12-4，其相关数据代表的意义如图 12-1 所示。

表 12-4　铸铁砂箱箱壁断面尺寸　　　　　　　（单位：mm）

平均轮廓尺寸 $\frac{A+B}{2}$	砂箱高度 H	箱壁断面尺寸													
		t	t_1	b	b_1	b_2	b_3	b_4	h	h_1	h_2	a	r_1 或 r	r_2	r_3
≤500	≤200	8~12	12	18	8	22	32	20	8	8	10	—	3	3	—
	201~400	12	—	30	8	25	40	—	10			7	3	5	3
501~750	≤200	12	15	22	10	28	38	25	10	12	15		5	8	
	201~400	15	—	40	10	30	55	—	12			7	5	8	3
	401~600	15		50	12	40	70		12			10	8	12	5
751~1000	≤400	18	22	50	12	40	70		12	20	25	10	8	12	5
	401~600	15	20												
1001~1500	≤400	25	30	65	15	50	90	—	15	25	30	10	10	15	5
	401~600	22	28												
1501~2000	≤400	32	40	95	20	60	120	—	20	30	35	15	12	20	8
	401~600	30	38												
	601~1000	28	—												
2001~2500	≤400	36	42	110	20	70	130	—	20	30	35	15	12	20	8
	401~600	34	40												
	601~2000	32													
2501~3000	≤400	40	45	120	25	80	160		25	35	40	15	15	25	8
	401~600	38	42												
	601~1000	36													
3001~4000	≤400	42	48	130	30	80	180		38	38	43	20	20	30	10
	401~600	40	44												
	601~1000	38													
4001~5000	450~600	48	52	150	30	90	210		30	40	45	20	20	30	10
	601~1000	45	48												

注：1. 球墨铸铁砂箱箱壁断面尺寸比灰铸铁砂箱箱壁断面尺寸小，比铸钢砂箱箱壁断面尺寸大。

　　2. 当为手工落砂时，除专业设有锤击突块，外箱断面各处尺寸应扩大 10% 左右。

设计箱壁断面时应注意以下几点：

1）上、下箱箱壁断面的垂直或倾斜，应根据砂箱的制作及铸件在砂箱中的造型条件而定。有翻箱要求、湿型机器造型、在落砂机落砂的砂箱，采用倾斜壁更为有利。单件小批生产使用垂直壁便于制造。

2）多箱造型用的中箱箱壁，一般都选用带有内外凸缘的垂直断面，并且上下凸缘尺寸一样。为防止因中箱无箱带易塌箱的毛病，可以在箱壁内侧设置纵的或横的凸出筋带，或用螺栓固定特制的装配式箱带（图 12-2）。

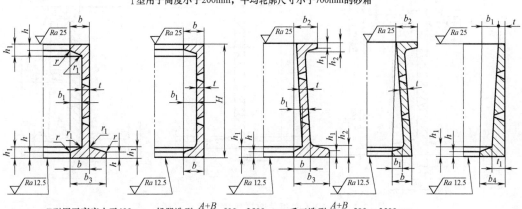

I 型用于高度小于200mm，平均轮廓尺寸小于700mm的砂箱

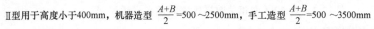

II型用于高度小于400mm，机器造型 $\frac{A+B}{2}=500\sim2500$mm，手工造型 $\frac{A+B}{2}=500\sim3500$mm

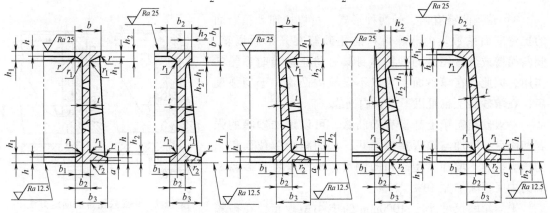

III型用于高度450～600mm，机器造型 $\frac{A+B}{2}=501\sim3500$mm，手工造型 $\frac{A+B}{2}=501\sim3500$mm　　　　IV型用于高度700～1000mm

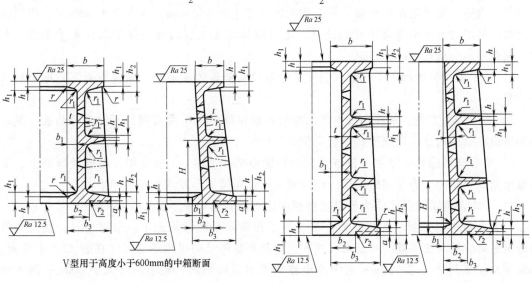

V型用于高度小于600mm的中箱断面

图 12-1　表 12-4 中相关数据代表的意义

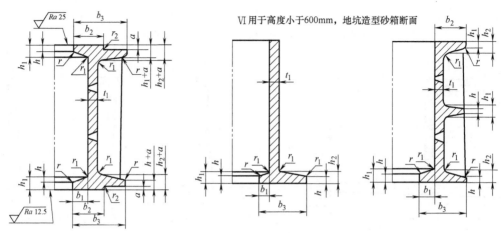

图 12-1　表 12-4 中相关数据代表的意义（续）

3）箱壁凸缘有内、外两种形式，可以增加砂箱断面的抗弯断面系数。内凸缘可以防止砂箱在开型后塌箱，倾斜箱壁或带有箱带的砂箱本身具有防止翻箱时塌箱的作用，因此，在填砂面上可以不设置内凸缘；干型强度高，在填砂面上也可以不设置内凸缘。

一般砂箱箱壁上都设有外凸缘，可以增加砂箱的强度和刚度，增加与模板接触面积，从而减少单位面积上的压力。为了增加大型砂箱的刚度，外凸缘可自砂箱两端向中间逐渐加宽 10%～20%。

平均轮廓尺寸小于 1000mm 的中小型砂箱，在砂箱制造和工艺条件许可的情况下，箱壁外侧的上凸缘可以

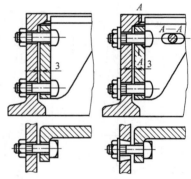

图 12-2　装配式箱带的固定方法

做在箱壁内侧。地坑造型用砂箱，其平均轮廓尺寸小于 3500mm，高度小于 400mm，当箱带较高时，可以在上下两面都不设内凸缘，也可以采用无上部内外凸缘的简化箱壁断面，此时，箱壁壁厚应增加 10%～15%。

4）为了减少机械加工工作量和便于清理箱口与模板的接触面，箱壁外侧下凸缘最好做出凸肩。

5）为了铸造方便，单件小批生产的简易砂箱箱壁可采用垂直壁，不设内外凸缘，其起模斜度设在砂箱内壁，以便于在外壁定位。

6）拼合式砂箱箱壁厚度可按整铸式砂箱壁厚的 1.25～1.3 倍选用，箱壁外部的上、下凸缘可做成一样的。为了增大刚度，凸缘宽度可比整铸式砂箱大 40%～60%。

7）中箱及地坑造型用的大砂箱箱壁厚度比一般砂箱箱壁厚度大 6～8mm。

（2）箱壁外部加强筋的断面和分布　为了提高箱壁的结构强度，节省材料，在砂箱外侧做出纵向或横向加强筋，其断面尺寸和分布是根据砂箱的平均轮廓尺寸在表 12-5 中选定。砂箱平均轮廓尺寸小于 750mm 的中小型砂箱可不设加强筋；对于高度大于 300mm 的大砂箱，拐角处应设一条横向筋，其他地方要设纵向筋；高度 300～500mm 的大砂箱要设一条横向筋；高度大于 500mm 的大砂箱可设两条以上的横向筋，并且在拐角处可多设一条横向筋。

用泥号定位的砂箱，箱壁上留有划泥号的凸台，以便于操作，见表 12-5 附图 A 处。

（3）砂箱过渡圆角（砂箱角）　砂箱转角处是砂箱产生应力集中的地方，如设计不当，易在该处产生裂纹。单件小批生产、手工造型用的简易砂箱转角可采用表 12-5 附图中的形式Ⅲ；干型用砂箱可采用形式Ⅱ；湿型用砂箱可采用形式Ⅰ，也可采用形式Ⅱ。

表 12-5　砂箱纵向筋及箱壁过渡圆角　　　　　　（单位：mm）

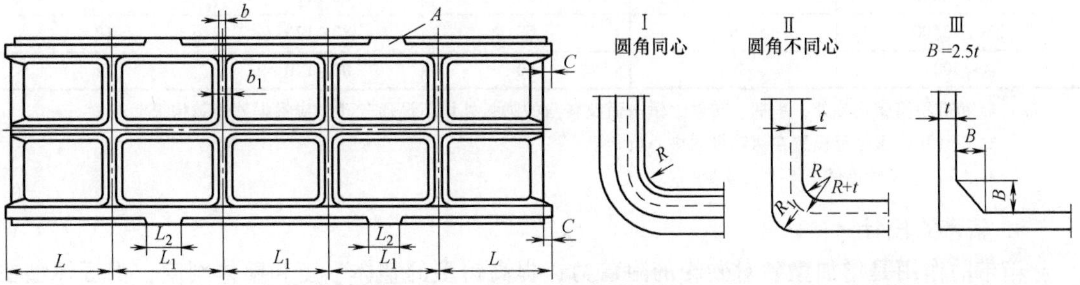

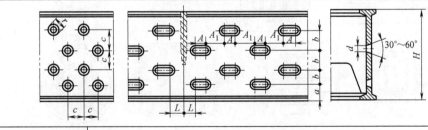

平均轮廓尺寸 $\frac{A+B}{2}$	L	L_1	L_2	C	铸铁砂箱				铸钢砂箱			
					R	R_1	b	b_1	R	R_1	b	b_1
<500	—	—	—	—	20	40	—	—	30	50	—	—
501~750	—	—	—	—	40	50	—	—	50	50	—	—
751~1000	150	300~500	80	5	40	50	12	18	60	60	10	16
1001~1500	150	500~600	80	10	60	60	15	25	80	80	12	20
1501~2500	200	500~600	100	10	80	80	20	30	100	100	15	25
2501~3500	250	600~800	100	15	100	100	25	35	130	130	20	30
3501~5000	350	600~810	120	15	120	120	30	40	160	160	25	35
5001~7500	400	700~900	140	20	—	—	—	—	200	200	30	40

（4）箱壁上的通气孔　通气孔是为了在烘干和浇注时排出铸型内产生的气体，形状多做成圆形或长圆孔，其尺寸和分布见表 12-6。

表 12-6　砂箱通气孔尺寸和分布　　　　　　（单位：mm）

砂箱高度 H	分布尺寸			
	a	b	c	L
250	80	70~80	30~50	25
300~350	80	70~90	30~50	25
400~450	80~90	80~90	40~60	30
500	100	100	40~60	30
600	100	120~130	50~80	30
700	110	110~120	50~80	35
800	120	130~140	60~100	35
1000	120	140~150	70~120	35

（续）

平均轮廓尺寸$\frac{A+B}{2}$	通气孔尺寸			
	通气孔尺寸			
	d	A	A_1	r
≤750	10	25	30~90	5
751~1500	15	40	40~90	6
1501~2500	18	50	60~100	8
2501~3500	20	60	80~120	10
>3500	25	80	80~120	12

注：1. 箱带和箱壁连接处，手柄、转轴、锤击面及转角的圆弧处均不设通气孔，应根据砂箱结构灵活布置。

2. 通气孔位置尽量设置在两箱带的中心位置上。

3. A 和 A_1 尺寸可适当增大或减少。

4. 箱带的设计

箱带的作用是增加型砂对砂箱的附着力，提高铸型的整体强度和整体刚度，保证铸型在吊运、翻箱、合箱、浇注过程中铸型完整不掉砂，不塌箱。箱带的设计要点如下。

1）为了便于舂箱和落砂，减轻砂箱重量，手工造型内框尺寸小于 500mm×400mm 的砂箱，机器造型平均轮廓尺寸小于 700mm 的砂箱可不设箱带；长度较大而宽度小于 500mm 的砂箱，只做出横向箱带，其间距为 150~200mm；砂箱宽度大于 600mm 的砂箱，既设置横向箱带，也设置纵向箱带。高压造型流水线上宽度接近 1000mm 的砂箱和机器造型用的下砂箱为便于落砂也可不设箱带。箱带布置形式和尺寸见表 12-7。

表 12-7　箱带布置形式和尺寸　　　　　　　（单位：mm）

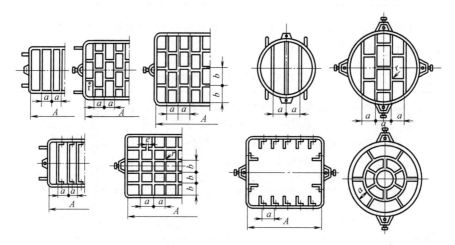

平均轮廓尺寸$\frac{A+B}{2}$	a	b	铸造圆角 r		收缩断口 e
			铸铁砂箱	铸钢砂箱	
<500	100~120	—	6	5	—
501~750	120~150	120~200	8	5	—
751~1000	150~200	150~250	12	10	15
1001~1500	200~250	200~300	15	10	15
1501~2500	250~300	250~350	20	15	20

（续）

平均轮廓尺寸 $\frac{A+B}{2}$	a	b	铸造圆角 r		收缩断口 e
			铸铁砂箱	铸钢砂箱	
2501~3500	300~350	300~400	25	20	20
3501~5000	400~450	400~550	—	25	30
5001~7500	500~600	500~650	—	25	30

注：1. 确定箱带的布置时要考虑浇冒口位置，保证其吃砂量不小于 30mm。

2. 可以取 $b=(1\sim2)a$。

3. 抛砂机造型用砂箱的 a 和 b 相应地要放大。

4. 中大型砂箱最好采用棋盘式箱带或交错丁字形箱带，以减缓铸造应力，防止变形裂纹。

5. 中大型砂箱，即 $(A+B)/2>1501mm$，在砂箱四角角带上开设收缩断口 e，以防角缩裂，收缩断口一般设 20~40mm。

2）箱带与模样之间要有适当的吃砂量，其数值参照表 12-8 选取。专用砂箱箱带的形状和走向应与模样相适应，通用砂箱箱带高度要小一些，以适应高度不同的模样。箱带高度建议根据砂箱高度决定，见表 12-9。

表 12-8　箱带与模样之间的吃砂量　　　　　　　　（单位：mm）

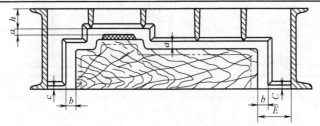

平均轮廓尺寸 $\frac{A+B}{2}$	模样到箱带间距(不小于)		
	a(顶吃砂量)	b(侧吃砂量)	c(底吃砂量)
<750	15~20	20~25	25~30
751~1250	20~25	25~30	30~35
1251~2000	25~30	30~35	35~40
2001~2500	30~35	35~40	40~45
>2500	35~40	45	45~50

注：1. 当箱带强度不够时，允许芯头到箱带距离小于所给数值的 1/2~1/3。

2. 当箱带横切模样时，E 值不小于风冲子冲头直径加 30mm。

3. 箱带距浇冒口一般应大于 40mm。

4. 考虑到壁厚的影响，厚壁取上限，薄壁取下限，50mm 以上的厚壁铸件吃砂量可比表中数值大 30%。

5. 复杂曲面、凹凸平面箱带的吃砂量应较表中数值加大 5mm。

表 12-9　通用砂箱箱带高度　　　　　　　　　（单位：mm）

砂箱高度 H	200	250	300	350	400	450	500	600	700	800	900
箱带高度 h	60	75	90	100	115	130	150	160	180	200	250

注：铸钢砂箱强度大，为增大砂箱适用范围，某工厂通用砂箱箱带高度 h 值取：当 $H\le350mm$ 时，$h=40mm$；当 $H\le500mm$ 时，$h=50mm$；当 $H\le800mm$ 时，$h=60mm$。

3）正交箱带布置形式虽然简单，但易在连接处产生裂纹，故排列要均匀交错，增设收缩断口，以减缓铸造应力。

4）箱带的布置不应妨碍浇冒口的安放和铸件的收缩，并应留出芯头等其他工艺位置。

5）为了减少机械加工工作量，成批大量生产用的砂箱箱带顶面可比箱口平面略低一些，但会给铸造工艺带来麻烦，见表12-10。填砂面不需进行机械加工的砂箱，箱带可与填砂面做成一样高。

表 12-10　箱带断面形式和尺寸　　　　　　　　　　　　（单位：mm）

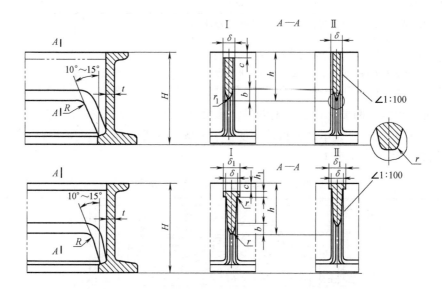

$\dfrac{A+B}{2}$	H	h	h_1	δ		δ_1	r	r_1	b	c	R
				铁	钢						
<500	<400	40	8	12	8	18	3	2	15	8	30
501~750	<400	60	10	15	10	25	3	2	20	8	40
	450~600	80	10	12	8	18	3	2	20	8	40
751~1000	<400	80	12	18	12	28	5	3	25	10	50
	450~600	100	12	15	10	25	5	3	25	10	50
1001~1500	<400	100	15	25	18	40	5	3	30	10	60
	450~600	120	15	22	15	40	5	3	30	10	60
1501~2500	<400	120	20	35	25	55	8	4	35	12	70
	450~600	150	20	32	22	42	8	4	35	12	70
	700~1000	175	20	30	20	40	8	4	35	12	70
2501~3500	<400	150	25	40	30	60	8	4	40	15	80
	450~600	175	25	33	28	60	8	4	40	15	80
	700~1000	200	25	35	25	60	8	4	40	15	80
3501~5000 （以下是钢箱）	<400	150	30	—	35	—	—	5	50	20	90
	450~600	200	30	—	32	—	—	5	50	20	90
	700~1000	250	30	—	30	—	—	5	50	20	90
5001~7500	<600	200	—	—	45	—	—	5	60	25	100

注：1. 表中未注明"钢、铁"字样者，为钢、铁砂箱共用。

　　2. 最小 h 数值应参考表12-9选定，但不得小于表中数值，一般取 $0.25\sim0.3H$。

　　3. 铸铁砂箱许可用拧合箱带（钢板、轧材、高强度铸铁），为减轻重量箱带可做出减轻孔。

　　4. 部分数据可参考下式确定：$\delta=(0.8\sim1)t$；$\delta_1=(1.2\sim1.5)t$；$c=t$；当 $t>15\text{mm}$ 时，$c=15\sim25\text{mm}$。

6) 对于高箱带，为了减轻砂箱在高箱带部位开设窗口。

7) 砂型强度高（如干型、水玻璃砂型），箱带间距可适当加大。

8) 多箱造型用的中箱，为了增加型砂对箱壁的附着力，可在箱壁内侧做出纵向或横向筋条，或设有特制的装配式箱带。为了便于舂砂，筋条到模样之间的吃砂量要留大一些。

9) 箱带断面形式和尺寸见表 12-10。

5. 落砂锤击面

手工落砂的砂箱应设有承受大锤敲打的锤击部位。铸钢砂箱锤击面形状和尺寸见表 12-11。铸铁砂箱常采取局部加厚壁厚的方法或参考表 12-11 中数据适当加大，以延长砂箱的使用寿命。

表 12-11 铸钢砂箱锤击面形状和尺寸　　　　　　　　　　（单位：mm）

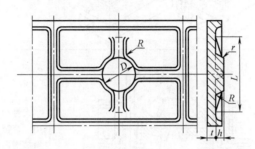

平均轮廓尺寸 $\frac{A+B}{2}$	D	h	L	R	r
250~500	80	18	160	5	3
501~750	100	20	200	5	3
751~1000	120	25	240	8	5
1001~1500	140	30	280	10	8
1501~1800	160	35	320	10	8

注：1. t 是砂箱壁厚，根据表 12-4 选取。

　　2. 补加筋厚度 $b=(1~1.5)t$。

　　3. 在铸铁砂箱上可不做出锤击面。

　　4. 当砂箱高度与 D 大小接近时，锤击面可做成方形或矩形。

二、砂箱定位装置

1. 常用砂箱定位方式

为了保证铸件的尺寸精度，砂箱上应设有定位装置，生产中常用的几种定位方式列于表 12-12 中。

2. 定位销定位

在机器造型或模板造型中。为了确保铸件的尺寸精度和提高生产率，合箱时砂箱的定位是借助于定位箱耳销孔和定位销实现的，这种定位方式除要求有较高的准确性外，使用中要有较好的互换性、耐用性以及砂箱变形对定位的影响要小。为此，生产中应做出专用砂箱钻具配钻；定位销、销套保证一定的精度，要求有一定的硬度；砂箱两侧定位销孔一个是圆销孔、一个是方销孔。

表 12-12　生产中常用的几种定位方式

名　　称	示　意　图	应 用 情 况
画泥号定位	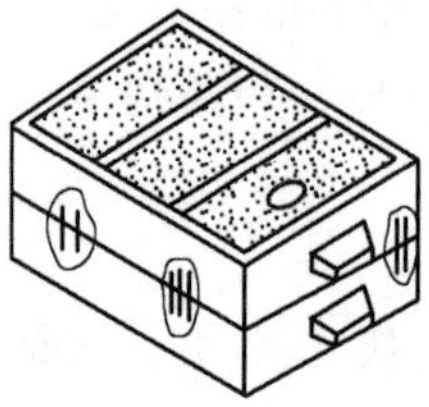	单件小批生产,手工造型,大、中、小型非标准砂箱用。操作简单,不需附加装置。缺点是合箱不够准确,费工时、生产率低
楔榫定位	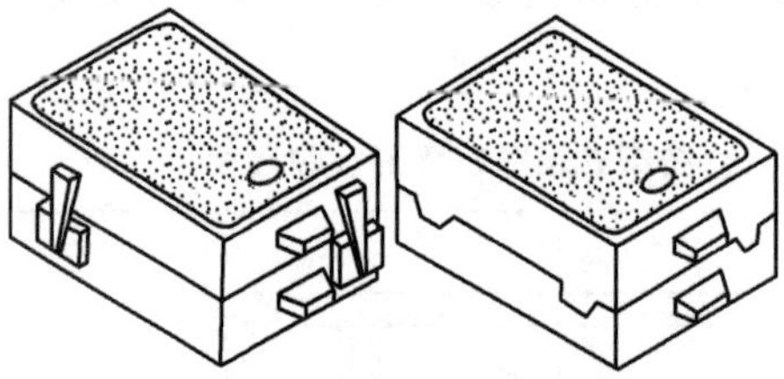	简易木质砂箱或特制简易砂箱定位用
定位销定位	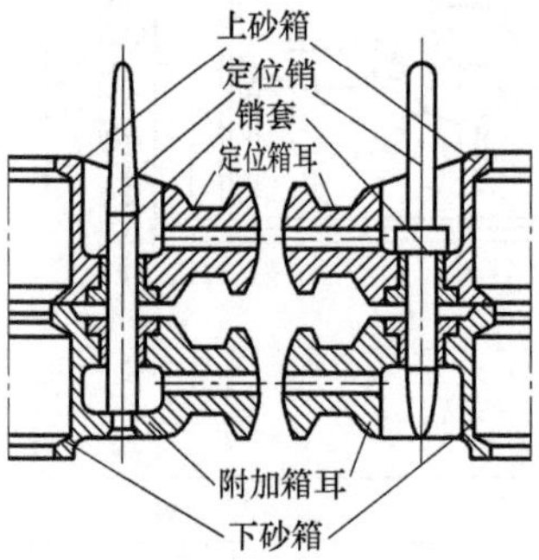 上砂箱 定位销 销套 定位箱耳 附加箱耳 下砂箱	大量生产机器造型或模板造型中使用。合箱迅速准确,效率高。制造时需增加附件,加工费用高。低砂箱用插销,高砂箱用座销
箱垛定位	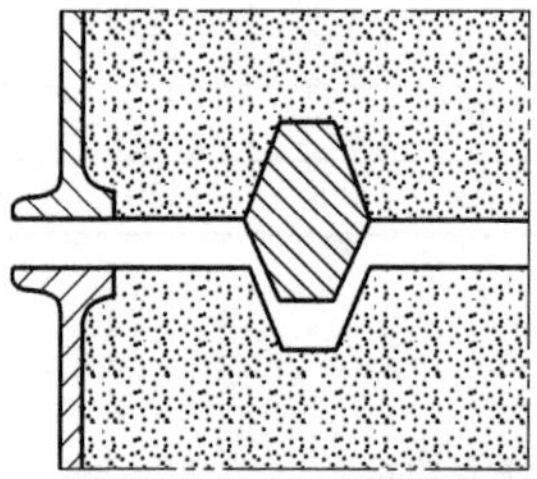	在单件小批生产中,干型模式与画泥号定位配合使用
插入式箱锥定位	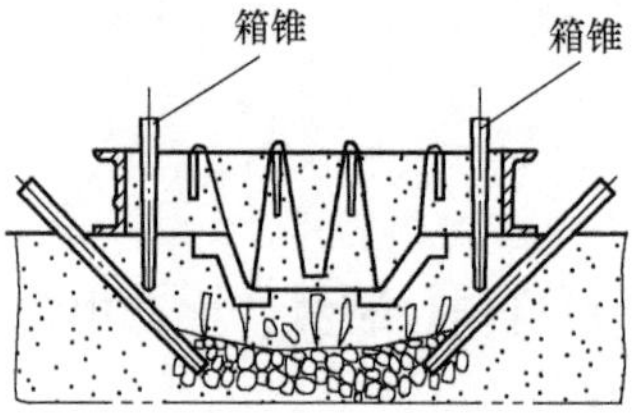 箱锥　　箱锥	单件生产、地坑造型使用
止口定位	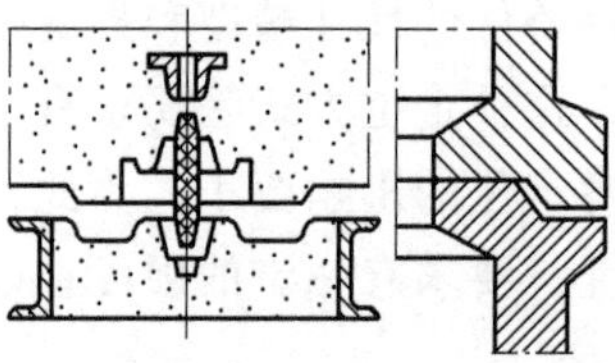	金属模与砂箱之间、金属模之间、圆形砂箱、小型劈模造型中采用,止口在砂箱和金属模上。刮板造型止口在砂型上

1）箱耳是砂箱上设置定位装置的地方，中小型砂箱定位箱耳都设置在砂箱长度方向的中心线上，大型砂箱定位箱耳一般都设在砂箱两侧的对角线上，如图12-3所示。

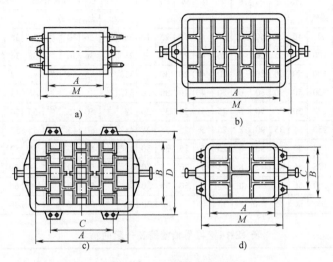

图 12-3　各种定位方式

a）手抬式砂箱定位　b）A 小于 1000mm 的砂箱定位　c）A 大于
1000mm 的砂箱定位　d）A 小于 1000mm 的砂箱定位（适应于平做立浇）

在设计箱耳时要注意以下几点：

① 尺寸 M 要足够大，使定位销孔与箱壁之间留有一定的距离，以便于加工和装配销套。

② 定位销孔中心距尺寸以 0 或 5 结尾，以利于砂箱和模板的标准化。

③ 箱耳应低于分型面，以防由于砂箱变形后导致造型时箱耳顶到模板平面上，合箱时上下箱耳接触而影响准确定位。中小型砂箱的定位箱耳见表 12-13，表 12-14 列出了与吊轴整铸在一起的箱耳。

表 12-13　中小型砂箱的定位箱耳　　　　　　　　　（单位：mm）

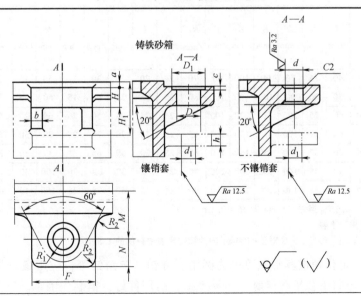

（续）

平均轮廓尺寸 $\frac{A+B}{2}$	定位销直径	M 铸铁	F 铸铁	N	H	H_1	a	b	c	h	R_1	R_2	镶定位销套 D	D_1	镶Ⅰ型导向销套 D	D_1	镶Ⅱ型导向销套 D	D_1	d	d_1
250~500	20	75	85	40	25	60	5	15	4	15	25	10	$28^{+0.028}_{0}$	36	$30^{+0.028}_{0}$	38	$36^{+0.087}_{0}$	44	$20^{+0.140}_{0}$	$18^{+0.120}_{0}$
501~750	20	75	100	50	25	60	6	15	4	20	30	15	$28^{+0.028}_{0}$	36	$30^{+0.028}_{0}$	38	$36^{+0.087}_{0}$	44	$20^{+0.140}_{0}$	$18^{+0.120}_{0}$
	25	75	100	50	30	80	6	20	4	30	30	15	$35^{+0.027}_{0}$	45	$38^{+0.027}_{0}$	48	$42^{+0.087}_{0}$	50	$25^{+0.140}_{0}$	$20^{+0.120}_{0}$
751~1000	25	85	120	50	30	80	6	20	4	20	30	20	$35^{+0.027}_{0}$	45	$38^{+0.027}_{0}$	48	$42^{+0.087}_{0}$	50	$25^{+0.140}_{0}$	$20^{+0.120}_{0}$
	30	85	120	50	35	90	6	25	5	25	30	20	$45^{+0.027}_{0}$	50	$45^{+0.027}_{0}$	55	$50^{+0.027}_{0}$	60	$30^{+0.140}_{0}$	$25^{+0.120}_{0}$
1001~1250	30	100	150	55	35	90	8	25	5	35	25	20	$45^{+0.027}_{0}$	50	$45^{+0.027}_{0}$	55	$50^{+0.027}_{0}$	60	$30^{+0.140}_{0}$	$25^{+0.120}_{0}$
1251~1500	30	100	150	55	35	90	8	25	5	25	35	25	$45^{+0.027}_{0}$	50	$45^{+0.027}_{0}$	55	$50^{+0.027}_{0}$	60	$30^{+0.140}_{0}$	$25^{+0.120}_{0}$
	35	115	175	55	40	100	8	25	5	30	30	25	$45^{+0.027}_{0}$	55	$50^{+0.027}_{0}$	60	$60^{+0.07}_{0}$	70	$35^{+0.170}_{0}$	$30^{+0.120}_{0}$
1501~2000	35	125	200	60	40	100	8	30	5	30	35	30	$45^{+0.027}_{0}$	55	$50^{+0.027}_{0}$	60	$60^{+0.07}_{0}$	70	$35^{+0.170}_{0}$	$30^{+0.120}_{0}$
>2000	40	125	200	60	45	100	8	35	6	30	40	30	$50^{+0.027}_{0}$	60	$55^{+0.30}_{0}$	65	$70^{+0.08}_{0}$	80	$40^{+0.170}_{0}$	$35^{+0.120}_{0}$

表 12-14　与吊轴整铸在一起的箱耳

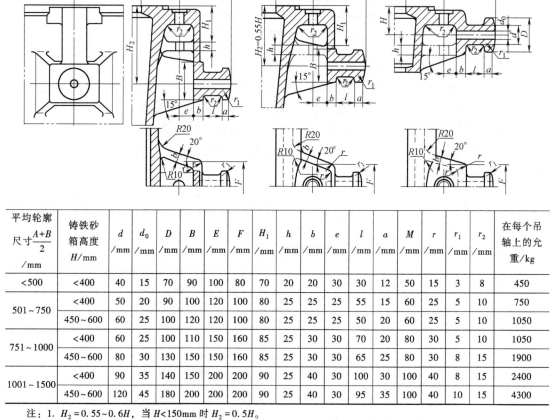

平均轮廓尺寸 $\frac{A+B}{2}$ /mm	铸铁砂箱高度 H/mm	d /mm	d_0 /mm	D /mm	B /mm	E /mm	F /mm	H_1 /mm	h /mm	b /mm	e /mm	l /mm	a /mm	M /mm	r /mm	r_1 /mm	r_2 /mm	在每个吊轴上的允重/kg
<500	<400	40	15	70	90	100	80	70	20	20	30	30	12	50	15	3	8	450
501~750	<400	50	20	90	100	120	100	80	25	25	25	55	15	60	25	5	10	750
	450~600	60	25	100	120	120	100	80	25	25	25	50	20	60	25	5	10	1050
751~1000	<400	60	25	100	110	150	160	85	25	30	30	70	20	80	30	5	10	1050
	450~600	80	30	130	150	160	160	85	25	30	30	65	25	80	30	8	15	1900
1001~1500	<400	90	35	140	150	200	200	90	25	40	30	100	30	100	40	8	15	2400
	450~600	120	45	180	200	200	200	90	25	40	30	95	35	100	40	10	15	4300

注：1. $H_2 = 0.55 \sim 0.6H$，当 $H<150$mm 时 $H_2 = 0.5H$。

2. H_1、h 只用于下箱。

3. 吊链吊运砂箱，轴颈 l 长度对于 <100mm 的砂箱应为表中数值的 1.5 倍。

2）定位销。定位销按其形状可分为圆销、方销、三角销等，应用最广的是圆销。方销作为导向用，与导向销套呈线接触，不易磨损，耐用性好，但制作困难。三角销多应用于滑脱式砂箱的定位。此外，按其使用情况分为插销和座销。插销适用于小批生产、合箱后铸型高度小于500mm的小砂箱。座销适用于高大砂箱，大量大批生产情况下使用，在下砂箱上设有支持孔，使定位销能稳固地放置在下砂箱上，合箱时不致产生晃动。

根据定位销各段作用的不同，分为导向段、定位段（两段之和称为有效段）和固定段。定位销伸出的高度决定于上砂箱中模样及吊砂（自带砂芯）的高度（包括芯头）和斜度，以及箱耳在砂箱高度方向上的位置。定位销的形式和尺寸见表12-15。

表 12-15　定位销的形式和尺寸　　　　　　　　（单位：mm）

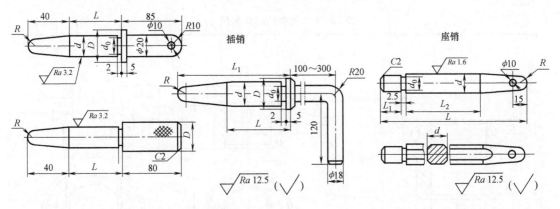

公称尺寸	d		极限偏差	R	插销					座销					
	经验尺寸				D	d_0	L	L_1		d		d_0	L_1	L_2	L
	大量生产	成批生产								经验尺寸	极限偏差				
20	19.90	19.80		8	30	19	60,80,100,120,140	120,160,200,250		17.9	0 −0.12	17	25	90,100,125,150,175	175,200,225,250
25	24.88	24.76		10	35	24	70,80,100,120,140,160	120,160,200,250,300,350		19.9	—	19	30	100,125,150,175,200	200,225,250,300,325,350
30	29.85	29.7	0 −0.045	12	40	29	80,100,120,140,160,200	160,200,250,300,350,400		24.8	0 −0.14	24	35	125,150,175,200,250	225,250,300,325,350,400,450,500
35	34.83	34.65		14	45	34	100,120,140,160,200,250	200,250,300,400,450,500		29.8	—	29	35	150,175,200,250,300	250,300,325,350,400,450,500
40	39.80	39.60		16	50	39	100,120,140,160,200,250	200,250,300,350,400,450,500		34.8	0 −0.17	34	40	175,200,250,300,350	300,325,350,400,450,500

注：1. 销直径小于30mm时按d9加工，大于30mm或在单件小批生产时，按d11加工。

2. 根据某工厂经验，销按公称尺寸加工稍微偏大，合箱时容易卡住，可根据下列经验将其适当缩小。表中d栏同时列出公称尺寸和经验尺寸，可酌情选用。$d_经 = d_公 - Kd_公$，式中$d_经$和$d_公$是销的经验尺寸和公称尺寸，K是经验系数（大量生产取0.005～0.006，成批生产取0.008～0.01）。

3. 表中L_2、L值可根据合箱要求选用，其数值供参考。

4. 材料为20钢，表面渗碳淬火50～55HRC；45钢淬火40～45HRC。

3) 销套。在成批大量生产中，砂箱销孔极易磨损，为了便于拆换和延长砂箱的使用寿命，常在箱耳孔内镶套，对于单件小批生产用的简易砂箱，由于砂箱使用次数少，销孔磨损轻，为简化加工，也可以不镶定位销套。

销套与箱耳孔的配合，选取基孔制二级精度过盈配合或过渡配合，当砂箱不大、受加工条件限制或要求不高时，也可选取三级或四级精度过盈配合。销套和定位销的配合是四级或六级精度间隙配合。销套的形式和尺寸见表 12-16。由于销套压入箱耳时，箱耳已产生塑性变形，更换销套时常产生配不紧的情况，有的工厂将各次更换的销套外径适当加大，其具体尺寸见表 12-17。

表 12-16 销套的形式和尺寸　　　　　　　　　　　　　　　（单位：mm）

规格	d	H	h	K	定位销套			Ⅰ型导向销套				Ⅱ型导向销套				
					D	D_1	D_2	D	D_1	D_2	e	D	D_1	D_2	D_3	h_1
20	$20^{+0.045}_{0}$	25	4	3	$28^{+0.042}_{+0.028}$	$36^{-0.2}_{-0.5}$	27	$30^{+0.042}_{+0.028}$	38	29	4	$36^{+0.052}_{+0.035}$	44	35	27	14
25	$25^{+0.045}_{0}$	30	4	3	$35^{+0.052}_{+0.035}$	$45^{-0.2}_{-0.5}$	34	$38^{+0.052}_{+0.035}$	48	37	4	$42^{+0.052}_{+0.035}$	50	41	33	16
30	$35^{+0.045}_{0}$	35	5	3	$40^{+0.052}_{+0.035}$	$50^{-0.2}_{-0.5}$	39	$45^{+0.052}_{+0.035}$	55	44	6	$50^{+0.052}_{+0.035}$	60	49	40	19
35	$35^{+0.170}_{0}$	40	5	3	$45^{+0.085}_{+0.052}$	$55^{-0.2}_{-0.5}$	44	$50^{+0.052}_{+0.035}$	60	49	6	$60^{+0.065}_{+0.045}$	70	59	48	21
40	$45^{+0.170}_{0}$	45	6	3	$50^{+0.085}_{+0.052}$	$60^{-0.2}_{-0.5}$	49	$55^{+0.065}_{+0.045}$	65	54	6	$70^{+0.065}_{+0.045}$	80	69	58	24

注：1. d 与 D 中心线对称度公差差为 0.03mm。

2. 销套另加固定装置时，D 可选 n6 或 m6 配合。

3. Ⅱ型导向销套的上部切口处在压入销孔时易变形，Ⅰ型导向销套不易变形。

4. 销套材料 20 钢，表面渗碳淬火 50~55HRC；45 钢淬火 40~45HRC。

5. 镶入深度 H 适用于铸铁，钢可减少 5mm，铝合金加大 5mm。

6. 更换销套时的尺寸 D 请参看表 12-17 选用。

Ⅱ型导向销套的缺点是压入箱耳后易变形，导程（h_1）短易磨损，销插入后易偏斜而造成错箱或销下不去。为解决此问题，有的工厂在小砂箱上采用椭圆形销套，见表 12-16 附图中 Ⅰ 型。有的工厂将销套与箱耳孔的配合选为间隙配合，用螺钉锁紧，效果较好，如图 12-4 所示。

表 12-17 销套更换时的外径尺寸 （单位：mm）

销套规格 d	D		
	第一次采用	第一次更换	第二次更换
25	$32^{+0.052}_{+0.035}$	$32^{+0.052}_{+0.035}$	$32^{+0.052}_{+0.035}$
35	$45^{+0.052}_{+0.018}$	$45.2^{+0.052}_{+0.018}$	$45.4^{+0.052}_{+0.018}$

为了减少销套的加工费用，有的工厂采用浇注铅基轴承合金的方法制造销套，浇注定位销套时用圆形销套型芯，浇注导向销套时用椭圆形销套型芯，如图 12-5 所示。销套更换时的外径尺寸见表 12-17。

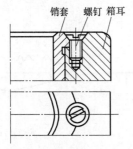

图 12-4 用螺钉固定销套的示意图

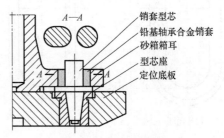

图 12-5 浇注铅销套

3. 内箱垛定位

目前有些工厂，在制造大件干型时，采用内箱垛定位。内箱垛的形式和尺寸见表 12-18。

表 12-18 内箱垛的形式和尺寸 （单位：mm）

D	Ⅰ 型		Ⅱ 型		R
	H_1	H_2	H_1	H_2	
$30^{\ 0}_{-0.2}$	25	23	50	45	3
$40^{\ 0}_{-0.2}$	30	28	60	55	3
$50^{\ 0}_{-0.3}$	35	30	70	65	5
$60^{\ 0}_{-0.3}$	40	35	80	70	5
$70^{\ 0}_{-0.5}$	50	45	90	80	5
$80^{\ 0}_{-0.5}$	60	55	100	90	5

注：1. 当砂型有砂垛，吊砂或型芯较高时应采用Ⅱ型箱垛。

  2. 生产批量小时，可用锥形砂芯代替金属制作的内箱垛。

  3. 内箱垛顶部可做成圆形，大的内箱垛做成空心的。

三、砂箱紧固装置

根据生产类型和砂箱平均轮廓尺寸的不同，砂箱的紧固大致可分为以下 5 种情况。

1）单件小批生产，手工造型中大型砂箱，通常用卡具或螺栓紧固，见表 12-19 和表 12-20。小型砂箱常用压铁。

2）小批生产，平均轮廓尺寸在 1000～2000mm 的砂箱可采用圆销楔铁或螺栓紧固，见表 12-20 和表 12-21。

表 12-19　砂箱卡具的形式和尺寸

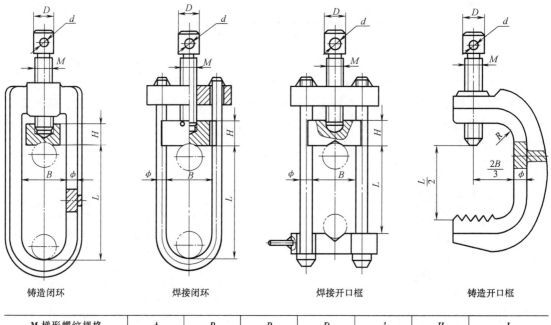

铸造闭环　　　　　　　焊接闭环　　　　　　　焊接开口框　　　　　　铸造开口框

M 梯形螺纹规格	ϕ	B	R	D	d	H	L
Tr20×4	8~12	80	20	25	10	30	200
Tr24×5	12~14	100	25	30	12	35	300 400
Tr30×6	14~16	120	30	35	14	40	500 600
Tr36×6	16~20	150	35	40	18	50	700

表 12-20　用螺栓紧固砂箱的形式和尺寸　　　　　　　　　（单位：mm）

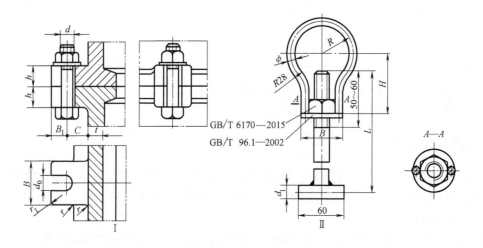

（续）

形式	I											II						
平均轮廓尺寸 $\frac{A+B}{2}$	六角头螺栓规格	六角螺母规格	垫圈规格	连接箱耳尺寸								六角螺母规格	H	ϕ	R	d_1	B	L
				d_0	C	B	B_1	h		r	r_1							
								钢	铁									
250~500	M16×90	M16	16	18	35	60	25	25	30	3	8	M12	45	6	23	12	23	170 200
501~750	M20×100	M20	20	22	45	70	30	30	35	5	10	M16	50	6	25	16	28	250
751~1000	M24×120	M24	24	26	50	85	35	35	40	8	15	M20	55	8	25	20	35	300 350
1001~1250																		
1251~1800	M30×140	M30	30	32	60	100	42	40	45	10	20	M24	60	8	27	24	40	450 500

表 12-21　用圆销楔铁紧固砂箱的结构　　　　（单位：mm）

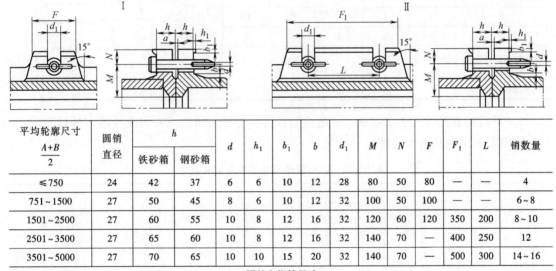

平均轮廓尺寸 $\frac{A+B}{2}$	圆销直径	h		d	h_1	b_1	b	d_1	M	N	F	F_1	L	销数量
		铁砂箱	钢砂箱											
≤750	24	42	37	6	6	10	12	28	80	50	80	—	—	4
751~1500	27	50	45	8	6	10	12	32	100	50	100	—	—	6~8
1501~2500	27	60	55	10	8	12	16	32	120	60	120	350	200	8~10
2501~3500	27	65	60	10	8	12	16	32	140	70	—	400	250	12
3501~5000	27	70	65	10	10	15	20	32	140	70	—	500	300	14~16

圆销和楔铁尺寸

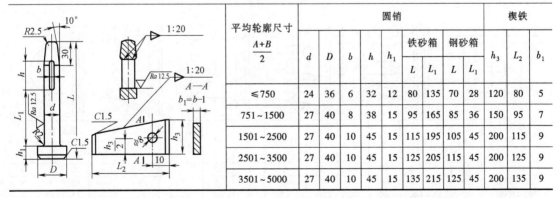

平均轮廓尺寸 $\frac{A+B}{2}$	圆销					铁砂箱		钢砂箱		楔铁		
	d	D	b	h	h_1	L	L_1	L	L_1	h_3	L_2	b_1
≤750	24	36	6	32	12	80	135	70	28	120	80	5
751~1500	27	40	8	38	15	95	165	85	36	150	95	7
1501~2500	27	40	10	45	15	115	195	105	45	200	115	9
2501~3500	27	40	10	45	15	125	205	115	45	200	125	9
3501~5000	27	40	10	45	15	135	215	125	45	200	135	9

　　3）成批大量生产，机器造型，平均轮廓尺寸小于1500mm的中小型砂箱，通常用楔形箱卡紧固，见表12-22。在大量流水生产线上和脱箱造型时，为简化紧箱操作，常用成形压铁压牢。

　　4）平做立浇的砂箱，通用 M16~M30 的螺栓来紧固，见表12-20。

表 12-22　楔形箱卡和楔形凸台　　　　　　　　　　（单位：mm）

尺寸	箱卡规格（$E \times L$）					
	41×45	48×55	58×60	72×65	90×70	
E	41	48	58	72	90	
B	15	18	20	24	24	
H	75	90	110	150	150	
L	45	55	60	65	70	
C	38	44	52	72	72	
R	65	90	95	110	110	
R_1	17	20	22	30	30	
K	20	20	22	45	45	
F	24	29	34	54	54	
L_1	75	80	85	110	110	
b	5	7	10	10	10	
R_2	3	3	5	5	5	
平均轮廓尺寸 $\frac{A+B}{2}$	≤500	501~1500				
箱卡数	2	4~6				

材料：HT200或QT500-7或KT350-10

注：箱卡和凸台应有Ra为25mm的平面，当铸造光滑时可不加工。

5）平均轮廓尺寸大于 2500mm 的超重型砂箱，通常用压铁或专门设计的卡具紧固。砂箱紧固用箱耳的形式和尺寸，见表 12-23。

表 12-23　砂箱紧固用箱耳的形式和尺寸　　　　　　　　　　（单位：mm）

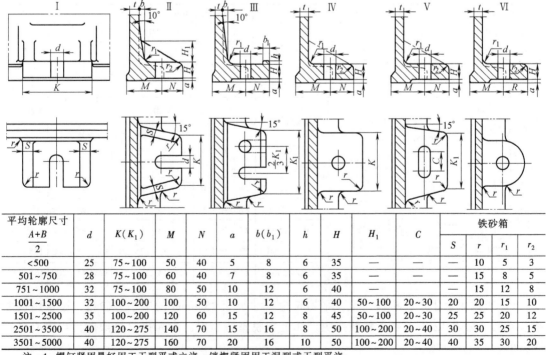

平均轮廓尺寸 $\frac{A+B}{2}$	d	$K(K_1)$	M	N	a	$b(b_1)$	h	H	H_1	C	铁砂箱			
											S	r	r_1	r_2
<500	25	75~100	50	40	5	8	6	35	—	—	—	10	5	3
501~750	28	75~100	60	40	7	8	6	35	—	—	15	8	5
751~1000	32	75~100	80	50	10	12	6	40	—	—	15	12	8
1001~1500	32	100~200	100	50	10	12	6	40	50~100	20~30	20	20	15	10
1501~2500	35	100~200	120	60	15	12	8	45	50~100	20~30	25	25	20	12
2501~3500	40	120~275	140	70	15	16	8	50	100~200	20~40	30	30	25	15
3501~5000	40	120~275	160	70	20	16	10	50	100~200	20~40	40	35	30	20

注：1. 螺钉紧固最好用于干型平或立浇，销楔紧固用于湿型或干型平浇。
　　2. 表中 d 为没加销套尺寸。

四、砂箱搬运装置

箱把、吊轴、吊环是搬运和翻转砂箱所必需的。对于简易小型砂箱，有了箱把就可以搬运和翻转了。箱把一般是一边两个，有整铸的、铸接的和螺栓装配的。对于中大型起重机起吊砂箱，除了设置箱把之外，应设计一对吊轴（一边一个）或加设吊环以便翻转砂箱。吊轴设在砂箱长度方向的中心线上，其断面尺寸比砂箱壁厚大很多，为了防止铸造时出现缩孔、缩松、裂纹等缺陷，吊轴做成中空或加内冷铁。此外，砂箱的定位销孔与吊轴处于同一方向，所以吊轴应让出一定空间使定位销穿过及合箱后取出定位销。高度较小的砂箱，箱耳和吊轴可铸成一体，见表12-14中附图。

设计砂箱搬运装置除应满足工艺上吊运平衡、操作方便、翻箱灵活等要求外，还必须考虑砂箱搬运时应安全可靠，防止人身事故，在吊轴设计时应考虑较大的安全系数。在设计吊轴时，不能只考虑一个铸型的重量，而应考虑起重机一次起吊所能吊运的总重，作为核算吊轴的依据。

常用砂箱搬运装置有以下几种：

1）表12-24列出了手抬小型砂箱箱把的形式和尺寸。

2）表12-25、表12-26、表12-27列出了铸接式吊轴、吊环的形式和尺寸。

3）表12-28列出了铸铁整铸式吊轴的形式和尺寸。

表 12-24　手抬小型砂箱箱把的形式和尺寸　　　　　　　　（单位：mm）

箱把规格 $d \times L$	铸接凸台及手把尺寸								平均轮廓尺寸 $\dfrac{A+B}{2}$	形　式
	L_1	L	h	d	D	R	r	s		
$30 \times L$	—	110	10	30	50	5	12	—	≤500	
$35 \times L$	—	110	10	35	55	5	14	—		
$40 \times L$	—	120	15	40	65	5	15	—	501~750	
$45 \times L$	—	120	15	45	75	5	18	—		
$16 \times L$	110	140	25	16	50	5	3	—	≤400	
$20 \times L$	130	160	25	20	50	5	3	—		
$25 \times L$	110	145	30	25	60	5	3	—	401~500	
	130	165	30	25	60	5	3	—		
$30 \times L$	125	170	35	30	70	8	5	—	501~750	
	150	195	35	30	70	8	5	—		

整铸式

铸接式

（续）

箱把规格 $d \times L$	铸接凸台及手把尺寸								平均轮廓尺寸 $\dfrac{A+B}{2}$	形 式
	L_1	L	h	d	D	R	r	s		
20×L d=M20	110	150	30	20	45	5	3	17	≤400	
	150	190	30	20	45	5	3	17		
25×L	110	150	35	25	55	5	3	22	401~500	
d=M25	150	190	35	25	55	5	3	22		旋入式
d=10~15	K最小 ≥35	150	15	10~15	35	5	3	—	≤500	
d=15~20	K最小 ≥40	180~200	20	15~20	50	8	5	—	501~750	弓形式

表 12-25　铸接式吊轴的形式和尺寸（一）　　　　　（单位：mm）

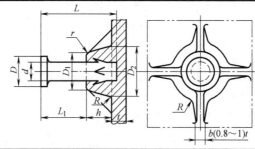

吊轴允许负载/kg	砂箱材料	吊轴规格 $d \times L$	L_1	h	D_1	D_2	D	t	R	r
≤450	铁	30×130	45	35	65	70	50	10	8	3
		30×180								
	钢	30×130	40	30	60	65	50	10	8	3
		30×180								

（续）

吊轴允许负载/kg	砂箱材料	吊轴规格 $d \times L$	L_1	h	D_1	D_2	D	t	R	r
≤1000	铁	45×160 45×210	70	60	90	100	65	10	10	5
≤1000	钢	45×160 45×210	60	50	82	90	65	10	10	5
≤1750	铁	60×200 60×250	90	80	120	135	90	12	12	6
≤1750	钢	60×200 60×250	80	70	110	120	90	15	15	6
≤3000	铁	80×245 80×295	120	105	160	180	120	20	20	8
≤3000	钢	80×245 80×295	105	90	145	160	120	20	20	8

表 12-26　铸接式吊轴的形式和尺寸（二）　　　　（单位：mm）

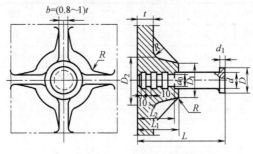

平均轮廓尺寸 $\frac{A+B}{2}$	砂箱高度	吊轴允许负载/kg	d	d_0	D	D展开长	d_1	L	L_1	L_2	D_1	D_2	R
750~1500	<300	≤1200	50	40	70	190	10	175	60	40	100	115	15
750~1500	<300	≤2000	60	50	90	236	15	200	80	60	120	135	15
750~1500	≥300	≤2800	70	60	100	267	15	250	120	80	130	150	20
1501~2000	<300	≤2800	70	60	100	267	15	250	120	80	130	150	20
1501~2000	≥300	≤3500	80	70	110	298	15	300	150	100	150	175	25
2001~2500	<300	≤3500	80	80	110	298	15	300	150	100	150	175	25
2001~2500	≥300	≤4500	90	80	120	330	15	320	150	100	170	200	30
2501~3500	<400	≤4500	90	90	120	330	15	320	150	100	170	200	30
2501~3500	≥400	≤6000	100	90	130	361	15	320	150	100	170	220	35
3501~4000	<400	≤6000	100	100	130	361	15	320	150	100	170	270	35
3501~4000	≥400	≤8000	120	110	150	444	15	350	175	120	230	280	40
>4000	<400	≤11000	140	130	180	503	20	350	185	140	250	320	45
>4000	≥400	≤15000	160	150	210	503	25	375	185	140	280	320	50

表 12-27　吊环的形式和尺寸　　　　　　　　　　（单位：mm）

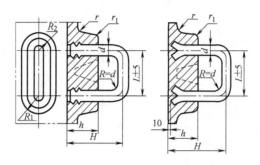

平均轮廓尺寸 $\frac{A+B}{2}$	砂箱高度	d	L	H	h	吊环展开长	R_2	R_1	r	r_1
≤1500	<400	40	200	200	100	564	50	60	20	10
1501~2500	<400	50	250	250	100	710	60	70	25	15
	≥400	60	300	300	120	855	70	80	30	15
2501~3500	<400	70	350	350	150	1000	80	90	35	15
	≥400	80	375	350	170	1060	90	100	40	20
3501~4500	<400	80	375	375	170	1060	90	100	40	20
	≥400	90	375	375	170	1048	100	110	50	20
>4500	<400	90	375	375	170	1048	100	110	50	20
	≥400	100	375	375	170	1048	100	120	50	20

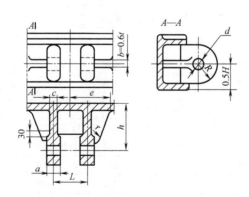

平均轮廓尺寸 $\frac{A+B}{2}$	d	L	R	a	h	e	c	r
1000~2500	45	100	85	30	190	200	40	10
2501~3500	55	120	100	100	260	250	50	15
3501~5000	65	140	120	120	320	300	60	20
>5000	75	140	140	120	350	350	60	20

表 12-28 铸铁整铸式吊轴的形式和尺寸

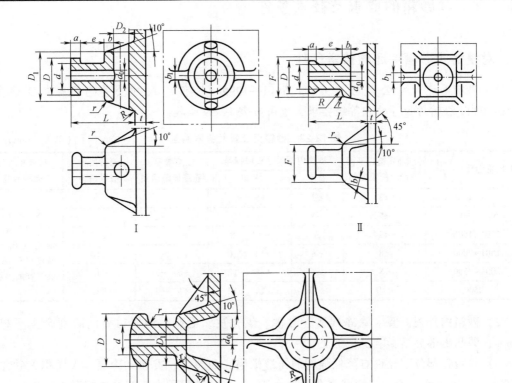

吊轴允许负载	尺寸/mm										
/kg	d	d_0	D	a	b	e	F	D_1	D_2	R	r
≤250	30	12	60	10	10	35~70	80	80	—	10	5
≤500	45	18	80	15	15	45~85	100	100	—	10	5
≤900	60	22	100	20	20	55~100	120	120	—	10	8
≤1500	80	33.5	120	25	25	70~120	140	140	50	15	8
≤2500	100	42	150	30	30	80~140	160	170	60	15	10
≤3500	120	48	170	30	30	90~150	180	190	70	15	10
≤4500	140	56	190	40	40	110~160	200	210	80	20	15
≤5500	160	64	210	40	40	120~180	220	230	90	20	15

注：1. L 根据结构要求决定。

2. 筋厚 $b_1 = (0.8~1)t$。

3. 形式可结合定位箱耳应用。

4. 吊轴到分箱面的高度等于 $0.55H$（砂箱高度）。

5. 形式Ⅲ，对直径 $d = 30$、45、60mm 的吊轴，在 $d_0 = 12$、18、22mm 的孔内放冷铁；对直径 $d = 80$、100、120、140、160mm 的吊轴，在 $d_0 = 33.5$、42、48、56、64mm 的孔内分别铸入 25mm、32mm、40mm、48mm、50mm 的钢管。

第二节　对砂箱的要求及技术条件

一、对整铸式砂箱毛坯的技术条件

1) 砂箱毛坯尺寸公差可按 GB/T 6414—1999《铸件　尺寸公差与机械加工余量》CT10~CT11 级铸件尺寸公差等级要求，也可按表 12-29 验收。

表 12-29　砂箱毛坯尺寸极限偏差　　　　　　　（单位：mm）

平均轮廓尺寸$\frac{A+B}{2}$	分型面、箱口平面平行度极限偏差	砂型内框尺寸极限偏差		砂箱壁厚、筋厚极限偏差	箱带位置极限偏差	箱卡和凸台极限偏差
		宽度	长度			
≤500	<3	±3	+5　−3	+2　−2	<5	长度极限偏差 5，宽度极限偏差同内框，厚度极限偏差保证有加工量
501~1000	<5	±5	+8　−5	+4　−2	<5	
1001~1500	<8	±6	+10　−8	+4　−2	<10	
1501~2000	<8	±8	+12　−10	+5　−3	<10	
2001~2500	<8	±8	+15　−12	+5　−3	<15	
>2500	<10	±10	+15　−12	+5　−3	<20	

2) 砂箱内外表面要求除净残砂、黏砂、氧化皮、毛刺，浇冒口要削除到余头不超过 ±3mm，即凸出部分不影响机械加工。

3) 砂箱各部位不允许有降低强度的铸造缺陷，如裂纹、贯通式冷隔、大面积夹砂深度大于 1/4 箱壁厚度、大的蜂窝状气孔深度大于 10mm（其面积大小视具体情况决定）。

4) 砂箱侧壁及撞砂面上的裂纹、夹渣、气孔、缩孔、缺肉等缺陷，在不影响强度的条件下允许焊补。铸铁砂箱常采用热焊补。铸钢砂箱可直接焊补，焊补后视具体情况，必要时进行热处理消除内应力。

5) 铸接式箱把、吊轴、吊环的铸接部分应全部和砂箱体很好地熔合连接。整铸式吊轴不允许有气孔、裂纹、缩松等缺陷，也不得用焊补方法修复。从安全考虑，铸铁砂箱的吊轴及箱把采用铸接式为宜，材料为圆钢。

6) 砂箱侧壁上的通气孔应全部铸出，不通孔应用氧乙炔焰吹通或机加工钻出，经气割或机械加工后，通孔不应少于 70%。通气孔间距不应小于原尺寸的 1/2。通气孔允许用钢板焊修复，其面积不允许超过该孔总面积的 1/5。

7) 砂箱壁有由于涨箱而引起厚薄不均匀和壁面不平直的现象时，以不超过壁厚允许偏差和内外框尺寸偏差为限。

8) 砂箱挠曲变形可进行校正，如加工后能达到图样要求时可以作为合格品，否则报废。

9) 浇不足的箱带，其浇出的高度大于原高度的 4/5，可不修补。

10) 箱卡和凸台铸造后的位移偏差，不允许超过规定尺寸，并保持规定的斜度方向，凸台偏移等缺陷在不影响强度的条件下允许焊补。

11) 为便于砂箱管理，成批大量生产用的专用砂箱应铸出标记。专用砂箱标记应铸出零件的型号、件号、上箱或下箱。通用砂箱标记应铸出砂箱的内框轮廓尺寸。

12) 专用砂箱模样做好后应与铸件模样一起检验。

二、砂箱加工前的热处理

砂箱加工前必须进行自然时效或热处理，以消除铸造应力并改善加工性能。各种材质砂箱的热处理规范见表12-30。

表 12-30　各种材质砂箱的热处理规范

砂箱材料	加热温度/℃	保温时间/h	出炉温度/℃	热处理类型
铸钢砂箱（ZG310-570）	860~880	3~4	500	退火
铸钢砂箱（ZG230-450,ZG270-500）	860~880	3~4	空冷	正火
铸铁砂箱	550~650	3~4	200	消除应力退火
铸铝砂箱	230~240	6	<100	消除应力退火

注：1. 砂箱上需要焊补的各种铸造缺陷均应在退火前进行，凡退火后在机加面上又进行焊补的，一般应进行二次退火。如不影响机械加工和使用性能的亦可不进行二次退火。
　　2. 砂箱装炉时应力求安放平稳，防止热处理时的变形，退火后应检查其变形情况。
　　3. 手工造型用的铸铝、铸铁砂箱一般可不进行热处理。

三、对砂箱机械加工方面的要求

1）砂箱的机械加工余量除按 GB/T 6414—2017《铸件　尺寸公差几何公差与机械加工余量》要求的机械加工余量 G~H 级选取外，也可参考表12-31选取。砂箱的工艺补正量加设在砂箱上外凸缘内侧。

2）砂箱加工精度要求见表12-32；表面粗糙度要求见表12-33。

表 12-31　砂箱的机械加工余量及工艺补正量

铸造特征	加盖箱				明　　浇									
平均轮廓尺寸 $\frac{A+B}{2}$	300~500		501~800		801~1200		1201~2000		2001~3000		3001~5000		5001~6300		6301~10000
加工位置	上	下	上	下	上	下	上	下	上	下	上	下	上	下
机械加工余量	7	6	9	7	15	7.5	18	9	21	10	24	13	30	17	36	21
工艺补正量	—		4		4		4		7		7		10		10

表 12-32　砂箱加工精度要求

平均轮廓尺寸 $\frac{A+B}{2}$	分型面平面度极限偏差		填砂面与分箱面平面度极限偏差		定位销中心距极限偏差		定位销与分箱面垂直度极限偏差	
	手工或一般机器造型用	高压射压流水线用	手工或一般机器造型用	高压射压流水线用	手工造型	机器造型（高压、射压取小值）	一般机器造型每10mm不大于	高压射压流水线用每100mm不大于
<500	0.1~0.3	≤0.1	≤0.3	≤0.1	±0.5	≤±0.1	0.03~0.05	0.015
501~1000	0.3~0.5	≤0.15	≤0.5	≤0.15	±0.5~0.8	±0.1~0.2		
1001~1500	0.5~0.8	≤0.2	≤0.8	≤0.2	±0.8~1.2	±0.2~0.3		
1501~2000	0.8~1.0	—	—	—	±1.2~1.5	±0.3~0.4	0.1	—
2001~2500	1~1.5	—	—	—	≤±1.5	±0.4~0.5		
>2500	2	—	—	—	≤±2	≤±0.5	0.15	

表 12-33　砂箱加工表面粗糙度要求

砂箱工作表面名称	表面粗糙度 Ra 值/μm		
	手工造型用砂箱	机器造型用砂箱	高压、射压造型用砂箱
分箱面平面	25	12.5	3.2～12.5
填砂面平面	25 或不加工	25	12.5
定位销孔	25 或 12.5	3.2	3.2
砂箱与定位销套配合面	3.2	1.6～3.2	1.6～3.2
锁紧销孔及槽	不加工或 25	12.5	3.2～12.5
其他	不加工	不加工	根据需要在 3.2～12.5 内选取

3）砂箱加工后分箱面上允许有小于 $\phi5mm$ 的气孔、缩孔存在，但每边不得多于 7 个，局部分散针孔允许存在，但蜂窝状密集的气孔不允许存在。

4）分箱面凸缘加工后厚度偏差在 −2～+4mm。

5）分箱面允许有沟槽状的缩孔及气孔，但其长度不得大于 50mm，宽度不得大于 8mm，深度不得大于 7mm，超过上述数值时允许焊补，影响加工时可进行二次退火处理。

6）衬套表面允许有砂眼、气孔、缩孔存在，其面积之和不大于该圆孔内表面总面积的 1/10，超过 1/10 允许将孔扩大另外镶套焊牢。

7）在方销槽与方销的接触面上，每边允许有两个不大于 $\phi3mm$ 的气孔、砂眼存在。

8）销孔上下大小两圆孔的同心度，用同心度塞规检查，应能自由进出。

9）加工分箱面时应注意楔形凸台高度，应保证图样规定的公差要求。

10）定位销孔用钻模加工，应保证图样规定的公差。

四、砂箱的使用及修理

1）砂箱在使用前仔细检查箱轴、吊环、箱角、箱壁等关键部位，发现有破裂、损伤等情况时应停止使用。

2）对于钢铁等铸成的中型砂箱，长度方向壁的变形，允许局部向外扩大不超过 2.5mm，向内不超过 8mm。其他砂箱适当增减。

3）将砂箱放在平台上，上下平面局部变形在 1mm 内可不必修理。

4）砂箱高度磨损允许达到 2.5mm，箱壁和箱带允许磨损（包括锈蚀）达到原有厚度的 40%。

5）定位销孔、销套允许磨损极限见表 12-34。

表 12-34　定位销孔、销套允许磨损极限

定位销孔、销套尺寸	圆衬套孔允许磨损极限	方槽允许磨损极限
$\phi20$ 或 20 方槽	$\phi20^{+0.8}_{0}$（$\phi20^{+0.2}_{0}$）	$20^{+0.8}_{0}$
$\phi25$ 或 25 方槽	$\phi25^{+0.40}_{0}$（$\phi25^{+0.25}_{0}$）	$25^{+0.4}_{0}$
$\phi35$ 或 35 方槽	$\phi35^{+0.42}_{0}$	$35^{+0.42}_{0}$
$\phi40$ 或 40 方槽	$\phi40^{+0.5}_{0}$	$40^{+0.5}_{0}$

注：1. 砂箱定位销套孔超出极限偏差时，允许镶套修复，但不超过两次。

　　2. 某工厂根据错箱不超过 1mm 作为销和销套是否更换的根据。

第十三章

铸造工艺装备设计案例

本章以某型号前轮轮毂铸件为案例，给出几种工装设计图和必要的说明分析（在第八章中已给出该铸件的铸造工艺图、铸件图、工艺卡和工艺设计说明）。通过该案例，说明如何运用前面有关各章所讲述的设计原则。本章内容涉及的常用工装设计图有模样图、模板图、模底板图、模板框图及芯盒图等。

第一节　模样图

图 13-1 和图 13-2 所示为某型号前轮轮毂铸件上模样图和下模样图。

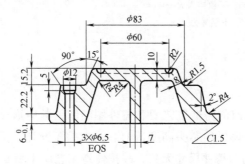

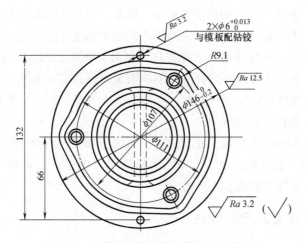

图 13-1　某型号前轮轮毂铸件上模样图

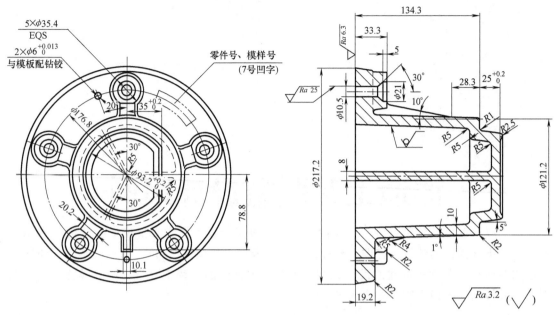

图 13-2　某型号前轮轮毂铸件下模样图

注：1. 模样毛坯加工前需要人工时效。

2. 按标准尺加工（已计入 1% 缩尺）。

3. 模样工作表面粗糙度按 3.2μm 加工，公差为 0.2mm。

4. 未注铸造圆角：上模样为 R2mm，下模样为 R3mm。

5. 未注起模斜度：上模样为 1°30′，下模样为 2°。

6. 以上内容适用于图 13-1 和图 13-2。

一、模样的结构设计

模样外形根据第八章所给出的铸造工艺图和铸件图绘制。其中形成铸件轮廓的尺寸均按 1%，（收缩率）放大。上、下模样的芯头高度，上芯头上的压紧环，下芯头上的集砂槽（以及浇冒系统模样），这些尺寸均与铸件尺寸无关，故按铸造工艺图上所给尺寸绘制（不加收缩率）。由于本模样外形加工，车、铣均没有困难，因此上、下模样都设计成整体式的。

上、下模样都设计成空心的，以适应模样毛坯的铸造工艺性和减轻重量。上模样较小，壁厚取 8mm，内部只设一条加强筋；下模样尺寸稍大，壁厚取 10mm，内设三条加强筋。

选用上固定法，螺钉孔可以均匀分布而不必顾虑螺钉是否会和模底板下面筋条相碰，模底板钻螺孔时可利用模样当钻模进行配钻，安装时操作方便。但安装螺钉用的沉头座孔损坏了模样的工作表面，安装后必须填补。

本案例采用两个 φ6mm 定位销，故相应上、下模板都设计有两个定位销孔。

图 13-1 所示为嵌入式模样。由于分型面通过模样（铸件）的圆角，为了做出 R4mm 圆角，前轮轮毂上模样不得不制成嵌入式的。

二、模样图的视图位置及尺寸标注

主视图位置应尽量符合模样在造型机上的使用情况，一般以设计者立于造型机前，以所见视图为主视图（让分型面在下面），如图 13-1 所示（图 13-2 所示视图位置不符合这一原则，这里选用的是工厂实际图形，最好能将视图转 90°）。

凡模样上形成铸件的尺寸，都应依铸件收缩率放大。例如：在图 13-1 上，铸件尺寸为 20mm，则模样对应尺寸应标注 20.2mm；铸件尺寸为 $R4mm$，模样图上标注 $R4mm$（因为图样尺寸准确到小数点后一位，小数点后两位数字四舍五入，$R4.04mm$ 仍标注 $R4mm$）。与铸件不直接发生关系的尺寸，如芯头高度，则依铸造工艺图标注尺寸，不要放大。

模样本身的尺寸定位基准，特别是向模板上安装的定位基准线，应服从铸件图。

所标注的尺寸应便于画线、加工和测量。为此，有的尺寸标注方法和铸件图有所不同。例如：图 13-1 中 $\phi111mm$ 尺寸标注方法是正确的；但 $\phi83mm$ 尺寸标注方法就不合适，因为该尺寸虽然容易从铸造工艺图及铸件图中查出，而无法进行画线及测量，当工人画线时，必须依芯头高度和斜度计算出芯头顶端直径 $\phi74.9mm$（83mm−2×15.2mm×tan15°），如果不标注 $\phi83mm$，直接标出芯头顶端直径 $\phi74.9mm$ 则更合理。有时，为了画线、加工方便，可以标注参考尺寸，应准确到 0.1mm，用括号括起来。画线加工可以按参考尺寸进行。在该案例中，可将 $\phi74.9mm$ 当作参考尺寸标准在图样上，而 $\phi83mm$ 尺寸不取消。

当要求上、下模样在分型面上轮廓尺寸一致时，可将外形轮廓尺寸标注在分型面上。

对于特殊斜度、表面粗糙度和铸造圆角、壁厚及特殊公差可单独注明，其余均在技术要求中说明，不必一一标注，以避免图样上符号过多，反而影响尺寸查找。

第二节　模板图（模板总装图）

关于模板的设计，第十章已有详细论述，这里仅以前轮轮毂模板图为例，说明绘制模板图的习惯画法以及设计、校对、审核中的注意事项。

一、模板图的习惯画法及有关规定

怎样绘制模板图，不同工厂有不同的习惯画法。这里所列举的画法具有一定的代表性，多用于有工装加工能力的工厂。这种画法简化设计过程，但它要求参加制造工装的工人有较高的识图能力并了解铸造生产的一般工艺过程。如果按照机械制图的一般方法，则要求反映模板装配的全貌，就要分别绘出安装在模板上所有零件（如每个浇道单元、冒口等）的零件图，这样设计的工作量很大。

图 13-3 和图 13-4 所示为某型号前轮轮毂铸件上、下模板图。本案例中，模底板、直浇道在模板上的位置都已被造型线所规定。模板设计的主要工作是选择吃砂量的大小、合理地布置模样、设计浇冒系统及确定安装、定位方法等。具体步骤如下：

1) 首先在俯视图上画出模板中心线，按比例用细双点画线（假想线）画出砂箱内框线和砂箱筋线（本案例中砂箱无箱筋），用以代替模板边缘线，而不必绘出模板的实际轮廓形状。

2) 在模板中心线上，按比例量出模板和砂箱之间的定位销和导向销的位置，以圆形表示定位销，以方形表示导向销。为了不使上下模板图搞错方位，有的工厂规定上、下模板的定位销都画在左方或上方（当模板中心线呈垂直方向时），如图 13-3 和图 13-4 所示圆形都画在左方。

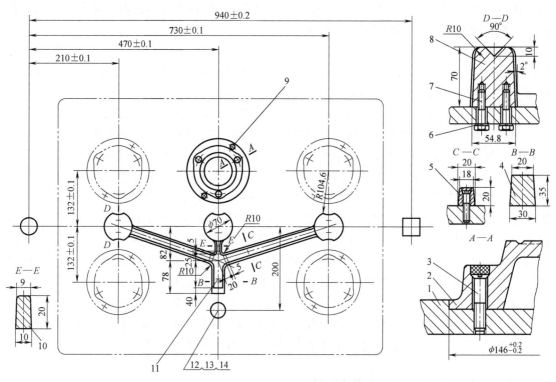

图 13-3　某型号前轮轮毂铸件上模板图

1—上模底板　2—上模样　3—沉头螺钉　4—主横浇道模　5—分横浇道模　6—弹簧垫圈　7—六角头螺栓

8—冒口　9—圆柱销　10—分横浇道模　11—沉头螺钉　12—直浇道模　13—垫圈　14—M16 螺母

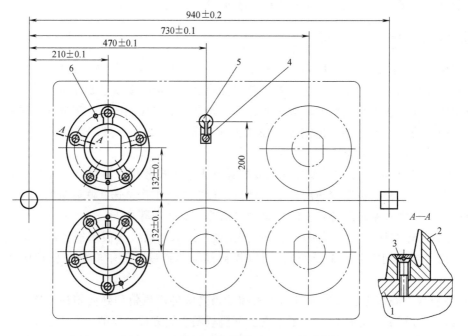

图 13-4　某型号前轮轮毂铸件下模板图

1—下模底板　2—下模样　3—沉头螺钉　4—沉头螺钉　5—T 形单片单向节流片模　6—圆柱销

3）模板上有多个同种模样时，允许只表示一个模样的基本形状和安装固定情况，其他模样只画出简单轮廓线和中心线等，而且要将每个模样的安装方向、位置各不相同之处表示清楚。

4）简单的模样及整铸式模板上的模样，可直接将尺寸标注在总图上（模板图），不必另绘模样图。

5）下列情形可用简化画法：螺钉紧固方式，模板定位销、导向销及配用的螺母、垫圈，工厂标准的直浇道模及配用的螺母、垫圈，工厂标准的阻流片（节流片）等，可以不将其全形或剖视图画出来，均可用同一引出线标注几个件号（如图13-3所示的件号12、13、14），从孔或中心线上画出引出线均可。

6）模板图的视图位置应以模板工作方位为准，即设计者在造型机前，以所见视图为主视图。

7）非工厂标准件的浇注系统各单元及冒口模样，应绘出全形，并在模板图上标注完整尺寸，安装情况也应交代清楚。

8）尺寸基准。模样本体及浇、冒口模各单元的安装定位尺寸，横向应以圆形销中心线作为基准，用阶梯方式标注；纵向以圆形销和方形销的中心线作为基准；模样本身以及浇、冒口各单元本身的尺寸标注，仍以本身的尺寸定位基准作为基准（图13-5和图13-6所示为尺寸标注）。

9）零件名称及序号。零件名称，凡是标准件均按国家标准或厂标命名；非标准件，一般按用途命名，如上模底板、下模样、横浇道模等。序号，一般模底板编为1号，模样编为2号，其余不做规定。图中序号按顺时针或逆时针方向排列。

二、设计、校对、审核中注意事项

模板图比较复杂，涉及内容较多，故在上、下模板图绘完之后，应仔细校对、审核，以免发生错误。即：

1）模样及浇冒系统的位置、尺寸是否符合铸造工艺图（模板布置图）的要求。模样、直浇道、浇冒口等吃砂量是否够大，是否和箱筋相碰。

2）注意上、下模板图上的模样、浇冒系统的布置方向是否一致，是否符合合箱要求。

3）检查压头、砂箱、浇口杯之间的配合关系。验算压头、砂箱和模板高度是否符合造型机的要求。

4）注意检查直浇道位置是否正确，合箱后应在靠近浇注平台的一侧。

5）各种紧固螺钉、定位销位置是否合适，装卸是否方便。

第三节 模底板图和模板框图

图13-5和图13-6所示为某造型线上所应用的模底板图和模板框图。该造型线使用砂箱尺寸为800mm×600mm×70mm/230mm，造型机具有27t压实力，应用比压为0.56MPa，生产率120箱/时。前轮轮毂模样就固定在这种模底板上。所以要设计这种模底板和模板框的结构，需考虑如下内容：

1）多品种铸件的生产使用普通单面模板的不足之处：必须制造许多块普通单面模板，由于要求足够的模板刚度和必要的高度，模板比较沉重；内部要安装模板加热器，因此制造工作量大；生产中更换模板也费时费力。而采用图 13-5 和图 13-6 所示结构则可免除上述缺点。

2）模底板上不设置安放砂箱用的定位元件，而把定位元件装在模板框上，这样模底板结构较简单，但要求模底板和模板框之间定位准确。而在模底板上装上砂箱用的定位元件，则可降低模底板和模板框之间的定位要求而不致影响铸件精确度，这种方法的缺点是在每块模底板上必须安装两个砂箱定位元件（定位销或销套）。依据工厂加工条件，权衡了这两种方法的优缺点之后，确定采用图 13-5 和图 13-6 所示结构。

图 13-5 适用于上、下模底板，作为上模底板用时，两端各装一定位销套和导向销套，因为上砂箱上全部装有定位销和导向销，以便配合。而作为下模底板用时，两端则装定位销和导向销，以便和下砂箱上的定位销套、导向销套相配合。安装新模板的方法是将模底板放在模板框内，让模底板下表面的两个 $\phi 20^{+0.5}_{+0.4}$mm 的定位孔和相应模板框上的两定位销相配合，然后用 4 个 M16 的内六角螺钉通过模底板 4 个角上的孔和模板框紧固在一起。

为了加强模底板的刚度和强度，设计了加强筋，高度可达 80mm，以便适应个别嵌入式模样的要求。模底板的两侧设计有 $\phi 30$mm 的通孔 4 个，以便搬运和起吊时应用。

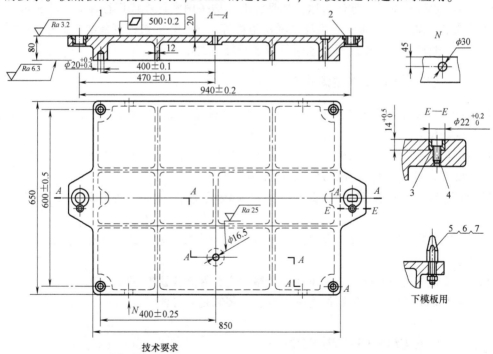

技术要求

1. 上模底板用定位销套和导向销套；下模板用定位销和导向销。
2. $\phi 16.5$ 通孔下模板不做出。
3. 未注铸造圆角为 $R5$，未注起模斜度为 $2°$。
4. 材料为 HT200。
5. 毛坯需经消除内应力退火。

图 13-5　某造型线上所应用的模底板图

1—定位销套　2—导向销套　3—止转套　4—内六角螺钉　5—定位销　6—垫圈　7—螺母

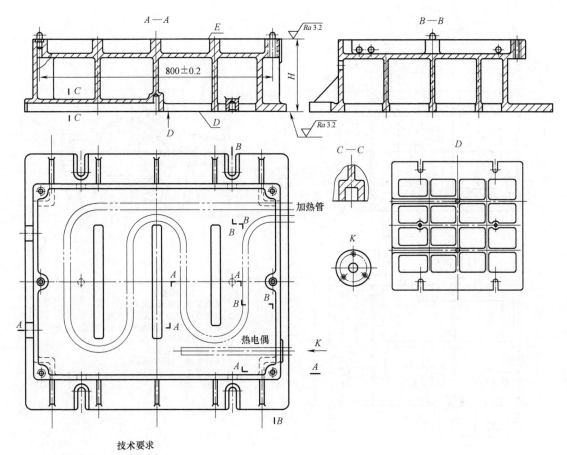

技术要求

1. 尺寸H根据砂箱高度按下表选取。

砂箱高度/mm	230	170	150
H /mm	180	240	260

2. 未注铸造圆角R5～R10。
3. 未注起模斜度1°～ 2°。
4. E面对D面的平行度不大于0.05 mm。
5. 垂直于E面的所有加工孔垂直度不大于0.05 mm。
6. 铸件材质为ZG310-570,毛坯需经退火热处理。
7. 图中双点画线为蛇形加热管和WAB型铂热电偶,安装时用单管夹和螺钉M6×10在适当位置固定。热电偶引出端需
   很好绝缘。

图 13-6　某造型线上所应用的模板框图

第四节　芯盒图

关于一般芯盒的设计在第十一章已有专门论述,本节仅以某前轮轮毂铸件手工金属芯盒
图为例,说明设计一般金属芯盒的方法和简化画法。

一、金属芯盒的结构设计

图 13-7 所示为某前轮轮毂铸件手工金属芯盒图,形式选择为水平分盒面的对开芯盒,
端面敞开,自端面填砂和紧实。取芯时,上半芯盒自顶部移去,合上成形烘干器,翻转

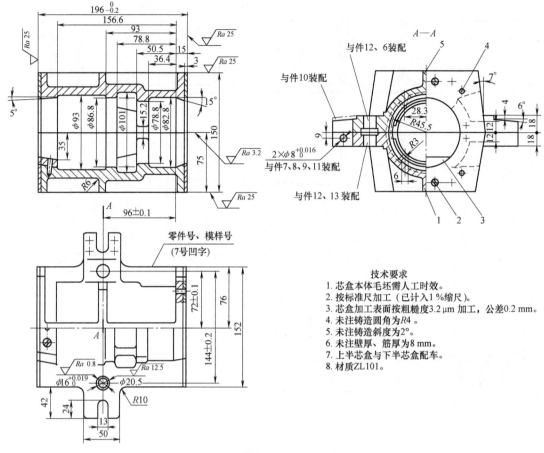

图 13-7　某前轮轮毂手工艺金属芯盒图

1—下半芯盒　2—沉头螺钉　3—镶块　4—定位销　5—上半芯盒　6—定位套　7—销头
8—活节螺栓　9—蝶型螺母　10—防晒片　11—固定螺钉　12—螺母　13—定位销

180°，再取下半芯盒，让砂芯在烘干器支撑下入炉烘干。这种形式的芯盒对于使用合脂砂手工制芯是很方便的。

芯盒内腔形状按照铸造工艺图进行绘制。凡是形成铸件内腔的形状和尺寸，均依铸件材质的收缩率放大。其余芯头部分尺寸不加放缩尺，依铸造工艺图上所给尺寸标注。芯盒内腔由机械加工成形，因此将不易加工的部分（图 13-7 所示件 3）制成单独零件（镶块）。

依据芯盒平均轮廓尺寸确定芯盒壁厚（8mm）。为了使芯盒能有足够的刚度和能在工作台上放平增设了加强筋。芯盒两端面要经常和工作台相摩擦并用刮砂板刮砂，因此加设防护板（钢板）——防磨片来延长芯盒使用寿命。在上下两半芯盒两边，加设了定位元件（件13、12、6），以保证定位。为了避免紧砂时两半芯盒胀开，还设计有芯盒夹紧装置（件 7、8、9、11），这些元件都是标准件，使用简化画法均未在图中将形状画出。

二、芯盒图简化画法和有关事项

关于芯盒图的绘制方法，各工厂习惯不一致，但基本上分为两类：一类是标准的机械制图方法，先绘总图，然后逐一拆件；另一类则是简化画法，目前已基本上形成一套规范，多年来证明行之有效。特别是芯盒设计，在铸造工装设计中占有很大的工作量，实行简化设计更有必要，其规则也应用于热芯盒、壳芯盒的设计。这种方法要求制造者有较高的识图能力和初步铸工工艺知识。目前有加工工装能力的工厂已经在广泛使用。

芯盒图简化画法的注意事项有：

1）简单芯盒可直接将尺寸标注在总图上，不必另绘零件图。

2）螺钉的紧固，芯盒的夹紧、定位结构以及其所配用的螺母、垫圈等，不必画出它们的全形或剖视图，均可从孔的中心线引出线并标出件号即可（在零件明细栏中注明这些标准件规格）。

3）芯盒视图布置应依芯盒工作方位为准，即芯盒置于工作台上处于工作位置，设计者在台前所见视图为主视图。

4）水平对开封闭式芯盒的填砂板，作为芯盒零件要给件号，但不必绘零件图，只用细双点画线绘在俯视图上，注明和分型面上内腔轮廓线间的尺寸及厚度即可。

5）芯盒上的护板和芯盒本体的固定和定位，只绘出参考位置，不注尺寸。在绘制芯盒本体零件图时，护板作为芯盒的一部分，不另专门绘制零件图。

6）芯盒图上尺寸标注方式，尽可能和铸件图相一致，如尺寸基准等。

7）所注尺寸应便于画线和加工测量，对有的尺寸应进行换算，标注位置可能和铸件图有所不同，或标注参考尺寸。

第十四章

铸造生产质量控制

第一节 铸造生产过程的质量控制

一、影响铸件质量的因素

铸件占各种机器与设备零件重量的 50%~80%，是机械制造的基础零件，其质量对于确保机械的精度、可靠性和寿命，降低某些产品的物耗和能耗等，都有举足轻重的影响。铸件一般很少直接作为产品使用，而是加工成零件再装配成机器或其他产品才具有使用性能，所以铸件质量是产品质量的重要组成部分。例如：内燃机的缸体和缸盖，由于内燃机功率的提高，气缸内的温度和压力也相应提高，因此要求铸件散热好、壁薄、力学性能好，在铸件生产时，通过铁液高温过热和孕育处理控制铸件的显微组织，使其共晶因数小于 $350cm^2$，控制石墨的形态使尖片状石墨变成钝片状，从而使缸体和缸盖在高温下不漏气且强度高、耐磨性能好，使汽车大修里程达 $5.0×10^5$ km；拖拉机的发动机由于强度高、壁薄，重量大大减轻；材质性能的提高使铸造活塞环使用寿命达 5000h 以上；机床床身铸件强度和刚度的提高使其可保持较高精密度，而且可采用薄壁铸件，使产品重量减轻；很多化工设备上用的高硅铸铁耐酸泵，使用寿命可达一二十年。

由此可见，要提高产品的质量，必须首先提高产品铸件的质量。铸件质量一般包括以下 3 个方面：

1）内在质量 它包括铸件材料质量（化学成分、金相组织、冶金缺陷、物理力学性能和某些特殊性能等）和铸件的内部铸造缺陷。

2）外在质量 一般包括铸件表面质量（表面粗糙度、表面硬层深度及硬度等）、尺寸和重量精度（尺寸公差、几何公差、重量公差）和外表铸造缺陷。

3）使用质量 它包括切削性能、焊接性能和工作寿命等。

铸件成本是产品成本的重要组成部分，要降低产品成本，就必须尽可能地降低铸件成本。长期以来，对铸件质量没有引起足够的重视，特别是对铸件的内在质量，很多厂家习惯用废品率作为铸件质量的考核指标，事实上废品率的高低不能代表铸件质量的优劣，它只能反映企业的技术水平和管理水平，对内在质量和生产成本的忽视更使铸件在国内外市场上缺乏竞争力。

铸造生产是一个复杂的过程，其工序繁多，相关因素来自很多方面。当前普遍存在一些问题，如铸件质量低（特别是内在质量）、生产成本高（效率低、能耗高）、环境污染严重。铸造生产过程中影响铸件质量的主要因素来自 4 个方面：

1）生产的组织和管理。

2）原材料、设备和工艺装备的质量。

3）各种工艺参数的控制质量。

4）生产者的操作质量。

生产过程必须贯彻"市场导向"的现代管理原则，降低生产成本、缩短生产周期、改善客户服务，从而提高企业竞争力。

二、技术准备过程的质量控制

对于机械制造业，产品正式生产前的技术准备过程包括产品研制、产品设计及试制、产品的鉴定与定型、工艺与工装的设计与制造、工艺与工装的试制和定型等过程。只有完成了这些过程以后，才能将产品正式投入生产。这个技术准备过程的质量，对产品质量起着决定性作用。

就铸造生产而言，虽然一般不进行产品设计，而是按产品图生产铸件，但需要根据产品图设计铸件图，并按铸件图设计工艺和工装及铸件的验收条件，再根据工装图制造相关工装，如果是新产品或老产品需修改工艺，还要对工艺和工装进行验证和鉴定。显然，铸件结构和工艺方案及工装设计是否正确、合理，工装制造是否符合精度要求，均对铸造质量起着重要的作用。因此，要控制铸造质量，首先就要控制技术准备过程的质量。

1. 质量标准的制定

制定并完善铸造质量标准，是保证和提高铸件质量的前提条件。它有如下几个方面的内容。

（1）铸造用材料标准　铸造用材料包括金属材料与非金属材料两大类，一般都有国家标准或部颁标准。随着生产发展和对铸件质量要求越来越高，应当不断修订和补充新的标准。材料的质量指标一般都分为若干等级，每个企业应根据铸件的质量要求及自身的具体情况，选用其中的一个或几个等级作为材料的质量标准。

（2）铸件质量标准

1）铸件材质标准。铸件材质标准均由国家标准或部颁标准规定，但目前使用的标准中缺项还很多，许多常用的铸造合金，如高合金特种铸铁、蠕墨铸铁、奥氏体钢、耐热钢等，其标准正在制定中，已有的标准也急需不断修订。铸造工作者必须按产品图中对材料的要求，严格按标准规定对材质进行检验。由于力学性能检查费用较高且费工时，可浇注本体试块或单独浇注试块（保证试块与铸件有相同或接近的工艺条件）来控制铸件的力学性能。要通过检查铸件的金相组织来间接控制铸件的力学性能，就必须找出两者之间的相关关系。由于这一过程与很多因素有关，各铸造厂只能在自己特定的生产条件下，积累经验和数据，大体定出本厂的金相组织检查标准。

2）铸件精度标准。铸件精度包括铸件尺寸及重量精度和铸件表面粗糙度，是铸件的一个重要质量指标。铸件尺寸公差和铸件表面粗糙度比较样块的国家标准已经制定，该标准等效采用国际标准 ISO 8062-3-2007《铸件的一般尺寸和几何公差以及机械加工余量》和 ISO

2632-1-1985 和 ISO 2632-2-1985《表面粗糙度的比较样块》，均有广泛的适用性，既适用于各种不同的造型方法，又适用于不同的铸造合金。

铸件尺寸公差共分 16 个等级，按不同的生产批量、不同的造型工艺方法和不同的铸造合金选用。各铸造厂还必须根据本厂实际情况，选择靠上的一级或靠下的一级（一般针对某一具体情况，标准中共列出 3 个公差等级供选用）。

如果客户或产品设计者对铸件精度提出的要求，铸造厂（车间）在现有生产条件下无法达到，工厂应进行全面的经济分析，以决定是否生产。但生产前铸件精度一经确定，铸造厂就应当满足铸件的精度要求，并按规定的精度检查和验收铸件。

3）铸件表面及内部缺陷的修补标准。在通常情况下，对于大多数铸件只能制定工厂标准，一般由产品设计部门根据产品中铸件的工作环境和使用条件来制定。由于铸件的形状、结构及使用条件千差万别，很难为铸件的表面及内部缺陷制定通用的标准。不允许铸件的表面和内部存在任何缺陷，将大大提高铸件的生产成本。对于影响铸件美观的表面缺陷，或经修补后就不再影响铸件使用性及耐用性的缺陷，均可经适当的方法进行修补，将不合格的产品转变为合格品，以此降低生产成本。

2. 铸件设计

一个铸件的设计是否合理，不仅对铸件质量有很大影响，而且对铸件生产成本有很大影响。在接到要生产的铸件的零件图（或铸件图）以后，首先要进行铸造工艺审查，以便做到选材正确和结构合理。

（1）铸件用金属的选择　零件在工作时所处的环境（温度、周围介质的性质等）和所受载荷的大小及特性（静态、动态、交变、冲击、相关零件间有无滑动等）是选择铸造金属材料的主要依据。在能满足工作条件的前提下，材料的价格也是选择材料的重要依据。必须根据材料的使用条件，提出材料必须具备的基本性能，然后选用较合适、较经济的材料。

（2）铸件结构设计　结构不合理的铸件，在浇注过程中容易产生某些缺陷。由于各种材料的铸造性能有很大差别，故不同的合金材料对铸件结构有不同的要求。

铸件结构设计可从如下方面着手：

1）从提高铸件承载能力出发，合理设计铸件结构。

2）从提高铸件质量和防止铸造缺陷出发，合理设计铸件结构。

3）从简化铸造工艺及工装出发，合理设计铸件结构。

4）从方便机械加工出发，合理设计铸件结构。

5）因铸造工艺的需要而合理设计或修改铸件结构的某些细节。

3. 铸造工艺、工装设计及验证

如何正确设计工艺及工装，前面章节已有论述，在此仅就如何控制工艺及工装的质量加以讨论。

1）铸造工艺水平的确定。铸造工艺水平包括铸造方法、生产的机械化水平和工装系数等方面。

在设计铸造工艺方案前，首先要确定铸造工艺水平，即首先要确定采用什么铸造方法，是砂型铸造还是特种铸造，如采用砂型，是用黏土砂还是用其他种类的型砂（水玻璃砂、水泥砂、树脂砂等）；是手工造型还是机器造型；是用油芯还是用壳芯或热芯、盒芯等。

确定铸造工艺水平的依据首先是必须保证铸件质量的要求，同时还要考虑生产成本和本厂（车间）的具体条件。在一般情况下，铸造工艺水平越先进，工艺装备越完善，铸件质量就越容易保证，铸造废品率也越低。但另一方面，铸造工艺水平越高，用于一次性投资的费用也越多，故应做必要的经济分析。

2）工艺及工装试制。铸造生产过程复杂，在生产一个新产品或老产品需修改工艺方案时，首先应对工艺方案进行验证，即先小批量试制，以便考查工艺方案能否满足铸件质量要求，只有通过验证证明是正确的工艺方案，才能正式投放生产。如果通过试制，证明工艺方案不能满足要求时，则必须修改或重新制定工艺方案，再进行试制和验证，直到合格为止。

单件小批量生产时，对工艺方案进行正规验证有困难，也应当生产一两件并做出初步鉴定后，才能继续生产。

对大批量生产的复杂零件，工艺验证分两步进行。一是工艺试验鉴定，其目的是检查铸件的设计质量、工艺性、使用性能和所采用的工艺方案及工艺路线的合理性与经济性；二是试生产鉴定，其目的是检查生产稳定性。只有通过了工艺试验鉴定以后，才能进行试生产鉴定，工艺试验频率由试制铸件的复杂性和重要性、生产批量及尺寸大小等因素决定。

三、生产过程的质量控制

铸件质量首先决定于工艺方案是否正确，这应在技术准备过程中得到解决，其次就决定于生产过程的质量和稳定性。铸造生产过程是一个复杂的过程，涉及原材料准备、造型（制芯）、熔炼、浇注、清理等多个工序，每个铸件的质量几乎决定于每一道工序工艺过程的质量，所以对生产管理的要求较高，在实际生产中，往往由于工序管理不善等原因导致铸件质量得不到保证、材料消耗大、废品率高。因此，严格控制铸造生产过程的每一道工序的质量，就显得极为重要。

1. 原材料质量控制

要控制铸件的质量，就必须控制原材料的质量。由于不同铸件的质量要求不同，所以对原材料质量的要求也不同。另一方面，由于铸造用原材料品种繁多，在我国很多铸造用原材料至今尚未有定点的生产基地并按质量要求进行生产和供应。因此，应当根据国家标准或专业标准并结合铸件质量要求及原材料的供货具体情况，制定所用各种原材料相应的技术条件及验收标准。

2. 设备及工装质量控制

（1）设备 设备质量直接影响铸件质量，必须保持设备和检测仪器的完好。为此：

1）为每一台主要设备和仪器建立技术档案。

2）制定并完善主要设备和仪器的操作规程和责任制度。

3）对设备和仪器进行精心维护和保养。

4）对设备和仪器进行定期检查和调校。

（2）工装 工装质量对铸件质量（特别是铸件精度）有重大影响。工装应由制造部门按照技术标准要求负责全面检查，使用部门进行复检验收。允许在试制过程中调整和修改工装，不允许不经检查和未做合格结论的工装直接投入生产。

工装在使用过程中会磨损变形，从而降低铸件精度，直到出现废品。因此，要对工装定期进行检查。检查用的量具和样板要符合精度要求，并定期标定。

3. 生产过程质量控制

生产过程的操作是保证铸件质量的重要条件，操作者的经验、局限性、个人的精神状态、身体条件和责任心都将给铸件质量带来各种影响。为确保铸件质量，这就要求保持生产过程的稳定。因此，必须对铸造生产各主要工艺过程制定正确且完善的操作规程（即工艺守则）和铸件工艺卡。

贯彻并使操作者严格执行操作规程，正确方法应当是加强中间检查，对每一道工序的质量（特别是主要工艺参数和执行操作规程的情况）进行严格控制，使任何一道不合格的工序都消除在最后形成铸件之前。例如：不合格的型砂不用于造型，不合格的铁液不进行浇注，不正常的工装不投放生产。

要做到以上的要求，需具备两个条件：

1）建立完善的检查制度和执行这一职能的机构。前者包括两个方面：质量责任制度（企业主要领导人的质量责任制度、质量管理职能机构的责任制度和班组与工人的责任制度）和质量管理制度（质量考核制度、产品质量分级管理制度、质量分检制度、质量会议制度、自检与互检及专检相结合的制度等）；后者是在企业主要负责人领导下设立的专职的质量管理职能机构，一般包括质量情报、质量计划和质量检查三个系统。

2）要采用先进和科学的测试方法与手段，并对所测得的数据进行科学分析和处理。每一道工序的质量，要用准确可靠的数据来评定，否则就不可能对工序进行及时而严格的控制，以便及时采取改进补救措施，使工艺过程不断地保持稳定状态。

第二节　铸件质量及检验

一、铸件的检验

技术检验就是检查产品或决定产品质量的生产过程与原定技术要求在多大程度上相符。因此，铸造生产中技术检验的对象是：①生产过程中最初的、中间的和最后的产品，如基本原材料、辅助原材料、型砂、铸件，即铸造车间需要的产品、生产的产品和出产的产品；②铸造生产过程的各工序。

技术检验的主要任务是：及时发现检验对象的缺陷，防止企业生产不合规定要求的铸件。根据检验所处工段的不同，检验可分为原材料检验、工序检验和验收检验。原材料检验是指对其他企业和工段供应的原材料的检验。原材料检验安排得当，可减少供应差错，避免铸件质量恶化，同时可搜集客观信息，补充对原材料指标的要求。

在整个铸造生产的工艺过程中，每完成一个或几个工序之后，便进行工序检验，最先进的工序检验是在线检验，即在铸件生产过程中由直接参与生产过程的测试仪表进行检验。在线检验与脱机检验不同，前者可显著提高工艺设备的生产率，消除主观因素对检验结果的影响。在线检验最完善的形式是工艺过程自动化管理系统。

验收检验是完成全部工序以后，对成品铸件的检验，并根据检验结果，决定铸件可否交货和投入使用。根据受检产品数量分全数检验和抽样检验两种方式。

二、铸件精度控制

铸件精度是铸件质量很重要的一个方面。提高工艺水平是提高铸件精度的有效途径。例如：采用金属模造型比木模造型铸件精度要高，用高压造型比一般低压造型铸件精度要高，特种铸造如熔模精密铸造、压铸，能生产精度较高的铸件。但是，工艺水平越高，一般来说生产成本也越高。另一方面，铸件的使用条件不同，对它的精度要求也不同，所以应在满足铸件精度要求的前提下，尽量采用最经济的生产方法。因此，就要努力提高同一种工艺生产方法所生产铸件的精度。

1. 影响铸件精度的因素

对砂型铸造而言，铸件最终的几何形状及尺寸主要取决于两个方面：一是铸型装配后、浇注前型腔的几何形状和尺寸；二是浇注后铸件膨胀和收缩的大小。前者和模样、芯盒等工艺装备的几何形状和尺寸以及浇注前型壁的位移和型芯的变形等有关；后者与合金的物理性能、铸件膨胀时型壁的位移和铸件收缩时受阻程度等有关。

铸件尺寸精度包括三项内容，即长度尺寸偏差、壁厚偏差和错型偏差。

影响铸件尺寸精度的因素有：模样尺寸公差；模样在模板上的定位公差；芯盒尺寸公差；型芯在制造中的变形公差；型芯在下芯时的定位公差；型壁和芯壁的位移公差和铸件收缩公差等。

由于影响铸件尺寸精度的因素多而复杂，事先准确估计其尺寸精度的大小是很困难的。只有提高各影响因素的控制精度，缩小这些因素的变动范围，才能达到缩小铸件实际尺寸波动范围、提高铸件精度的目的。

2. 提高铸件精度的措施

（1）正确设计模样及芯盒工作尺寸　工作尺寸就是模样及芯盒直接形成铸件的尺寸。当实测铸件尺寸的平均值与图样尺寸的中心值不相符时，依靠修改模样及芯盒的工作尺寸来改变铸件尺寸的平均值，使之符合图样的要求。在成批、大量生产中，一般要通过一定批量的试制，测量并计算出铸件实际尺寸的平均值，再按此尺寸来计算铸件的实际收缩率和模样及芯盒的工作尺寸。

收缩率与各种影响铸件尺寸的工艺因素有关（如铸造合金的种类、铸件壁厚、铸件收缩时有无阻碍等）。铸件结构不同，大小不同，造型方法不同，各方向收缩率的差别也不同，要根据具体情况分析。

（2）严格控制制造及装配公差　模样和芯盒工作尺寸公差是铸件尺寸公差的组成部分。由于这一公差是机械加工时形成的，控制比较容易，故需要严格要求。

制造及装配时的公差应按有关标准和手册推荐的数据选取，严格验收。

（3）控制型芯尺寸和下芯位置准确度　型芯尺寸精度主要取决于制芯方法，对同一制芯方法取决于芯盒尺寸精度、取芯时芯壁的位移及型芯在浇注前和浇注过程中的变形。

对低强度湿型芯，由于易变形，尺寸精度一般很难控制，故对精度要求高的铸件，一般不宜采用。热芯盒、壳芯和自硬砂制造的型芯，能大大提高型芯的尺寸精度。对成批大量生产的铸铁件，一般应尽量使用热芯盒及壳芯。铸钢件即使是小批量生产也可采用水玻璃砂芯。冷芯盒树脂砂芯，可适用于各种场合，既适用于铸铁件，也适用于铸钢件和铸铜件；既适用于大量生产也适用于小批量生产，这种型芯具有较高的尺寸精度。

型芯表面一般都要上涂料，其厚度及均匀度会影响铸件的尺寸，要求涂料层的厚度要稳定。

芯头间隙对下芯准确度有很大的影响，为了提高下芯时型芯的位置准确度，下芯后一般应当用检验样板检查并校正型芯的位置。采用自带芯避免了下芯误差，应尽量使用自带芯。芯头的位置、数量、相对尺寸和定位方法对型芯在铸型中的位置准确度也有很大影响，浇注时金属流的冲击和浮力也可能使型芯移动或变形，从而降低铸件精度。型芯间不宜分块，特别不能分成很多块。以上种种应采用相应有效措施解决。

（4）控制型壁的位移　影响型壁位移的因素很多，而且影响过程复杂，但最终结果总是通过型壁位移的平均值和它的波动范围（偏差）表现出来。只要型壁位移的平均值是稳定的，铸件尺寸的平均值也就可能稳定，型壁位移的偏差小，铸件尺寸的偏差也就小。

应从提高工艺过程的精度来尽量缩小型壁位移的波动范围。例如：避免手工取模，铸型紧实度越高，型壁位移量越少；浇注时浇包提得过高则浇注压力大，压铁重量不够，铸型紧固不当都可能使型壁位移增大。另外，合金的成分和浇注温度、型砂的配方及性能、造型机的工作状况及压缩空气压力等因素都对型壁位移有影响。

总之，应严格控制有关的工艺因素，尽量缩小型壁位移的范围，以保证铸件精度。

三、铸造表面粗糙度

表面粗糙度即表征物体表面粗糙的程度。铸造表面粗糙度是铸件表面上具有的较小间距峰谷所组成的微观几何形状特征。它一般取决于铸件的合金材质、铸造方法和清理方法（如喷丸、喷砂、抛丸、滚筒等）。称为铸造表面粗糙度而不是铸件表面粗糙度的原因是，同一铸件的不同表面可以有不同的表面粗糙度要求。虽然绝大多数铸造表面粗糙度具有三维几何特征，但由于三维计量难度大，故目前仍采用二维轮廓计量。此时采用仪器描绘铸造表面法向截面的实际轮廓图形，并按中线制进行计量，中线制是以最小二乘中线为基准线，以此作为评定轮廓的基准线。

1. 取样长度与评定长度

取样长度（lr）是用于判别具有表面粗糙度特征的一段基准长度。取样长度要在轮廓总的走向上选取，一般依据 GB/T 1031—2009 选取。合理选取取样长度的数值是十分重要的。在同样条件下，用不同的取样长度计算出的 Ra 值是不同的。例如：取一块表面粗糙度 Ra 值为 12.5μm 的小块铸件进行测量，当 lr 取 0.8mm 时，Ra 为 6.2μm；当 lr 取 2.5mm 时，Ra 为 12.2μm；当 lr 取 8mm 时，Ra 为 14μm；当 lr 取 25mm 时，Ra 为 33.5μm。取样长度小时，由于峰谷个数不足，可能引起 Ra 偏小；取样长度大时，波纹度的影响较小。为使 Ra 值既能反映轮廓的表面粗糙度特征，又能削弱波纹度的影响，GB/T 6060.1—2018 中规定了不同表面粗糙度应选取取样长度的标准值，见表 14-1。

表 14-1　取样长度标准值

表面粗糙度 Ra/μm	0.2	0.4	0.8	1.6	3.2	6.3	12.5	25	50	100	200	400
取样长度 lr/mm	0.8				2.5			8			25	

评定长度（ln）是评定轮廓所需的一段长度，其可以包括一个或几个取样长度。规定评定长度是为了使求得的表面粗糙度平均值尽可能具有代表性，能可靠地反映该长度内的表面

粗糙度特性，对于一般的铸造表面，可取 5 个取样长度作为一个评定长度。

2. 评定参数

铸造表面粗糙度的评定参数目前只采用高度参数 Ra 及 Rz。

（1）高度参数 Ra　Ra 是在一个取样长度内的算术平均高度，即轮廓算术平均偏差。铸造表面粗糙度参数 Ra 值为 $0.2 \sim 100\mu m$，共 28 个系列值，见表 14-2。

表 14-2　铸造表面粗糙度 Ra 系列值　　　　　　（单位：μm）

第 1 系列	0.2			0.4			0.8
第 2 系列		0.25	0.32		0.5	0.63	
第 1 系列			1.6			3.2	
第 2 系列	1.0	1.25		2.0	2.5		4.0
第 1 系列		6.3			12.5		
第 2 系列	5.0		8.0	10		16.0	20
第 1 系列	25			50			100
第 2 系列		32	40		63	80	

参数值分为第 1 系列和第 2 系列，第一系列以 $0.2\mu m$ 为首项，采用 $R_{10/3}$ 派生系列，公比为 2，共计 10 个参数，即 $0.2\mu m$、$0.4\mu m$、$0.8\mu m$、$1.6\mu m$、$3.2\mu m$、$6.3\mu m$、$12.5\mu m$、$25\mu m$、$50\mu m$ 和 $100\mu m$。$0.2\mu m$ 和 $0.4\mu m$ 两级在标准中为采取特殊措施方能达到的数值。故铸造表面粗糙度比较样块从 $Ra = 0.8\mu m$ 开始。

（2）高度参数 Rz　Rz 是一个取样长度 10 个点的平均高度，即微观不平度十点高度。在 GB/T 131—2006 中 Rz 从 $0.025\mu m$ 到 $1600\mu m$，共 49 个系列值，分为第 1 系列和第 2 系列。第 1 系列以 $0.025\mu m$ 为首项，采用 $R_{10/3}$ 派生系列，公比为 2，共 17 个数值；第 2 系列为 R_{10} 系列，公比为 1.25，共 32 个数值。铸造表面粗糙度中只选用了 $Rz = 800\mu m$、$Rz = 1600\mu m$ 两个。

3. 铸造表面粗糙度计量

目前，测量表面粗糙度的手段和仪器多种多样，可归纳为两大类：面积法和轮廓法。

（1）面积法

1）用样块比较的面积法。用样块比较只能判断铸件的表面粗糙度为何种级别，是否符合图样或技术要求，而不能确定粗糙度的具体数值。它是以样块标准面上的表面粗糙度为依据，凭视觉、触觉来与被检铸件的表面进行比较。比较时所选用样块与被检铸件的铸造方法必须相同，同时也要求合金材质相同，表面形貌、色泽也要求尽可能地相近。我国现已公布的样块标准有 5 个，与之配套的比较样块已研制生产出 4 种。

2）用仪器检测的面积法。利用表面的某些特性间接地综合评定被测面积内总的表面粗糙度。气动原理的仪器利用气动测头与铸件接触，由于铸件表面粗糙度不同，测头与铸件间的出气间隙有差异，因而引起气体流量或压力的变化，测量气体流量或压力可以间接地测得铸件的表面粗糙度。

（2）轮廓法　轮廓法可分为轮廓顺序转换和轮廓瞬即转换两类。它们各自可分为接触式和非接触式两种。

1）轮廓顺序转换接触式。目前广泛使用的触针式轮廓仪，传感器上的触针由驱动器拖动在被测表面上做横向移动。在移动过程中，触针始终同被测表面上的峰谷保持机械接触，垂直位移通过变换器转换成电信号，然后通过处理得到被测表面的表面粗糙度参数值。

2）轮廓顺序转换非接触式。某些光学轮廓仪，用会聚成很小的光束来代替触针在被测表面上移动，同样把轮廓的信息逐渐地、连续地转换成电信号，然后确定表面粗糙度的参数值。

3）轮廓瞬即转换非接触式。某些光学仪器的光源通过狭缝照射在被测表面，经反射后通过物镜成像，在分划板上借助目镜观察狭缝成像的轮廓条纹。轮廓的信息并非逐渐地、顺序地转换，而是在光源投射后，立即呈现在分划板上的。轮廓的信息是瞬即转换的，而转换过程中没有任何机械接触。干涉显微镜即属此类。

4. 影响铸造表面粗糙度的因素

影响铸造表面粗糙度的因素很多，如铸造方法的选择、铸型的表面粗糙度、金属液的成分和浇注温度以及金属液与铸型表面的相互作用、清理时铸造的表面处理方法与质量等。

（1）铸造方法的选择 铸造方法包括砂型铸造和特种铸造（如金属型铸造、压力铸造、熔模铸造、壳型铸造、低压铸造等）。一般情况下，特种铸造方法生产的铸件的表面粗糙度数值均较低。

（2）铸型的表面粗糙度 它对铸造表面粗糙度有直接的影响。对砂型来说，砂粒是决定铸型表面粗糙度的主要因素。砂粒越粗，铸件表面越粗糙。对于不同铸件，应合理地确定砂子粒度及其分布。对原砂进行级配优化是最有效、最直接的方法。砂粒越细，间隙越小，渗透越困难；砂粒粒度分布越集中，即颗粒大小越均匀，间隙越大，渗透越容易。因此应当使用较细的砂子，将不同粒度的砂子放在一起使用，以减少砂粒间隙，提高铸型表面质量。

（3）涂料的使用 涂料是型腔或型芯表面的一种覆盖物。铸造涂料能提高铸件表面的质量，降低表面粗糙度数值，防止表面黏砂、夹砂、砂眼等铸造缺陷。

涂料以一定的厚度均匀地覆盖在铸型和型芯的表面，良好的涂刷性有利于得到形状准确、尺寸精度高的铸型腔。

涂料要能渗入到铸型和型芯表面以下适当的深度，同时应有足够的表面强度，较低的发气性。

（4）金属液和铸型 金属液渗入型腔表面砂子间隙造成物理黏砂会大大降低铸件表面质量。影响金属液渗透的因素有：①金属液的表面张力；②金属液的压力；③铸型表面的砂粒间隙。

金属液的表面张力主要取决于金属液的化学成分、热容量和浇注温度。例如：铸铁中含磷量增加时，金属液流动性增加，容易产生渗透；浇注温度越高，金属液表面张力越小，越容易产生渗透；合金的热容量越大，越容易产生渗透。

金属液的压力决定于铸件形状、尺寸、铸造工艺方案及砂箱高度。金属液压力越大，越容易产生渗透。设计铸造工艺时，应尽量选择能降低铸件在砂型中高度的分型面，铸型的下型比上型受更大的压力，应采取比上型更有效的措施来防止铸件产生物理黏砂。

铸型表面的砂粒间隙与砂粒大小、形状、粒度分布有关，还与铸型紧实度和铸型表面处理等因素有关。铸型紧实度越高，金属液越不容易渗透。高压造型的铸型具有较高的表面质量。

第三节 铸件缺陷分类

铸件缺陷名目多，都以缺陷外观特征（性状）作为分类依据。以铸件缺陷外观特征作为铸件缺陷的名称及进行分类，按相同特征将缺陷分成 8 类 52 种，见表 14-3。因此，表 14-3 可以用来对缺陷进行鉴别。任何缺陷其物理特征与表中说明吻合，就可对缺陷归类，取得共同的认识。

表 14-3　铸件缺陷名称及分类

类别	序号	名称	定义和释义
一、多肉	1	飞边	垂直于铸件表面上厚薄不均匀的薄片状金属突起物，常出现在铸件分型面和芯头部位
	2	毛刺	铸件表面上刺状金属突起物，常出现在型和芯的裂纹处，形状极不规则。呈网状或脉状分布的毛刺称为脉纹
	3	抬型（抬箱）	由于金属液的浮力使上型或砂芯局部或全部抬起，使铸件高度增加的现象
	4	胀砂	铸件内外表面局部胀大，重量增加
	5	冲砂	砂型或砂芯表面局部砂子被金属液冲刷掉，在铸件表面的相应部位上形成粗糙、不规则的金属瘤状物。常位于浇口附近，被冲刷掉的砂子在铸件其他部位形成砂眼
	6	掉砂	砂型或砂芯的局部砂块在机械力作用下掉落，使铸件表面相应部位形成金属突起物，其外形与掉落砂块很相似。在铸件其他部位往往出现砂眼或残缺
	7	外渗物（外渗豆）	铸件表面渗出来的金属物，多呈豆粒状。一般出现在铸件的自由表面上，如明浇铸件的上表面，离心浇注铸件的内表面等，其化学成分与铸件金属往往有差异
二、孔洞	8	气孔	气孔在金属液结壳之前未及时逸出，在铸件内生成的孔洞类缺陷。气孔的内壁光滑、明亮或带有轻微的氧化色
	9	针孔	一般为针头大小出现在铸件表层的成群小孔。铸件表面在机械加工后可以去掉的孔称为表面针孔。在机械加工或热处理后才能发现的长孔称为皮下针孔
	10	缩孔	铸件凝固时因液态收缩和凝固收缩使铸件最后凝固部位出现孔洞，容积大而集中的称为集中缩孔（缩孔），小而分散的称为分散缩孔（缩松）
	11	缩松	铸件最后凝固的区域没有得到液态金属或合金的补缩而形成分散和细小的缩孔
	12	疏松（显微缩松）	铸件缓慢凝固区出现的细小孔洞
三、裂纹、冷隔	13	冷裂	容易发现的长条形而且宽度均匀的裂纹。裂纹常穿过晶粒延伸到整个断面
	14	热裂	在高温下产生的裂纹。裂纹表面呈氧化色（铸钢件裂纹表面近似黑色，铝合金呈暗灰色），不光滑，可以看到树枝晶。裂纹是沿晶界产生和发展的，外形曲折
	15	热处理裂纹	铸件在热处理过程中，出现的穿透或不穿透的裂纹，其断口有氧化现象
	16	白点（发裂）	钢中主要因氢的析出而引起的缺陷。在纵向断面上，它呈现近似圆形或椭圆形的银白色斑点，故称为白点；在横向断面宏观磨片上，腐蚀后则呈现为毛细裂纹，故又称为发裂

（续）

类别	序号	名称	定义和释义
三、裂纹、冷隔	17	冷隔	压铸件表面有明显的、不规则的、下陷线性纹路（有穿透性与非穿透性两种），形状细小而狭长，有的交接边缘光滑，在外力作用下有发展的可能
	18	浇注断流（断流冷隔）	铸件表面某一高度可见的接缝。接缝的某些部分接合不好或分开
四、表面缺陷	19	鼠尾	铸件表面出现较浅（<5mm）的带有锐角的凹痕
	20	沟槽	铸件表面产生较深（>5mm）的边缘光滑的 V 形凹痕。通常有分枝，多发生在铸件的上、下表面
	21	夹砂结疤（夹砂）	铸件表面产生了疤片状的金属突起物，其表面粗糙，边缘锐利，有一小部分金属和铸件本体相连，疤片状突起物与铸件之间夹有砂层则为"夹砂结疤"
	22	机械黏砂（渗透黏砂）	铸件的部分或整个表面上，黏附着一层砂粒和金属的机械混合物，清铲黏砂层时可以看到金属光泽
	23	化学黏砂	铸件的部分或整个表面上，牢固地黏附一层由金属氧化物、砂粒和黏土相互作用而生成的低熔点化合物。硬度高只能用砂轮磨去
	24	表面粗糙	铸件表面粗糙，凹凸不平，但未与砂粒结合或化合
	25	皱皮	铸件上不规则的粗粒状或皱褶状的表皮。一般带有较深的网状沟槽
	26	缩陷	铸件的厚断面或断面交接处上平面的塌陷现象，缩陷的下面有时有缩孔。缩陷有时也出现在内缩孔附近的表面
五、残缺	27	浇不到	铸件残缺或轮廓不完整或可能完整，但边角圆且光亮，常出现在远离浇口的部位及薄壁处，其浇注系统是充满的
	28	未浇满	铸件上部产生缺肉，其边角呈圆形，浇冒口顶面与铸件平齐
	29	跑火	铸件分型面以上的部分产生严重凹陷。有时会沿未充满的型腔表面留下类似飞边的残片
	30	型漏（漏箱）	铸件内有严重的空壳状残缺。有时铸件外表虽然较完整，但内部的金属已漏空，铸件完全呈壳状，铸型底部有残留的多余金属
	31	损伤（机械损伤）	铸件受机械撞击而破损，残缺不完整的现象
六、形状及重量差错	32	拉长	铸件的部分尺寸比图样尺寸大，由于凝固收缩时铸型阻力大而造成
	33	超重	铸件的重量超出偏差的上限
	34	变形	铸件受外力作用而产生体积或形状的改变
	35	错型（错箱）	铸件的一部分与另一部分在分型面处相互错开
	36	错芯	由于砂芯在分芯面处错开，铸件孔腔变形
	37	偏芯（漂芯）	由于砂芯在金属液作用下漂浮移动，铸件内孔位置偏错，使形状、尺寸不符合要求
七、夹杂	38	夹杂物	铸件内或表面上存在的和基本金属成分不同的质点，包括渣、砂、涂料层、氧化物、硫化物、硅酸盐等
	39	冷豆	浇注位置下方存在于铸件表面的金属珠，其化学成分与铸件相同，表面有氧化现象
	40	内渗物（内渗豆）	铸件孔洞缺陷内部带有光泽的豆粒状金属渗出物，其化学成分和铸件本体不一致，接近共晶成分
	41	渣气孔	铸件浇注位置的上表面的非金属夹杂物。通常在加工后发现与气孔并存，孔径大小不一，成群集结
	42	砂眼	铸件内部或表面带有砂粒的孔洞

（续）

类别	序号	名称	定义和释义
八、性能、成分、组织不合格	43	亮皮	在黑心可锻铸铁的断面上,存在清晰发亮的边缘,缺陷层主要是由含有少量回火碳的珠光体组成。回火碳有时包有铁素体壳
	44	菜花头	由于溶解气体析出,铸件最后凝固处或冒口表面鼓出的现象。有的是起泡或重皮,常是形成密度较铸件小的新相所造成
	45	石墨漂浮	在球墨铸铁件纵向断面的上部,一层密集的石墨黑斑,和正常的银白色断面组织相比,有清晰可见的分界线。金相组织特征为石墨球破裂,同时缺陷区富有含氧化合物、硫化镁
	46	石墨集结	在加工大断面铸铁件时,表面上充满石墨粉且边缘粗糙的部位。石墨集结处硬度低且渗漏
	47	偏析	铸件或铸锭的各部分化学成分、金相组织不一致现象
	48	硬点	在铸件的断面上出现分散或比较大的硬质夹杂物,多在机械加工或表面处理时发现
	49	反白口	灰铸铁件断面的中心部位出现白口组织和麻口组织,外层是正常的灰口组织
	50	球化不良	在球墨铸铁件的断面上,有块状黑斑或明显的小黑点、越接近中心越密的现象,其金相组织有较多的厚片状石墨或枝晶间石墨
	51	球化衰退	球墨铸铁试样或铸件断面组织变粗,力学性能低下的现象,金相组织由球状转为团絮状石墨,进而出现厚片状石墨
	52	脱碳	铸钢或铸铁件表层有脱碳层或存在含碳量降低的现象

第四节　铸件缺陷分析及解决途径

铸件缺陷对铸造生产和铸件质量有很大的危害。要迅速有效地消除缺陷,必须做系统地调查研究,尽可能准确地判明缺陷的种类和性质,查明产生的原因,经综合分析和实践验证,方可采取相应的防止措施。

现就几种常见的影响较大而有时又难以区分的铸件缺陷进行分析和介绍。

一、气孔

气孔是气体聚集在铸件表面和内部而形成的孔洞。气孔的形状及大小不一、位置不同、孔壁光滑、带氧化色彩,是铸件常见的缺陷之一。

气孔有各种类型,产生的原因各不相同,按气体来源不同,大致可分为三种:侵入性气孔、析出性气孔和反应性气孔。

1. 侵入性气孔

由于浇注过程中金属液对铸型激烈的热作用,使型砂和砂芯中的发气物（水分、黏结剂、附加物等）汽化、分解和燃烧,生成大量气体,侵入金属液内部所产生的孔洞,如图 14-1 所示。

1) 特征为数量少、尺寸大、孔壁光滑、有

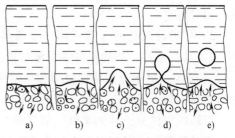

图 14-1　侵入性气孔形成过程示意图

光泽或轻微氧化色，呈圆形或扁圆形，有时呈梨形。它的小头所指方向常常就是气体侵入的方向。如图 14-1d 所示气体，若被凝固在金属中，就是此类气孔的典型例子。

2）侵入性气孔的形成是由于浇注时型砂在金属液的高温作用下产生大量气体，使金属液和砂型界面上的气体压力骤然增加，气体可能侵入金属液，也可能从砂隙或气眼中排出型外，只有在满足下列条件的情况下，型砂中的气体才会侵入金属液（图 14-2），即

$$p_气 > p_液 + p_阻 + p_腔$$

式中，$p_气$ 是金属液和砂型界面的气体压力；$p_液$ 是金属液的静压力（$p_液 = \rho g h$，ρ 是金属液的密度，g 是重力加速度，h 是金属液的高度）；$p_阻$ 是气体侵入金属液时，由于金属液表面张力而引起的阻力（$p_阻 = 2\sigma/r$，其中 σ 是金属液表面张力，r 是气泡的半径，当 r 很小时，阻力很大）；$p_腔$ 是型腔中金属液面上的气体压力。

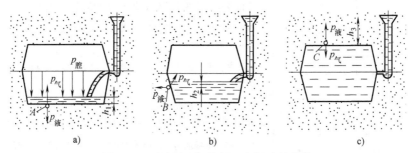

图 14-2　型砂界面气体侵入金属液的条件

3）防止侵入性气孔的主要方法和工艺措施。

① 使用各种方法，降低砂型（芯）界面的气体压力 $p_气$，这是最主要的，也是最有效的手段。例如：选用合适的造型材料，透气性好，发气量低；控制湿型砂的水分及其他发气附加物；应用发气量低，发气速度慢，发气温度高的黏结剂；砂芯的排气一定要畅通，这往往是侵入性气孔的主要来源，有时还是较难解决的问题。

② 适当提高浇注温度，使侵入的气体有充分的时间从金属液中上浮和排出。

③ 加快浇注速度，增加上砂型高度，使有效压力头增加，提高金属液的静压力。

④ 浇注系统设置时，应注意金属液流平稳，防止气体卷入。

2. 析出性气孔

溶解在金属液中的气体，在冷却和凝固过程中，由于溶解度降低而析出形成的孔洞，称为析出性气孔。

1）特征为数量多、尺寸小，形状呈圆形、椭圆形或针状。在铸件断面呈大面积均匀分布，同一炉次铸件大都有气孔。主要是氢气孔和氮气孔，是铝合金和铸钢中常见的缺陷，铸铁中相对较少。

2）析出性气孔的形成机理。金属具有吸附和溶解气体的能力（如氢气、氮气、氧气等），尤其在液态时，能够溶解大量气体。

① 吸附。吸附分为物理吸附和化学吸附。气体分子靠分子间引力吸附到金属液表面的，称为物理吸附。吸附不牢固，也不能进入金属液内部，吸附量不大而且只是在低温下进行。

当某些气体分子（如氢气、氧气等）碰撞到金属液表面后被离解为原子，由于化学键的作用被吸附在金属液表面，称为化学吸附。化学吸附的气体量随温度升高而增加，是铸造

合金吸收气体的主要过渡阶段。

② 扩散。被化学吸附在金属液表面的气体原子，能继续渗入到金属液内部，这个过程即为扩散。大量气体扩散到金属液内部并保留其中，称为溶解或吸收。气体的溶解度与压力、温度、合金和气体的种类等因素有关。

③ 气体的析出及气孔的形成。溶解在金属液中的气体，在温度降低和外界气氛压力降低时，就会从金属液中析出，析出的方式有两种：一种是气体原子从金属液内部扩散到金属液表面，脱离吸附状态；另一种是气体原子在金属液内部形成气体分子和气泡上浮排出。

3）铸铁中的气体及变化。

① 铸铁中的气体有氢气、氮气、氧气等，其中氢气对析出性气孔的形成影响较大。

② 随着含碳量的增加，氢气、氮气的溶解度降低。

③ 微量的铝能促进金属液大量吸收氢气。

④ 硅的增加可以减少金属液中氧气，并能促进氢气析出。

⑤ 温度降低会使氢气和氮气在金属液中溶解度降低，尤其在凝固过程中特别剧烈。此时，由于金属液黏度高，气体不易扩散和逸出，生成气孔的可能性较大。

⑥ 金属熔炼过程中吸收的气体是金属液中气体的重要来源。硅铁中有时含有大量的氢气，燃料炉衬中的水分，潮湿的空气等，均使金属液易于吸收氢气和氧气。

4）防止析出性气孔的主要措施。

① 减少金属液的吸气量、清洁炉料、烘干炉衬和浇注工具、缩短熔炼时间，避免金属液和炉气的接触，减少熔炼吸气等。

② 金属液的除气处理可用加入元素除气法、吹入不溶性气体法、真空除气法等。

③ 阻止气体的析出，如提高铸件冷却速度、提高外界气氛的压力等。

3. 反应性气孔

由于金属液与铸型界面之间或金属液与渣之间或金属液内部某些元素之间，发生了某些化学反应所产生的气体造成。

1）特征为一般均匀成群分布，且往往产生于铸件皮下，形成皮下气孔。又因形状呈针头状或细长腰圆形，又称为针孔，此类气孔在铸钢和球墨铸铁中出现较多。

下面着重阐述球墨铸铁中反应性气孔的形成机理、影响因素和防止措施。

2）反应性气孔的形成机理。反应性气孔的形成是一个复杂的物理化学过程，受各种因素的影响，气体来源于内部析出或外部侵入。铁液内部析出的气体有镁的蒸气、硅铁和稀土合金中的氢气及铁液凝固时溶解度急剧降低而析出的气体；外部侵入的气体主要有铁液和铸型界面上产生某种化学反应所生成的气体。例如：铁液中逸出的镁或铁液表面的硫化镁，与铸型中的水蒸气发生如下反应。

$$Mg + H_2O = MgO + 2[H] \uparrow$$

$$MgS + H_2O = MgO + H_2S \uparrow$$

内部析出的气体，受到铁液表面氧化膜的阻止，不能尽快逸出液面；外部界面反应的气体凭较大的压力侵入有糊状凝固特性而表层往往较长时间内不能完全凝固的球墨铸铁液中，待表面凝固后，滞留于铸件表皮下形成皮下气孔。

3）影响因素及防止措施。

① 铁液化学成分的影响。镁的含量是影响皮下气孔的首要因素。铁液中残留镁的质量

分数超过 0.05% 临界值时，皮下气孔显著增加；原铁液含硫量高是产生皮下气孔的又一个原因。由于含硫量高产生较多硫化镁，与型砂中的水分作用生成硫化氢气体，而生成皮下气孔。所以在保证球化的前提下，要尽量减少残留镁量，使镁的质量分数控制在 0.03% ~ 0.04% 之间。并尽可能降低原铁液的含硫量。

② 铸型的影响。主要是铸型中水分、黏土、砂、附加物四种物质的影响。

a. 水分的影响。铸型中的水分能与镁、硫化镁反应生成氢和硫化氢气体，形成皮下气孔，所以要尽量控制型砂中的水分。水的质量分数，中压造型应低于 5%，高压造型应低于 4%。

b. 黏土性质和失效黏土的影响。黏土受热随温度的升高，依次失去自由水、吸附水、层间水、结构水。那种低温加热下就能排出水分的黏土，易于产生皮下气孔。失效黏土是有害的载水物，在各项性能指标相同的情况下，型砂的水分明显增加，使皮下气孔产生的概率增加。为了减少水分的影响，在型砂中加入适量的煤粉是有效的，它能产生还原性气氛，在铸型和金属接触的界面生成薄层碳膜，使铸型和金属界面处的化学反应难以进行。

c. 原砂的影响。主要表现为原砂的种类、大小、形状、均匀程度等因素对型砂透气性的影响。透气性好，界面反应的气体容易外逸，不易形成入侵金属液的气体压力，因而气孔也难于生成。

③ 冷却速度和浇注条件的影响。

a. 冷却速度很快的情况下，皮下气孔很少。原因是：溶解于金属中的气体来不及析出；铸件表面层很快结壳，外部气体来不及侵入。例如，金属型铸件皮下气孔较少。冷却速度很慢，皮下气孔也很少。原因是凝固慢，金属液内的气体有足够的时间在凝固前浮出液面；金属液面的气体，可以扩散到铸件中心，使铸件表层的含气量达不到饱和程度，也不会产生气孔。

b. 浇注条件的影响主要指浇注温度和浇注平稳性的影响。

浇注温度高，相当于冷却速度慢，凝固时间长，利于气泡上浮，皮下气孔少。加上球墨铸铁为糊状凝固特征，内部融化状态时间长，表面凝固层生成慢，利于表面层的气体向外排出和向铸件内部扩散。表面层含气量的降低，减少了生成皮下气孔的可能。所以在可能的条件下尽可能提高金属液的温度。国内有的厂家，在电炉熔化球墨铸铁液时，出炉温度控制在 1500~1550℃，浇注温度控制在 1360~1420℃。

浇注平稳性，一是防止浇注时紊流卷入气体；二是球墨铸铁要注意防止铁液飞溅搅动，造成镁蒸气大量挥发和燃烧，造成皮下气孔。为了保证浇注平稳，要采用横浇道截面大的半封闭浇注系统，如

$$\sum S_{内} : \sum S_{横} : \sum S_{直} = 3:8:4$$
$$\sum S_{内} : \sum S_{横} : \sum S_{直} = 0.8:(1.2 \sim 1.5):1$$

二、黏砂

黏砂是铸件表面黏附着一层很难清除的砂粒或低熔点化合物，如图 14-3 所示。黏砂大多数发生在铸件厚壁部位，砂型的下型，凹槽内角，薄壁砂芯表面等。通常铸钢件比铸铁件严重，湿型比干型严重。铸件黏砂一般不予报废，但造成许多危害：影响铸件美观，增加清理工作量，切削刀具磨损加快，影响内腔清洁度，造成传动件早期磨损，阻碍了水、气、油

的流动等。

一般将黏砂分为机械黏砂、化学黏砂、热黏砂和表面粗糙四种。表面粗糙是机械黏砂的早期阶段。热黏砂是铸件表面黏附一薄层玻璃状型砂烧结物，实质属化学黏砂范畴。最终造成黏砂往往是以上几种类型综合作用的结果，下面主要分析机械黏砂和化学黏砂。

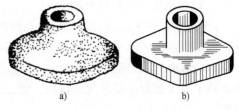

图 14-3　黏砂
a）黏砂的铸件　b）无黏砂铸件

1. 机械黏砂

金属液钻入砂型表面孔隙中，凝固后将砂粒机械地钩连在铸件表面。

（1）机械黏砂的形成　金属液渗入砂粒间隙，实际上是金属液在静压力作用下沿砂隙间毛细管渗入并包围砂粒，成为网状的金属和砂粒的混合物。

（2）影响机械黏砂的因素

1）铸件表面处于液体状态的时间长短是决定渗入深度的最基本因素。时间越长，砂型温度越高，越利于金属液渗入，渗入深度越深。

2）金属液的静压力越高，渗入深度越深。

3）金属液的成分、氧化程度、周围气氛、造型材料的性质决定了金属液是否湿润毛细管壁，湿润则易于黏砂。

4）金属液的浇注温度越高，型砂受到的热作用越大，砂粒孔隙发生烧结或熔化而增大，金属液易于渗入。

（3）防止机械黏砂的措施

1）使用细砂，细砂孔隙小，毛细管阻力大，金属液不容易渗入。

2）提高铸型的紧实度，舂紧的砂粒靠得近，表面孔隙小可防铁液渗入。

3）湿型砂中加入煤粉可显著改善黏砂的发生。由于煤粉燃烧和挥发产生的还原性气氛对金属液起保护作用，防止金属液被氧化而与造型材料发生化学反应。另外，煤粉受热软化、烧结、堵塞砂型表面的孔隙，使金属液不易渗入，一般要求煤粉的焦渣特征为 4~5 级。

4）湿型表面均匀洒干石墨粉或涂快干涂料，砂芯用水基或醇基涂料。

5）在保证质量的前提下，适当降低浇注温度。

2. 化学黏砂

铸件表面牢固地黏附一层硬度很高、不易清除、由金属氧化物、砂粒和黏土相互作用而生成的低熔点化合物。

（1）化学黏砂的形成机理　铸件表面的氧化亚铁（FeO）与砂中的二氧化硅和黏土作用，形成液态硅酸亚铁，其 SiO_2 质量分数为 22% 的第一种共晶的熔点仅为 1220℃，流动性很好，熔融的硅酸亚铁能润湿硅砂，在毛细压力作用下，能渗入砂粒孔隙。另外，FeO 的熔点仅 1370℃，低于纯金属铁，且能润湿型壁，易于渗入铸型，更促使了化学黏砂的加剧。

所以，化学黏砂的防止，一要解决金属氧化物对化学黏砂的影响；二要解决低熔点化合物对化学黏砂的影响。有研究证实：

1）金属氧化物层薄，则与铸件牢固连接；金属氧化物层厚，则容易剥落。临界厚度约为 100μm。

2）低熔点化合物冷凝后是结晶体，则黏砂层难以清除；如果是玻璃体则不易黏砂。

（2）防止化学黏砂的措施

1）防止铸件表面的金属氧化，在型砂中加入煤粉、重油、沥青及采用涂料等，浇注后燃烧将铸型内的氧迅速耗尽，在缺氧或还原性气氛中减少金属氧化物的形成。

2）加剧铸件表面金属的氧化，使金属氧化层厚度超过临界值。例如：采用石灰石砂，在型砂中加入加剧金属氧化的物质，如加入 Fe_2O_3 等，或增加黏土层中氧化亚铁和氧化锰的含量。

3）促使低熔点化合物成为玻璃体。一是加快冷却速度，可促进玻璃体的形成，如减少吃砂量，采用吸热好、传热快的造型材料；二是增加黏砂层中的 FeO、MnO、Na_2O 等成分，促进玻璃体的形成，如采用钠基或钙基活化膨润土，在型砂中加入适量的氧化亚铁粉等。

三、冷隔与残缺

冷隔和浇注断流（断流冷隔）、浇不到、未浇满、跑火、型漏等缺陷均会造成铸件的残缺。缺陷部位往往有明显的氧化色彩，近似圆弧的残缺端面，铸件轮廓不完整、不饱满等。这些缺陷有相似之处，往往使人一时难以判断，现分析各自的主要特征、判别方法、产生原因和解决办法。

1. 冷隔

如图 14-4 所示，铸件上有穿透和不穿透的缝隙，边缘呈圆角，缝隙往往与型腔水平面垂直。这是由于浇入铸型的金属液前端呈圆弧状，温度低，两股金属液流相遇而不能相接造成的。

2. 浇注断流（断流冷隔）

图 14-5 所示的铸件截面可见水平方向的圆弧形接缝相叠，可以一层也可以多层，原因可以是浇注中断补浇造成，也可以是充型阻力过大或局部砂型过硬，气体堵塞，待阻力逐步消减，金属液逐层进入而形成。

3. 浇不到

图 14-6 所示的铸件边角圆滑光亮，局部残缺，尤以远离浇口及薄壁处最为严重。

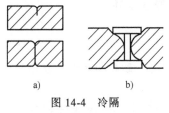

图 14-4 冷隔

a）一般冷隔 b）芯撑冷隔

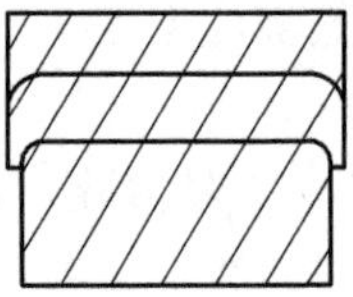

图 14-5 浇注断流

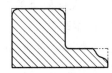

图 14-6 浇不到

4. 未浇满

图 14-7 所示的铸件上部轮廓缺少边角，呈圆形，尤其是浇冒口上平面与残缺铸件平面平齐，这与浇不到和跑火有明显的区别。

上述四种缺陷产生的共同原因是：金属液温度低、化学成分不合适、浇注速度慢、型腔内充型阻力大、浇注系统设计不合理等造成金属液流速慢，浇注不畅顺等。

5. 跑火

图 14-8 所示的铸件分型面以上有严重残缺。有时沿型腔面有类似披缝的金属壳。铸件

因向外跑火射箱，可在分型面找到向外跑金属液的披缝。如用壳芯，金属液向壳芯空腔内跑火，可在铸件内找到形状不规则的实心金属块。

6. 型漏 （漏箱）

图 14-9 所示的铸件有时虽有比较完整的外形，但其内部金属已漏空，铸件呈壳状，底部可找到多余的残留金属，形状不一，表面粗糙。

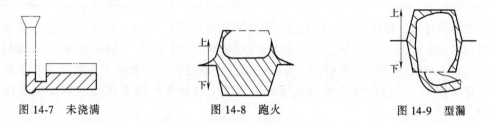

图 14-7　未浇满　　　　图 14-8　跑火　　　　图 14-9　型漏

跑火是由于分型面不平、缝隙太大、浇注的金属液抬力大、压箱铁较早拿走等原因造成，是金属液从分型面跑出。而型漏是浇注后期或结束后从型腔底部跑火，因型腔底部砂层过薄、开裂、强度偏低、浇注过猛、静压头过高造成。当这些问题排除后，缺陷可以很快消失。

第五节　铸造生产的环境保护与可持续发展

铸造生产过程复杂、工序繁多，在机械工业中，是对环境污染严重的行业之一。尘、渣、废气、废水、噪声等污染环境的情况不容忽视，至今还有不少铸造生产厂分布于城市区域，这对人们的身心健康和自然生态环境构成严重的威胁。为此，必须实行严格有效的环境保护，铸造工业必须走集约化清洁生产之路，才能保持可持续发展的趋势。

一、铸造生产环境污染及防治

铸造生产中，由于各个铸造车间的生产条件不一定相同，所出现的污染内容也不尽相同，大约有废物、废气、废水、粉尘、振动和噪声等。

1. 废物

铸造车间排出的废物指固态废弃物，主要有熔炼时的炉渣、铸型的废砂、除尘器收集的灰尘和污泥以及碎石等各种杂物。表 14-4 列出了铸铁件生产时不同工段产生的废物数量。

表 14-4　铸铁件生产时不同工段产生的废物数量

工段	产生量/kg	内部	产生量/kg	质量分数（%）
造型	382	湿型砂废砂	200	52.3
		自硬性废砂	90	23.6
		粉尘	50	13.1
		其他	42	11.0
熔炼	80	化铁炉渣	35	43.8
		电炉渣	28	35
		熔炉粉尘	8	10
		耐火物屑	8	10
		电炉粉尘	1	1.2

（续）

工段	产生量/kg	内部	产生量/kg	质量分数(%)
清理	39	抛丸砂	19	48.7
		抛丸粉尘	14	35.9
		砂轮打磨粉尘	2	5.1
		其他	4	10.3

调查统计显示，酸性冲天炉炉渣约占金属液质量的 5%~10%，熔化 1000kg 金属液排出炉渣约 50~100kg。采用黏土砂工艺，生产 1000kg 铸件产生废砂约 500~700kg。应用树脂砂工艺，生产 1000kg 铸件产生废砂约 100~300kg。废砂量的多少取决于车间管理水平及旧砂再生装置的效率，也与除尘系统的完善程度有关。铸造车间固态废物的主要化学成分见表 14-5。

表 14-5　铸造车间固态废物的主要化学成分（质量分数）　（单位：%）

	SiO_2	Al_2O_3	Fe_2O_3	CaO	MgO
炉渣	10~65	1~19	0.5~10	5~64	0.8~18
废渣	40~95	1.1~20	0.2~10	0.2~10	0.2~7
灰尘	6~89	0.6~17	2~79	0.1~45	0.1~10
污泥	45~79	0.4~17	1~15	0.1~2	0.1~6
碎砖	3~93	2~35	1.2~5	0.3~3	0.1~90

这些固态废物属产业废物，有可能造成的污染有如下几个方面：对大气有污染，废物中的细颗粒会携带有害物质随风飘扬，并在大气中扩散，废物中某些有机物质在生物分解中会产生恶臭，所含的病原菌进入人体使人致病；对土壤造成污染，废物占用大量土地，渗透液和滤液中所含的有害物质会改变土壤和地质，影响土壤中微生物的活动，妨碍植物生长并在植物内积蓄，最终危害人体健康；对水体的污染更大，将会严重影响鱼类及水生物和水面农作物的生长，危害人类的健康和水资源的利用。废物的随意堆积不仅有碍环境的美观而且恶化了作业的环境。

废物处理的基本方法如下：

1) 预处理方法包括筛分法、破碎法、粉磨法、浓缩脱水等。

2) 物理处理方法包括重力分选法、浮选法、磁选法、电场分选法、拣选法、摩擦与弹道选法等。

3) 化学处理方法包括焚烧法、热分解法、热化学处理法、焙剂浸出法、电离辐射法等。

4) 生物化学处理法包括堆肥化法、纤维素糖化法、沼气化法、细菌浸出法等。

5) 固化处理方法包括水泥基固化法、石灰基固化法、热塑性材料固化法、有机聚合固化法、自胶结固化法、玻璃固化法、水玻璃固化法等。

采用砂型进行铸造生产，浇注后的型砂称为旧砂，其中一部分因各种物理和化学变化使其不能再继续使用而作为抛弃不用的废砂，可列为资源供其他需要使用；另一部分则通过旧砂再生工艺处理，使单颗砂粒恢复到接近新砂的物理性能，成为再生砂投入铸造生产的循环使用。

2. 废气

铸造生产中熔化铸铁的冲天炉、熔炼铸钢的电弧炉、工频炉和烘烤铸型的燃煤烘窑、浇注开型等是产生废气的主要来源，高温废气携带大量烟气、烟尘和 CO、SO_2、氟化物等有害气体排入大气，造成空气污染。表 14-6 列出了冲天炉废气成分。表 14-7 列出了电炉废气成分。

表 14-6　冲天炉废气成分

成　　分	CO	SO_2	HF	烟尘
含量/$(\mu g/m^3)$	$90 \sim 720$	$3.5 \sim 5$	$150 \sim 400$	$5600 \sim 12400$

表 14-7　电炉废气成分

成分	H_2	CO	CO_2	N_2	O_2	Ar
质量分数(%)	0.14	57.85	9.16	30.65	2.00	0.20

铸造使用的焦炭，其主要成分是固定碳，碳的燃烧产生大量废气，当燃烧系数 $\eta = 0.6$ 时，1kg 碳燃烧耗氧约 $1.5N \cdot m^3$（标准立方米），相当于耗空气 $5.64N \cdot m^3$，此时产生 $0.75N \cdot m^3$ 的 CO、$1.12N \cdot m^3$ 的 CO_2，废气量为

$$5.64N \cdot m^3 + 0.75N \cdot m^3 + 1.12N \cdot m^3 = 7.51N \cdot m^3$$

若焦炭中固定碳的质量分数为 90%，则 $\eta = 0.6$ 时，1kg 焦炭燃烧产生 $0.68N \cdot m^3$ 的 CO、$1N \cdot m^3$ 的 CO_2，则废气量为 $6.70N \cdot m^3$，1kg 焦炭最大含硫量为 8g，铸造焦炭中硫的质量分数不大于 0.8%，在酸性冲天炉中，焦炭中的硫 59% 用于金属液增硫，7% 进入炉渣，34% 进入炉气。因而 1kg 焦炭中有 $8 \times 0.34g = 2.72g$ 的硫生成 SO_2，其量为 5.44g。

为稀释炉渣，熔炼时加入萤石，其主要成分为 CaF_2（质量分数约 80%）。

$$2CaF_2 + SiO_2 = 2CaO + SiF_4 \uparrow$$

按上式计算，1kg 萤石生成 0.54kg 的 SiF_4 气体，萤石的加入量约为焦炭质量的 10%，1kg 焦炭燃烧相应有 54g 的 SiF_4 生成。

综上所述，冲天炉炉气有害气体的浓度，理论上的计算值见表 14-8。

表 14-8　冲天炉炉气有害气体的浓度

有害气体	加料口下沿/(g/m^2)	烟囱顶部/(g/m^2)	资料报道范围废气质量/kg
CO	124	24.8	$10 \sim 20$
SO_2	0.8	0.16	$0.08 \sim 0.5$
氟化物	8	1.6	$1 \sim 3.5g$(加萤石) $0.1 \sim 0.68g$(不加萤石)

表 14-8 中计算烟囱排出物的浓度时，取加料口处掺风系数为 4（即加料口处吸入的冷风是炉气的 4 倍）。设冲天炉总铁焦比为 1:7，则熔化 1000kg 金属液耗焦 143kg。在上述条件下（$\eta = 0.6$、固定碳的质量分数为 90%、硫的质量分数为 0.8%、萤石为焦炭质量 10%），理论上熔化 1000kg 金属液排放的污染物如下：

加料口废气 $467N \cdot m^3$；烟囱顶部 $4833N \cdot m^3$；CO 为 120kg；SO_2 为 0.773kg；氟化物为 7.7kg。

统计表明，干型生产 1000kg 铸件产生的烘干窑废气为 $2000 \sim 2500 N \cdot m^3$，其温度约为 210℃，除含有烟尘外还含有 CO_2、SO_2 等，由于烟尘的沉降且供风过量，因而烟尘及有害气体浓度较冲天炉废气较低。

目前国内铸造厂家，树脂砂工艺多采用呋喃树脂，在化学构成上可分为无酚与有酚两大类，在铸造生产过程中有化学污染物产生，析出的物质弥漫在车间和进入大气将伤害人体健康。

树脂和固化剂在型砂硬化过程中发生聚合反应，有污染物析出，可能产生的析出物见表 14-9。

表 14-9　型砂硬化过程中可能产生的析出物

树脂种类	甲醛	苯酚	糠醇	糠醛	甲醇
有酚	有	有	有	有	
无酚	有		有	有	有

铸型浇注后，在铸型不同厚度处，由于升温不同，氧气供应情况不同，树脂和固化剂的聚合物发生干馏、燃烧、焦化，有各种污染物析出，见表 14-10。

表 14-10　浇注阶段可能产生的析出物

树脂种类	甲醛	甲醇	苯酚	苯	CO	亚硫酸酐	饱和烃	糠醛	糠醇
有酚	有	有	有	有	有	有	有	有	有
无酚	有	有			有	有	有	有	有

根据 GB 3095—2012，我国的大气环境质量标准分为三级；一级标准为保护自然生态和人群健康，在长期接触情况下不发生任何危害的空气质量要求；二级标准为保护人群健康和城市、乡村的动、植物在长期和短期接触情况下不发生伤害的空气质量要求；三级标准为保护人群不发生急性中毒和城市一般动、植物（敏感者除外）正常生长的空气质量要求。表 14-11 列出了大气环境质量标准。

表 14-11　大气环境质量标准

污染物名称	浓度限值/$mg \cdot m^{-3}$			
	取值时间	一级	二级	三级
总悬浮微粒	日平均	0.15	0.30	0.60
	任何一次	0.30	1.00	1.50
飘尘	日平均	0.05	0.15	0.25
	任何一次	0.15	0.50	0.70
二氧化硫	年平均	0.02	0.06	0.10
	日平均	0.05	0.15	0.25
	任何一次	0.15	0.50	0.70
氮氧化物	日平均	0.05	0.10	0.15
	任何一次	0.10	0.15	0.30
一氧化碳	日平均	4.00	4.00	6.00
	任何一次	10.00	10.00	20.00

表 14-12 列出了我国 1993 年颁布的 GB 14554—1993《恶臭污染物排放标准》中规定的

几种有害物质的排放标准。它规定了发生源排放污染的浓度或数量，使有害物质排出后，经大气的混合、扩散和稀释作用，所含毒物不致对居民健康和环境造成危害，目的是约束污染物、保证环境卫生标准的实现。

表 14-12　我国几种有害物质的排放标准

有害物质名称	排放有害物质企业	排放标准		
		排气筒高度/m	排放量/kg·h⁻¹	排放浓度/mg·m⁻²
二氧化硫	冶金	30	52	
		45	91	
		60	140	
		80	230	
		100	450	
		120	670	
氟化物(换算成 F)	冶金	120	24	
氯	化工、冶金	20	2.8	
		30	5.1	
		50	12	
	冶金	80	27	
		100	41	
一氧化碳	化工、冶金	30	160	
		60	620	
		100	1700	
铝	冶金	100		34
		130		47
铍化物(换算成 Be)		45~80		0.015
烟尘及生产性粉尘	第一类			100
	第二类			150

空气污染主要的危害有两个方面：一是对人体健康的危害，空气中的悬浮粒子（尘埃、矿物粉尘、重金属元素等）通过呼吸系统进入人体，引起局部刺激、中毒、病毒感染，严重影响健康；二是对工业的危害，污染物（灰尘、水分、淤泥）黏附在气动设备、液压设备、仪器设备上，使其不能正常运行，造成振动和噪声甚至损坏机器，导致事故，另外，大气中的灰尘污染建筑场并腐蚀金属和混凝土等结构材料，使其剥离脱落，形成孔洞或产生裂纹，在建筑物表面产生污点。

废气必须净化后达到排放标准才能排入大气，净化的基本方法如下：

（1）吸收法　用适当的吸收剂，从废气中选择性地吸收，除去气态污染物以消除污染。

（2）吸附法　利用多孔性固体吸附剂处理流体混合物，使其中所含的一种或数种组分吸附于固体表面上，以达到分离污染物的目的。根据机理不同有物理吸附（利用分子间的引力）、化学吸附（即活性吸附）两种途径。

（3）催化法　利用催化剂大大加快化学反应速率，使反应能在低得多的温度下进行，使废气中不易除去的气态污染物变成易于除去的物质，以便回收利用或转变成无害的物质。

（4）燃烧法　用燃烧的方法来销毁可燃气态污染物（主要是有机态污染物，如蒸汽或烟尘），使之成为无害物质，主要适用于含有机溶剂及碳氢化合物的废气净化处理。

（5）冷凝法　利用物质在不同的温度下具有不同的饱和蒸汽压这一性质，采用降低系统温度，或提高系统的压力，或是降温又升压的方法，使处于蒸汽状态的污染物冷凝而从废气中分离出来。

3. 废水

水在循环过程中混进了各种污染物而丧失了使用的价值，废弃外排的水称为废水。

（1）废水的来源　铸造生产的废水来源有以下几种：

1）冲天炉、电炉等熔炼炉的湿式除尘器所排出的废水。

2）熔炼炉炉渣粒化处理所排出的废水。

3）砂处理工步湿法再生系统和湿式除尘器所排出的废水。

4）清理工步湿式除尘器所排出的废水。

5）车间环境捕集粉尘和有害气体的湿式装置所排出的废水。

6）压铸机、空压机等机械流出来的混有机械油的废水。

7）由于酸洗、化学分析等所排出的酸性或碱性废水。

8）荧光渗透探伤所排出的废水及其他的清洗所排出的废水。

（2）废水的污染　废水造成的污染物和危害有以下几个方面。

1）固体污染物。它包括固体溶解物、悬浮物、胶体物质等。溶解物主要指无机盐类，浓度高时对农业和渔业有不良影响；悬浮物的主要危害是造成沟渠管道和抽水设备堵塞、淤积和磨损，造成土壤孔隙的堵塞，影响植物生长，造成水生动物的呼吸困难，造成水源的浑浊，干扰废水处理和回收设备的工作。

2）有机污染物。在生活污水和工业废水中的绝大多数有机物，在微生物作用下可逐渐分解转化为二氧化碳、水、硝酸盐等简单的无机物质，此即生物的可降解性。有机物的分解过程要消耗大量氧气，当水中的氧浓度低于某一限值时水生动物的生活就受到影响，以致死亡。当溶解氧消耗殆尽时，厌氧微生物就进行厌氧分解，代谢产物中的硫化氢、硫酸、氨等散发刺鼻恶臭，有些对生物还有致毒作用。在缺氧的还原环境中产生的硫化铁使水墨黑、底泥冒泡，泥片向水面泛起，发生水质腐败现象，严重污染环境。

3）有毒污染物。废水中有毒污染物有无机化学毒物（主要有重金属离子、氰化物、氟化物、亚硝酸盐等）；有机化学毒物（常见的有酚、醛、苯、硝基化合物、多氯联苯和有机农药等）；放射性毒物三大类。毒物对生物的效应有急性中毒和慢性中毒，严重危害人体健康。

4）生物污染物。生物污染物指废水中的致病性微生物和其他有害的有机物。

5）酸碱污染物。酸碱污染物是进入废水的无机酸和碱造成的，一般借助 pH 反映其含量水平，其危害主要是对金属及混凝土结构材料的腐蚀，使土壤盐碱化，抑制生化反应，严重时导致死亡。

6）营养性污染物。多量的氮和磷促使藻类和生物大量繁殖。

7）其他还有热污染（水温过高）、油类污染、有害气体污染和感官污染等。

对于废水水质的控制，基本要求是能够满足废水再次使用（循环使用与继续再用）对水质的要求；能够满足有价物质的回收工艺对水质的要求；能够满足废水直接排放对水质的要求。

工业废水有害物质最高容许排放的浓度分为两类：第一类，能在环境或动物体内蓄积而对人体健康产生长远影响的有害物质，含此类有害物质的废水，在工厂排出口的水质应符合表 14-13 中的规定，不得用稀释方法代替必要的处理；第二类，其长远影响小于第一类的有害物质，在工厂排出口的水质应符合表 14-14 中的规定。

表 14-13　工业废水有害物质最高容许排放浓度（一）

序号	有害物质名称	最高容许排放浓度/(mg/L)
1	汞及其无机化合物	0.05（按 Hg 计）
2	镉及其无机化合物	0.1（按 Cd 计）
3	六价铬化合物	0.5（按 Cr^{6+} 计）
4	砷及其无机化合物	0.5（按 As 计）

表 14-14　工业废水有害物质最高容许排放浓度（二）

序号	有害物质或项目名称	最高容许排放浓度/(mg/L)
1	pH 值	6~9（无单位）
2	悬浮物（水力排灰、洗煤水、水力冲渣、尾矿水）	500
3	生化需氧量（5 天、20 ℃）	60
4	化学耗氧量（重铬酸钾法）	100
5	硫化物	1
6	挥发性酚	0.5
7	氰化物（以游离氰根计）	0.5
8	有机磷	0.5
9	石油类	10
10	铜及其化合物	1（按 Cu 计）
11	锌及其化合物	5（按 Zn 计）
12	氟的无机化合物	10（按 F 计）
13	硝基苯类	5
14	苯胺类	3

（3）废水的处理　废水处理按其处理程序和要求分为一级处理、二级处理和三级处理。一级处理为预处理，用机械方法和简单化学方法，使废水中悬浮物或胶状物沉淀下来；初步中和酸碱度。二级处理主要解决可分解或氧化的有机溶解物或部分固体悬浮物的污染问题，常采用生物处理或添加凝聚剂使固体悬浮物凝聚分离，从而大大改善水质，基本达到排放标准。三级处理为深度处理，主要解决难以分解的有机物和溶液中的无机物，处理方法有活性吸附、离子交换、电渗析、反渗析和化学氧化等，处理结果将达到地面水、工业用水和生活用水的水质标准。

4. 粉尘

粉尘是污染空气的主要因素之一。铸造车间粉尘的主要来源是冲天炉、电炉在冶炼、加料、出铁时产生的烟气和废气及烘干窑粉尘沉降及型砂生产过程（如混砂、砂处理、清理、造型、制芯、合箱、熔化、浇注、开型、落砂、清理、打磨等工序）的粉尘沉降。其中加料和铁液处理时所产生的烟气较为严重。排放特点为排污点多且不易收集，企业在采取合理有效的收集、治理措施后，污染物能达标排放，对环境的影响可以大大减小。

统计资料表明，每熔化 1000kg 铸铁，冲天炉排渣约 3~10kg，相当于烟囱烟气粉尘浓度

为 $0.6 \sim 2 \, g/(N \cdot m^3)$。炉气中的冶金烟尘主要是金属氧化物，其尺寸在 $1\mu m$ 左右。炉气中最大量是粉尘，这是大颗粒固体物的总称。据资料介绍，对 1 台冷风冲天炉的检测，粉尘直径分布如图 14-10 所示。由此图可见，小于 $40\mu m$ 的粉尘约占 30%（质量分数）。表 14-15 列出了冲天炉粉尘的成分。表 14-16 列出了电炉粉尘的成分。

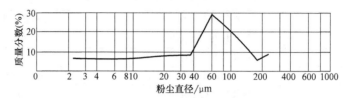

图 14-10　粉尘直径分布

表 14-15　冲天炉粉尘的成分

成分	SiO_2	CaO	Al_2O_3	MgO	$FeO(Fe_2O_3-Fe)$	MnO	烧蚀量
质量分数（%）	$20 \sim 40$	$3 \sim 6$	$2 \sim 4$	$1 \sim 3$	$12 \sim 16$	$1 \sim 2$	$20 \sim 50$

表 14-16　电炉粉尘的成分

成分	Fe	FeO	Fe_2O_3	SiO_2	CaO	MgO	Al_2O_3	S	P_2O_5
质量分数（%）	27.7	7.0	31.36	3.36	9.84	21.85	2.27	0.205	0.04

对型砂而言，一般 $<50\mu m$ 的颗粒称为尘，在黏土砂车间，粉尘主要来自黏土的新砂（含泥的质量分数一般为 20%），铸件耗新砂约 $600kg/t$，耗黏土约 $200kg/t$。因此，用黏土砂干型生产 $1000kg$ 铸件，型砂带入尘源 $212kg$，这些粉尘中的一部分在各工序因生产条件不同，产生不同量的扬尘。在应用树脂砂工艺的铸造车间，新砂带入粉尘很少，又不使用黏土，故扬尘大大减少。烘房内燃烧室内产生的大颗粒粉尘大部分沉积在窑内的型芯或平台车上，型芯出窑在合箱工序中产生严重扬尘。砂处理、落砂清理则伴随着大量的扬尘，严重污染大气。

粉尘这一类的悬浮粒子污染物对人体的影响是多方面的，其危害程度视粒子的性质、浓度与接触时间的长短而定，有的呈全身中毒，有的呈局部刺激，污染物如含有致病性微生物，更可引起感染。人长期吸入某些矿物质粉尘会导致尘肺（如矽肺、石棉肺、铝肺、滑石肺、氧化铁肺、铍肺、石墨肺等）。粉尘中的一些重金属元素对人体的危害则更大，引起各种中毒症状和致癌作用。以雾状混悬于空气中的污染物对人体也有很大的危害。大量烟尘和水蒸气一同混入大气，吸收和阻挡了对人体有重要生物意义的紫外线，并使大气能见度减低，辐射强度减弱，影响动、植物的生长，危害人体健康。

表 14-17 列出了我国车间空气中常见生产性粉尘的最高容许浓度。生产性粉尘是指在生产过程中形成的，能较长时间悬浮在生产环境空气中的固体微粒，作业人员长期吸入超过一定限度的某些粉尘时，可引起一些疾病。其中尤以矽肺最为严重。

表 14-17　我国车间空气中常见生产性粉尘的最高容许浓度

物质名称	最高容许浓度/mg·m^{-3}
含有 10%（质量分数，下同）以上游离二氧化硅的粉尘（石英、石英岩等）	2
含有 10% 以下游离二氧化硅的滑石粉尘	4

(续)

物质名称	最高容许浓度/mg·m^{-3}
含有 10% 以下游离二氧化硅的水泥粉尘	6
含有 10% 以下游离二氧化硅的煤尘	10
铝、氧化铝、铝合金粉尘	4
其他粉尘	10

注：1. 含有 80%（质量分数）以上游离二氧化硅的生产性粉尘。宜不超过 1 mg/m^3。

2. 其他粉尘是指游离二氧化硅的质量分数在 10% 以下，不含有毒物质的矿物性或动、植物性粉尘。

铸造车间的防尘、防毒是环境保护的重要任务之一，应结合废气的处理和其他的环保措施同时进行综合治理。治理粉尘应该首先将悬浮于空气中和废气中的粉尘吸收、过滤、集中、然后加湿统一处理和做他用。多数冲天炉在其烟囱顶部均设有火花捕集器，可捕集大于 50μm 的粉尘。在各个尘源地设置吸尘装置，通过除尘系统可捕集大于 20μm 的粉尘。由于系统采用较大吸尘风量及风速，粉尘中必然含有较多的可用砂粒（200 号筛以下），一般质量分数为 15%~30%，有时可达 50%，可通过分级分离，磁选后回用。旋风除尘器应用最广泛，适用于尺寸大于 10μm 的粉尘。布袋除尘器一般置于除尘系统的最后一级，可滤出 1μm 粉尘。烟尘中的氟化物、硫化物等只能用湿法去除，此时应同时解决污水处理的问题。

针对冶炼铸造厂电炉粉尘特点及环保部门排放要求，多选用布袋除尘器进行冶炼中频电炉粉尘的治理。电炉根据加工作业工艺程序不同，粉尘产生点也不尽相同，按着现在的环保排放要求多采用布袋除尘器进行粉尘处理，大致安装流程为电炉→集尘罩→管网→布袋除尘器→风机→排放。

5. 噪声

从物理的观点看，噪声就是各种不同频率和声强的声音无规则的杂乱组合，从生理的观点看，噪声就是使人烦躁和讨厌，影响人们正常生活、工作和学习，甚至使人发生疾病的声音。铸造车间的噪声属工业噪声，它包括各种机械工作时的机械振动所发出的噪声，还包括空气动力噪声。

（1）噪声的危害

1）损害人的听力，引起耳聋。噪声的作用经历初步适应、继之听觉疲劳、听力下降、最终导致噪声性耳聋等过程。它是慢性病，有一个持续积累的过程，最终噪声性耳聋是不能治愈的。

2）引起疾病和其他生理功能障碍。噪声会导致心血管疾病、神经衰弱、消化系统功能失调，并对内分泌机能也有影响。

3）干扰安静环境。使人体降低工作效率，影响休息，使人烦躁不安。

4）对工业造成危害。高声强会损坏建筑。声疲劳使仪器、仪表失灵。

（2）铸造车间噪声的特点

1）噪声源多，声级高。铸造车间的噪声源遍及车间各处，每一工序都有比较高的噪声，它们的噪声级大都超过噪声标准的规定值。表 14-18 列出了铸造车间的噪声。

2）频率范围广。铸造车间的噪声既有高频的，也有低频的，但以中、低频为主。

3）噪声持续时间长，除了常发生的金属撞击的冲击声外，大部分的噪声是长时间持续不断的。

表 14-18　铸造车间的噪声

噪声源	距离 /m	噪声级 /dB(A)	倍频程中心频率/Hz								
			31.5	63	125	250	500	1000	2000	4000	8000
罗茨鼓风机(进气口)	1	95~128	96	98	102	99	108	93	87	83	76
叶氏鼓风机(进气口)	1	110~115	122	114	117	120	112	105	96	91	90
炼钢电炉(熔化期)	2~3	102~112	86	86	88	88	94	96	98	92	85
炼钢电炉(出钢期)	3	81~87	79	80	87	83	77	73	72	72	64
造型机	1	102~106	87	89	93	90	90	90	90	89	87
捣固机	1	90~95	74	82	83	81	78.5	76	78.5	88	84
射芯机	1	105~126	—	107	112	113	118	118	119	112	90
混砂机	1	82~93	80	86	90	88	85	75	70	67	60
烘型芯炉烧嘴	0.5~1	99~109	104	114	117	101	97	92	82	84	93
落砂机(无罩)	2	102~110	94	99	102	104	104	104	103	92	83
清理滚筒	1~1.5	99~112	75	80	87	101	106	101	107	102	91
水力清砂操作点	—	83	73	72	81	79	82	79	77	72	68
水力清砂高压水泵	1	93	66	79	88	85	85	90	85	80	76
风动砂轮	1	96~109	68	79	82	90	106	105	104	103	95
燃油喷枪	1	92~98	84	90	93	95	90	87	80	76	74
风铲清理	1	95~103	73	87	90	91	92	93	93	98	96
气缸吊	1	102~106	—	86	85	87	89	94	99	98	96
喷丸室	1	103	—	91	96	104	95	95	91	89	86

我国工业企业的生产车间或作业场所的允许噪声级见表 14-19。我国各种功能区的噪声级规定见表 14-20。我国工业企业各类作业地点的噪声限制值见表 14-21。

表 14-19　我国工业企业的生产车间或作业场所的允许噪声级

每个工作日噪声暴露时间/h	8	4	2	1
新建企业允许噪声级/dB(A)	85	88	91	94
现有企业允许噪声级/dB(A)	90	93	96	99
最高允许噪声级/MB(A)	≤115			

表 14-20　我国各种功能区的噪声级规定

适用区域	昼间/dB(A)	夜间/dB(A)
特殊住宅区	45	35
居民、文教区	50	40
一类混合区	55	45
二类混合区	60	50
工业集中区	65	55
交通干线道路两侧	70	55

（3）噪声的控制　噪声控制基本上可以概括为噪声源、传递途径、接受者三个方面。一般应首先从消除或抑制噪声源着手。其次在传播途径上进行吸收、阻隔等。最后对接受者即人体进行保护。

表 14-21　我国工业企业各类作业地点的噪声限制值

地点类别		噪声限制值/dB(A)
生产车间及作业场所(工人每天连续接触噪声 8h)		90
高噪声车间设置的值班室、观察室、休息室	无电话通话要求时	75
	有电话通话要求时	70
精密装配线、精密加工车间的工作地点		70
计算机房		60
主控制室、集中控制室		70
通信办公室、电话总机室、消防值班室		60
厂部办公室、设计室、会议室、实验室		60
车间所属办公室、实验室、设计室		70
医务室、教室、哺乳室、托儿所		55

噪声控制的根本措施是对噪声源进行控制，控制噪声源的有效方法是降低辐射声源声功率。

控制噪声源的总原则是：设计低噪声、无噪声设备；采用低噪声、无噪声的新工艺；采用吸声、防噪声的新材料；提高设备的加工精度和装配质量；加强对发声设备的布置和管理。

（1）消声　一种允许气流通过而使声能衰减的装置，分为阻性消声器、抗性消声器、阻抗复合消声器和扩散消声器。

（2）吸声　借助某些声学材料或声结构以提高声能的吸收，有效地减少噪声源周围壁面的反射声，从而达到降低噪声的目的。使用较多的是各种吸声材料和吸声结构。

（3）隔声　在噪声传播途径中，把噪声隔绝起来或使之受到阻挡，如隔声罩、声屏障、隔声间等。

固体声是指在固体介质中传播的频率处于 20～20000Hz 的弹性波，它是由机械设备运转的不平衡引起基础和墙体振动，并由固体传声的方式传播。防止和减少这种噪声传播的办法是有效和彻底的融振，即对设备增加阻尼进行控制，在设备噪声发射体上增加阻尼，使之振动减小可降低振动噪声。

噪声接受者的保护，常用的防护用具有耳塞、防声棉、耳罩、头盔等。

二、铸造业的集约化清洁生产

自 2001 年我国加入世贸组织（WTO）以来，我国的铸造行业与其他行业一样，将面临严峻的挑战和新的机遇。逐步实现优质、高效、低耗、清洁的目标是我国铸造行业由大变强的可持续发展的必由之路。目前，我国的铸造业缺乏科学规划和管理，以粗放式发展为多，厂点小而分散，普遍的问题是，铸件综合质量差，生产率低，技术、经济效益差，能耗大，污染严重。

我国的铸造业只有实现高新技术化才能面对国内外市场的激烈竞争。先进铸造技术以熔体洁净、铸件组织细密（性能高）和表面光洁、尺寸精度高（少、无切削）为主要特征，可称为精密洁净铸造成形工艺。现代精密洁净铸造成形工艺基本要素见表 14-22。

表 14-22　现代精密洁净铸造成形工艺基本要素

序号	项　目	内　容
1	铸造材料	①传统材料挖潜提高性能:高洁净钢、球墨铸铁、特殊铸铁、洁净铝、镁、钛等合金 ②金属基复合材料:复合晶须、纤维、颗料(SiC、陶瓷粒子等)增强的金属基复合材料 ③新材料:高温材料、金属间化合物(如 Ti-Al)、功能材料(形状记忆材料、结构功能材料)等
2	金属材料合成孕育化处理工艺及装备	①洁净钢精炼及其保护 ②外热风长寿冲天炉熔化、铁液处理(净化、孕育、合金化等)及保护 ③无焦冲天炉、等离子冲天炉等 ④变频感应电炉 ⑤Ti、Mg、Al 等合金保护性氛围熔化处理(净化、除气、变质、精炼等)
3	铸造成形及其工艺装备	①熔体充型控制(流向、流速、流量等)和净化(过滤等) ②熔体凝固参数(压力、速度、方向等)控制(如顺序快速凝固、喷射成形快速凝固等) ③选型材料及造型制芯 ④特种成形铸造 压力铸造:离压、差压、低压 熔模铸造(失蜡法离心铸造) 实型消失模铸造(EPC) 精确冷固树脂砂型非重力铸造(如 Gosworth 法、Zeus 法、FM 法、半固态、触变挤压铸造等)
4	铸造工艺过程控制	工艺过程物理及化学参数传感、定量化、数值化在线检测和控制
5	设计参与管理	工艺模拟、CAD/CAE/CAM、快速铸件开发、铸造工艺与计算机技术相结合

清洁生产会给环保带来两个根本转变:

1)从末端治理转为以防为主,促进资源合理消费。

2)生产方式从粗放型向集约型转变,使环保与发展协调成为可能,应用先进工艺、技术装备做到环保加效率,强调环保也是质量。

清洁生产将成为 21 世纪世界经济发展的战略重点。铸造清洁成套技术及目标见表 14-23。

表 14-23　铸造清洁成套技术及目标

清洁生产工艺、技术设备				清洁生产目标	
铸件及工艺设计	铸件工艺、模具 CAD/CAE/CAM 数值模拟。高性能、少污染、低耗工程材料选用			减重节材 20%~30%,减少切削 40%~50%,工艺出品率 80%,球墨铸铁代锻、焊钢,减重 20%~25%,寿命延长 100%	
合金熔炼金属液净化处理保护及污染防治	铸铁	铸态高强韧球墨铸铁、蠕墨铸铁件清洁生产成套技术		铸造成本节约 60%,寿命延长 200%,取消热处理	
		外热连续作业水冷高效冲天炉	炉料净化、精化加工,采用铸造焦、氟石等	提高质量、节能、降耗、减少焊渣,杜绝 SiF_4 薄气	
			清洁高寿命耐火材料	低水泥浇灌料(LCC)	每日 16h 每周 6 日作业	铁液温度大于 1500℃,$w_{FeO}<1.5\%$,Si 熔炼损耗小于 5%,Mn 熔炼损耗小于 10%,炉渣中 $w_{FeO}<2\%$,$w_{MnO_2}<2\%$
			非金属换热介质及换热器(如陶瓷料换热器)		风温 450~600℃	

（续）

清洁生产工艺、技术设备			清洁生产目标
合金熔炼金属液净化处理保护及污染防治	铸铁	外热连续作业水冷高效冲天炉	炉气连续分析检测系统 炉况计算机辅助控制系统 水冷粒化炉渣技术设备 冲天炉废气净化排放系统： 1）熔炉废气脱酸、净化技术 2）熔炉粉尘分解利用技术 3）热风余热再利用技术	确定炉况，还原气氛 自动控制，保护铁液温度、成分稳定 作为高级建筑材料变废为宝 $\rho_{SO_2}<100mg/m^3$，$\rho_{N_2O}<100mg/m^3$ 变废为宝，粉尘排放浓度小于 $20mg/m^3$ 排除废气温度低于 120℃，冷却水温低于 60℃
		熔炉隔热保温防护	隔热保温材料 封闭熔炉技术	炉气温度低于 45℃，减少温降 80% 减少温降、氧化，节能 15%，缩短融化周期 10%
		铁液保护、净化处理系统工程	熔化系统内连续净化预处理 铁液封闭运输、处理、浇注 铁液型内终处理技术及设备	减少温降、氧化，提高铁液质量，改善劳动环境 减少氧化、温降，节约处理剂 40%，减少渣量 20% 减少变质剂 75% 以上，防衰退，提高性能，简化操作，稳定质量
	铸钢		清洁耐火材料 Mg-Ca 系取代 Cr-Mg 系材料技术 保护性熔炼及净化综合技术（AOD、VOD、Ca 预处理等） 封闭、气体保护钢液运输浇注装置 炼钢炉尘分解、贵金属、有害物萃取技术	提高炉衬寿命，提高钢液质量，减少污染 提高合金钢质量，改善环保及劳动条件，降低成本 少污染，变废为宝
型砂清洁处理			原砂净化技术及系统工程（洗、筛、包装、储运、管理） 无毒、高效型、芯黏结剂开发应用 改性水玻璃、有机酯自硬砂、呋喃树脂砂推广 水玻璃砂再生技术及装备开发 树脂砂集约再生装置及管理体系 湿型黏土砂工艺参数在线检测控制与记录系统 湿型砂净化、回收、再生系统技术装备开发，引进砂处理系统，粉尘复用，再生及废物利用系统 发展冷芯盒代替热芯盒，以脂类取代 SO_2 及三乙胺	提高质量，保护环境，防止污染，增加收益 提高废砂复用率（>80%），减少排污，降低成本 40% 提高铸件成品率，减少新砂加入量，减少废砂排放 减少新砂 50%~60%，每年减少废砂排放 160~200 万吨 减少黏土等加入量，改善型砂性能，减少污染 改善环境及劳动条件
洁净精密成形	刚型成形		金属型黑色金属（FFM）铸造工艺技术装备开发 铁型覆砂（LPM）球墨铸铁、蠕墨铸铁件无冒口铸造技术	优化铸件质量，近无切削，无硅尘，效率高
	强制精密成形		涂料转移法造型、制芯技术开发，推广 非重力强制成形（FM 法、Coswocgh 法、触变铸造等） 湿型砂无毒、无污染粉料光洁剂代替煤粉	提高铸件表面质量和精度，近无切削 铸件减重、减厚，节材，少无切削 提高铸件表面质量，节省煤炭，减少污染

三、铸造生产废物资源化

工业废渣是一种自然资源，要想方设法利用，以开辟新的原料来源，减少对环境的污染。我们的方针是：由消极处理转向以回收资源和能源为主要目标的资源化方向。

资源化是指从固体废物中回收物质和能源，加速物质循环，创造经济价值的广泛的技术方法和手段。它包括三个方面：处理废物并从中回收指定的二次物质（即物质回收）；利用废物制取新形态的物质（即物质转换）；从废物中回收能源（即能量转换）。

1. 炉渣的处理和利用

在铸铁熔炼过程中用水淬工艺将炉渣处理成水渣。水渣与水泥熟料混合粉磨可生产矿渣波特兰水泥，其耐蚀性、耐热性、不透水性、后期强度都较好、成本也低。还可拌制混凝土，用于制砖、瓦、预制件、筑路材料，也可用于改良土壤及稳定地基材料等。

以适量的水处理熔融的炉渣，可将其加工成多孔的浮石（膨珠），经破碎、筛分后可制成轻混凝土骨料，它较人工炼制的陶粒、页岩、煤矸石等轻骨料工艺简单、成本低、节省燃煤，是一种物美价廉的建筑材料。还可代替水渣作为水泥混合材料，是优质的空心砌块原材料和筑路材料。

用炉渣制取的炉渣棉，可用作保温材料、防火材料、吸声材料，用炉渣棉制造的耐火板或耐热纤维，可在700℃下使用而不变质、不燃烧。

以炉渣为原材料生产铸石制品，替代玄武岩、辉绿岩等原材料，具有耐磨、耐蚀、绝缘、硬度大、抗压强度高等性能，代替金属、合金、橡胶制品，在冶金、化工等部门作为耐磨、耐酸材料使用。

炉渣还可用作制造微晶玻璃，它比铝轻，耐化学浸蚀性、耐热性、耐磨性和力学强度都较高，还是一种良好的电气绝缘材料和装饰材料，可代替铁、钢、有色金属、混凝土、铸石、大理石、花岗岩等材料，作为各种容器设备的防蚀保护层及金属表面的耐磨保护层。

炉渣碎石是很理想的筑路材料，这种碎石含有许多小气孔，对光线的漫反射性能好，摩擦因数大，铺设的沥青路面明亮又能提高抗变形性，增强防滑性能，广泛应用于公路路基、铁路路基、高速公路、桥梁、机场、工业和民用建筑等。

炉渣还是一种硅钙农肥，其中含有二氧化硅和二氧化钙，有的还含有氧化镁、铜、锰等许多成分。它除了起硅酸肥料作用外，还起土地改良剂（石灰）和微量元素肥料的作用，对农作物生长和增产，改善植物的品质、味道，防治植物生理性病态，对农作物耐旱、抗倒伏等有积极的作用。

2. 灰尘的处理和利用

铸造车间通过干法除尘捕集的灰尘中，含有氧化铝、氧化硅、氧化铁外，还有煤粉和金属粉末，这些都需要加以利用。

（1）回收碳 在对熔炼燃烧的废气进行净化处理时，收集的灰尘中含有大量的碳，若直接用作生产建筑材料，会因含碳量过高影响产品质量。为此可采用浮选法、电选法来回收碳。这两种方法的碳回收率可达90%。

（2）回收铁 在抛丸清理装置的除尘器中所收集的灰尘里，含铁比较多，可用磁选进行分选，把铁提取后作为冶炼的原料。

（3）回收铝 可用高温氧化法、碱-石灰烧结法、碱-石灰-盐烧结法和酸浸取法等来回收有色冶炼的灰尘中所含的铝。

（4）其他 在燃烧烟煤和无烟煤时产生大量的粉煤灰，从其中可提取空心微珠，制作陶粒、制造水泥、制造砖块、用作筑路材料、还可以制造分子筛、制造改良土壤的肥料和多种植物营养素。

3. 废砂的处理和利用

废砂应尽可能用干法、湿法、热法及化学方法再生回用，以降低成本、减少环境污染。

实在无法再用的，也不要轻易丢弃和填埋，以免发生二次和继生污染。通常是把各种废砂固化成形后作为原材料使用，如制造硅酸钙水合硬化材料、制造复合材料、制造轻型发泡材料、制造隔音和防震材料。

4. **污泥的处理和利用**

铸造车间的污泥中，主要包括黏土、硅砂微粉等，另外还可能吸附有害、有毒物质和重金属离子。

污泥处理的途径视所含成分不同分别进行，如回收各种工业原料、用作肥料、制造复合材料、制造轻型发泡建材、制造砖瓦和陶器等。

总之，在铸造车间设计时，必须重视环境污染的治理措施，做到有针对性、经济性和实用性，确保各项污染物的排放指标符合国家相关标准的要求。铸造车间的环境保护措施与具体的铸造工艺密切相关，在进行车间环境保护设计时应紧密结合具体的铸造工艺与设备。

参 考 文 献

[1] 魏华胜. 铸造工程基础 [M]. 北京：机械工业出版社，2010.

[2] 李德荣. 铸造工艺学 [M]. 北京：机械工业出版社，2015.

[3] 李弘英，赵成志. 铸造工艺设计 [M]. 北京：机械工业出版社，2005.

[4] 吕振林，周永欣，徐春杰，等. 铸造工艺及应用 [M]. 北京：国防工业出版社，2011.

[5] 中国机械工程学会铸造分会. 铸造手册：第 5 卷　铸造工艺 [M]. 3 版. 北京：机械工业出版社，2011.

[6] 叶荣茂，吴维冈，高景艳. 铸造工艺课程设计手册 [M]. 哈尔滨：哈尔滨工业大学出版社，1995.

[7] 铸造工艺装备设计手册编写组. 铸造工艺装备设计手册 [M]. 北京：机械工业出版社，1989.

[8] 砂型铸造工艺及工装设计. 联合编写组. 砂型铸造工艺及工装设计 [M]. 北京：北京出版社，1980.

[9] 刘瑞玲，范金辉. 铸造实用数据速查手册 [M]. 2 版. 北京：机械工业出版社，2014.

[10] 李晨希. 铸造工艺设计及铸件缺陷控制 [M]. 北京：化学工业出版社，2009.

[11] 董选普，李继强. 铸造工艺学 [M]. 北京：化学工业出版社，2009.

[12] 李魁盛，马顺龙，王怀林. 典型铸件工艺设计实例 [M]. 北京：机械工业出版社，2008.

[13] 陈国桢. 铸件缺陷和对策手册 [M]. 北京：机械工业出版社，2004.

[14] 唐玉林. 圣泉铸工手册 [M]. 沈阳：东北大学出版社，1999.